U0210107

建筑装饰装修精品工程（国优）创建指南

蓝建勋　孙友棣　主编

中国建筑工业出版社

图书在版编目（CIP）数据

建筑装饰装修精品工程（国优）创建指南 / 蓝建勋，孙友棣主编．—北京：中国建筑工业出版社，2022.12
ISBN 978-7-112-28216-6

Ⅰ. ①建…　Ⅱ. ①蓝…　②孙…　Ⅲ. ①建筑装饰—工程装修—指南　Ⅳ. ① TU767-62

中国版本图书馆 CIP 数据核字（2022）第 231573 号

责任编辑：徐晓飞　张　明
责任校对：王　烨

建筑装饰装修精品工程（国优）创建指南
蓝建勋　孙友棣　主编
*
中国建筑工业出版社出版、发行（北京海淀三里河路 9 号）
各地新华书店、建筑书店经销
北京建筑工业印刷有限公司制版
北京雅昌艺术印刷有限公司印刷
*
开本：880 毫米×1230 毫米　1/16　印张：29¼　字数：879 千字
2023 年 10 月第一版　　2023 年 10 月第一次印刷
定价：**228.00** 元
ISBN 978-7-112-28216-6
（40632）
版权所有　翻印必究
如有内容及印装质量问题，请联系本社读者服务中心退换
电话：（010）58337283　QQ：2885381756
（地址：北京海淀三里河路 9 号中国建筑工业出版社 604 室　邮政编码：100037）

编写委员会

主　编：　蓝建勋　孙友棣

主　审：　周东珊　谢宝英　胡本国

编　委：　陈　健　陈启生　姚平珊　吴颂荣　张玉群　罗卫军　陈国谦　谭丽娜
谢宏刚　熊　南　陈光凯　李配超　任玉国　洪有明　成春权　李志农
周　锐　周凤琪　张　昆　胡勇军　招硕慧

技术支持单位（排名不分先后）：

广东省粤建装饰集团有限公司
广东爱富兰建设有限公司
广州市第二装修有限公司
广州市水电设备安装有限公司
广东中凯建设工程有限公司
广州市第四装修有限公司
广州建筑装饰集团有限公司
广东世纪达建设集团有限公司
深圳广田集团股份有限公司
广州工程总承包集团有限公司
广东省装饰有限公司
广州市设计院工程建设总承包有限公司
苏州金螳螂建筑装饰股份有限公司
深圳金鹏建筑装饰科技有限公司
广州黄埔建筑设计院有限公司
深圳中壹建设（集团）有限公司
广州金盛建工程项目管理咨询有限公司
深圳市博大建设集团有限公司
深圳新美装饰建设集团有限公司

序

创建建筑装饰装修精品工程是贯彻新发展理念、推动高质量发展和建设质量强国的重要途径之一，对推进建筑装饰装修工程质量全面提高、建筑装饰行业转型升级发展具有重要意义。

本指南是由部分大型建筑装饰企业总工及中国建筑工程装饰奖资深评审专家合力编写完成，是对建筑装饰装修精品工程创建实践的总结、整合和升华，体现了创建建筑装饰装修精品工程（国优）的最新理论和方法，具有系统性、规范性、针对性、指导性及实用性。

本指南包括：创优策划、工程质量管控、工程资料管控、质量通病及防治措施、四新技术应用、绿色施工管理、工程复查流程及内容，覆盖了装饰装修精品工程创建的全流程。本指南具有如下特点：（1）以《建筑装饰装修工程质量验收标准》GB 50210 为准则，符合国家施工验收规范要求；（2）融入最新国家工程建设强制性条文及规范内容，指导精品工程创建具有合规性；（3）加入绿色建造、智能建造和新型建筑工业化施工技术等内容，符合建筑装饰行业发展方向；（4）注入了一批近年新出现的装饰装修“四新”技术应用，提高了指南的先进性；（5）针对中国建筑工程装饰奖复查中质量通病高发点给出了防治措施，有利于消除质量通病和安全隐患；（6）融入了创精品工程过程管理内容，有利于促进提高项目质量管理水平；（7）力求准确详细、图文并茂，可操作性强。

本指南可作为建筑企业管理人员、技术人员及广大施工人员创建装饰装修精品工程及申报中国建筑工程装饰奖、鲁班奖（装饰企业参建）的指导书。

在本《指南》编写过程中，得到了参编人员、审稿专家、出版社、装饰协会及有关建筑装饰设计、施工企业的大力支持，第7章部分内容引用了中国建筑工程装饰奖工程复查实施细则，在此，表示衷心感谢！由于编者时间和水平所限，本书错漏缺点在所难免，敬请读者批评指正。

编者

2023年1月于广州

目录

➡

第3章

工程创优过程资料管控要点

工程创优主要质量通病及防治措施

四新技术应用

绿色、安全施工管理

中国建筑工程装饰奖工程复查流程、内容、方法及评价依据

附录

创优相关资料及其查询网址

第 1 章

工 程 创 优 策 划

1.1 组织策划

1.1.1 建立创优组织管理体系

创优工程是一项系统工程，需要一个强有力的组织管理体系才能确保策划目标顺利实现，成立公司精品优质工程创建领导小组，由公司主管技术、质量工作的总工程师担任组长，负责组织和协调创建过程中各部门的创优工作，内设项目现场创优执行小组，由项目经理担任小组组长，副组长由项目副经理、技术负责人担任，项目部全体人员（包括各专业工程师、施工班组负责人及其他专业分包单位负责人）均是创优小组成员。

1.1.2 领导小组组织架构

公司工程创优领导小组是项目工程创优最高管理机构，行使创优管理职能，对创优全过程进行精细化策划、组织、管理，其架构见图 1.1.2-1。

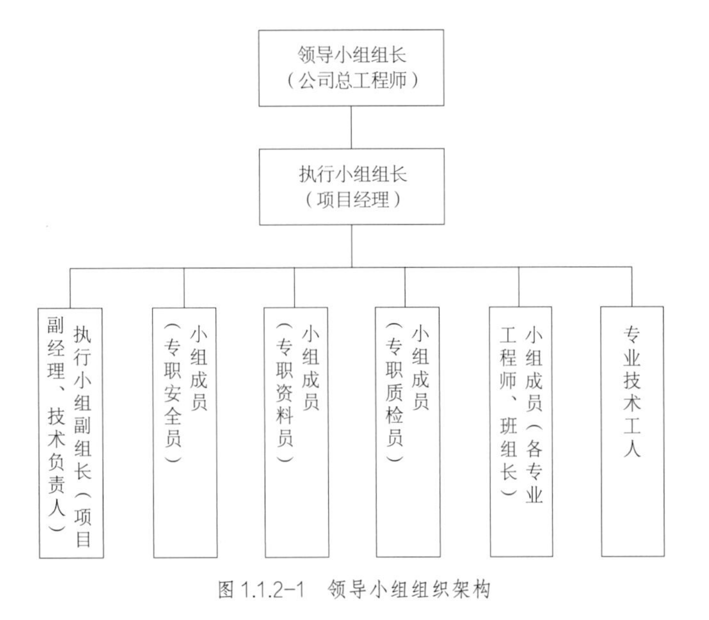

图 1.1.2-1 领导小组组织架构

1.1.3 领导小组职能及各岗位职责

明确责任，建立制度，确保组织职能发挥作用。将目标管理贯穿于整个创优全过程。在工程投标阶段，就应明确争创优质工程的质量目标，并对目标进行分解，层层围绕目标开展工作，以过程精品保证工程精品。

1. 创优领导小组职能

（1）制定创优计划，确定创优目标。（2）建立健全质量保证体系，完善质量管理制度。（3）制定科学的质量通病防治方案和措施，杜绝质量通病的发生。（4）组织项目全体技术人员推广应用“四新技术”，提高项目科技含量，用科学技术促进项目工程质量的提高。（5）加强项目团队建设，提高项目团队人员素质和管理水平。（6）加强对工程所需各种材料质量管理，严格落实各级岗位职能人员质量职责，对影响工程质量的诸多因素进行有效控制。（7）严格项目过程资料管理统一控制和管理；及时按施工进度填写各种质量记录资料及收集、分类、保管；确保工程技术文件系统、有效、完整，正确指导施工和创优管理活动。

2. 创优领导小组成员岗位职责

1）领导小组组长（公司总工程师）职责

（1）负责创优工程的前期策划组织工作，是公司创优工程的策划者、组织者、指挥者、统筹者。（2）负责组织各分公司、各专业的总工程师、专业工程师对预定的创优工程进行集体论证、策划并组织实施。（3）协调业主、监理、设计等相关方组成的外部创优工程支持组，配合创优工作顺利开展，负责协调全体参建单位认真投入创建工作。（4）组织和开展对创建工作的检查、督促。（5）批准用于创优活动的专项支出、奖罚方案等。（6）组织公司年度创优工程计划。（7）组织迎接质量监督部门及检验人员的质量检查和监督，对提出的问题应认真处理或整改，并针对问题性质及工序能力调查情况进行分析，及时采取措施。

2）执行小组组长（项目经理）职责

（1）协助公司创优领导小组组长开展各项工作，是本工程施工组织和质量保证工作的执行人，对工程质量负有执行领导责任。（2）编制项目创优工程策划方案并督促落实。审定有关岗位责任及奖罚制度，建议创优活动的专项支出等。（3）协调各专业工程实施过程中的劳动力、材料、设备。（4）制定样板方案，全面控制工程质量及安全文明施工，确保各项指标符合创优工程要求。（5）负责与各级主管协会工作衔接，负责开展专家指导工作。（6）负责审核创优工程的申报资料。指导、检查工程竣工资料的收集、整理及影像资料的制作。（7）具体组织施工现场的质量保证活动，认真落实质量手册及技术、质量管理部门下达的各项措施要求。（8）接受质量部门及检验人员的质量检查和监督，具体组织项目各部门对提出的问题认真处理或整改，并针对问题性质及工艺合理性调查情况进行分析，及时采取措施。

3）执行小组副组长（项目副经理、技术负责人）职责

（1）依据创优质量管理的有关规定、国家标准、规程和设计图纸的要求，结合工程实际情况优化施工组织设计、施工方案以及技术交底。（2）贯彻执行质量保证手册有关质量控制的具体措施。（3）对质量管理中工序失控环节、存在的质量问题，及时组织有关人员分析判断，提出解决办法和措施。（4）制止不按国家标准、规范、技术措施要求和技术操作规程施工的行为。已造成质量问题的，提出处理意见。（5）检查现场质量自检情况及记录的正确性及准确性。（6）对存在的质量问题或质量事故及时上报，并提出分析意见及处理方法。（7）组织工程的分项、分部工程质量评定，参加单位工程竣工质量评定，审查施工技术资料，做好竣工质量验收的准备。（8）协助质量检查员开展质量检查，认真做好测量放线、材料、施工试验、隐蔽预检等施工记录。（9）指导质量控制（QC）小组活动，审查 QC 小组活动成果报告。

4）小组成员（项目安全员）职责

（1）安全员是项目安全管理工作的组织和执行者，对项目施工安全管理负直接责任。（2）认真执行上级各项安全管理规定、安全技术操作规程和安全技术措施要求，严格按图施工，切实保证本工序的施工安全。（3）组织班组自检，认真做好安全记录和必要的安全标记。发现施工安全不合格，立即责令整改，追究相应的责任。（4）接受上级安全、质检人员的监督、检查，并为检查人员提供相应的条件和数据。（5）施工中发现使用的材料、构配件有异变，及时反映，拒绝使用不合格的材料。（6）对出现的质量问题或事故要实事求是地报告，提供真实情况和数据，公平公正进行事故的分析和处理；若有隐瞒或谎报，追究当事人的责任。

5）小组成员（专职资料员）职责

（1）在技术负责人的领导下，贯彻执行国家工程档案、资料的有关方针、政策和各项规定，促进工程档案、资料整理归档，督促检查工程档案、资料的实施情况。及时直接向领导小组组长汇报工作。（2）负责工程档案、资料的监督检查，推行档案、资料管理和贯彻实施 ISO 管理体系；负责整个项目合同工程的档案、资料监督和检查验收工作。（3）编制工程档案、资料监督、检查计划，上报档案、资料管理措施；制定、提交和实施工程档案、资料达标方案。（4）负责组织对资料收集人员的档案、资料技术教育和考试，定期对新资料员进行档案、资料技术宣传教育，做好日常档案、资料技术培训工作。（5）负责组织项目部、施工班组进行档案、资料技术交底，督促检查项目部档案、资料归档的执行情况，开展档案、资料整理竞赛及总结先进经验等。（6）协助项目经理修订班组档案、资料管理细则，工程档案、资料操作细则和制定“四新”作业的档案、资料监督措施。（7）会同有关部门搞好资料员的档案、资料技术培训和考核。（8）检查班组对档案、资料技术规章制度的执行情况；对查出的问题进行登记、上报，并督促按期解决，做好日检台账记录。（9）协助和配合现场“四新技术”的推广和应用，定期组织召开现场档案、资料例会，研究分析所出现档案、资料问题的原因，制定预控及整改措施。

6）小组成员（专职质检员）职责

（1）负责贯彻国家工程建设的法律、法规，以及上

级的有关质量要求。（2）全面负责项目工程质量的管理、检查工作；保证工程质量创优管理体系有效运行；保证工程质量满足验收规范、设计、公司质量方针和目标及顾客（用户）的要求。（3）随时检查工程质量，督促施工人员按规范、标准及施工图纸、施工组织设计、质量计划等要求组织施工，发现不合格品，及时签发“质量问题整改通知单”，限期整改，并及时验证，做好有关质量记录。（4）对原材料、半成品、构配件的进场质量进行监督检查，制止使用不合格材料。协助资料员做好材料和成品、半成品的验收或试件制作与送检工作。（5）参与组织现场进行“四新技术”的推广和应用，加强工序产品的控制，认真执行隐蔽工程验收制度，严把工序交接关，防止上道不合格工序产品流入下道工序。（6）参加检验批、分项、分部和单位工程的质量验收，并负责填写相关质量验收记录。（7）参加对竣工工程的安全和使用功能试（检）验、预验和验收。（8）协助配合项目其他专业施工单位的质量管理工作。

7）小组成员（各专业工程师、班组长）职责

（1）严格按照国家标准、规范、规程进行全面监督检查，持证上岗，对管辖范围的检查工作负全面责任。（2）严把材料检验、工序交接、隐蔽验收关，审查操作者的资格和技术熟练情况，审查检验批工程评定及有关施工记录。（3）制止违反操作规程、技术措施、技术交底、设计图纸的情况发生。（4）负责项目施工区域内质量动态分析和事故调查分析。（5）协助技术负责人、质量管理部门做好分项、分部（子分部）工程质量验收、评定工作，做好有关工程质量记录。

8）专业技术工人职责

（1）施工操作人员是直接将设计付诸实现的最终责任人，是对工程质量起决定作用的责任者，对工程质量负直接操作责任。（2）坚持按技术操作规程、技术交底及图纸要求施工。（3）按规定认真做好自检和必备的标记。（4）在本岗位操作做到三不：不合格的材料、配件不使用，上道工序不合格不承接，本道工序不合格不交出。（5）接受质检员和技术人员的监督检查。出现质量问题主动报告真实情况。（6）参加专业技术培训，熟悉本工种的工艺操作规程，树立良好的职业道德。

1.2 质量策划

1.2.1 建立质量管理体系

1. 建立质量保证机构

施工现场建立质量保证机构，明确相应的工作程序和质量职责，通过一流的质量管理活动，在质量监控体系保证下，确保建筑产品质量达到规定优质标准。

2. 建立和健全工程质量管理体系

建立和健全以现场项目经理为首的工程质量管理体系，对工程质量进行系统检查，并对检查、评定的结果负责，同时做好与建设主管单位及其公司质检部门的配合协调工作。

3. 配备各专业检查人员

配备各专业质量检查人员，监督质量检查工程质量，保证各分部、分项工程的施工过程中均有质量人员在现场。

4. 实施质量岗位责任制

（1）根据施工中的职责范围设置相适应的组织机构，因事设岗，任用能胜任工作的员工。员工应尽职尽责，以高度敬业精神来保证施工任务的完成。（2）建立以工期进度、质量目标为核心的岗位责任制，明确从项目经理至专业施工员的所有岗位责任，层层负责，事事认真，协调有序地整体运转。（3）施工员必须对所负责的分项

工程有相适应的技术知识和现场管理能力。施工员应熟悉图纸、技术说明书、规范、质量检查要点和质量评定标准等，具备行使职能的手段。施工员应认真负责地进行施工管理，重要部位应跟班作业检查，如实记好施工日志，注意累积原始记录，并随时向项目经理反映施工情况。施工员应做好现场签证工作，对于临时变更工程和增加工程的工程量及劳动工时、工程情况等都要准确记录。施工员应具备吃苦耐劳、实事求是的敬业精神。

1.2.2 施工工艺控制

（1）开工前，项目经理应组织有关专业的技术人员，认真熟悉图纸，编制单位工程施工组织设计质量计划及主要分项、分部工程的专项施工方案，并报公司总工程师审批。（2）结合施工图及技术规范，做好施工前技术交底工作，使所有参加施工的人员掌握各自工序的施工要点、施工标准、施工方法和质量要求。（3）施工中严格执行国家规范、标准及设计图纸。（4）协调、控制、检查、监督质量保证体系的正常动作，在质量责任制基础上明确质量责任、权限，加强协作，做到工作协调有序，共同实现质量目标。（5）各专业施工队的相关施工图应通过项目部管理分发，各专业工程师对设计图纸要分专业熟悉、深刻理解、发现矛盾及时解决，把好深化设计施工图关，防止因施工图造成的质量事故，防患于未然。（6）各分部、分项工程要编制施工方案，报批认可后认真执行。（7）项目部专设测量组，负责工程测量控制网的建立和高程控制。对工程测量重要部位的测量结果，测量人员检查合格后，应填写测量记录表，经复测检查确认无误后，方可继续施工。（8）完成分项工程后，应经自检、专检合格后填写规定格式的检查表，交相关专业的质检员进行复查，如发现超差或检查表填写数据不真实时，责令其修整、返工，直到合格后再次申报，重新复查，确认后方可继续施工。

1.2.3 施工技术资料控制

（1）施工技术资料是质量保证的重要环节，应统一加强管理。（2）资料与施工进度同步，并及时收集整理。（3）资料要专业分类，整理归档。资料内容应真实、齐全、准确、系统、签字齐全。资料填写字迹要清晰，文字内容准确。

1.2.4 采购质量控制

（1）采购控制的目的是保证所采购的产品符合规定的要求（即合格）。其程序是：由公司材料部门对供应商进行调查评价，列出合格分供方名单，建立材料商库。与质量有较大影响的材料设备，先由项目经理提出采购计划，报公司材料部门审批，然后与合格的分供方签订采购合同，提供样板并封样。对于一般物资可由合格分供方直接供货。采购合同填写要清楚、明确，尤其是技术质量方面的要求。对特殊物资应要求厂家提供检查验收标准，凡需经认证的产品，厂家应提供三证（生产许可证、产品合格证及检测报告）。（2）为防止不同类型、规格、批次的产品混用和误用，确保工程所需物资符合图纸、规范、合同要求，必须对进场的成品、半成品进行必要的、适当的标识，并做好记录，保证其可追溯性。（3）进入现场的成品、半成品等由材料员进行进场材料报验，经监理验收合格后并挂牌标识，牌上注明名称、品种、规格、型号、产地、进场日期及标识人姓名。（4）分部、分项和单位工程以检验记录、预检记录、试验报告、评定表等记录作为标识，由工长、质检员填写，资料员做好整理归档工作。

1.2.5 过程控制

施工单位应推行生产合格控制的全过程质量控制。这里不仅包括原材料控制、工艺流程控制、施工操作控制、每道工序质量检查、各道相关工序间的交接检验以及专业工种之间等中间交接环节的质量管理和控制要求，还应包括满足施工图设计和功能要求的抽样检验制度等。

（1）项目经理部由技术负责人编制施工组织设计和质量计划，报公司技术部门审批。（2）项目经理依据质量目标，制定管理目标，落实岗位责任制。（3）由公司、项目部、班组向施工人员做好“三级”技术交底，重要部位由技术负责人向工长、班组长交底。凡采用新技术、新材料、新工艺应由公司技术部门预先编制作业指导书。（4）做好图纸会审工作和隐蔽工程验收工作，必须验收合格后方可进行下道工序，同时做好记录。（5）对工程所需的原材料、半成品和各种加工预制品的质量进行检查与控制，凡进场材料均应有产品质量证明书和检测报告，同时应按照有关规定进行抽样复试，没有产品合格证或抽样复试不合格的材料不得在工程中使用。（6）对永久性设备或装置，应按设计图纸采购和订货；设备进场后应进行抽查和验收；主要设备还应按合同规定的期限开箱查验。（7）凡未经试验和技术鉴定的新工艺、新结构、新材料、新设备不得在工程中应用。（8）严格执行工程预检工作，防止可能发生的差错或造成重大工程质量事故。（9）检查、复核施工现场的测量标志、建筑物的测量轴线以及高程水准点等。（10）做好计量管理工作，完善计量及质量检测技术和手段，对各种计量器具要建立台账，并按照规定的鉴定周期，定期进行鉴定。（11）进行质量控制设计，建立质量责任制，实现管理标准化，开展质量管理活动和PDCA循环，及时进行质量反馈等。

1.2.6 检验和试验控制

（1）对进场的原材料、成品、半成品，施工过程和已完工程必须进行检验和试验，以确保工程质量。（2）材料员对进场材料的外观质量、标牌、规格、型号、计量、数量进行验证，审批材料的合格证等。（3）试验员对原材料进行复试和过程的试验，如钢材复试、混凝土试验等。（4）对原材料进行检验和试验状态标识，采取挂牌方法，红牌为检验不合格，绿牌为检验合格，黄牌为检验待定，白牌为未经检验。

1.2.7 不合格品控制

（1）工程质量经检验不满足设计施工图，不符合施工及验收规范、规程和本工程技术说明书质量标准的项目统称为不符合项。（2）对于不符合项应视其不符合程度进行处理，轻者进行修整，一般的要进行返工，严重的要拆除重新施工，处理后均要达到合格要求。（3）对于不符合项处理程序：项目部向公司质量管理部门提出报告→项目部提出处理方案，经质量管理部门确认→项目部实施处理方案→检验处理结果→整理全过程的所有资料存档备查。

1.2.8 设置质量控制点

为保证工程质量达到优良，预防质量通病出现，设置质量控制点，在施工中作为检查和预控的重点，要落实各项保证措施，包括管理措施、技术措施。

1.3 技术策划

1.3.1 创优项目选定

1. 项目要有一定的体量和规模

体量和规模最能呈现建筑物的特色，是建筑施工质量水平的重要载体。若没有一定的体量和规模，建筑物会出现施工同质化的趋势，很难表现出建筑物的特色。此外，体量和规模最能引起人们的重视和关注，增加建筑物的吸引力自然就增强了竞争力。

2. 建筑装饰设计要有特色

建筑特色可以提升建筑物的知名度和形象，提高建筑物本身的竞争能力，增强人们的印象。一般标志性建筑的知名度高，关注程度强，通过精心组织施工，更容易表现出其最终的质量品质和水平。

3. 建筑要有科技含量

精品工程是完美建筑艺术的体现，在设计上要合理、先进、完美，在施工中也必须体现高的科技含量。一般要求有应用《建筑业10项新技术》《建筑装饰行业重点推广的10项新技术》，并力争获得省、市级科技推广示范工程。挖掘施工新工艺，力争获得多项专利和省部级工法。

4. 用户满意、社会认可的精品工程

从建筑装饰设计方面看，具有鲜明的时代感、艺术性和超前性，设计先进、合理，最好能获得优秀设计奖；在结构设计方面，体现当代的科技水平，特别是在施工过程中，要开展管理创新、技术创新、工艺创新，“创过程精品，做细节大师”，精益求精。施工质量必须达到当地一流、业内领先。项目应获得省级优质工程奖，这是获得国优奖的前提。

5. 工程必须经过全面验收

工程必须按合同内容规定全部完工，并满足使用要求，经建设、设计、施工、监理等单位竣工验收，并经当地建设主管部门备案。

6. 工程质量实际情况符合申报要求

工程的自评质量等级和有关部门核定等级相符，实物质量与评定质量等级相符，技术资料齐全，技术难度及新技术推广与事实相符。

7. 安全及文明施工管理一流

在国优工程申报中，安全是一票否决的，一旦出现安全事故，将无法取得申报资格。因此，除了质量方面必须做到当地一流、业内领先以外，安全及文明施工必须做到无安全事故，并且力争取得省级以上安全文明工地。

8. 工程竣工资料一流

创优工程在进行复查时所能看到的是外露部分，无法看到已经隐蔽的主体结构及其他隐蔽工程，只能通过过程资料来检查，因此，对工程资料的编制与整理要求非常严格。资料收集与整理务必做到及时、真实、严密、闭合、清晰、详细且不得与规范有任何冲突，能突显出质量控制的精细程度。

9. 取得申报资格是关键

国优奖竞争激烈，申报名额有限，无论工程做得多完美，如果取不到申报资格，也无法获奖。有些奖，如“鲁班奖”，装饰企业作为参建单位，只能通过总包单位途径取得资格，因此，应与总包保持良好的关系，取得他们的积极推荐和支持。在施工过程中应加强与各级协会的沟通，聘请协会专家对工程创优过程进行指导，取得他们的支持。

10. 其他要求

项目竣工日期符合评审办法规定。

1.3.2 综合统筹

（1）这是一件非常重要的工作，应确立哪些部位应进行统一部署。土建、装饰、安装各工种之间的布局、各工种内部的布局应怎么样配合，怎样统一要求，确立什么时候，哪些工种之间应进行此项工作，怎样进行，哪些工种会参加，综合安排是必不可少的环节。（2）对于空间狭小的部位或穿梁过板等土建结构复杂之处，经过策划，可事先在结构施工时进行预控，从而避免在结构施工完后，各种管线为避梁板，多处更改变向，形成管线施工极大困难从而增加成本，甚至破坏结构，造成工程永久缺陷，形成隐患。（3）装饰工程与安装之间的紧密配合，精心布局，对工程观感的形成将至关重要。策划得好，工程将给人以艺术享受。如果不经过布局策划，安装、装饰各自按自己的想法施工，尽管各自感觉良好，但组合在一起便不协调。（4）安装工程可使用联合支吊架。这样不仅可使安装风格浑然一体、走向有序、层次清楚分明，还可节约空间。（5）安装工程工种之间的综合布局，至少在地下室、机房、管线廊、走道上方等处形成综合布置图，并用不同颜色的线条，绘出各种管线，标明标高方位，确认其实施的可行性。（6）卫生间：卫生间器具、马桶、小便斗、开关、插座、洗脸台、地漏、拖把池等，必须安装与装饰密切配合、共同策划。地砖、墙砖的排列与器具的安装标高方位共同考虑，形成共同策划图，然后各自按确定的标高方位进行施工，才能达到美观的效果，这也是极能制造亮点、质量特点的地方，应用心策划。（7）吊顶：吊顶以上管线末端与吊顶装饰的配合是十分关键的工序。在安装管线时，就

应该考虑到灯具、喷淋头、烟温感器、喇叭、摄像头等电器出头的地方，以便在做吊顶时，做到居中对齐，不损伤吊顶龙骨。有些灯具还需加吊点，做到安全可靠。

1.3.3 深化设计管理

1. 制定深化设计计划

深化设计是根据设计图及对创优工程策划要求进行的，依据工程策划，有针对性地绘制施工时的装配图、加工图、节点图、大样图，以指导工程生产；同时，充分考虑到各专业间的相互关系，解决各接口的问题。

2. 深化设计专业协调

在项目深化设计实施过程中，应根据工程的特点采用不同的方法，尽可能减少规格种类和加工难度，做到规格统一，具有代换性，推动设计标准化、模数化、生产工厂化、施工装配化。深化设计应遵循以下原则：（1）装饰工程特定部位及分项工程可以设计出图样新颖、造型独特、美观大方并符合人们传统审美感的装饰方案，塑造亮点。（2）设备安装工程施工前，综合各种管道（线、槽）布置、走向，支架及吊杆等的安装位置，对照明灯具、风口、消防探头点位置等进行综合考虑，对称设计，规律性安排。（3）对工程重点、难点部位需采取相应的措施；重点、难点部位进行创新、应用新技术、塑造亮点。装饰装修除主控项目及允许偏差项目控制严于规范外，还应在观感上要求对称、对花、对线、不空鼓、不打磨、不用小于半砖（板）、套割严密、缝隙均匀、勾缝光滑平直。对吊顶的灯具、烟感器、喷淋、风口等布局要求对称、居中、成排成线、协调等。（4）将单调呆板转化为丰富艺术：现代建筑逐步由造型丰富艺术取代传统的“火柴盒”建筑。组成建筑的构配件也可由方正的直线型转化为迥异的曲线型，并加以点缀，展示艺术美。（5）将简单的功能转化成人性化需求：在倡导以人为本、和谐的今天，建筑产品要满足功能及大众化的需要，更要满足人性化、个性化的需求。将外在表观转化为内在的经久耐用，不仅反映出建筑装饰精美，而且做到结构安全、绿色低碳、长期耐用，经得起时间的考验。（6）将虚拟建造转化为现实施工：虚拟设计施工流程可以减少项目冲突、优化施工流程、提高效率、节约人力和材料，显著降低施工成本。复杂工程实施两次建造是施工技术管理控制的趋势。（7）用工厂化生产方式来代替和改造传统的手工操作及湿作业的生产方式，实现生产方式转型升级。使湿作业转为预制装配，使高空拼装转化为地面组装，使现场加工转化为工厂集中制作配送。（8）满足顾客的要求和潜在期望：顾客的明示要求一般写在合同上，订立协议，是要共同遵守达到基本要求。而潜在的需求是客户希望能达到的标准。精品工程就是要超越顾客的期望。

1.3.4 新技术推广应用与绿色施工措施

（1）“10项新技术”推广应用与绿色施工：随着社会不断进步，工程规模愈来愈大，新技术推广应用的比例越来越高。在创优工程评价中特别强调积极推进科技进步和创新，要求推广应用《建筑业10项新技术》及建筑装饰行业重点推广的新技术，因此在工程策划时必须有新技术推广应用和技术创新的内容。对大量消耗资源、影响环境的建筑装饰工程，应全面实施绿色施工，承担起可持续发展的社会责任，这也是近年来创优所大力提倡的。（2）绿色施工是指工程建设中，在保证质量、安全等基本要求的前提下，通过科学管理和科技进步，最大限度地节约资源，减少对环境产生负面影响的施工活动，实现“四节一环保”（节能、节地、节水、节财和环境保护）。（3）绿色施工不再是被动地去适应传统施工技术的要求，而是要从生产的全过程出发，依据“四节一环保”的理念，统筹规划施工全过程，改革传统施工工艺，改进传统管理思路，在保证质量和安全的前提下，努力实现施工过程中降耗、增效和环保效果的最大化。（4）在工程总体策划时，应统筹策划新技术和绿色施工相关技术具体内容和工作要点。

1.3.5 工程资料管理

1. 工程资料全面性

工程资料应有总目录、分册目录和页码，以便于查找，装订应整洁美观。一项创优工程，从立项、审批、勘测、设计、施工、监理、竣工、交付使用，到报评全过程中，涉及众多环节和众多部门，这就要求工程资料齐全完整。应会同建设单位收集、整理一并归入工程档案。常见的有：公安消防部门对设计的审查意见书、工程验收意见书、消防技术检测部门的检验报告和公安消防部门认可文件、环保部门的检测记录，各种设备的安装资料和按规定应检测和抽检的试验记录等。创优工程资料应全面、齐全、完整。

2. 工程资料的可追溯性

根据记载的标识，追踪实体的历史、应用的情况等。对于创优工程来讲主要是原材料、设备的来源和施工过程形成的资料，涉及产品的合格证、质量证明书、检验实验报告等。进货时供应商提供的原件应归入工程档案正本，并在副本中注明原件在正本；提供复印件的应要求供应商在复印件上加盖印章，注明所供数量、供货日期、原件在何处，经办人应签字。对于重要部位的使用材料，应在原件或复印件上注明用途，使其具有追溯性。设备安装记录表格也不能只有一个试运转表格，安装各程序的情况均应记录。对于用计算机采集、存储的数据及编制的报告和工程资料，必须有相关责任人亲笔签字。

3. 工程资料的真实性、准确性

各种工程资料数据应符合规范要求，在施工过程中，检测人员应从严把关，真实地反映检验和试验的数据。同时邀请监理单位确认检验或试验的结果，并真实记录。施工组织设计要有质量目标和目标分解。专业施工方案要结合该工程的实际进行编制，满足施工顺序、工艺要求，同时满足材料设备使用要求。水、电、设备的隐蔽记录要与施工资料相吻合，要能表明隐蔽工程的实际情况；隐蔽记录要能覆盖工程所有部位。

4. 工程资料的签认和审批

各种工程资料只有经过相应人员的签认或审批才是有效的。施工组织设计、质量创优方案经过相关部门会签和总工审批，要有监理单位和建设单位审核同意。重要的施工方案、作业指导书也要送监理单位确认。各种检验和试验报告签字要全，要有操作者、质检员、工长或技术负责人的签字，有监理单位或建设单位代表签字。工程资料内容应真实、准确，与工程实际相符。工程文件应采用耐久性的书写材料，如碳素墨水、蓝黑墨水，不得使用已褪色的书写材料等；工程文件材料幅面尺寸规格为A4幅面，图纸应采用国家标准图框。所有竣工图应加盖竣工图章，包括“竣工图”字样、施工单位、编制人、技术责任人、编制日期、监理单位、现场监理、总监。如果利用施工图转化为竣工图，应标明更改修改依据。

5. 工程资料管理措施

（1）由总包单位制定资料管理规定，对总包、分包的各类资料的表格形式、填写要求、编码原则、分类与组卷等作出明确的要求。（2）项目部配备有创优工程资料管理经验的专职资料员，全面负责工程资料的管理；并对往来文件、技术资料、质保资料、质量记录等进行汇总和统一发放。（3）施工图纸、设计交底会议纪要、设计修改、技术核定单、施工规范等文件都作为受控文件发放，在技术部门的授权下发放给具体专业工程师。（4）所有材料进场必须有质量保证书，要做到现场材料到，质量保证书也到，材料质保书复印件应符合文件规定，即：送货单位应盖红章、指明原件存放所在单位、复印人签名及代表数量。（5）质保书须由材料员接收、验收，并交资料员保管；需复试的材料在使用前要及时完成复试，试验结果合格的才能使用，复试资料由试验员交资料员保管。（6）施工中产生的质量记录要及时、正确、真实，质量记录由相关管理人员和监理、设计、业主等逐级填写、签证、认可后交资料员保管，下道工序应在上道工序检验后方能施工。（7）所有资料由资料员收集、分类、成册、汇总和编号，做到检索方便，可随时交监理、业主和质监站检查和验收，其他管理人员如需借阅，须办理借阅手续，工程竣工后及时将相关资料移交建设单位和有关方面。（8）对分包工程施工资料由建设单位进行有效控制，竣工验收前，配合总包单位共同完成竣工资料的管理。（9）除一般工程技术资料管理外，还应该做好如下工作：对于各个不同施工阶段进行摄像，特别是隐蔽工程、分部工程、单位工程的验收等；每月进行工程质量报表统计、每分部工程验收后进行质量总结；做好综合考评检查记录；保管工程施工中及竣工后评选为省、市各类先进的证明文件；收集和整理其他专业施工单位的工程技术资料；整理、保管工程竣工图，包括工程竣工总平面图和全部施工竣工图。

第 2 章

工程创优施工质量管控要点

2.1 测量放线工程

2.1.1 常规测量放线质量管控要点

1. 技术要点

1）建立施工测试管理体系

为适应现代工业化生产和装配化施工，应建立一个全过程、全系统的施工测试管理体系，形成统一标准，实现数据共享互通；避免由各专业、各工序各自放线，导致数据不通，造成管理混乱情况。

2）制定测量放线技术方案

应制定测量放线技术方案，在施工组织设计中，应编有测量放线专篇（或专章）。

3）收集、分析和准备有关的工程技术资料

测量放线前，应根据任务的要求，收集、分析和准备有关的工程技术资料，主要包括：（1）建设项目相关设计图纸及技术文件、资料；（2）建筑物原水准测量点或建筑空间测量定位点和相关资料；（3）建筑空间（隐蔽）管线、建（构）筑物技术资料；（4）施工组织设计或施工方案；（5）准备相关测量抄测记录填报的图表。

4）现场场地踏勘勘察

（1）检查设计及设计图纸的符合性：根据建筑装饰设计图纸，对照检查各技术专业设计图纸之间、设计图纸与施工内容之间、设计图纸与场地之间的符合性。（2）掌握场地测量放线的技术条件：了解并掌握施工作业和施工测量放线的技术条件，找出并设定现场测量定位基准点布设的位置和测量放线的内容及步骤。（3）对拟建空间楼地面的平整度（指结构面）、平面成角度、墙柱面的垂直度等空间几何形态进行相关的工程施工质量测量复核，掌握拟建空间工程质量和场地的状况。对拟建空间的楼层层高、轴线间距、空间尺寸以及梁、柱、板、墙体、门窗、楼梯、洞口、井道、建筑细部等进行现场测量，作出抄测记录，取得该建筑空间现场所有建（构）筑物翔实、具体的几何尺寸数据。根据施工图纸逐一对照核对检查，发现存在的问题，应准确填写勘察抄测记录。对所有布置在该建筑空间的机电设备设施、管线等进行测量，据实做出抄测记录。准确掌握该建筑空间所有机电装备的组成、配置、管道走向和施工、使用、维护等的技术要求。（4）根据测量复核结果，填写编制完整、准确的抄测记录，形成场地勘察、测量、复核原始技术资料，作为工程建设的测设成果和全过程、全系统的测设技术依据。（5）按照现场勘察的成果，绘制测设专项技术图纸。对测量点、引测点、测量基准线、测量标识等的布设和测设技术标准的制定作出明确的规定，制定具体测设技术方案。（6）测量放线施工人员应仔细熟悉图纸尺寸要求，若发现现场尺寸与图纸间存在偏差，应通知项目技术人员进行处理。

5）测量标识的设置与保护

（1）建筑空间永久测量标识，应取坚实不易变形、可永久放置的物体上，且通视良好、便于引测的地方。（2）施工过程中应对分项工程基准线、定位线、定形线的布设、标识进行有效的保护。

6）成果资料整理、应用与提交

（1）测量放线技术资料应严格按照现行建设工程技术资料管理的有关规定执行。（2）施工放线的验线结果，应采用专用表格记录，并由相关方签字确认。

2. 工具要求

（1）为保证测量成果准确可靠，测量仪器、量具应按国家计量部门或工程建设主管部门的有关规定进行鉴定，经鉴定合格后方可使用。（2）常规仪器：经纬仪、水准仪、红外线、垂直水平仪、100m 测量皮尺、7.5m 钢卷尺、200m 红外线测距仪、三棱镜。（3）辅助工具：墨斗、丝线、大锤、小锤、铁锹、木工板、150×150×3 铁板、30×30×3 角铁、ϕ8×40 膨胀螺栓、划瓷砖的金刚钻刀头、冲击钻、电焊机、切割机等。

3. 工艺要点

1）工艺流程

获取经确认的测量基准点资料→平面和高程扩展控制网测设→装饰装修工程测量→装饰装修工程深化设计→工厂生产加工→施工放线→验线→安装施工。

2）仪器检校、维护和保养

现场使用的测量仪器设备应根据公司《测量仪器使用管理办法》的规定进行检校、维护和保养，发现问题后立即将仪器设备送检。

3）测量放线精度要求

测量放线精度应符合《工程测量标准》GB 50026 的精度要求。

4）施工图审核

测量放线前应进行施工图审核，包括：（1）及时发现设计内容与空间实形的偏差，检查项目各专业施工内容的空间位置关系，统筹制定项目全系统、全过程的空间位置分配和施工顺序。（2）对建筑、电气（强弱电）、暖通、给水排水、消防、安防、室内设计等全系统各专业的施工图纸进行审核。（3）施工图审核内容应包括：审核平面轴线尺寸、楼层标高间距、梁柱、间隔、门窗、洞口、楼梯、预留构造等建筑空间建（构）筑物的几何尺寸偏差；审核机电设备设施的布置、管道走向、建筑构造、装修构造等的空间位置关系。

5）建筑装饰装修测量定位依据点的交接、复核与确定

（1）对现场既有测量定位点的交接与使用：对现场既有测量定位点的使用，通过测量复核、检测验算确定，若发现偏差，应及时作出修正调整。对建筑水准点的使用，应注意检查复核建筑水准点与装修楼地面 ±0.000 标高的偏差，及时发现室内地坪与室外道路、设施之间是否合理。（2）建筑装饰装修基准标高测量定位：建筑装饰装修标高测量宜取拟建主要空间（或占比较大的空间）地坪装修完成面为 ±0.000 作标高测量定位基准。对不同类别的建设工程项目，标高测量定位基准可按照以下方法取得：新建建设工程项目，应从建筑高程水准点引测至拟建建筑空间。经对该建筑空间楼地面平整度测量复核，根据拟建空间设计、垂直交通（如电梯、楼梯等）、室内装修以及拟建空间与建筑外部的关联等因素，计算出准确的室内地坪完成面 ±0.000 的标高位置。据此检查与建筑高程水准点的偏差，作为制定拟建空间水平基准标高的依据。既有建筑的装饰装修改造项目，应根据建筑垂直交通（如电梯、楼梯、管道井等）对楼层层间标高进行测量复核，确定 ±0.000 的基准标高位置。（3）建筑装饰装修平面测量定位：建筑装饰装修平面测量是确定建筑空间方位的主要测量标准。应依据经测量、复核、校正的建筑轴线，按照建设工程项目特征，修正偏差，选择通视良好、便于引测、易于保存的位置，分别以方格网、十字网等形式布设测量基准。

6）建筑装饰装修各部位测量定位要求

（1）吊顶测量放线要求

① 吊顶施工测量放线应包括：平面中心基准线、标高定位线、造型定位线、轮廓定形线、龙骨定位线。② 吊顶机电末端放线应包括：吊挂荷载预埋点，灯具、风口、广播喇叭、喷淋、开关面板等末端位置。

（2）楼地面工程测量放线要求

① 楼地面工程测量放线应包括：完成面标高确定，平面基准线、分格线、拼图分格线和机电末端定位线等施工基准线的投测，水平基准线以电梯厅门槛向上标高确定室内饰面完成面基线（厨房和卫生间标高按设计要求另作参照）。② 应根据楼层标高总控制基准线，检查楼地面基层的水平面和平整度是否满足铺装、预埋管线和设施隐蔽的要求，各功能区基层的结构是否达到设计

标高的要求，对垂直交通（如电梯、楼梯等）是否产生影响等，若检查发现偏差，应及时采取措施纠偏。③ 应从本楼层标高总控制基准线引测，在作业面范围投测出±1.000 地面施工标高控制线。④ 应按照地面装修施工内容，从平面控制网引测，投测出楼地面铺装的平面方位控制基准线（十字线）。⑤ 应根据铺装材料的规格和排列，依据平面方位控制基准线，采用中心线或铺装材料边线投测出铺装的定位线。⑥ 地面拼图定位线投测要求：楼地面铺装拼图施工测量放线应包括对图案的中心线（定位线）、造型定形线和板材排板分格线的投测；地面铺装拼图宜以图案中心线作为定位控制线，中心线应由基准控制线或控制网引测，拼图定位线、定形线的投测应符合安装配合精度的要求。⑦ 投测机电末端定位线时，应检查是否对对拼图案、铺装分格产生影响。⑧ 厨卫放线应弹出墙面完成面线、标高控制线、马桶中线、地漏位置线、台面位置线、玻璃隔断位置线、浴缸中线等。

（3）墙面工程测量放线要求

① 墙面抹灰施工测量放线要求

墙面抹灰施工测量放线应包括：对建筑空间墙体进行吊垂直、套方、找规矩，控制墙面抹灰的垂直度、平整度和四角的直角度。测量放线步骤如下：a. 引测总平面基准控制线至施工作业范围，在地面投测出墙面抹灰定位十字基准线。b. 应分别在门窗口角、垛、墙面等处吊垂直线，检测墙体的平整度和直角度。c. 应按照设计内容，在墙面上投测出墙裙、踢脚板等定位线。

② 墙面饰面板施工放线要求

墙面饰面板施工放线应包括：龙骨安装定位线、饰面板完成面定形线和面板分格线等施工放线投测。测量放线步骤如下：a. 应按照设计内容和墙面饰面板的结构，计算得出龙骨基架的安装位置，引测总平面控制基准线，在地面上投测出墙面龙骨基架的定位线和相对一侧的定形线。b. 应按照竖龙骨的排列要求，沿竖龙骨的排列方向，每隔 2～3m 投测一道竖龙骨的定位线。c. 应根据墙面饰面板安装结构和尺寸，依据龙骨投测线，在安装饰面板一侧投测出饰面板完成面的定位线。

③ 墙面砖工程测量放线要求

a. 墙面砖铺装测量放线前，应对墙面基底进行吊垂直、套方、找规矩，测量检验基底的平整度和直角度。b. 按照设计要求、墙面砖的规格和国家相关规范，单面墙不宜多于两排非整砖，非整砖的宽度不宜小于原砖宽度的 1/3。计算并投测出墙面砖垂直方向和水平方向的定位线。c. 应按照墙面砖的规格，投测出墙面砖分格定位线。

④ 干挂石工程测量放线要求

a. 墙面干挂石材测量放线，应对墙面基底进行吊垂直、套方，测量检验墙面的垂直度，墙面基底的平整度和直角度。b. 根据设计分格要求，按照墙面测量复核的实际尺寸和板材的规格、加工适用模数和现场干挂石板基架的安装结构尺寸，计算得出石材板材的实际分格尺寸。根据石材板材的实际分格尺寸，在作业面上投测出墙面石材板材安装的基准线，再根据基准线按照石材板材安装的垂直方向和水平方向投测出全部石材板材安装的分格线（定形线）。c. 根据墙面石材板材分格线，按照干挂石材的技术规范要求，在施工作业范围的地面和墙面上，分别投测出基架安装竖向和横向的定位线。

（4）门窗工程测量放线要求

① 根据门窗制作单位给予的门洞尺寸，结合现场的洞口高度与宽度进行弹线，弹出门窗框完成线。② 门窗安装施工放线，由平面控制网中相邻的控制线引测安装中心线、标高定位线和垂直定位线等定位。③ 应以安装中心线为基准校核结构预留洞口尺寸，当尺寸偏差无法满足安装要求时，应记录偏差值，作为安装尺寸调整的依据。④ 门窗垂直定位线，宜由空间中心线引测，并分别在洞口两端布设，便于校核垂直度。

（5）细部工程测量放线要求

① 应对建筑空间尺寸复核，包括：对空间相关各部位的空间净高、空间平面的几何尺寸和地面各部位构造尺寸关系等进行测量复核，检查检验现场实际与设计的偏差。② 应对建筑装修细部复核，包括：对墙面的平整度、垂直度、直角度和预留洞口位置尺寸，地面水平度、平面角度、平面设备设施预留位置尺寸等进行测量复核，检验是否符合施工、安装、配合的技术标准要求。③ 根据现场测量复核，若出现偏差，应及时采取措

施予以纠偏，对设计进行调整修正。④ 根据测量复核结果，分别投测出该建筑空间的标高控制基准线和平面控制基准线，作为各施工专业提供现场施工安装的测量放线依据。⑤ 根据设计内容，分别依据该建筑空间的标高控制基准线和平面控制基准线，在施工作业范围的墙面、地面投测相应施工细部的定位线和定形线，为工程施工安装、配套产品的加工、制造、生产等，制定准确的模数、公差与配合。⑥ 壁柜、橱柜施工放线应符合下列规定：依据平面控制基准线和标高控制基准线，根据施工壁柜、橱柜的设计特征，投测出平面定位线、定形线和标高定位线。应根据设计要求，将壁柜、橱柜配置的电源、烟道、给水排水点、管道走向、设备设施末端等投测到界面相应的位置。应会同相关各施工、生产、供应责任人检查复核，确保空间位置分配标定准确无误。以此为标准，各方共同遵循执行。⑦ 窗帘盒施工放线应符合下列规定：根据窗帘盒的设计和结构设计要求，由标高控制基准线测量传递到窗帘盒两端的标高测量点，在施工作业墙面上投测出窗帘盒安装标高水平定位线。按照设计内容和要求，确定投测窗帘盒安装定位线（中心线），并依据定位线在施工作业墙面上投测出窗帘盒两侧的定形线。窗帘盒若配置电动窗帘、投影幕、照明灯具、无线接收器等设备设施，测量放线应予以考虑，预留安装、维修位置。

4. 验收要点

1）测量放线作业过程中，要严格执行“三检制”

（1）自检：作业人员在每次测量放线完成后，由项目技术负责人及时组织进行自检，自检中发现不合格项立即进行改正，直到全部合格，并填好自检记录。（2）互检：由相关专业施工负责人或质量检查员组织进行质量检查，发现不合格项立即改正至合格。（3）交接检：由施工负责人或质量检查员组织进行，上道工序合格后移交给下道工序，交接双方及见证单位在交接记录上签字，并注明日期。

2）仪器检核

在进行测量工作前应对所使用的仪器和测量工具，按照国家或有关规定进行检验和校正。仪器的检核分年检和期检两种方法。对精密水准仪应进行年检，当主要测量仪器设备由一个工程迁入另一个工程施工前应检校，确保仪器性能良好。

3）图纸复核

施工图纸上尺寸和数据是施工和测量放样的依据，因此，施工设计图上标注尺寸和数据必须经施工单位现场复核无误后方可施工。图纸复核即对所收到的各类资料进行认真复核、审验，应结合技术交底、图纸会审工作，特别是对图纸中提供的坐标和标高数据。

4）计算检核

对欲进行放样的点的放样元素如长度、角度、方位角、坐标等进行计算。宜一人计算，另外一人进行复核或者进行正反两次计算。

5）验线测量仪器

验线测量使用的仪器精度等级，不应低于放线测量所使用的仪器等级。

6）验线结果

验线测量的结果，应采用专用表格记录，并由相关方签字确认。

2.1.2 数字化测量放线质量管控要点

1. 技术要点

（1）数字化测量放线的平面轴线系统和高程系统应与施工测量控制网一致。（2）放样应采用全站仪三维坐标放样法。（3）三维坐标放样的坐标数据源应从放样设计成果中提取。（4）全站仪三维数字化测量作业应根据工程规模制定技术可行的分段、分区坐标数据采集方案。（5）全站仪测量坐标点交汇计算的残差值，不应大于 2mm，否则应重测该点。（6）数字化成图宜采用自动成图法，小规模工程亦可采用手动输入成图法。（7）全站仪应符合下列要求：全站仪坐标测量作业，应满足放样精度的要求，可采用Ⅱ级或Ⅲ级全站仪；全站仪测站点位布设，应选择便于施测、放样精度易于控制的位置；全站仪建站宜采用交汇法，用于交汇的已知控制点不应少于3个；全站仪三维数字化测量的数据处理，宜采用具备常用的数据输出格式的软件。（8）三维扫描仪的设站和数据采集应遵循下列原则：扫描仪扫描作业前，应制定技术可行的设站方案；三维扫描仪数字化测量所使用的仪器，可根据测量精度要求，依次选择测距噪声等级≤5mm或≤10mm的三维扫描仪。（9）测站的点位布设应考虑目标最佳扫描范围，并有利于各站点云数据的拼接处理。（10）在能满足数据采集技术要求的情况下，宜用尽量少的测站完成数据采集，避免拼接误差累积。（11）各测站间应布设拼接控制球以增强采集数据边界的形体特征，确保不同站点间的点云数据模型拼接精度。

2. 仪器、工具、材料、测量仪器量具要求

（1）仪器：三维激光数字扫描仪、数字化自动放线仪、光电测距仪、精密测距仪、电子经纬仪、全站仪、电子水准仪、数字水准仪、激光准直仪、激光扫平仪、光学经纬仪。（2）辅助工具：5m小卷尺、50m钢卷尺、水准尺（搭尺）、水平尺、水平连通管、线锤、直径0.5～1mm线、三角板、画板、工程笔、对讲机、手锤等。（3）辅助材料：铁钉、钢条、白灰粉、油漆、墨汁、喷漆、喷字模板、标识牌等。（4）测量仪器、量具应按国家计量部门或工程建设主管部门的有关规定进行检定，经检定合格后方可使用。

3. 工艺要点

1）工艺流程

获取经确认的测量基准点资料→BIM模型建立→BIM模型导入→放线机器人测站设定→验线→深化设计→数据导出及应用。

2）三维扫描仪采集的点云数据成果要求

（1）点云配准的整体残差值，不宜大于7mm。（2）扫描目标外的多余点云数据宜进行分割删除。

3）扫描仪扫描作业要求

（1）扫描仪使用时，环境温度、湿度等条件应符合设备使用要求。（2）扫描仪测站周围不宜有强电磁场干扰。（3）测区内应无大型遮挡物，仪器与扫描目标通视良好。（4）应清理扫描目标上影响准确度的杂物。（5）扫描仪应架设在平整、稳定的地面上，使用时应将仪器对中、调平。

4. 验收要点

（1）测量放线复核范围：楼地面平整度和水平面、拟建建筑空间平面几何尺寸及建筑轴网、拟建空间层间间距测量复核、拟建空间建（构）筑物空间形位几何尺寸，以及拟建空间场地测量成果。（2）测量放线验线应采用专用表格记录成果，并由相关方签字确认，验线内容包括放线范围、放线依据、放线精度等级、评判标准、验线内容及图纸、成果评价等。（3）测量放线验线的依据应包括深化设计施工图文件、施工放线成果记录、合同文件、国家现行有关标准、满足放线精度等级的要求等内容。（4）测量放线验线使用的测量仪器和工具的精度等级，应不低于放线所使用的测量仪器和工具精度等级。（5）测量放线过程中的原始资料、原始观测数据等，现场应记录清晰、完整。（6）测量放线计算成果和图表应标注清楚，计算过程清晰并签署完备。（7）数字化测量成果资料是专业性很强的资料，应由专业测量人员进行填写，成图结果应形成报告，并上报有关管理部门复核，复核合格后方可采用。

2.2 隔墙工程

2.2.1 砌体隔墙工程

1. 技术要点

（1）砌体隔墙应采用轻质砌块进行砌筑，轻质砖应提前1～2天适度湿润，在砌筑前，不应向砌块上洒水。（2）砌体隔墙与原建筑结构的墙体、梁柱、楼板底连接处应设置金属连接件进行锚固。（3）当墙体长度大于5m时，墙体中间应设置构造柱，墙顶部位应与梁拉结，当墙体高度超过4m时，墙体门窗顶处应设置通长的水平圈梁。（4）构造柱及拉结筋的设置应符合设计要求，构造柱留槎应先退后进。（5）构造柱浇筑混凝土前须将砌体留槎部位和模板浇水湿润，清理模板内杂物，并在结合面处补注去石水泥砂浆。（6）潮湿区域内的轻质砌体隔墙地脚应设置防水砌块或混凝土反坎，及采取防水措施，高度应符合设计要求。（7）填充墙砌至接近梁、板底时，应留约200mm的高度，待砌体工程砌筑完成7天后，再采用60°斜砌法进行砌筑。（8）墙内的设备箱体、穿墙孔洞应结合砌块的品种、规格预留位置，不应在完成墙体后打凿。（9）砌筑砂浆宜选用预拌砂浆，当采用现场拌制时，应按砌筑砂浆设计配比配制，一般水泥砂浆应在3h内用完，水泥混合砂浆应在4h内用完，高温天气水泥砂浆应在2h内用完。（10）砌体的转角和交接处应同时砌筑，否则应砌成斜槎，且留槎应符合设计及相关规范要求。

2. 材料要点

（1）轻质砌块的规格、强度、性能应符合现行国家产品标准。普通砌块精度要求：$L\pm4$mm；$B\pm2$mm；$H\pm2$mm。高精度砌块精度要求：$L\pm3$mm；$B\pm1$mm；$H\pm1$mm。（2）粘结材料的品种、材质和性能等应满足设计要求，应符合现行国家产品标准。（3）辅助材料：水泥、砂、水、添加剂、掺合料、金属连接件等均应满足设计要求，应符合现行国家产品标准。（4）所有材料的有害物质限量应符合强制性国家标准，严格查验进场材料的有害物质含量检测报告，并严格按照国家有关规定进行材料复验。

3. 工艺要点

1）普通精度薄抹灰砌块（含小型砌块）墙体

（1）工艺流程：基层清理→测量放线→铺底找平→砌筑→墙顶砖砌筑→顶缝处理→挂网→薄抹灰。（2）基层清理：应先将基层表面尘土、杂物清理干净。（3）测量放线：使用激光水准仪在地面定位放线，放出隔墙边线、门窗洞控制线，并将线引至侧墙及楼板底。（4）铺底找平：砌筑定位楼地面凹凸不平时，应使用1：3水泥砂浆进行铺底找平。（5）砌筑：砌筑前先进行砌块试排，将规格误差大或变形的砌块挑出，以保证隔墙平整度；砌筑时根据控制线调整墙体水平度及垂直度，墙体的转角处和交接处应同时砌筑。粘结材料使用专用砌筑砂浆时，灰缝宽度一般为10mm，但不应小于8mm，也不应大于12mm；使用专用砌块粘结剂时，灰缝厚度约2～4mm。专用粘结砂浆应随搅拌随使用，均匀涂抹在下层砌块上表面，上层砌块压紧后及时刮去溢出的砂浆。采用铺浆法砌筑砌体，铺浆长度不得超过750mm；施工期间气温超过30℃时，铺浆长度不得超过500mm。砌砖墙时，与构造柱连接处砌成马牙槎。每一个马牙槎沿高度方向的尺寸不宜超过300mm（即五皮砖）。马牙槎应先退后进。拉结筋按设计要求放置，设计无要求时，一般沿墙高500mm设置2根$\phi6$水平拉结筋，每边深入墙内不应小于1m。门窗洞和穿墙孔洞等应按设计要求砌筑，不应在砌筑完成的墙体上穿孔。（6）墙顶砖砌筑：墙体最顶层空隙可使用小型砌块斜放砌筑，砌块倾斜度约60°。（7）顶缝处理：顶部缝隙应使用膨胀砂浆灌浆，灰缝内凹2～3mm。（8）挂网：为防止门窗角及管线槽处墙体开裂，宜先喷刷丙乳液，待干燥后再批涂腻子，满挂玻璃纤维网格布。（9）薄抹灰：墙体表面薄抹灰，使用专用砂浆抹面，厚度约 6mm。

图 2.2.1-1　填充墙顶部斜砌块示意图

2）高精度免抹灰蒸压加气混凝土砌块墙体

（1）工艺流程：测量放线→工厂排板、预制→基层清理→砌块砌筑→安装连接件→顶部砌块砌筑→嵌缝。（2）测量放线：应采用高精度水准仪进行定位放线。（3）工厂排板、预制：按墙体结构的二次深化图纸，由工厂进行排板、预制。（4）基层清理：将基层表面尘土、杂物清理干净。（5）砌筑砌块：按排板图纸、砌筑先后顺序合理安排材料堆放。在砌体底部应采用灰砂砖砌筑，其高度应不小于 200mm；卫生间隔墙底部设置反坎，随主体浇筑，高度应不小于 150mm。专用粘结剂应低速搅拌，并随拌随用；应使用齿型刮刀均匀涂抹在下层砌块上表面，并将上层砌块压紧后及时刮去侧面溢出的粘结剂并抹平。灰缝应横平竖直，上下错缝，不得有通缝。砌块需锯裁时，锯裁砌块的长度不应小于砌块总长度的 1/3，砌筑应从转角处或交叉墙开始顺序推进，纵横墙应交叉搭砌，搭接长度不宜小于砌块长度的 1/3。砌体转角和内外墙交接（如有）部位应同时砌筑，对不能同时砌筑而又必须留槎的临时断处，应砌成斜柱，斜柱水平投影长度不小于高度的 2/3。（6）安装连接件：砌块应使用“L”形金属连接件与原建筑结构的墙体、梁柱、楼板底、门窗等连接，连接件应从第一皮砌块开始使用。（7）顶部砌块砌筑：按排板图纸砌筑墙体顶部砌块，墙体顶端的缝隙不宜大于 20mm。（8）嵌缝：顶部缝隙使用膨胀砂浆灌浆，两端灰缝凹入 20mm，填充专用填缝剂并抹平。

图 2.2.1-2　免抹灰墙体

图 2.2.1-3　“L”形金属连接件

4. 验收要点

（1）砌块长宽高偏差不应超过允许限值。（2）预埋于墙内的管道设备应进行隐蔽验收。（3）墙体垂直度、平整度应小于规定的范围，用经纬仪、尺或其他测量仪器检查。（4）砌块砌体组砌方法应正确，上下层错缝搭接，内外搭砌。（5）砌体隔墙的灰缝应横平竖直，厚薄均匀。

2.2.2　板材隔墙工程

1. 技术要点

（1）轻质板材隔墙应采用与墙板配套的粘结材料进行砌筑，灰缝厚度不大于 5mm。（2）轻质板材隔墙与建筑结构的墙体、梁柱、楼板底交接处连接件应安装牢固，严禁松动变形。（3）当墙板总高度大于 6m、超 8m 跨度或特殊要求时，应加钢结构（一般以角钢、槽钢、方钢、工字钢为立柱与横梁），当窗洞或门洞跨度超过 2600mm 时，应加角铁作横梁支撑上面的墙板。（4）轻质实心隔墙板应牢固、平整；受力节点应装钉严密、牢固，保证轻质实心隔墙板的整体刚度。（5）轻质板材隔墙应能满足安全、隔声、防火、防水要求。（6）墙内的管道设备开槽深度应小于板厚的 1/3，完成管线敷设后使用聚合物水泥砂浆填补缝隙，砂浆面略低于板面 1mm。

2. 材料要点

（1）隔墙板材规格、质量和强度等应满足设计要求，应符合现行国家产品标准。（2）粘结材料的品种、材质和性能等应满足设计要求，应符合现行国家产品标准。（3）隔墙板材预埋件、连接件规格、质量和强度等应满足设计要求，应符合现行国家产品标准。（4）所有材料的有害物质限量应符合强制性国家标准，严格查验进场材料的有害物质含量检测报告，并严格按照国家有关规定进行材料复验。

3. 工艺要点

（1）工艺流程：测量放线→工厂排板、预制→基层清理→装板→嵌缝→贴防裂布。（2）测量放线：应采用高精度水准仪进行定位放线。（3）工厂排板、预制：按现场数据，由工厂进行排板、预制，墙板连接方式应符合设计要求，并提供详细安装图纸。（4）基层清理：将基层表面尘土、杂物清理干净。（5）隔墙板安装后，粘结材料必须达到规定强度后（一般 10～15 天），才能进行下道工序。（6）装板：材料应按排板图纸、砌筑先后顺序合理堆放。专用填缝聚合物砂浆应随搅拌随使用，均匀涂抹在墙板的两侧及板顶端。将抹上专用填缝聚合物砂浆的墙板搬到装拼位置，立起上下对好基线，使用专业撬棒从墙板底部撬起，使墙板侧面与相粘面紧密连接，再用木楔顶起墙板，与上端结构顶牢，将砂浆聚合物从接缝挤出，然后刮去凸出墙板面接缝的砂浆（低于板面 4～5mm）并保证砂浆饱满。墙板通过角码及加固铁件与墙体、梁柱、楼板底、钢结构连接。门窗洞口上端板材与两侧板材连接时使用接缝钢筋或对夹螺栓固定。墙板初步拼装好后，要用专业撬棒进行调校正，用 2m 的直靠尺检查平整、垂直度。（7）嵌缝：安装校正好的墙板待 1 天后，用水泥砂浆（1：2）再加建筑胶调成聚合物浆状填平上、下缝和板与板之间的接缝，并将其木楔拔出，用砂浆填平并保证砂浆饱满。（8）贴防裂布：墙板的接缝处应在嵌缝完毕 3～5 天后，用乳胶贴玻璃纤维网格布，网格布宽度不小于 50mm。

图 2.2.2-1　隔墙板应牢固、平整

图 2.2.2-2　线管及插座底盒开槽深度

4. 验收要点

（1）墙体垂直度、平整度应小于规定的范围，用经纬仪、尺或其他测量仪器检查。（2）预埋于墙内的管道设备应进行隐蔽验收。（3）隔墙板材安装应牢固。（4）隔墙板材所用接缝材料的品种及接缝方法应符合设计要求。（5）隔墙板材安装应位置正确，板材不应有裂缝或缺损。（6）板材隔墙表面应平整光滑、色泽一致、洁净，接缝应均匀、顺直。（7）隔墙上的孔洞、槽、盒应位置正确、套割方正、边缘整齐。

2.2.3　骨架隔墙工程

1. 技术要点

（1）隔墙骨架与建筑结构墙体、梁柱、楼板底连接处应牢固可靠，应采用预埋件及膨胀螺栓进行连接。（2）隔墙骨架应满足强度的要求，墙体高度超过 4m 的隔墙，龙骨强度应进行验算，并采取必要的加强措施，墙体长度超过 12m 应按设计要求做控制变形缝，防止墙体变形及开裂，门窗洞口、墙体转角连接处等部位应加设龙骨进行加强处理。（3）骨架隔墙应能满足安全、隔声、防火、抗震要求。（4）潮湿区域的骨架隔墙应采取砖砌或混凝土踢脚台，及采取防水措施，高度应符合设计要求。（5）在潮湿区域的隔墙罩面板不应直接落地，离完成地面留约 5mm 空隙。基层板、装饰面板应采取防潮、防腐措施。（6）罩面板安装、防火岩棉填充应在骨架、暗藏管线、底盒安装完毕，且隐蔽验收合格后进行。（7）暗藏管线应在一侧封板和填充棉完成后开始施工。

2. 材料要点

（1）骨架主件等应满足设计要求，应符合现行国家产品标准。通常隔墙使用的轻钢龙骨为 C 型隔墙龙骨。轻钢龙骨 C50 系列可用于层高 3.5m 以下的隔墙，轻钢龙骨 C75 系列可用于层高 3.5～6m 的隔墙，轻钢龙骨 C100 系列可用于层高 6m 以上的隔墙。（2）骨架配件、紧固材料、嵌缝材料等应满足设计要求，应符合现行国家产品标准。（3）罩面板应满足设计要求，应符合现行国家产品标准。严格查验进场材料的有害物质含量检测报告，并严格按照国家有关规定进行材料复验。（4）填充材料应满足设计要求，应符合现行国家产品标准。

3. 工艺要点

1）工艺流程

测量放线→工厂排板、预制→基层清理→骨架安装→安装罩面板、填充棉→嵌缝。

2）测量放线

使用激光水准仪在地面定位放线，放出隔墙中线，门窗洞控制线，并将线引至侧墙及楼板底。

3）工厂排板、预制

按现场数据，由工厂进行排板、预制，罩面板与龙骨连接方式应符合设计要求，并提供详细安装图纸。

4）基层清理

将基层表面尘土、杂物清理干净。

5）骨架安装

（1）应按排板、安装图纸，将龙骨、罩面板按安装先后顺序合理安排堆放。（2）按设计要求设置踢脚台，踢脚台上表面应平整，两侧面应垂直。（3）安装沿地、沿顶及沿边龙骨，龙骨对接应平直，固定点的间距通常按900mm布置，最大不应超过1000mm，龙骨的端部应固定牢固。膨胀螺栓入墙长度：砖墙为30～50mm，混凝土墙为22～32mm。（4）安装竖龙骨，检查骨架水平度及垂直度，竖龙骨安装间距一般为450mm或600mm，如按设计要求间距安装，应注意间距是否符合罩面板的宽度尺寸。（5）通贯龙骨的设置：高度低于3m的隔墙安装1道，3～5m时安装2道，5m以上时安装3道。（6）隔墙骨架高度超过3m时，或罩面板水平方向板端（接缝）处无固定点时，应安装横撑龙骨加强骨架牢固性。（7）门窗洞口及特殊节点处，应使用附加龙骨，完成的净空尺寸应符合设计要求。（8）墙内的暗藏管线、设备、开关、插座底盒应采取局部加强措施，对所有穿墙设备管线的缝隙应采取防火封堵措施。

6）安装罩面板、填充棉

（1）墙体骨架、暗藏管线、设备、底盒等进行隐蔽验收后，进行罩面板、填充棉安装。（2）罩面板安装：罩面板长边接缝应落在竖龙骨上，曲面墙罩面板宜横向铺设。龙骨两侧的罩面板及两层罩面板应错缝排列，接缝不得排在同一根龙骨上。罩面板与骨架连接应安全牢固，石膏板应采用自攻螺钉与骨架固定，硅酸钙板应用专用墙板钉固定，石膏板安装板面之间应留缝3～5mm，木质装饰面板应通过配套连接件或基层板与骨架固定，并按安装图纸步骤进行安装。门窗洞口、隔墙的阴阳角罩面板收口应符合设计要求，并按安装图纸步骤进行安装。罩面板与不同装饰面板的搭接方式应符合设计要求，并按安装图纸步骤进行安装。（3）当竖向龙骨已经卡入沿顶、沿地龙骨间，且有一侧罩面板已经安装好后，进行填充棉安装，填充棉按设计要求选用具有隔声、保温、防火性能的材料。（4）安装另一侧的罩面板时，装板的板缝不得与对面的板缝落在同一根龙骨上，必须错开。如设计要求双层板罩面，内、外层板的钉距应采用不同的定位，错开固定。

7）嵌缝

（1）石膏板钉头应做防锈处理，钉眼用石膏腻子填平，板材之间缝隙采用专用嵌缝膏填平并贴网格布。（2）木质装饰面板嵌缝材料材质、颜色、尺寸等应符合设计要求。（3）罩面板与不同装饰面板的接口嵌缝材料材质、颜色、尺寸等应符合设计要求。

4. 验收要点

（1）骨架隔墙所用龙骨、配件、墙面板、填充材料及嵌缝材料的品种、规格、性能和木材的含水率应符合设计要求。有隔声、隔热、阻燃和防潮等特殊要求的工程，材料应有相应性能等级的检验报告。（2）骨架隔墙地梁所用材料、尺寸及位置等符合设计要求。骨架隔墙的沿地、沿顶及边框龙骨应与基体结构连接牢固。（3）骨架隔墙中龙骨间距和构造连接方法应符合设计要求。骨架内设备管线的安装、门窗洞口等部位加强龙骨的安装应牢固、位置正确。填充材料的品种、厚度及设置应符合设计要求。(4)骨架隔墙的墙面板应安装牢固，无脱层、翘曲、折裂及缺损。(5)墙面板所用接缝材料的接缝方法应符合设计要求。(6)骨架隔墙表面应平整光滑、色泽一致、洁净、无裂缝，接缝应均匀、顺直。(7)封板前应完成隐蔽验收。

2.2.4 活动隔墙工程

1. 技术要点

(1)活动隔墙应考虑门扇规格大小、自重、打开或收回时的受力情况，选择合适的材料及配件。(2)导轨安装应水平、顺直，不应倾斜不平、扭曲变形。(3)构造做法、固定方法应符合设计规定。(4)活动隔墙应能满足安全、隔声、防火、抗震要求。

2. 材料要点

(1)骨架应满足设计要求，应符合现行国家产品标准。(2)导轨及配套吊件应满足设计要求，应符合现行国家产品标准。(3)连接配件、紧固材料、密封材料等应满足设计要求，应符合现行国家产品标准。(4)饰面板的有害物质限量应符合强制性国家标准。严格查验进场材料的有害物质含量检测报告，并严格按照国家有关规定进行材料复验。(5)填充材料应满足设计要求，应符合现行国家产品标准。

3. 工艺要点

1)工艺流程

测量放线→导轨预埋件的安装→预制门扇→导轨的安装→门扇的安装、调试→清洁。

2)测量放线

根据设计图纸及现场实际情况，按照图纸标注，确定中心控制线、水平标高、门扇分格线。使用激光水准仪在相应位置放线。

3)导轨预埋件的安装

(1)导轨预埋件高度的确定及安装，应按现场实际进行安装。(2)普通导轨预埋件的做法见图 2.2.4-1。(3)导轨预埋件焊接安装过程中，一定要使用拉通线、水平尺等方法对导轨预埋件的水平进行调正。

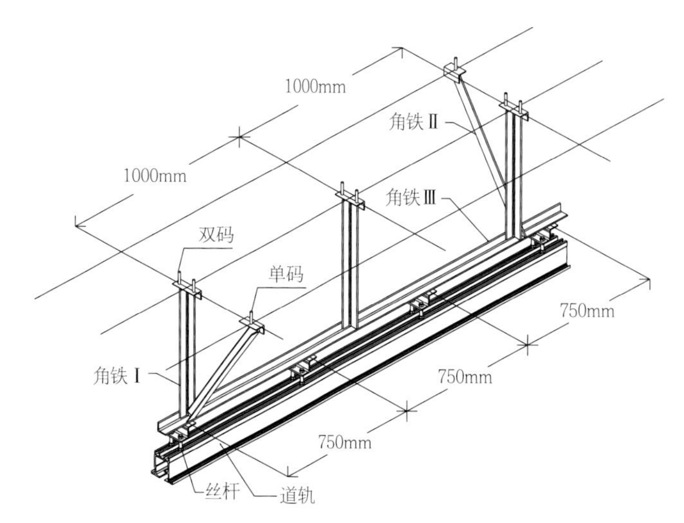

图 2.2.4-1 导轨预埋件安装示意图

4)预制门扇

按设计图纸及现场数据，门扇由工厂进行排板、预制，门扇构造应符合设计要求，并提供详细安装图纸。

5)导轨的安装

(1)调节螺杆安装应符合导轨设计高度，调节水平紧固后，每个接口处应和四方铁板进行加强连接，每个转弯驳口处要求应至少有2处有调节螺杆。(2)导轨装好后，应调整导轨纵向和横向水平。

6)门扇的安装、调试

门扇（吊轮）装到导轨上后拉出所有门扇排好，应及时确定门扇顺序，并调整门扇位置、垂直度，将锁紧螺母往下旋，迫紧轮座，安装完成后，打开及收回门扇，检查连接件性能、隔声密封效果。

7)清洁

门扇表面保护膜应在最后保洁时撕下，并清洁面板表面指纹及灰尘。

4. 验收要点

(1)活动隔墙所用墙板、轨道、配件等材料的品种、规格、性能和人造木板的甲醛释放量、燃烧、防潮等性能应符合设计要求。（2）活动隔墙轨道应与建筑基体结构连接牢固，并应位置正确。（3）活动隔墙用于组装、推拉和制作的构配件应安装牢固、位置正确，推拉应安全、平稳、灵活。（4）活动隔墙组合方式、安装方法应符合设计要求。（5）活动隔墙表面应色泽一致、平整光滑、洁净，线条应顺直、清晰。（6）活动隔墙上的孔洞、槽、盒应位置正确、套割吻合、边缘整齐。（7）活动隔墙推拉应无噪声。

2.2.5 玻璃隔墙工程

1. 技术要点

（1）玻璃安装时周边不应与硬质材料直接接触，应预留安装空隙及增加胶垫。（2）密封材料不得使用过期材料，硅酮耐候密封胶应采用高模数中性胶。（3）玻璃砖隔墙尺寸应以单块砖的规格为模数调整，安装时使用配套的粘结材料。（4）隔墙骨架应牢固、平整、垂直。（5）压条应平顺光滑，线条整齐，接缝密合。

2. 材料要点

（1）骨架材料应满足设计要求，应符合现行国家产品标准。（2）玻璃面板（应采用安全玻璃）、玻璃砖的规格、材质和性能等要求应满足设计要求，应符合现行国家产品标准。（3）密封材料、粘结材料的品种、颜色和性能等要求应满足设计要求，应符合现行国家产品标准。（4）紧固件及连接件的品种、材质和性能等要求应满足设计要求，应符合现行国家产品标准。（5）材料运至施工现场后，应会同监理、建设单位一起进行见证取样，并送具备资格的检测机构检测，检验合格后方可使用。

3. 工艺要点

1）玻璃板隔墙

（1）工艺流程

基层清理→测量放线→骨架安装→玻璃安装→填缝密封→成品保护。

（2）基层清理

将基层表面尘土、杂物清理干净。

（3）测量放线

使用激光水准仪在地面定位放线，放出隔墙中线，并将线引至侧墙及楼板底，并在天地水平线上标注龙骨的分格位置线。

（4）骨架安装

① 天地龙骨安装：应根据设计要求固定天地龙骨，膨胀螺栓固定间距应为600～800mm。② 沿墙边龙骨安装：应根据设计要求固定边龙骨，膨胀螺栓固定间距应为800～1000mm，边龙骨应启抹灰收口槽。③ 主龙骨安装：应根据设计要求按分格线位置固定主龙骨，龙骨每端固定应不少于3颗螺钉，且应安装牢固。④ 次龙骨安装：应根据设计要求按分格线位置固定次龙骨，用扣榫或螺钉固定，且应安装牢固。⑤ 应根据设计要求在龙骨框架中设置玻璃槽或玻璃压条的安装方式。⑥ 安装玻璃前，应检查所有龙骨防腐处理是否完成，未做到的部位应采取防腐措施。

（5）玻璃安装

① 玻璃面板安装应在骨架结构验收合格后进行。② 玻璃面板安装前应根据排板图，按安装先后顺序合理安排材料堆放。③ 竖向玻璃之间无龙骨对接时，应留2～3mm缝隙，并使用板条双面压制，保持两块玻璃接缝平整，后续嵌缝牢固后再拆除板条。④ 玻璃槽内清理干净，将橡胶垫垫在玻璃下方槽内，再将玻璃竖起插入上方槽内，轻轻垂直落下，放入下方槽内，然后调整好玻璃水平度及垂直度，缝隙内用垫块暂时塞紧，后续嵌缝牢固后再拆除垫块。⑤ 如使用压条安装时，先固定玻璃一侧的压条，将橡胶垫垫在玻璃下方龙骨上，再将玻璃放入，然后安装另一边压条将玻璃固定。

（6）填缝密封

使用密封材料嵌缝时，应先将玻璃面板及缝隙清理干净，待缝隙内完全干燥后，沿缝隙边缘贴好分色胶带，然后使用胶枪均匀注胶，注胶完成后，清理多余的密封胶，撕去分色胶带，密封胶嵌缝表面应平整顺滑，玻璃表面干净无残留密封胶。

（7）成品保护

在玻璃隔墙周边应设置防撞措施，表面贴上安全警示标志。

2）玻璃砖隔墙

（1）工艺流程

基层清理→测量放线→玻璃砖安装→填缝密封→成品保护。

（2）基层清理

应将验收合格的内框基层表面尘土、杂物清理干净，内框底座应能承载玻璃墙重量。

（3）测量放线

在墙体的内框放线：应按单个玻璃砖砌筑模数的倍数计算，在内框墙体的两端、转角、中间点处做好水平、垂直的标记，砌筑时两点拉线逐层砌筑。

（4）玻璃砖安装

玻璃砖使用专用粘结剂，应自下而上砌筑，每一层缝隙宽度约5～8mm，接缝凹入砖面约4～5mm。当隔墙长度或高度大于1500mm时，砖间应设钢筋增强。在垂直方向每两层设置1根钢筋（当长度、高度均超过1500mm时，设置2根钢筋），在水平方向每隔三个垂直缝设置1根钢筋。钢筋伸入内框不小于35mm。

（5）填缝密封

玻璃砖砌筑完成后，缝隙内应填充专用填缝剂并抹平，清洁表面多余填缝剂。

（6）成品保护

在玻璃砖隔墙周边设置防撞措施，表面贴上安全警示标志。

4. 验收要点

（1）玻璃隔墙工程所用材料的品种、规格、性能、图案和颜色应符合设计要求。玻璃板隔墙应使用安全玻璃。（2）玻璃板安装及玻璃砖隔墙砌筑方法应符合设计要求。（3）有框玻璃隔墙的受力杆件应与基体结构连接牢固，玻璃垫板安装胶垫位置正确。玻璃板安装应牢固，受力均匀。（4）无框玻璃隔墙的受力连接件应与基体结构连接牢固，连接件的数量、位置应正确，连接件与玻璃板的连接应牢固。（5）玻璃门与板隔墙板的连接、地弹簧的安装位置应正确符合设计要求。（6）玻璃砖隔墙砌筑中埋设的拉结筋应与基体结构连接牢固，数量、位置应正确。（7）玻璃隔墙表面应色泽一致、平整洁净、清晰美观。（8）玻璃隔墙接缝应横平竖直，玻璃应无裂痕、缺损和划痕。（9）玻璃板隔墙嵌缝及玻璃砖隔墙勾缝应密实平整、均匀顺直、深浅一致。

2.3 吊顶工程

2.3.1 整体面层吊顶工程

1. 技术要点

（1）整体面层吊顶标高、尺寸、起拱和造型应符合设计要求。（2）整体面层吊顶主龙骨应按消防喷淋、空调风口、灯具、检修口、设备等机电末端位置排布，严禁吊顶施工完毕后切断主龙骨。（3）整体面层吊顶应能满足安全、隔声、防火、抗震要求。（4）吊装大型设备（检修走道、吊灯等）时，应设置型钢独立吊挂系统，受力点应吊挂在结构楼板或梁上，不得与吊顶连接。（5）罩面板安装应在骨架、暗藏管线、设备安装完毕，并隐蔽验收合格后进行。（6）整体面层吊顶变形缝构造应符合设计要求，应满足变形功能和保证吊顶整体装饰效果。（7）吊顶上的挡烟垂壁、防火卷帘等防火设施应符合设计要求，骨架结构应牢固可靠。吊顶内部的防火分隔缝隙应采取防火封堵措施。

2. 材料要点

（1）骨架主件（包括轻钢龙骨、铝合金龙骨、型钢龙骨）应满足设计要求，应符合现行国家产品标准。金属表面应采取热镀锌处理，通常吊顶使用的轻钢龙骨为UC型主龙骨。轻钢龙骨UC38系列、UC50系列适用于不上人吊顶，轻钢龙骨UC60系列适用于上人吊顶。（2）金属吊杆、骨架配件、紧固材料、嵌缝材料等应满足设计要求，应符合现行国家产品标准。不上人龙骨应使用M8全牙热镀锌丝杆，上人龙骨应使用M10全牙热镀锌丝杆。（3）罩面板应满足设计要求，应符合现行国家产品标准。应严格查验进场材料的有害物质含量检测报告，并严格按照国家有关规定进行材料复验。常用罩面板包括：纸面石膏板、纤维水泥加压板、玻镁板、塑料板、金属板、胶合板、复合板等。北方地区宜使用纸面石膏板，通常分为普通、耐水、耐火和防潮四类；南方及沿海等潮湿地区宜使用纤维水泥加压板。（4）材料运至施工现场后，会同监理、建设单位一起进行见证取样，并送具备资格的检测机构检验，检验合格方准使用。

3. 工艺要点

1）工艺流程

测量放线→安装主龙骨吊杆→安装主龙骨→安装边龙骨→安装次龙骨→安装罩面板→嵌缝→清洁、验收。

2）测量放线

按照设计图纸，使用激光水准仪在四周墙面弹出吊顶标高线、吊杆固定点定位线，在地面投测放出吊顶的基准控制线，再逐步放出吊顶造型位置线、吊挂点布置线、大中型灯位线。

3）安装主龙骨吊杆

（1）吊杆规格按设计要求配置。吊杆长度超出1500mm，应设置反向支撑进行加固，吊杆长度大于2500mm时，应设置钢结构转换层。（2）吊杆上端与内膨胀螺栓固定在结构楼板，下端与主龙骨挂件连接。吊杆的固定点间距为900～1000mm。

4）安装主龙骨

（1）一般情况下，主龙骨宜平行于房间的短向安装。主龙骨的安装固定点间距应小于1200mm，与墙体间距不大于300mm，主龙骨与吊杆端头悬臂段不应大于300mm，否则应增加吊杆。（2）如有较大造型的吊顶，造型部分应用角钢或方管钢焊接成框架，采用膨胀螺栓与楼板连接固定。吊顶如设置检修走道，应用型钢另设置吊挂系统，应吊挂在结构顶板或梁上与吊顶工程分开。宽度不宜小于500mm，走道一侧宜设有栏杆。（3）吊挂系统应经相应结构专业计算并进行检测后确定。重型设备和有振动荷载的设备严禁安装在吊顶工程的龙骨上。

5）安装边龙骨

边龙骨的安装固定点间距应不大于吊顶次龙骨的间距，宜为300～400mm。

6）安装次龙骨

（1）在次龙骨与承载主龙骨的交叉布置点，应使用其配套的龙骨挂件（或称吊挂件、挂扣）将二者上下连接固定，龙骨挂件的下部勾挂住次龙骨，上端搭在承载主龙骨上。（2）因安装机电末端设备、风口、检修口等，无法避免而切断次龙骨的，应在附近增加次龙骨加固骨架，并使用铆钉锚固。

7）安装罩面板

安装罩面板应在骨架，暗藏管线、设备、底盒等隐蔽验收合格后进行。

（1）安装纸面石膏板

① 纸面石膏板在吊顶面的平面排布，板与板之间的接缝缝隙宽度宜为3～5mm。罩面板应在自由状态下固定，防止出现弯棱、凸鼓的现象；还应在顶棚四周封闭的情况下安装固定，防止板面受潮变形。② 安装双层面板时，上下层板的接通应错开，不得在同一根龙骨上接缝，相邻两块板之间应错缝拼接安装。③ 板材与龙骨固定时，应从一块板的中间向板的四边循序固定，不得采用在多点上同时作业的做法。

（2）安装纤维水泥加压板

① 纤维水泥加压板较为适宜于湿度高的南方或沿海地区使用。② 宜采用金属轻钢龙骨，用墙板钉固定纤维水泥加压板，或按产品说明书的规定安装。

（3）安装复合板

① 复合板安装应先安装基层板后安装饰面层板。② 安装前应检查饰面板的品种规格是否符合设计要求。③ 复合板安装顺序应先中间后四边，先大面后收边，应

边安装边调平，板缝调直，接缝宽度调整均匀。

8）嵌缝

（1）石膏板钉头应做防锈处理，钉眼用石膏腻子填平，板材之间缝隙采用专用嵌缝膏填平。（2）木质罩面板嵌缝材料材质、颜色、尺寸等应符合设计要求。（3）不同材质罩面板的接口嵌缝材料材质、颜色、尺寸等应符合设计要求。

4. 验收要点

（1）质量关键要求见表 2.3.1-1。（2）整体面层吊顶工程的吊杆、龙骨和罩面板的安装应牢固。（3）金属吊杆和龙骨应经过表面防腐处理，木龙骨应做防腐、防火处理。（4）整体面层的石膏板、水泥纤维板的接缝应按其施工工艺标准进行板缝防裂处理。安装双层板时，面层板与基层的接缝应错开，不得在同一根龙骨上接缝。（5）重量超过 3kg 的灯具、吊扇及有震颤的设施，应直接吊挂在原建筑楼板或梁上。（6）面层材料表面应洁净、色泽一致，不得有翘曲、裂缝及缺损。压条应平直、宽窄一致。（7）面板上的灯具、烟感器、喷淋头、风口箅子和检修口等设备设施的位置应合理、美观，与面板的交接应吻合、严密。（8）金属龙骨的接缝应均匀一致，角缝应吻合，表面应平整，无翘曲和锤印。木制龙骨应顺直、应无劈裂和变形。（9）吊顶内填充吸声材料的品种和铺设厚度应符合设计要求，并有防散落措施。（10）整体面层吊顶工程安装的允许偏差和检验方法应符合表 2.3.1-2 的规定。

质量控制要求　　表 2.3.1-1

序号	关键控制点	主要控制方法
1	龙骨、配件、罩面板的购置与进场验收	（1）广泛进行市场调查；（2）实地考察分供方生产规模、生产设备或生产线的先进程度；（3）定购前与业主协商一致，明确具体品种、规格、等级、性能等要求
2	吊杆安装	（1）控制吊杆与结构的紧固方式；（2）控制吊杆间距、下部丝杆端头标高一致性；（3）吊杆防锈处理
3	龙骨安装	（1）拉线复核吊杆调平程度；（2）检查各吊点的紧挂程度；（3）注意检查节点构造是否合理；（4）核查在检修孔、灯具口、通风口处附加龙骨的设置；（5）检查骨架的整体稳固程度
4	罩面板安装	（1）安装前应对龙骨安装质量进行验收；（2）使用前应对罩面板进行筛选，剔除规格、厚度尺寸超差和棱角缺损及色泽不一致的板块
5	外观	（1）吊顶面洁净，色泽一致；（2）压条平直、通顺严实；（3）与灯具、风口交接部位吻合、严实

整体面层吊顶工程安装的允许偏差和检验方法

表 2.3.1-2

项次	项目	允许偏差（单位：mm）	检验方法
1	表面平整度	3	用 2m 靠尺和塞尺检查
2	缝格、凹槽直线度	3	拉 5m 线，不足 5m 拉通线，用钢直尺检查

2.3.2 板块面层吊顶工程

1. 技术要点

（1）板块面层吊顶标高、安装起点、起拱和造型应符合设计要求。（2）消防喷淋、空调风口、灯具、检修口、设备等机电末端宜避开罩面板的接缝处布置。（3）板块面层吊顶应能满足安全、隔声、防火、抗震要求。（4）吊装大型设备（检修走道、吊灯等）时，应用型钢设置独立吊挂系统，应直接吊挂在结构楼板或梁上，不得与吊顶连接。（5）罩面板安装应在骨架、暗藏管线、设备安装完毕，并隐蔽验收合格后进行。（6）玻璃面板应采用镜面不锈钢或有机玻璃等材料替代。（7）吊顶上的挡烟垂壁、防火卷帘等防火设施应符合设计要求，安装应牢固可靠。吊顶内部的防火分隔缝隙应采取防火封堵措施。

2. 材料要点

（1）骨架材料（包括轻钢龙骨、铝合金龙骨）应满足设计要求，应符合现行国家产品标准，金属表面应采取热镀锌处理。主承载龙骨通常使用的轻钢龙骨为 UC 型隔墙龙骨，包括 UC38 系列、UC50 系列，属于不上人龙骨。活动罩面板通常使用配套的专用轻钢龙骨。（2）型钢应满足设计要求，应符合现行国家产品标准，应使用热镀锌钢材。（3）金属吊杆、骨架配件、紧固材料应满足设计要求，应符合现行国家产品标准。不上人龙骨应使用 M8 全牙热镀锌丝杆，上人龙骨应使用 M10 全牙热镀锌丝杆。（4）罩面板的品种、规格、图案、颜色应满足设计要求，应符合现行国家产品标准。应严格查验进场材料的有害物质含量检测报告，并严格按照国家有关规定进行材料复验。常用罩面板包括：矿棉吸声板、金属装饰板、塑料板、石膏装饰板、复合板等。（5）材料运至施工现场后，应会同监理、建设单位一起进行见证取样，并送具备资格的检测机构检验，检验合格方准使用。

3. 工艺要点

1）工艺流程

测量放线→安装主龙骨吊杆→安装主龙骨（承载龙骨）→安装面板专用龙骨→安装罩面板→调整板缝→清洁、验收。

2）测量放线

按照设计图纸，使用激光水准仪在四周墙面弹出吊顶标高线，在地面投测放出吊顶的基准控制线，再逐步放出吊顶造型位置线、吊挂点布置线、大中型灯位线。

3）安装主龙骨吊杆

（1）吊杆规格按设计要求配置。吊杆长度超出 1500mm，应设置反向支撑进行加固，吊杆长度大于 2500mm 时，应设置钢结构转换层。（2）吊杆上端与内膨胀螺栓固定在结构楼板，下端与主龙骨挂件连接。吊杆的固定点间距 900～1000 mm。

4）安装主龙骨（承载龙骨）

（1）一般情况下，主龙骨宜平行于房间的短向安装。主龙骨端头与吊杆的悬臂段不应大于 300mm，否则应增加吊杆。（2）如有较大造型的吊顶，造型部分应用角钢或方钢焊接成框架，采用膨胀螺栓与楼板连接固定。吊顶如设置检修走道，应用型钢另设置吊挂系统，检修走道应吊挂在结构顶板或梁上并与吊顶分开。宽度不宜小于 500mm，走道一侧宜设有栏杆。（3）吊挂系统应经相应结构专业计算并进行检测后确定。重型设备和有振动荷载的设备严禁安装在吊顶工程的龙骨上。

5）安装面板专用龙骨

（1）根据活动面板的规格，排列龙骨的间距，使用专用连接件与主承载龙骨连接。（2）在空调风口、设备孔洞周围应设附加龙骨，附加龙骨的连接使用铆钉固定。

6）安装罩面板

安装罩面板应在骨架、暗藏管线、设备、底盒等进行隐蔽验收后进行。

（1）活动面板安装

① 活动面板安装应注意板背面的箭头方向一致，以保证花纹、图案的整体性。② 在活动面板上安装灯具，应采取吊装灯具的安全措施。

（2）金属仿石材面板安装

① 金属仿石材面板安装应用型钢骨架，骨架受力点在结构楼板或梁上，不与吊顶连接。② 较大的金属仿石材面板应设置加强筋，应使用配套的吊挂件进行安装，与型钢骨架连接牢固。金属仿石材面板、吊挂件、骨架之间的接触面应使用专用粘结胶粘结牢固。

（3）镜面不锈钢仿玻璃面板安装

① 镜面不锈钢仿玻璃面板安装应使用不锈钢连接件与吊顶龙骨连接牢固，如超出龙骨承载力，应增加型钢龙骨加强措施。② 镜面不锈钢仿玻璃面板安装前应先安装基层罩面板，在镜面不锈钢仿玻璃镜背面或基层板上注打中性硅酮结构胶进行粘贴，再通过不锈钢玻璃钉或压条将镜面不锈钢仿玻璃面板与基层板连接牢固。③ 镜面不锈钢仿玻璃面板安装应边安装边调好平整度，板缝要顺直。镜面不锈钢仿玻璃面板之间接缝宽度应留约 2mm 的间隙，以防止镜面不锈钢热胀冷缩后挤压爆裂。

图 2.3.2-1 异形金属面板吊顶

图 2.3.2-2 镜面不锈钢仿玻璃面板吊顶

7）调整板缝

安装完成后，应拉通线对整个吊顶的分格缝进行调平、调直，缝隙宽度应均匀一致。

8）清洁、验收

镜面不锈钢保护膜应在竣工验收前清除。

4. 验收要点

（1）质量关键要求参见表 2.3.1-1。（2）面层（罩面）材料的材质、品种、规格、图案、颜色和性能应符合设计要求及国家现行标准的有关规定。（3）面板的安装应稳固严密。面板与龙骨的搭接宽度应大于龙骨受力宽度的 2/3。（4）吊杆和龙骨的材质、规格、安装间距及连接方式应符合设计。金属吊杆和龙骨表面应进行表面防腐处理，木龙骨应进行防腐、防火处理。（5）板块面层吊顶工程的吊杆和龙骨安装应牢固。（6）板材料表面应洁净、色泽一致，不得有翘曲、裂缝及缺损。面板和龙骨的搭接应平整、吻合，压条应平直、宽窄一致。（7）面板上的灯具、烟感器、喷淋头、风口箅子和检修口等设备、设施的位置应合理、美观，与面板的交接应吻合、严密。（8）金属龙骨的接缝应平整、吻合、颜色一致，不得有划伤和擦伤等表面缺陷。木制龙骨应平整、顺直，应无劈裂。（9）吊顶内填充吸声材料的品种和铺设厚度应符合设计要求，并有防散落措施。（10）板块面层吊顶工程安装的允许偏差和检验方法应符合表 2.3.2-1 的规定。

板块面层吊顶工程安装的允许偏差和检验方法

表 2.3.2-1

项次	项目	允许偏差（单位：mm）				检验方法
		石膏板	金属板	矿棉板	木板、塑料板、玻璃板、复合板	
1	表面平整度	3	2	3	2	用 2m 靠尺和塞尺检查
2	接缝直线度	3	2	3	3	拉 5m 线，不足 5m 拉通线，用钢直尺检查
3	接缝高低差	1	1	2	1	用钢直尺和塞尺检查

2.3.3 格栅吊顶工程

1. 技术要点

（1）格栅吊顶标高、安装起点、起拱和造型应符合设计要求。（2）消防喷淋、空调风口、灯具、检修口、设备等机电末端安装应符合设计要求。（3）格栅吊顶与墙面、不同材质吊顶的收口应符合设计要求。（4）格栅安装应在骨架、暗藏管线、设备安装完毕，并隐蔽验收合格后进行。

2. 材料要点

（1）龙骨应满足设计要求，应符合现行国家产品标准。金属龙骨表面应采取热镀锌处理，通常使用的轻钢龙骨规格有 T38、T50。（2）金属吊杆、骨架配件、紧固材料应满足设计要求，应符合现行国家产品标准。（3）格栅吊码应满足设计要求，应符合现行国家产品标准。（4）格栅的品种、规格、图案、颜色应满足设计要求，应符合现行国家产品标准。（5）材料运至施工现场后，会同监理、建设单位一起进行见证取样，并送具备资格的检测机构检验，检验合格方准使用。

3. 工艺要点

1）工艺流程

测量放线→安装吊杆→安装龙骨→安装格栅吊码→安装格栅→整理、收边→清洁、验收。

2）测量放线

按照设计图纸，使用激光水准仪在四周墙面弹出吊顶标高线，在地面投测放出吊顶的基准控制线，再逐步放出吊顶造型位置线、吊挂点布置线、大中型灯位线。

3）安装吊杆

吊杆规格按设计要求配置。吊杆长度超出 1500mm，应设置反向支撑进行加固，吊杆长度大于 2500mm 时，应设置钢结构转换层。

4）安装龙骨

（1）龙骨安装应符合设计要求，安装方向、间距以格栅造型设计图纸要求为准，应使用与格栅配套的龙骨（注：无龙骨格栅吊顶无需安装龙骨，吊杆直接使用吊码与格栅连接）。（2）特殊造型的格栅吊顶，配套龙骨应按设计要求在工厂排板、预制，并提供详细安装图纸。（3）吊顶如设置检修走道，应用型钢另设置吊挂系统，检修走道应直接吊挂在结构顶板或梁上与吊顶工程分开。宽度不宜小于 500mm，走道一侧宜设有栏杆。（4）吊挂系统应经相应结构专业计算并进行检测后确定。重型设备和有振动荷载的设备严禁安装在吊顶工程的龙骨上。

5）安装格栅吊码

格栅吊码安装应符合设计要求，吊杆通过吊码与龙骨或格栅连接，不同型号的格栅吊顶应使用配套的吊码。

6）安装格栅

安装格栅应在骨架、暗藏管线、设备、底盒等隐蔽验收合格后进行。

（1）组合格栅安装

① 按设计要求将组合格栅的主龙骨与副龙骨装配成型，其纵、横尺寸按设计图纸尺寸安装。② 将组合格栅使用吊钩穿在格栅主龙骨孔内吊起，组合格栅吊顶应线条顺畅，接缝平整。

（2）条形格栅安装

① 按设计要求将格栅条板与配套龙骨卡扣连接。② 条形格栅造型应符合设计要求，应线条顺畅、接缝平整。

7）整理、收边

格栅安装后，应拉通线对整个顶棚表面和分格、分块缝调平、调直，使其吊顶表面平整度满足设计和相关标准的要求，吊顶的分格、分块缝位置准确，均匀一致、通畅顺直，宽窄一致。

图 2.3.3-1　铝合金组合格栅

图 2.3.3-2　铝合金条形格栅

4. 验收要点

（1）各种铝合金格栅板类别材料的选用均符合设计及国家现行行业相关标准规范要求，并且具有生产许可证、出厂合格证、检验报告。（2）格栅吊顶标高、尺寸、起拱和造型应符合设计要求。（3）格栅材质、品种、规格、图案、颜色和性能应符合设计要求及国家现行标准的有关规定。（4）吊杆和龙骨的材质、规格、安装间距及连接方式应符合设计要求。金属吊杆和龙骨表面应进行表面防腐处理；木龙骨应进行防腐、防火处理。（5）格栅吊顶工程的吊杆、龙骨和格栅安装应牢固。（6）格栅表面应洁净、色泽一致，不得有翘曲、裂缝及缺损；栅条角度应一致，边缘应整齐，接口应无错位；压条应平直、宽窄一致。（7）吊顶上的灯具、烟感器、喷淋头、风口箅子和检修口等设备、设施的位置应合理、美观，与格栅的套割处交接应吻合、严密。（8）金属龙骨的接缝应平整、吻合、颜色一致，不得有划伤和擦伤等表面缺陷。（9）吊顶内填充吸声材料的品种和铺设厚度应符合设计要求，并有防散落措施。（10）格栅吊顶内设备、管线设备等表面处理应符合设计要求，吊顶内各种设备管线布置应合理、美观。（11）格栅吊顶工程安装的允许偏差和检验方法应符合表 2.3.3-1 的规定。

格栅吊顶工程安装的允许偏差和检验方法

表 2.3.3-1

项次	项目	允许偏差（单位：mm）		检验方法
		金属格栅	木格栅、塑料格栅、复合格栅	
1	表面平整度	2	3	用 2m 靠尺和塞尺检查
2	格栅直线度	2	3	拉 5m 线，不足 5m 拉通线，用钢直尺检查

2.3.4 软膜吊顶工程

1. 技术要点

（1）软膜吊顶标高、安装起点和造型应符合设计要求。（2）软膜吊顶应能满足防火要求。（3）软膜龙骨安装应在暗藏管线、设备、底盒等隐蔽验收合格后进行。

2. 材料要点

（1）软膜吊顶底架应满足设计要求，应符合现行国家产品标准。（2）软膜的品种、规格、图案、颜色应满足设计要求，符合现行国家产品标准，常用材料采用特殊聚氯乙烯材料制成柔性软膜吊顶，厚度为 0.15～0.50mm。（3）金属吊杆、龙骨配件、紧固材料应满足设计要求，应符合现行国家产品标准。（4）材料进入施工现场后，应会同监理、建设单位一起进行见证取样，并送具备资格的检测机构检验，检验合格方可使用。

3. 工艺要点

1）工艺流程

测量放线→安装主龙骨吊杆→底架的制作与安装→安装龙骨→安装软膜→清洁、验收。

2）测量放线

按照设计图纸，使用激光水准仪在四周墙面弹出吊顶标高线，在地面投测放出吊顶的基准控制线，再逐步放出吊顶造型位置线。

3）安装主龙骨吊杆

吊杆规格按设计要求配置。吊杆长度超出 1500mm 时，应设置反向支撑进行加固，吊杆长度大于 2500mm 时，应设置钢结构转换层。

4）底架的制作与安装

（1）根据设计图纸在工厂制作底架，宜使用复合板或金属底架，制作时应考虑底架的强度是否符合软膜安装拉力，安装软膜后以底架不会变形为原则（注：底架制作可在工厂预制，或包含在整体面层吊顶工程中施工）。（2）安装底架时应注意吊顶上的其他设备是否有足够的安装位置，如灯具、风口、投影仪等，安装高度应符合设计规范要求。（3）安装底架时应注意吊件是否会对软膜造成阴影，应设法消除透光膜阴影，在施工中为减少软膜上的阴影，必要时支撑材料可采用有机玻璃条。部分管道或设施，距透光膜太近，也会产生阴影，此时应用反光纸将其包裹，避免透光膜有阴影。（4）底架与龙骨接触面应光滑、平整。

5）安装龙骨

（1）龙骨安装应符合设计要求，宜采用铝合金龙骨，用自攻螺钉或拉铆钉等固定在底架上。（2）特殊造型的吊顶，龙骨应按设计要求在工厂排板、预制，并提供详细安装图纸。（3）龙骨安装应牢固，与底架连接紧密。

6）安装软膜

（1）安装软膜应在底架、暗藏管线、设备、灯具等隐蔽验收合格后进行。（2）根据设计图纸要求由工厂制作软膜及焊接好扣边，并提供详细安装图纸。（3）软膜造型应符合设计要求，安装时使用电吹风将软膜吹软，拉伸展开后用铲刀将软膜的边卡进龙骨内。软膜安装时要先安装角位，然后对角安装，最后拉点全部安装。（4）软膜表面不平整，有皱褶可用电吹风吹平。（5）软膜安装施工时，如果消防喷淋头已安装，应把消防喷淋头用珍珠绵包起来。以免热风炮烘烤软膜时温度过高，烤爆喷淋头。

7）清洁、验收

清洁软膜时不能采用腐蚀性强的溶剂，可使用中性清洁剂，用软布、软毛刷、电吹风进行吹扫清洁。

4. 验收要点

（1）各种软膜吊顶类别材料的选用应符合设计及国家现行行业相关标准规范要求，并且具有生产许可证、出厂合格证、检验报告。（2）软膜底架：底架基层造型应符合设计要求；灯管与软膜的距离应在 250～600mm，灯距要相等，横竖要成直线；底架安装应牢固。（3）龙骨安装：龙骨连接紧密，缝隙不得大于 1mm，弧形龙骨接头流畅、牢固；固定龙骨的螺钉符合设计要求，安装位置宜在龙骨顶端10～30mm处；龙骨与基层紧密结合，缝隙不大于1.5mm；角度切割不能大于理论角度，但不能小于理论角度2°。（4）焊缝焊接要平直，左右偏移不能大于5mm。（5）功能底口底面与软膜平面平行，安装牢固。（6）软膜吊顶整体造型应符合设计要求。（7）软膜表面无污染、杂物、破损、皱褶及明显划伤，安装要整齐美观，不能有漏装、反边现象。（8）软膜灯光均匀，不能看到灯管。

2.4 楼地面工程

2.4.1 石材地面工程

1. 技术要点

（1）石材地面的色彩、纹理和图案应符合设计要求，由多种石材拼接的花边、图案宜在加工厂预制。（2）石材地面应具有防水、耐磨、防腐蚀的性能，材质疏松、密度低的天然石材应在加工厂进行加硬处理。（3）纹理、颜色差别较大的天然石材，应进行挑选，试排后再铺贴。（4）石材地面、坡道、台阶、踏步的防滑性能应符合现行行业标准《建筑地面工程防滑技术规程》JGJ/T 331的有关规定。（5）石材铺贴应采用专用的胶粘剂和填缝剂。（6）石材铺贴宜设置与其变形量相适应的接缝，缝内宜嵌柔性专用填缝剂，接缝宽度可按表2.4.1-1选取。在寒冷地区的出入口附近3～5mm范围内宜适当加大接缝宽度。（7）石材嵌缝应在胶粘剂固化干燥后进行，宜采用填缝剂或柔性嵌缝材料。

人造石材铺装接缝要求（单位：mm）　　表2.4.1-1

边长规格L	最小缝宽
$L \leqslant 400$	2
$400 < L \leqslant 600$	3
$600 < L \leqslant 800$	4

2. 材料要点

（1）大理石、花岗石、料石等天然石材以及胶粘剂、水泥、砂、石、外加剂等材料或产品应符合国家现行有关室内环境污染控制和放射性、有害物质限量的规定。材料进场时应具有中文质量合格证明文件、规格、型号及性能检测报告。（2）大理石、花岗石等天然石材的品种规格及物理性能符合国家标准及设计要求，外观光泽度、颜色一致，表面平整、边角整齐，无裂纹、缺棱掉角等缺陷，其质量符合现行国家标准《天然大理石建筑板材》GB/T 19766、《天然花岗石建筑板材》GB/T 18601、《民用建筑工程室内环境污染控制标准》GB 50325的要求。（3）水泥基胶粘剂应符合现行行业标准《天然石材用水泥基胶粘剂》JG/T 355的规定。（4）水泥：硅酸盐水泥、普通硅酸盐水泥，其强度等级不应低于42.5，严禁不同品种、不同强度等级的水泥混用。水泥进场应有产品合格证和出厂检验报告，进场后应进行取样复试。其质量应符合现行国家标准《通用硅酸盐水泥》GB 175的规定。（5）人造石材的品种、光泽度、石材纹理、色调应符合设计要求，人造石材无裂纹、缺棱、缺角、翘曲、色斑、坑窝等缺陷，人造石材板材厚度应符合设计要求。（6）人造石板材湿贴施工时，应采用专用胶粘剂和填缝剂，不应采用普通硅酸盐水泥砂浆等碱性较强的粘结材料。（7）人造花岗石质量应符合现行行业标准《人造石》JC/T 908、现行国家标准《建筑材料放射性核素限量》GB 6566（A类装饰材料）的规定及合同中相关要求。

3. 工艺要点

1）工艺流程

基层处理→测量放线→试拼→铺找平层砂浆→铺石材→灌浆、擦缝→天然石材打蜡或晶面处理→清洁。

2）基层处理

地面应无尘土、杂物。

3）测量放线

按石材施工排板图放线，宜在地面标出花边边线、图案中心线（定位线）、造型轮廓线。

4）试拼

铺设前先按排板图进行试铺，石材的铺贴起点、花纹方向应符合设计要求，确认的石材应按排板图编号做好标记。

5）铺找平层砂浆

找平层的干硬性水泥砂浆配合比为水泥：砂＝1：2～1：3（体积比），干硬程度以手捏成团，落地即散为宜，铺好后用刮杠刮平，再用抹子拍实找平。

6）铺石材

根据排板图编号、铺贴起点及试排时的缝隙（板块之间的缝隙宽度当设计无规定时应不大于1mm）进行石材铺贴。

7）灌浆、擦缝

石材板块铺贴完毕，待结合层抗压强度达到1.2MPa时，即可进行灌浆、擦缝。根据设计要求的颜色选择专用填缝剂或柔性美缝材料。灌浆1～2h后，将溢出板面的填缝剂擦净。填缝应清晰、顺直、平整光滑、深浅一致。

8）天然石材打蜡或晶面处理

（1）打蜡：先将大理石或花岗石表面的污渍使用中性全能清洁剂加入适量的水进行清洗吸干，然后进行打蜡（根据气候的条件决定打蜡时间），整个打蜡流程是用布将成品蜡均匀涂在石材面层上，然后用抛光机进行研磨，选用硬光蜡，加强表面的硬度，研磨至少三遍，直至表面光亮、图案清晰、色泽一致。（2）整体研磨、晶面处理：具有加硬、加光、防滑、除渍四大功能。先将大理石或花岗石地面进行整体带水研磨，达到整体平整光滑后，将表面的污渍使用中性全能清洁剂加入适量的水进行清洗吸干，然后在石材面洒晶面剂，每次洒面积以2m^{2}为准，需逐步打磨，每当晶面剂被刷地机磨干后，石材发出玻璃光亮便应立即停机，否则光度会因过度的摩擦所产生的热力破坏，变成反效果，尤以白色石为甚。

9）清洁

清洁石材时，应选择中性清洁剂，禁止使用酸性或碱性清洁剂清理板材。

4. 验收要点

（1）地面工程验收应符合现行国家标准《建筑地面工程施工质量验收规范》GB 50209的要求。（2）地面工程验收时应检查下列文件和记录：施工图、设计说明及其他设计文件；石材的生产许可证、产品合格证书、性能检测报告、进场验收记录和复验报告；隐蔽工程验收记录、检验批质量验收记录；施工记录。（3）地面工程应对下列隐蔽工程项目进行验收：预埋于地面内管道设备的安装及水管试压，预埋件。（4）面层应符合有害物质限量的规定。（5）面层与下一层的结合（黏结）应牢固，无空鼓。

2.4.2 饰面砖地面工程

1. 技术要点

（1）饰面砖的规格尺寸、颜色、花纹应符合设计要求，由多种饰面砖拼接的花边、图案宜在加工厂预制。（2）铺贴饰面砖前，应对吸水率高的饰面砖提前进行浸水湿润，晾干待用。（3）铺贴陶瓷锦砖面层时，砖底面应清洁干净，每联陶瓷锦砖之间、与结合层之间以及在墙角、镶边和靠柱、墙处应紧密贴合。在靠柱、墙处不得采用砂浆填补。勾缝和压缝应采用同品种、同强度等级的填缝剂，勾缝完成后做好养护和保护。（4）饰面砖的铺贴起点、花纹方向应符合设计要求。（5）同批次饰面砖数量应满足所铺区域的使用量，不同区域不同批次的饰面砖应标识清晰。（6）卫生间内饰面砖排板图应结合洁具的规格尺寸、安装尺寸进行深化图纸设计（图2.4.2-1、图2.4.2-2）。

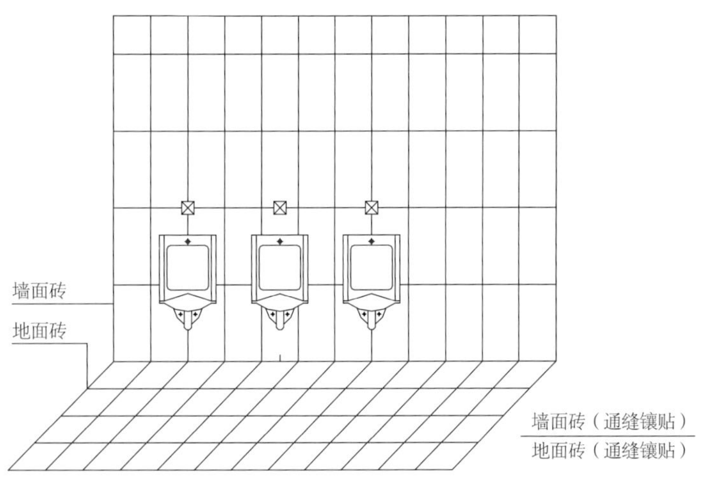

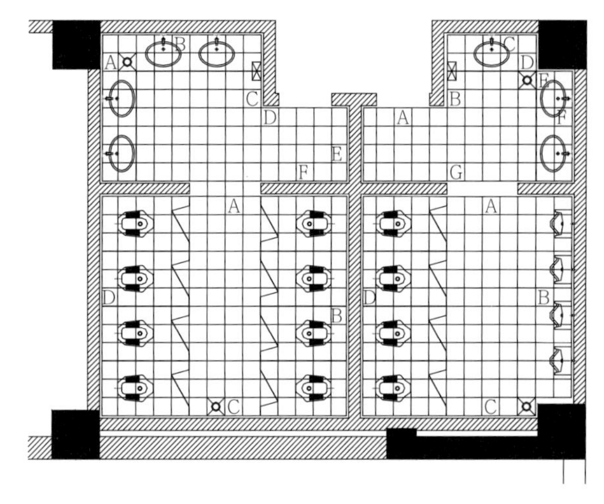

图 2.4.2-1 卫生间瓷砖与洁具排布示意图

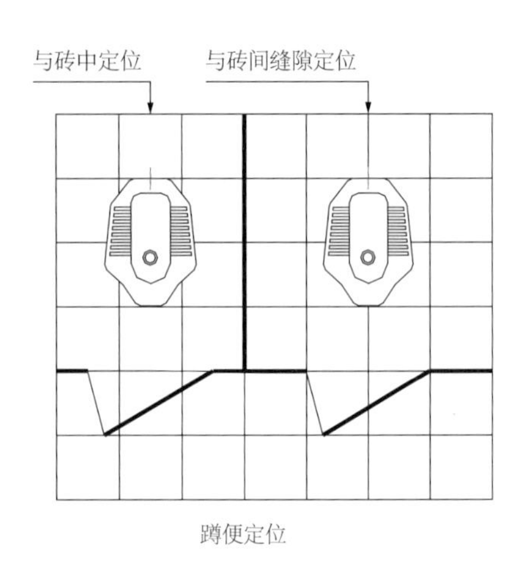

蹲便定位

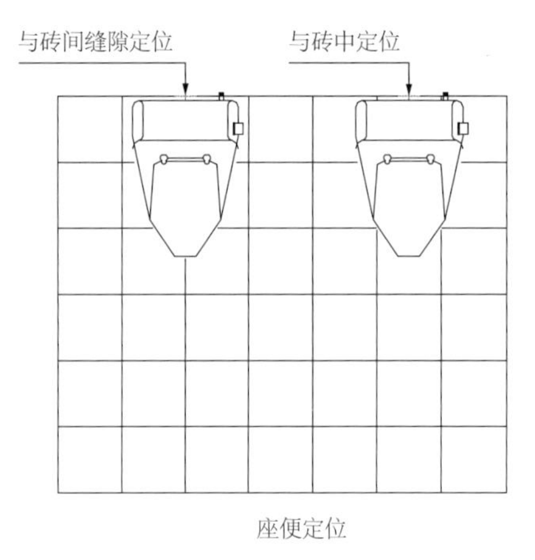

座便定位

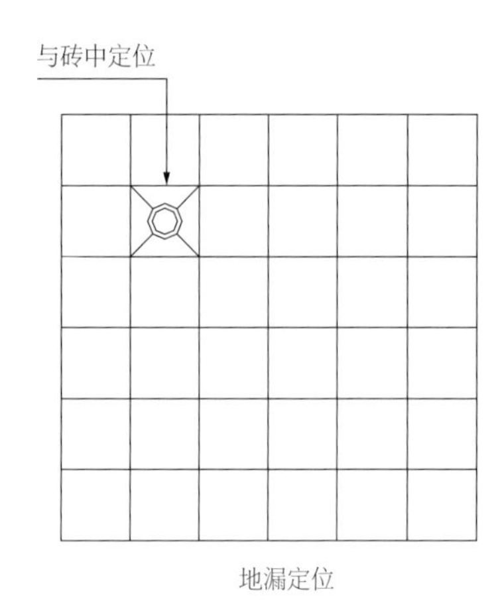

地漏定位

图 2.4.2-2 蹲便、座便、地漏定位方式

2. 材料要点

（1）饰面砖地面工程采用的材料或产品应符合设计要求和现行国家标准《建筑地面工程施工质量验收规范》GB 50209 等有关标准的规定；进场材料应有中文质量合格证明文件、规格、型号及性能检测报告，对重要材料或产品应抽样进行复验并有复验报告。（2）饰面砖地面工程采用的砖、瓷砖胶、水泥、砂、石、外加剂等材料或产品应符合国家现行有关室内环境污染控制和放射性、有害物质限量的规定，材料进场时应具有检测报告。（3）饰面砖先进行选样封样，每批次饰面砖进场均应严格对照封样验收，将被检饰面砖平放在地面上，目测外观质量。（4）其他材料：预拌砂浆、白水泥、美缝剂、保护剂、清洁剂、填缝剂等应有出厂合格证及相关性能检测报告。

3. 工艺要点

（1）工艺流程：基层处理→测量放线→预铺→铺贴→勾缝→清洁。（2）基层处理：地面应无尘土、杂物。（3）测量放线：施工前在墙体四周弹出标高控制线，在地面弹出十字线，以控制地砖分隔尺寸。（4）预铺：根据控制线和排板图纸要求进行饰面砖预铺，横竖方向应各铺贴一行饰面砖作铺贴时的标准。（5）铺贴：饰面砖铺贴时留缝宽度应符合设计要求，无设计要求时一般为 1.5～3mm，铺装时要保证面层缝宽窄一致，纵横在一条线上。（6）勾缝：地砖铺贴完成 24h 后进行清理勾缝，勾缝前应先将地砖缝隙内杂质擦净，用专用填缝剂勾缝，勾缝要饱满密实。（7）清洁：填缝剂凝固后对地砖表面进行清洁（一般宜在 12h 之后），可采用锯末养护 2～3 天。

4. 验收要点

参见“2.4.1　石材地面工程”的“4. 验收要点”。

2.4.3　地毯地面工程

1. 技术要点

（1）地毯的品种、颜色、图案应符合设计要求，定制整张地毯尺寸时，应按现场所量尺寸每边留出 5～10cm 余量。（2）地毯应存放在干燥、干净的仓库或房间内，防止受潮及污染。（3）设计深化图纸应包含地毯排板图、分块图、关键节点图、收边收口图。

2. 材料要点

（1）地毯的品种、规格、主要性能和技术指标应符合设计要求，应有出厂合格证明。（2）胶粘剂：无毒、不霉、快干，0.5h 之内使用张紧器时不脱缝，对地面有足够的粘结强度、可剥离、施工方便的胶粘剂，均可用于地毯与地面、地毯与地毯连接拼缝处的粘结。一般采用天然乳胶添加增稠剂、防霉剂等制成的胶粘剂，主要性能和技术指标应符合设计要求，应有出厂合格证明，必要时做复试。（3）倒刺钉板条：在 1200mm×24mm×6mm 的三合板条上钉有两排斜钉（间距为 35～40mm），还有五个高强钢钉均匀分布在全长上（钢钉间距约 400mm，距两端各约 100mm）。（4）铝合金倒刺条：用于地毯端头露明处，起固定和收头作用，多用在外门口或其他材料的地面相接处。（5）铝压条：宜采用厚度为 2mm 左右的铝合金材料制成，用于门框下的地面处，压住地毯的边缘，使其免于被踢起或损坏。

3. 工艺要点

1）工艺流程

基层处理→测量放线、套方、分格、定位→地毯铺设→清洁→成品保护。

2）基层处理

清理基层，地面应无尘土、杂物，含水率不大于 8%，表面平整偏差不大于 4mm。

3）测量放线、套方、分格、定位

严格按照深化后的排板图纸在铺设区域进行弹线、套方、分格；图纸没具体要求时，应对称找中并弹线后定位铺设。

4）地毯铺设

（1）卷材地毯铺设

① 铺设卷材的地毯前，应先沿铺设范围周边固定倒刺板，然后离开倒刺板 10mm 左右铺设衬垫，将衬垫采用点粘法刷 107 胶或聚醋酸乙烯乳胶，粘在地面基层上。② 将地毯的一条长边固定在倒刺板上，用地毯撑拉伸地毯，用膝撞击地毯撑，拉伸到另一边。然后将地毯固定在另一条倒刺板上，掩好毛边，长出的地毯，用裁割刀割掉。重复操作，直至地毯边缘都固定在倒刺板上。③ 地毯铺完后要进行全面检查，如发现飞边现象，用压毯铲将地毯的飞边塞进接缝，毯边不得外露；接缝处绒毛有突出的，使用剪刀或电铲修剪平齐。

（2）方块地毯铺设

① 方块地毯的铺贴起点、花纹方向应符合设计要求。② 铺贴方块地毯可采用胶粘带或胶粘剂直接铺设在地面，胶粘剂不宜过多，避免溢出污染地毯表面。每块地毯之间应密拼顶紧，接缝应平整、顺直。③ 剪裁方块地毯时，直线剪裁应采用剪裁机，异形剪裁应制作模板，在地毯上放置模板画线剪裁。

5）清洁

地毯铺设完毕后用软毛帚扫清地毯面上的杂物，用吸尘器清理毯面的灰尘。

6）成品保护

加强成品保护，在出入口处安装专用保护膜，准备拖鞋，以减少污物、砂浆等带入。在人流多的通道、大厅应铺盖专用保护膜等加以保护，确保工程质量。

4. 验收要点

（1）地面工程验收应符合现行国家标准《建筑地面工程施工质量验收规范》GB 50209 的要求。（2）地面工程验收时应检查下列文件和记录：地面工程的施工图、设计说明及其他设计文件；材料的生产许可证、产品合格证书、性能检测报告、进场验收记录和复验报告；隐蔽工程验收记录；施工记录。（3）地面工程应对下列隐蔽工程项目进行验收：预埋于地面内管道设备的安装及水管试压，预埋件。

2.4.4 PVC 地面工程

1. 技术要点

（1）PVC 地面工程设计深化图纸应包含排板图、分块图、关键节点图、收边收口图。（2）对材料有特殊要求的（如防静电、洁净等）应提供具体参数要求，国家标准没有具体参数要求的应指明参照的相关（国外）标准。（3）PVC 地板应具备抗菌、防霉、防腐、防滑、防水、防火等性能。（4）PVC 地面卷材应在铺贴前 3～6 天进行裁切，并留有 0.5% 的余量，以防止卷材收缩后尺寸不够。（5）地板施工前 14～28 天应对地面进行干燥，地面的湿度应在 4.5% 以下。

2. 材料要点

（1）PVC 地板应符合国家现行有关室内环境污染控制和放射性、有害物质限量的规定。（2）材料进场验收应严格按照现场验收程序进行，PVC 卷材应有完好包装，标明生产厂家、生产日期和有效期，应有生产许可证、出厂合格证、使用说明书和质量检验报告。（3）主要材料进场前应先进行选样封样，每批次材料进场要“以样验材”。（4）所采用的基底材料，如水泥自流平、界面剂、粘结剂、焊线、垫条、压条等材料，应有生产许可证、出厂合格证和质量检验报告，颜色需与面层材料一致。（5）PVC 地板材料参数：弹性材料的防滑等级应在 R9～R13 之间，等级越高，防滑性能越好；色牢度应为 6 度或 7 度，数值高代表色牢度更好，不容易色变；铺地材料防火性能均应达到 B1 级以上。

3. 工艺要点

1）工艺流程

基层清理→测量放线→自流平施工→自流平表面打磨、清洁→PVC 地板铺贴→清洁。

2）基层清理

用铲刀、吸尘机除去地面的小结块、尘沙、杂物及前道施工的残留物。检查清理修补地表小面积疏松、空鼓、裂缝、凸起、凹陷的部位。

3）测量放线

用地坪检测器在待施工的地坪上检测任意 2m 范围内的平整度。如自流平厚度为 2mm，地坪的平整度不应大于 3mm，否则应使用打磨机处理。

4）自流平施工

正式施工将自流平分批倒入地坪，用专用刮板推刮均匀，并用放气滚筒进行放气。

5）自流平表面打磨、清洁

待 24h 自流平干燥后用砂皮机进行打磨修整，清除表面微小颗粒，使施工后自流平表面更加平整、光洁。

6）PVC 地板铺贴

（1）基层硬度要求：基层的表面硬度不低于 1.2MPa。（2）基层平整度要求：用 2m 靠尺和楔形尺检测，表面平整度允许偏差小于或等于 2mm。（3）温度要求：空气温度应在 18℃以上，地表温度在 15℃以上，并保证至少 24h 恒温。（4）PVC 地板卷材或块材，铺贴前应展开静置 24h 以上，保证与地面及周围环境温度相同、记忆性还原后，将卷材按照平面布局放线、预铺。（5）焊线颜色应符合设计要求，焊缝应平整、顺直。

7）清洁

打蜡前应确认 PVC 地板表面干净，干燥后才进行。

4. 验收要点

参见“2.4.3　地毯地面工程”的“4. 验收要点”。

2.4.5 木地板地面工程

1. 技术要点

（1）木地板的品种、颜色、花纹和尺寸规格应符合设计要求。木地板抗折、抗拉、抗压强度以及吸水率等性能应符合国家规范要求。（2）目前国内市场条形木地板可以分为窄板（190～195mm×1200～1300mm）和宽板（295mm×1200mm）两种，在设计无要求时，宜选择窄板，减少非标准板块裁剪量，降低材料损耗和减少现场加工产生的噪声、粉尘，节省电能。（3）所用材料在运输、储存和施工过程中，应采取有效措施防止损坏、变质和污染环境。（4）设计图纸应包含木地板排板、分块图、关键节点图、收边收口图。（5）施工前对地板排板进行综合平衡设计，从铺设方向、地板规格等进行优化排板，有条件项目定尺加工，降低损耗和现场切割工程量。

2. 材料要点

（1）木地板的品种、规格和质量应符合设计要求和国家现行相关规定，材料与产品的选择应符合产业的发展方向，严禁使用国家明令淘汰的材料。（2）强化复合木地板选用其甲醛含量符合 E0（不得低于 E1）标准。（3）宜选用再生木木地板代替强化复合木地板。（4）地板包装物采用可降解泡沫，减少对土地的污染。（5）木地板及防潮层材料的有害物质限量应符合强制性国家标准，严格查验进场材料的有害物质含量检测报告，并严格按照国家有关规定进行材料复验。

3. 工艺要点

1）工艺流程

基层处理→测量放线→铺设木垫层→铺设防潮膜→铺设木地板→清洁→成品保护。

2）基层处理

地面基层应干净、干燥、平整。

3）测量放线

应根据设计标高在墙面四周弹线以便打平木格栅的顶面高度。

4）铺设木垫层

木垫层宜铺设厚度大于 9mm 的夹板，板面应做好防潮、防腐处理，采用钢钉与地面固定。

5）铺设防潮膜

在木垫层表面满铺防潮膜，防潮膜连接应搭接铺设，搭接尺寸约 50mm。

6）铺设木地板

（1）木地板铺设方向应符合设计要求，如无设计要求时条形木地板宜顺着铺设区域的长度方向铺设。（2）木地板拼接样式应符合设计要求，如无设计要求时宜采取工字拼。实木地板应使用钉枪将木地板钉牢在木垫层上，木地板拼接不宜过于紧密，宜留 1mm 伸缩缝，接缝应平整、顺直。（3）木地板铺设至墙根处时，应距离墙根留出约 15mm 空隙的伸缩缝。

7）清洁

木地板铺设完成后应立即进行清扫，防止硬物损坏木板表面。

8）成品保护

应铺上专用保护膜做保护，密度板之间缝隙用透明自粘胶带封严。

4. 验收要点

参见“2.4.3 地毯地面工程”的“4. 验收要点”。

2.4.6 环氧磨石地面工程

1. 技术要点

（1）基层混凝土表面标高、格缝、平整度（应小于 3mm/3m）、强度应符合设计要求，并经验收合格。基层含水率不超过 6%，施工气温最低 5℃，最高 40℃，同时如有渗水的地方需特殊处理找出渗水的源头。（2）施工前应编制环氧磨石施工方案，有详细的技术交底，并交至施工操作人员。（3）用研磨机对基层进行研磨处理，将基层表面的浮浆打掉，使基层呈现它最坚实的表面，边角采用小型无尘打磨机。（4）环氧磨石地面工程应执行《环氧磨石地坪装饰装修技术规程》T/CBDA 1。

2. 材料要点

（1）环氧磨石地坪所用材料不得采用国家禁止使用的材料，宜采用绿色环保材料，无机非金属材料放射性限量、环氧树脂等材料挥发性有害物质限量应符合现行国家标准《民用建筑工程室内环境污染控制标准》GB 50325 的规定。（2）各种进场原材料规格、品种、材质等符合设计要求，进场后应验收合格。（3）环氧磨石表面图案用颜料应具有防紫外线性能，并应 5 年内褪色度不大于 80%。（4）打磨抛光材料选用应符合环氧磨石表面处理的要求。（5）每一单项工程都按样板选用同批号颜料，以求得色光和着色力一致。

3. 工艺要点

1）工艺流程

基层处理→测量放线→安装分格条→铺设环氧磨石→研磨→补浆→养护→清洁→成品保护。

2）基层处理

在环氧磨石面层摊铺之前，应对现场基层进行勘察以及全面的检测：（1）对原基层地面空鼓、不结实、不平整的区域进行处理。对局部不结实、不平整部分的区域选择合适的修补方法，可采取先切割清理然后采用环氧找平砂浆进行快速修补。（2）检测基层找出低洼处然后打底、修补，然后整体打磨。

3）测量放线

（1）采用激光放线仪测量水平标高、拼花定位线。（2）测设标注地面预埋机电末端位。

4）安装分格条

根据设计图纸进行放线安装分格条。（1）采用 5mm 的 L 形分格条将环氧磨石与其他装饰面隔离，有效防止在打磨环氧磨石的过程中碰坏其他材质。（2）对于暗藏地面的设施，应采用同等大小的替代品安装在地面上，待环氧磨石浇筑后连同替代品一起打磨，待地面全部打磨完成后再将替代品取出。

5）铺设环氧磨石

（1）拌制环氧磨石：将专用环氧磨石树脂 A 组分与 B 组分按规定配比，用搅料器将其充分搅拌混合后，再倒入盛有各种级配骨料的专用搅拌器内充分搅拌。（2）摊铺、整平、压实材料：拌制好的环氧磨石应及时铺设在防裂层上面，摊铺厚度以压实后 10～12mm 为宜，由于原基层平整度局部可能达到 12mm 左右，铺设同时，应配合 2m 刮杠进行整平，确保平整度在 2～3mm/2m 内，然后用抹光机进行压实或用手工压实，使环氧磨石表面平整、密实。（3）环氧磨石摊铺完成后完全固化，夏天需 48h，冬天需 72h 以上。

6）研磨

（1）用真空无尘研磨机装配六角磨头进行试磨，以磨出的粉尘无肢状物粘附磨头，此时说明养护期已达到要求，可以进行研磨找平，研磨找平时应按先横后纵的顺序进行，研磨行与行之间应相互交接三分之一为宜，研磨机应左右摇摆，根据表面的打磨情况均匀控制研磨机磨行速度，不得任意停留或改变磨行速度，以免造成局部凹陷、不平整以及漏磨等现象。（2）应配合 2m 靠尺对打磨的地坪进行平整度检测，将偏高部位磨至平整度达标为准，磨出骨料纹理，研磨后的厚度 10mm，或根据不同的标准用红外线检测。质量标准：表面平整、纹理均匀、细腻。控制方法：严格按打磨顺序进行，控制好打磨找平的速度及时间，全过程应有专人跟踪检查，控制好墙边、柱边等细小部位的打磨找平质量。

7）补浆

（1）补浆的条件及时间：封闭养护 8h 后即可进行补浆，也可根据固化情况确定，一般以能上人进行批刮操作为原则。（2）施工方法：按工艺确定的配比，配置环氧磨石树脂，根据环氧磨石层表面的吸料情况均匀批刮。（3）质量标准及控制方法：控制好灌浆施工及批刮抹光时间，配料应严格按配比要求进行配制，严格控制批刮遍数，确保面层光洁、密实。

8）养护

（1）补浆施工完成后应封闭养护，防止其他专业人员在地坪未完全固化时进入地坪养护区域，避免污染，影响到完工后的地面观感效果。（2）养护时间一般48h以上（根据室内温度情况和环氧磨石地坪固化情况确定）。质量控制方法：研磨后严格按照要求对地面进行清洗然后吸干；补浆前严格控制吸尘效果，确保表面洁净无灰尘，无麻孔等质量缺陷。按照施工配比进行环氧胶泥配制，经充分搅拌，倒于地面上由专业刮涂用手刮板均匀刮开。在封闭层未完全固化期间应采取封闭养护，避免污染、刮伤，影响地坪的观感效果。（3）将环氧磨石补浆层磨除、清洗。（4）养护剂施工后，可呈现出骨料的真实与自然美感并有效装饰和保护地面。

9）清洁

用吸尘器清理积尘，再用干毛拖把满拖一遍。

10）成品保护

采用薄的透气性地毯面层加盖5mm的木板或高密度板，透气性地毯具有一定的缓冲力，同时木板具有一定的抗压能力，在木板受到外重力的情况下地毯起到了很好的缓冲作用，防止硬物直接砸在了环氧磨石的表面上。

4. 验收要点

参见“2.4.3　地毯地面工程”的“4. 验收要点”。

2.4.7　环氧自流平地面工程

1. 技术要点

（1）环氧自流平地面工程的基层要求：地基含水率应小于3%，不超过9%；基层pH值小于10；用锋利的凿子快速交叉切划表面，交叉处不应有爆裂；表面平整度用2m直尺检验，空隙不应大于2mm。（2）应明确环氧地坪各种材料的参数要求（表2.4.7-1、表2.4.7-2）。（3）自流平地面工程各部位分色的颜色及宽度应符合设计要求，应按现场尺寸进行深化图纸设计（图2.4.7-1）。

环氧树脂涂料的参数要求　　表2.4.7-1

项目		技术指标
干燥时间（单位：h）	表干（25℃）	≤4
	实干（25℃）	≤24
7d拉伸粘结强度（单位：MPa）		≥2

自流平环氧树脂涂料的参数要求　　表2.4.7-2

项目		技术指标
固体含量（单位：%）		≥95
活动度（单位：mm）		≥140
干燥时间（单位：h）	表干（25℃）	≤8
	实干（25℃）	≤24
7d抗压强度（单位：MPa）		≥60
7d拉伸粘结强度（单位：MPa）		≥2.0
抗冲击性，ϕ60mm，1000g的钢球		涂膜无裂纹、无剥落
耐磨性（单位：g）		≤0.15

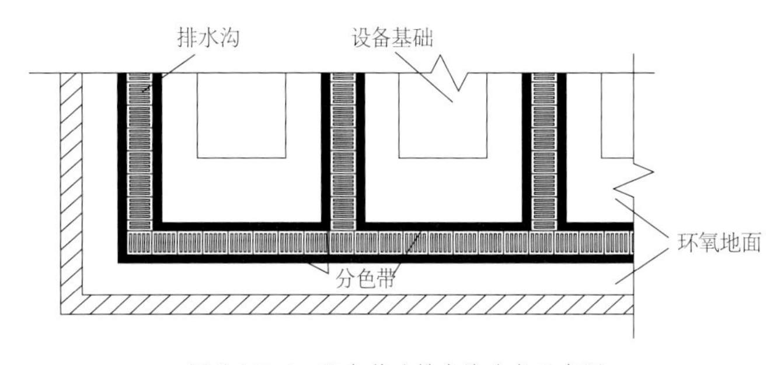

图2.4.7-1　设备基础排水沟分色示意图

2. 材料要点

（1）涂料及稀料应符合国家相关标准，应有完好包装，标明生产厂家、生产日期和有效期，应有出厂合格证、使用说明书和质量检查报告。（2）进行材料选样封样，每批材料进场前都应以样品选材送检。（3）每批材料进场要满足所限定区域的使用，不同区域不同批次的材料不允许混合使用。（4）将所选的地坪材料做适用性试验，并对防腐层性能进行检测。性能检查各项指标满足施工要求后，报审监理审查确认合格后，方可投入使用。（5）涂料、固化剂、稀释剂等材料应密封储存在阴凉干燥的仓库内，并应注意防火。

3. 工艺要点

1）工艺流程

基层处理→环氧底漆施工→中间层施工→环氧面漆施工→清洁→成品保护。

2）基层处理

（1）清除混凝土表面的浮浆、尘土、垃圾。（2）对清除垃圾后的混凝土基层，利用无尘打磨的方法，以清除浮浆和形成毛糙的表面。如果局部区域有油脂污染，使用清洁剂清洗。（3）裂缝的处理：使用环氧底漆和中涂漆进行封闭。（4）不规则沉降造成的地面裂缝及空鼓处理：用切割机在裂缝处切割出 V 形槽，并清除杂物，然后灌入环氧砂浆，切割宽度为切割深度的 2 倍。

3）环氧底漆施工

按比例（1：1）将主剂、固化剂混合，充分搅拌均匀，在可使用时间内滚涂（30min 之内），滚涂时要做到薄而匀，涂布后有光泽，无光泽之处（粗糙之水泥地面）在适当时候进行补涂。12h 之后可进行下道工序。

4）中间层施工

（1）环氧中涂批补施工：先将中涂漆主剂充分搅拌均匀，然后按比例（3：1）将主剂、固化剂混合，充分搅拌均匀。搅拌后加入适量细石英砂（粉），充分搅拌均匀，倒在地面上，以镘刀全面做一层披覆填平砂孔，使表面平整。若批补不平整，或者过于光滑，间隔时间长（如 3 天以上），则须硬化干燥后全面砂磨，以吸尘器吸干净。（2）环氧中涂树脂砂浆施工：先将中涂漆主剂充分搅拌均匀后，加入适量适当规格的石英砂，充分搅拌均匀，倒在地面上，用有齿镘刀依规格镘涂。24h 之后可进行下道工序。

5）环氧面漆施工

（1）环氧面漆批补施工：先将面漆主剂充分搅拌均匀，然后按比例（24：5.4）将主剂、固化剂混合，充分搅拌均匀。若批补不平整，或者过于光滑，间隔时间长（如 3 天以上），则须硬化干燥后全面砂磨，以吸尘器吸干净。24h 之后可进行下道工序。（2）环氧面漆施工：先将主剂充分搅拌均匀，然后将固化剂向盛有主剂的桶中央倒入，以免材料混合不匀。充分搅拌均匀后，用 2mm 镘刀一次成型，环氧平涂则用滚筒进行滚涂 2 次，施工时发现有气泡用齿尖除去。72h 之后可轻踩上人。

6）清洁

用吸尘器清除表面积尘。

7）成品保护

覆盖专用保护膜进行保护，防止踩踏损坏。

4. 验收要点

（1）施工所用材料的品种、型号和性能符合设计要求和施工及验收规范的规定。（2）环氧地面的颜色、光泽、图案符合设计要求。（3）环氧地面涂饰均匀、黏结牢固，不漏涂、透底、起皮和反锈。（4）地面的基层处理符合规范要求。

2.4.8 热辐射采暖地面工程

1. 技术要点

（1）热辐射采暖地面工程施工方案应符合设计要求和现行国家标准《建筑给水排水及采暖工程施工质量验收规范》GB 50242、现行行业标准《辐射供暖供冷技术规程》JGJ 142 的有关规定。（2）地面辐射供暖的板块面层宜采用缸砖、陶瓷地砖、花岗石、水磨石板块、人造石板块、塑料板等，应在填充层上铺设。（3）地面辐射供暖的板块面层采用胶结材料粘贴铺设时，填充层的含水率应符合胶结材料的技术要求。（4）地面辐射供暖的板块面层铺设时不得扰动填充层，不得向填充层内楔入任何物件。（5）低温热水地面辐射供暖工程的施工，环境温度不宜低于 5℃。（6）低温热水地面辐射供暖工程施工，不宜与其他工种进行交叉施工作业，施工过程中，严禁进人踩踏加热管。（7）地面辐射供暖的板块面层的伸缩缝及分格缝应符合设计要求，面层与柱、墙之间应留不小于 10mm 的空隙。

2. 材料要点

（1）地面辐射供暖的板块面层采用的材料或产品应符合设计要求，且应具有耐热性、热稳定性、防水、防潮、防霉变等特点。（2）地板采暖盘管采用PERT管，规格为*de*20×2.0。绝热保温材料为厚度20mm的保温板。（3）反射层如选用无纺布基铝箔，厚度按照设计要求。（4）分集水器应符合设计要求。（5）执行器、温控器应符合设计要求、封样标准。各种安装材料应经检验合格，所附带的质量证明文件和合格证应齐全。

3. 工艺要点

1）工艺流程

基层处理→绝热层铺设→敷设采暖管→安装分水器→打压试水→填充层施工→验收。

2）基层处理

铺设绝热层的地面应平整干燥、无杂物。

3）绝热层铺设

墙面根部应平、直且无积灰现象。铺设绝热层应平整，苯板相互之间应结合严密。铺设无纺布基铝箔纸时，反射膜应保持方正、平整。直接与土壤接触或有潮气侵入的地面，在铺放绝热层之前应先铺一层防潮层。

4）敷设采暖管

加热管应严格按照设计图纸标定的管间距和走向敷设，加热管应保持平、直，加热管道弯曲半径不应小于6倍管径，在敷设中直管段固定间距为0.5～0.7m，弯曲管段固定点间距宜为0.2～0.3m，用绑丝将加热管道固定于钢丝网上，要求布设加热管道间距及距墙尺寸偏差< ±10mm。加热管进入集分水器附近或局部地热管间距小于100mm时，加热管外部采用柔性套管等措施。加热管敷设前，应对照施工图纸核定加热管的选型、管径、壁厚是否满足设计要求；并对加热管外观质量和管内部是否有杂质等进行认真检查，确认不存在任何问题后再进行安装。加热管安装间断或完毕的敞口处，应随时封堵。加热管切割，应采用专用工具；切口应平整，断口面应垂直管轴线。埋设于填充层内的加热管不应有接头。施工验收后，发现加热管损坏，需要增设接头时，根据不同材质的塑料加热管采用热熔插接式连接或卡套式、卡压式铜制管接头。

5）安装分水器

集分水器安装根据施工水平线，将分水器在上、集水器在下，中心距为200mm。集水器中心距地面不小于300mm。根据甲方总包的要求确定集分水器距墙尺寸，确定无误后再安装，如无明确尺寸以不小于4cm为准。

6）打压试水

盘管按图纸的路数安装无误，全部安装完毕进行压力试验。关上阀门将手动试压泵连接好，缓慢打压升压时间不小于15min，达到工组压力的1.5倍后停止加压，稳压1h，压力降幅不大于0.05MPa即为合格，报请监理验收。

7）填充层施工

混凝土填充层施工应具备以下条件：所有伸缩缝均已按设计要求安装完毕；加热管安装完毕且水压试验合格、加热管处于有压状态下；通过隐蔽工程验收；保证加热管内的水压不低于0.6MPa，养护过程中，系统应保持不小于0.4MPa，浇捣混凝土填充层时，施工人员应穿软底鞋，采用平头铁锹。

8）验收

检验、调试及验收低温热水地面辐射供暖系统。

4. 验收要点

1）验收记录

热辐射采暖地面工程验收应符合现行国家标准《建筑地面工程施工质量验收规范》GB 50209地面辐射供暖的板块面层的要求，验收时应检查下列文件和记录：热辐射采暖地面工程的施工图、设计说明及其他设计文件；材料的样板及确认文件；材料的产品合格证书、性能检测报告、进场验收记录和复验报告；施工记录。

2）水压试验

（1）水压试验应符合规定：试验压力应为工作压力的 1.5 倍，且不应小于 0.6MPa。（2）检验方法：在试验压力下，稳压 1h，观察其压力降，若压力降不大于 0.05MPa，则为合格。（3）水压试验宜采用手动试压泵缓慢升压，升压过程中要随时观察与检查有无渗漏，不宜以气压试验代替水压试验。（4）在有冻结可能的情况下试压时，试压完成后应及时将管内的水吹干。

3）调试与试运行

（1）低温热水地面辐射供暖系统未经调试，严禁运行使用。（2）低温热水地面辐射供暖系统的调试运行应在具备正常供热和供电的条件下进行。（3）低温热水地面辐射供暖系统的调试工作应由施工单位在建设单位配合下进行。（4）低温热水地面辐射供暖系统的通热试运行应在面层完全自然干燥后进行。初次供暖时，热水升温应平缓，供水温度应控制在比当时环境温度高 10℃左右，且不应高于 32℃。应连续运行 48h；以后每隔 24h 水温升高 3℃，直至达到设计供水温度。在此温度下应对每组分、集水器连接的加热管逐路进行调节，直至运行正常。

4）管道、阀门和连接配件

管道、阀门和连接配件无渗漏。阀门启闭灵活，关闭严密。

2.4.9 集成装配式地面工程

1. 技术要点

（1）编制集成装配式地面工程专项施工方案，并应符合现行行业标准《装配式内装修技术标准》JGJ/T 491 的有关规定。（2）设计图纸包含集成装配式地面工程排板图、分块图、关键节点图、收边收口图。（3）做好施工现场结构基底勘察、水准点的复测、放线定位，并验收合格。（4）集成装配式地面铺装时，基层上不得有积水，基层表面应坚实平整，清理应干净（用吸尘器），含水率不大于 8%，基层应平整、光洁、不起灰，抗压强度不得小于 1.2MPa。（5）集成装配式地面下的各种管线要在铺装前安装完，并验收合格，防止安装完后多次揭开，影响地板的质量。（6）墙边不符合模数的板块，切割后应做好镶边、封边，防止板块受潮变形。（7）集成装配式地面面层应安装牢固，无裂纹、划痕、磨痕、掉角、缺棱等现象。装配式地面面层的接地网设置与接地电阻值应符合设计要求。（8）集成装配式地面基层和构造层之间、分层施工的各层之间，应结合牢固、无裂缝；架空地板面层的排列应符合设计要求，表面洁净、接缝均匀、缝格顺直；架空地板面层与墙面或地面突出物周围套割应吻合，边缘应整齐。与踢脚板交接应紧密，缝隙应顺直。（9）集成装配式地面面层与墙面或地面突出物周围套割应吻合，边缘应整齐。与踢脚板交接应紧密，缝隙应顺直。集成装配式地面安装的允许偏差和检验方法应符合表 2.4.9-1 的规定。

集成装配式地面安装的允许偏差和检验方法

表 2.4.9-1

项次	项目	允许偏差（单位：mm）	检查方法
1	表面平整度	2.0	用 2m 靠尺和楔形塞尺检查
2	接缝高低差	0.5	用钢尺和楔形塞尺检查
3	表面格缝平直	3.0	拉 5m 通线，不足 5m 拉通线和用钢尺检查
4	踢脚线上口平直	3.0	
5	板块间隙宽度	0.5	用钢尺检查
6	踢脚线与面层接缝	1.0	楔形塞尺检查

2. 材料要点

（1）集成装配式地面地板作业所用材料的品种、规格和质量应符合设计要求和现行国家标准《建筑装饰装修工程质量验收标准》GB 50210、《民用建筑工程室内环境污染控制标准》GB 50325 等的相关规定，材料与产品的选择应符合产业的发展方向，严禁使用国家明令淘汰的材料。（2）架空地板支架应具有耐磨、防潮、阻燃等性能，钢质件应经热镀锌或其他防锈处理，承载力性能、机械性能和外观质量等应符合《建筑地面工程施工质量验收规范》GB 50209 的要求；应储存在通风干燥的仓库中，远离酸、碱及其他腐蚀性物质，严禁置于室外日晒雨淋。（3）架空地板和衬板应采用平整、防火、耐潮、强度高、耐腐蚀、防蛀和耐久性好的材料，如纤维增强水泥压力板（CFC板）、硅酸钙板或硫酸钙板等。板面应平整、坚实，承载力应满足相关规范及建筑设计要求，连接构造应稳定、牢固。（4）地毯的品种、规格、颜色、花色、胶料和铺料及其材质应符合设计要求和国家现行地毯产品标准的规定。（5）木地板要求选用坚硬、耐磨、纹理美、有光泽、耐朽、不易变形开裂的木材。加工的成品顶面刨光，侧面带企口的半成品地板，企口尺寸符合设计要求，板的厚度、长度尺寸一致。制作前木材需要烘干处理，要求拼花木地板含水率不超过10%，长条木地板含水率不超过12%，同批材料树种、花纹及颜色力求一致；其他的复合地板等厚度、尺寸、板材强度、面层的颜色、纹理、阻燃、耐磨性等应符合设计要求和现行国家标准的规定。（6）瓷砖有出厂合格证，抗压、抗折及规格品种均应符合设计要求，外观颜色一致、表面平整、边角整齐、无翘曲及窜角。（7）石材规格品种均符合设计要求，外观颜色一致、表面平整，形状尺寸、图案花纹正确，厚度一致并符合设计要求，边角齐整，无翘曲、裂纹等缺陷。（8）PVC地板及胶粘剂应符合《室内装饰装修材料　聚氯乙烯卷材地板中有害物质限量》GB 18586、《建筑材料及制品燃烧性能分级》GB 8624、《室内装饰装修材料　胶粘剂中有害物质限量》GB 18583、《民用建筑工程室内环境污染控制标准》GB 50325要求。塑胶卷材表面应色泽均匀、无裂纹、并应符合产品标准的各项技术指标，有产品出厂合格证。（9）装配式地面所用可调节支撑、基层衬板、面层材料的品种、规格、性能应符合设计要求。可调节支撑应具有防腐性能。面层材料应具有耐磨、防潮、阻燃、耐污染及耐腐蚀等性能。

3. 工艺要点

1）工艺流程

测量放线→基层处理→分格及现场定位→混凝土楼板表面吸尘清洁→单元板块构件的制作→试拼装→铺设管线→涂刷结构胶并安放支架及调校→安装承托板和平衡板→面板安装→清洁、验收→成品保护。

2）测量放线

严格控制建筑楼面的标高差，确保标高偏差在架空地板的可调范围内。利用全站仪进行精确放线，将弹线误差控制在2mm以内。

3）基层处理

原建筑结构地面的标高误差不能超过架空地板支架的可调范围，超出可调范围的楼面需进行细石混凝土找平处理，视情况也可以采用水泥砂浆找平。

4）分格及现场定位

根据现场地面测量放线结果与BIM模型进行对比，从中找出误差，并重新修改土建BIM模型，保持模型与现场的一致性。在调整好的土建模型基础上，利用基于Revit快速建模排板技术对架空地板模型进行分格排板，既精准又不需要反复修改平面与大样图，而是联动修改，效率更高、更直观。

5）混凝土楼板表面吸尘清洁

在架空地板开箱前要用吸尘器将作业面楼板上的灰尘吸干净。

6）单元板块构件的制作

严格控制构件的加工精度，架空地板装配式构件加工精度控制在±2mm以内。饰面层施工的注胶工艺施工环境的温度、湿度、空气中粉尘浓度及通风条件应符合相应的工艺要求。所采用的胶与饰面层或构件粘结前应取得合格的剥离强度和相容性检验报告，必要时应加涂底漆。采用胶粘结固定的地板单元组件应静置养护，固化未达到足够承载力之前，不应搬动。

7）试拼装

取出架空地板及支架并将支架紧固安装在架空地板上，每块架空板装入支架的高度应基本调节成一致，按架空地板的加工编号与平面排板图相对应位置进行试铺。

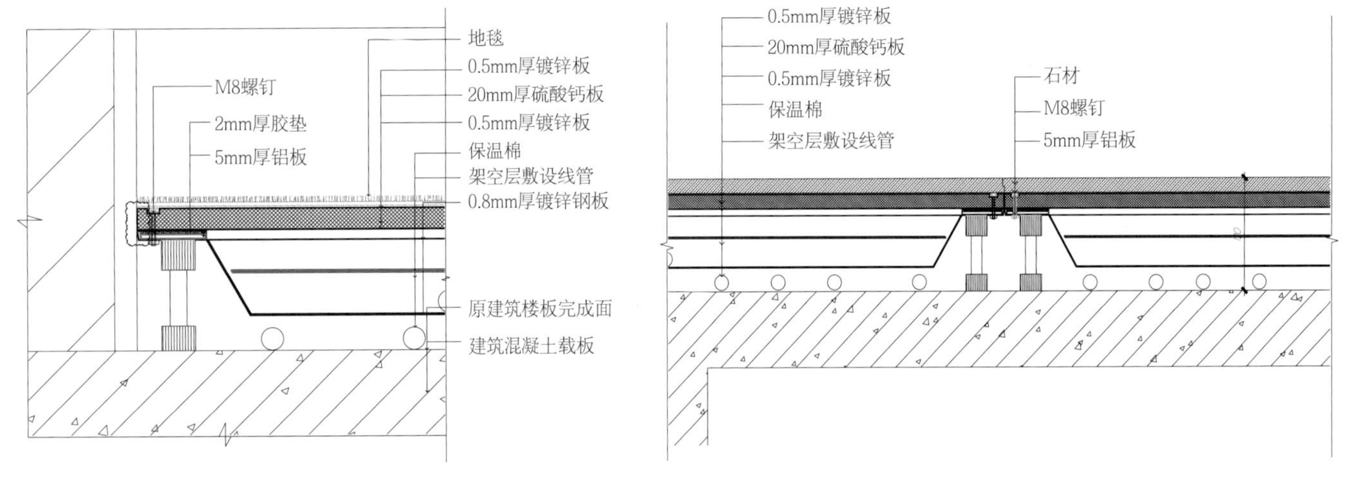

图 2.4.9-1　架空地板（地毯、石材）剖面示意图（一）

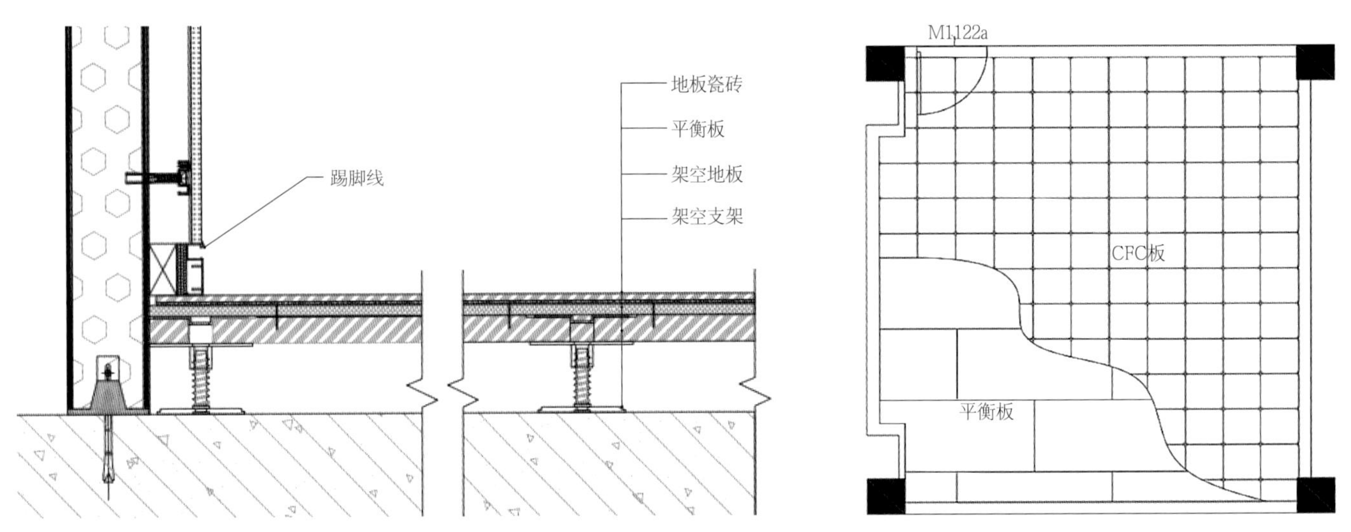

图 2.4.9-2　架空地板（瓷砖）剖面和铺装示意图（二）

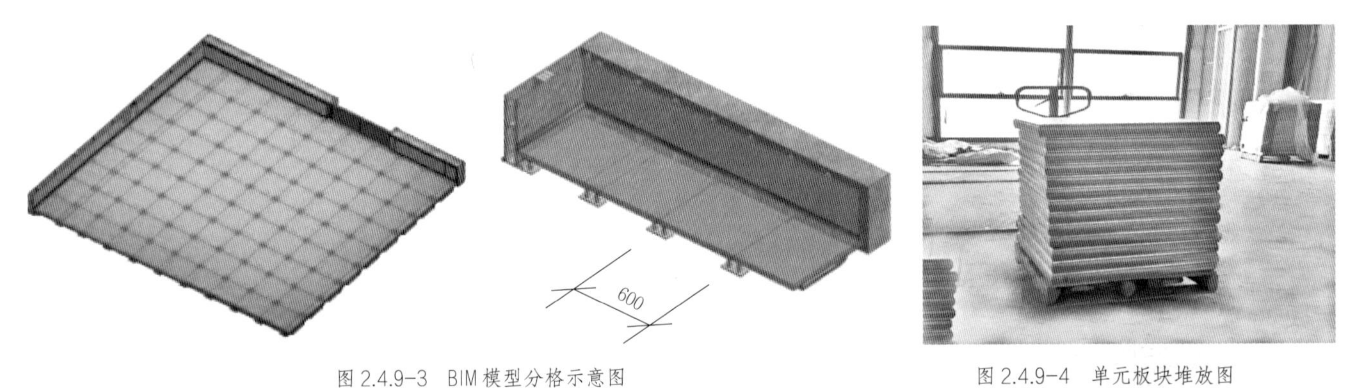

图 2.4.9-3　BIM 模型分格示意图

图 2.4.9-4　单元板块堆放图

图 2.4.9-5　单元板块示意图

图 2.4.9-6　架空地板试拼装

8）铺设管线

铺设地板前要对面层下铺设的设备电气管线检查，并办完隐检，防止安装完地板后多次揭开，影响地板的质量。

9）涂刷结构胶并安放支架及调校

按照已弹好的纵横交叉点安装支座，支座要对准方格网中心交叉点，转动支座螺杆，调整支座的高低，拉横、竖线，检查横梁的平直度，使横梁与已弹好的横梁组件标高控制线同高并水平，待所有支座安装完构成一整体时，用水准仪抄平。试铺支架高度调节合适后取出架板，在其支架与楼板接触位置上注入结构胶连接牢固，亦可用膨胀螺栓或射钉枪固定。有防静电要求的区域，支座、横梁安装后，应按设计要求安装接地网线，并与系统接地网相连。

10）安装承托板和平衡板

再次放入架空地板，用橡胶锤敲击板面或调节可调支脚使其平整到位，铺板应逐行进行。严格控制支架安装间距，架空地板支架应精确定位，注意标高、中线、前后、左右等方位的位置偏差。

11）面板安装

每行架空板安装后用检测尺进行平整度测量，调节脚架螺钉、调整缝隙及锁紧面板，及时消除误差。当每间房完成铺贴安装后应全面进行检测，使其偏差值控制在设计及质量验收标准范围内。在板块与墙边的接缝处用弹性材料镶嵌，不做踢脚板时用收边条收边。地板安装完后要检查其平整度及缝隙。和墙边不符合模数的板块，应根据测量数据在工厂加工，不允许现场切割，防止板块变形。瓷砖敷贴宜采用专用瓷砖胶和薄贴工法。

12）清洁、验收

当架空地板面层全部完成，经检验符合质量要求后，用清洁剂或肥皂水将板面擦净、晾干。

13）成品保护

验收后及时盖上阻燃薄膜或垫板保护成品。

图 2.4.9-7　管线铺设

图 2.4.9-8　支架安装

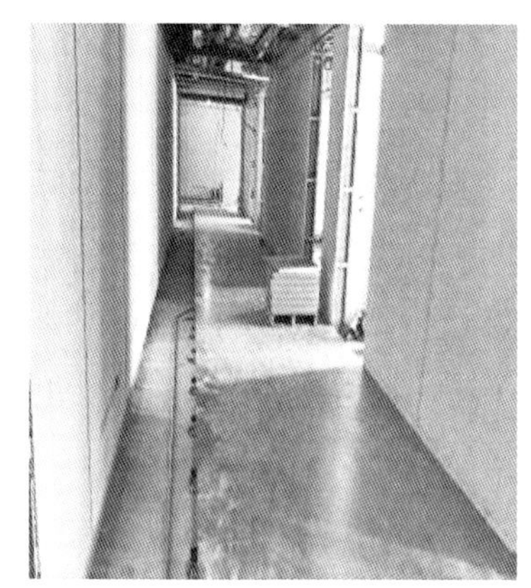

图 2.4.9-9　承托板和平衡板安装

图 2.4.9-10　面层瓷砖薄贴施工

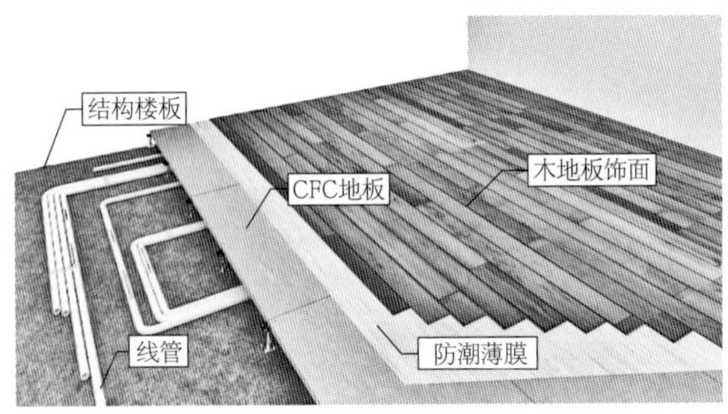

图 2.4.9-11　面层木板施工

图 2.4.9-12　办公区架空地面完成图

图 2.4.9-13　走道架空地面完成图

4. 验收要点

（1）集成装配式地面工程验收时应检查下列文件和记录：架空地板面层的施工图、设计说明及其他设计文件；材料的样板及确认文件；材料的产品合格证书、性能检测报告、进场验收记录和复验报告；施工记录。（2）同一类型的装配式地面工程每层或每 30 间为一个检验批，大面积房间和走廊可按地面面积每 30m^2 计为 1 间。（3）装配式地面工程每个检验批应至少抽查 2%，并不得少于 4 间，不足 4 间时应全数检查。（4）有防水要求的地面子分部工程的分项工程，每检验批抽查数量应按房间总数随机检验不少于 4 间，不足 4 间时应全数检查。（5）检验批合格质量和分项工程质量验收合格应符合下列规定：抽查样本主控项目均合格；一般项目 80% 以上合格，其余样本不得有影响使用功能或明显影响装饰效果的缺陷，其中有允许偏差和检验项目，其最大偏差不得超过规定允许偏差的 50% 为合格。均须具有完整的施工操作依据、质量检查记录。分项工程所含的检验批均应符合合格质量规定，所含的检验批的质量验收记录应完整。（6）分部（子分部）工程质量验收合格应符合下列规定：分部（子分部）工程所含分项工程的质量均应验收合格，质量控制资料应完整，观感质量验收应符合要求。

2.5　墙面工程

2.5.1　石材饰面工程

1. 技术要点

（1）石材厚度应以设计厚度为准，龙骨安装一般采用热镀锌型钢或专用铝合金龙骨，嵌缝胶采用中性硅酮耐候密封胶。（2）基层结构构造和选材应以设计为准，宜采用拼接安装，对尺寸误差控制应精准，其品种、规格、性能应与现行国家技术标准相一致。（3）应在码件固定时放通线定位，且在上板前严格检查石材饰面板的质量，核对供应商提供的产品编号。（4）安装要定位准确。墙身龙骨型材、配件的牢固性与平整度直接影响天然石材饰面板缝接口与表面平整，因此尺寸误差控制必须精确。（5）设计图纸应对骨架内设备管线的安装、门窗洞口等部位的加强龙骨有详细尺寸，对于填充材料的设置应有明确要求。（6）设计图纸包含石材排板图、分块图、关键节点图、石材收边收口图，见图 2.5.1-1、图 2.5.1-2。

2. 材料要点

（1）天然石材饰面常用板材规格为 1200mm×600mm，厚度：室内干挂应不少于 20mm，室外不低于 25mm，可根据工程实际设计需求，切割成各种尺寸。（2）加工厂根据施工排板图及大样图上各类石材的形状和尺寸，精确切削、修磨。所有边缘要切割方正，与面成直角，背面与正面平行。（3）骨架支撑体系要求一般环境使用不形变，骨架支撑体系材料采用 Q235 钢材时应除锈镀锌。所用材料的品种、规格和质量应符合《建筑装饰装修工程质量验收标准》GB 50210、《钢结构工程施工质量验收

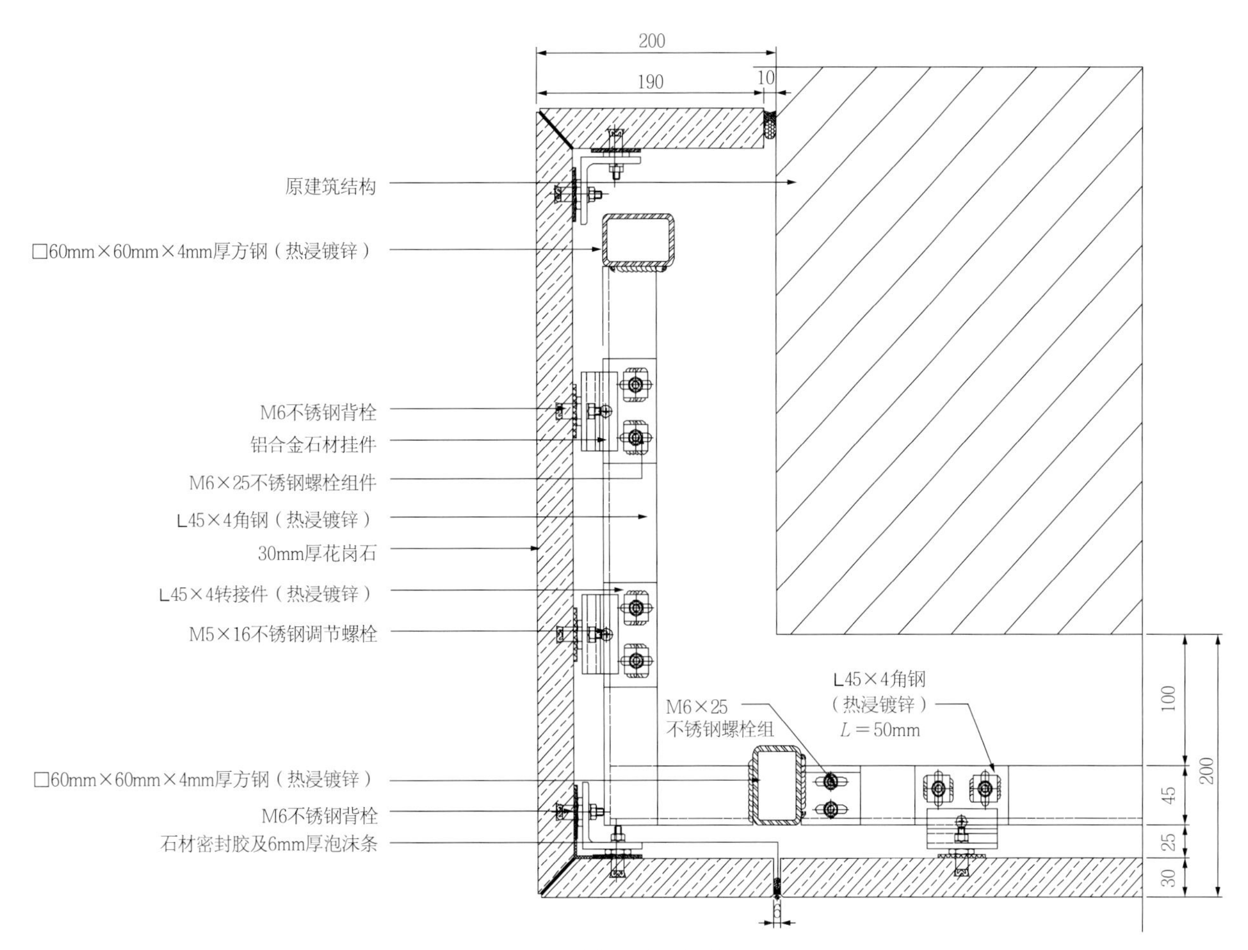

图 2.5.1-1 背栓石材倒角对接示意图

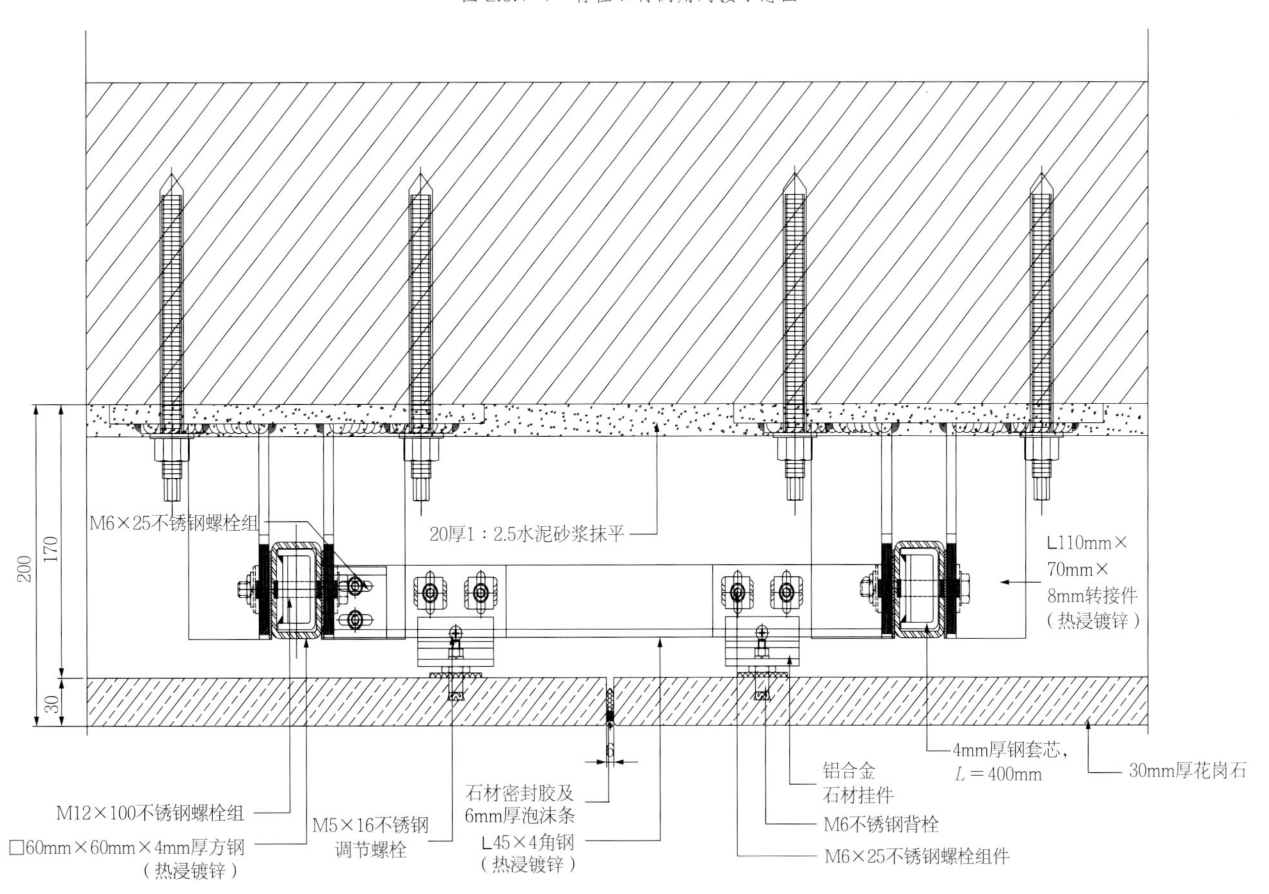

图 2.5.1-2 背栓石材直缝对接示意图

标准》GB 50205等国家标准的规定。（4）天然石材饰面板专用硅酮结构密封胶性能材料：应具有通过国家质量计量认证检测机构出具的全性能检测报告、剥离粘结性及耐污染性检测合格的报告。（5）材料下单加工要求准确无误。由厂家专业技术人员会同施工管理员共同根据现场进行测量，并绘出详细图，进行工厂化生产。

3. 工艺要点

1）工艺流程

弹线定位→锚固件及骨架安装→后置锚固件验收→石材试拼→石材安装→清洁。

2）弹线定位

石材安装前应进行干挂石安装前的骨架定位放线，现场骨架定位施工放线。

3）锚固件及骨架安装

锚固件型钢规格符合国家标准，热镀锌处理，焊接部位作防锈处理。安装骨架时应注意保证垂直度和平整度，并拉线控制，使墙面或房间方正（图2.5.1-3）。

图2.5.1-3　干挂石骨架安装

4）后置锚固件验收

装饰墙面工程后置锚固件或锚固螺栓验收，一般是采用现场非破损拉拔试验，检测依据《混凝土结构后锚固技术规程》JGJ 145的检测规定及要求（图2.5.1-4）。

5）石材试拼

按排板图进行试拼，石材的花纹、方向、切槽应符合设计要求。

6）石材安装

（1）根据《金属与石材幕墙工程技术规范》JGJ 133的要求，用于石材幕墙的石材厚度不应小于25mm。按石材编号将石材轻放在干挂件上，按线就位后调整准确位置，并立即清孔，槽内注入环氧AB胶，保证锚固胶有4～8h的凝固时间，以避免过早凝固而脆裂，过慢凝固而松动。（2）板材垂直度、平整度拉线校正后拧紧螺栓。安装时应注意各种石材的交接和接口，保证石材安装交圈。（3）石材饰面板接缝：可采用密拼对接、离缝对接、磨角对接、企口对接、定型阳角等形式，槽口应打磨成45°倒角，槽内应光滑、洁净。（4）阳角搭接时，外露部分应加工成光面；海棠角、定型阳角等应厂家加工，石材离缝或海棠角宜打胶处理，打胶平顺。石材施工见图2.5.1-5。

图2.5.1-4　干挂石后置锚固件拉拔验收

图2.5.1-5　石材安装

7）清洁

清洁石材时，应选择中性清洁剂，禁止使用酸性或碱性清洁剂清理板材。

图2.5.1-6　石材墙面安装成品效果

4. 验收要点

（1）墙面工程验收时应检查下列文件和记录：墙面工程的施工图、设计说明及其他设计文件；材料的生产许可证、产品合格证书、性能检测报告、进场验收记录和复验报告；隐蔽工程验收记录；施工记录。（2）墙面工程应对下列隐蔽工程项目进行验收：预埋于装饰墙面内管道设备的安装及水管试压，预埋件后置埋件拉拔试验，墙面钢结构安装。

2.5.2 人造板饰面工程

1. 技术要点

饰面采用1.2mm或1.5mm成品人造板，底架龙骨采用镀锌轻钢龙骨架或专用铝合金龙骨架。其余参见“2.5.1 石材饰面工程”的“1.技术要点”。

2. 材料要点

（1）人造饰面板常用板材规格（长×宽）为2400mm×1220mm，可根据工程实际设计需求，切割成各种尺寸，其中装饰板材使用厚度0.1～2mm。（2）材料的品种、规格和质量应符合《建筑装饰装修工程质量验收标准》GB 50210、《民用建筑工程室内环境污染控制标准》GB 50325等标准的规定。严格查验进场材料的有害物质含量检测报告，并严格按规定进行材料复验。（3）骨架支撑体系可选用铝质型材，支撑系统阳极氧化型材符合《铝合金建筑型材》GB/T 5237.1～5237.5要求。（4）所用材料不应有弯曲、受潮、断裂、损伤等问题，并保证表面的平整，无撞伤凹陷现象；五金配件、建筑胶、自攻螺钉等，材料应有产品合格证、材料规格，质量应经现场检验，符合设计要求。（5）所用材料在运输、储存和施工过程中，应采取有效措施防止材料损坏、变质和污染环境。

3. 工艺要点

1）工艺流程

基层处理→挂线→墙面上打孔、植入固定螺栓→固定T形纵向通长龙骨件→安装通长横撑金属龙骨→人造板安装→清洁、验收、成品保护。

2）基层处理

对结构面层进行清理，同时进行吊直、找规矩、弹出垂直线及水平线。并根据内墙板装饰设计图纸和实际需要弹出安装材料的位置及分块线。科学合理用材，一般应以板材模数设计分格开料，原则上每块板材宽度不大于1500mm，高度不大于3000mm。

3）墙面上打孔、植入固定螺栓

在结构墙面上弹好水平线，按内墙装饰设计图纸要求，准确弹出墙面上人造板材安装的标记，然后按点打孔，将固定螺栓安装就位。

4）固定T形纵向通长龙骨件

用不锈钢螺栓固定L形龙骨和T形通长纵向龙骨。

5）安装通长横撑金属龙骨

龙骨安装采用结构横框角铝与板块分格相对应，通过铝合金挂件固定板材。

6）人造板安装

（1）人造板金属挂片安装

按设计尺寸及图纸的要求，在每块板材的横向两侧距边缘10mm的位置安装挂件，中间的部分以400mm的间距等分（图2.5.2-1）。

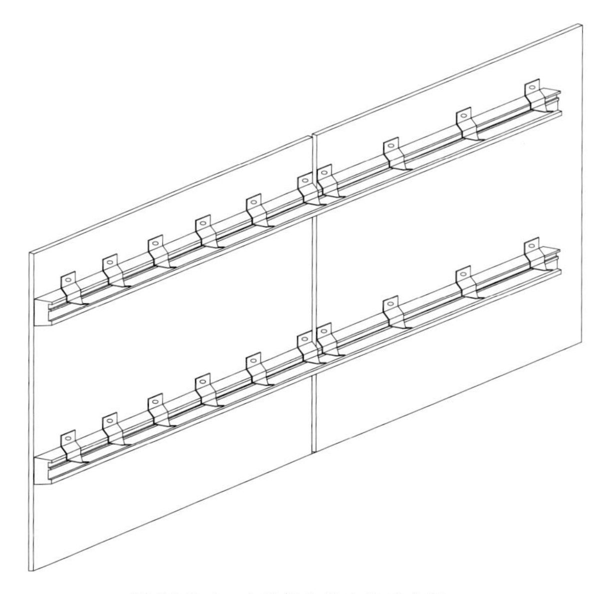

图2.5.2-1 人造板挂件安装示意图

（2）人造板安装

底部人造板安装：人造板板材最下端距地面要求100mm距离，竖龙骨预留到地，下端预留的部分用

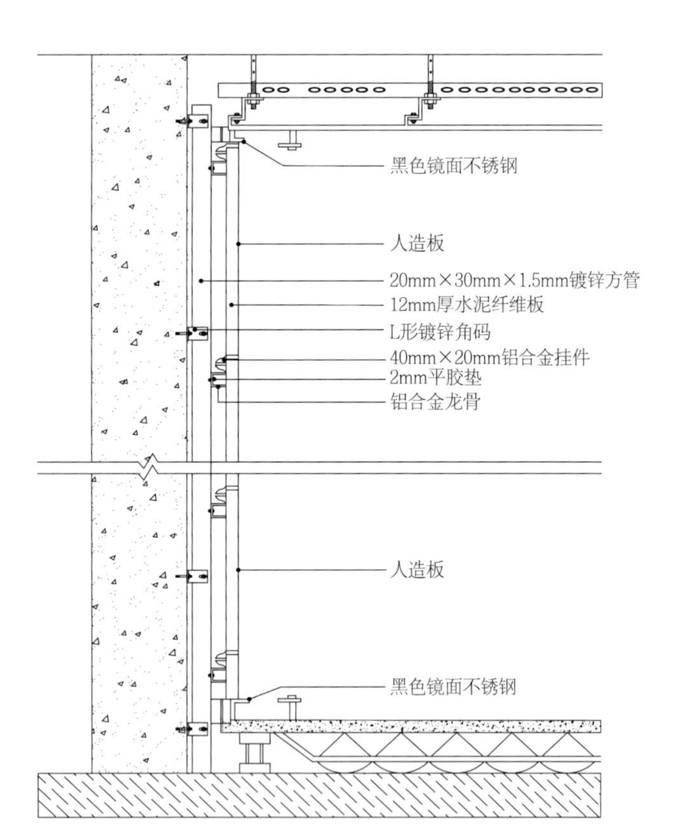

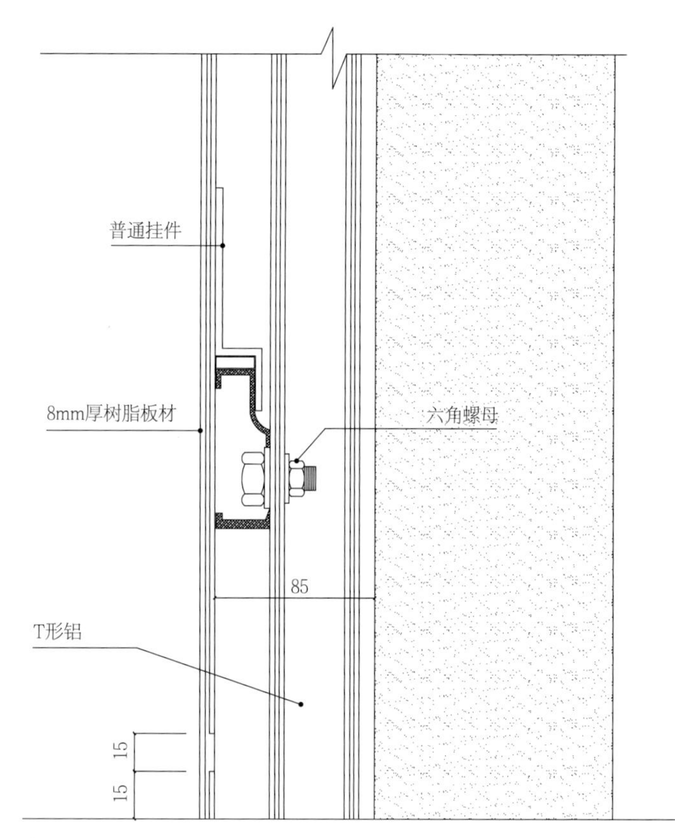

图 2.5.2-2 人造板竖向剖面图

9～12mm 的木夹板找平，为踢脚及地板施工预留施工条件。顶部树脂板材安装：顶部一层面板除了按与下部板材安装要求一致，板材上端伸入吊顶 30mm，人造板安装应在吊顶施工前进行（图 2.5.2-2）。

7）清洁、验收、成品保护

完工后进行面板的清洁和交验。严禁在已安装的人造板墙上剔眼打洞，若出现局部修整，应做出相应保护措施。人造板成品见图 2.5.2-3、图 2.5.2-4。

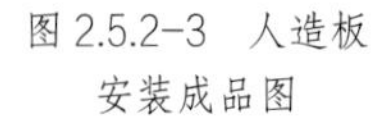

图 2.5.2-3 人造板安装成品图

图 2.5.2-4 人造板阳角安装成品图

4. 验收要点

参见“2.5.1 石材饰面工程”的“4. 验收要点”。

2.5.3 木板饰面工程

1. 技术要点

饰面采用成品木饰面板，龙骨底架采用专用铝合金龙骨架或钢骨架。作业所用材料的品种、规格和质量应符合《建筑装饰装修工程质量验收标准》GB 50210、《室内装饰装修材料 人造板及其制品中甲醛释放限量》GB 18580 等标准的规定。其余参见“2.5.1 石材饰面工程”的“1. 技术要点”。

2. 材料要点

（1）木饰面板常用板材规格（长×宽）为2400mm×1220mm、1000mm×2000mm、1220mm×2000mm、1200mm×3000mm，可根据工程实际设计需求，切割成各种尺寸，其中饰面厚度为 3～3.6mm，成品型材板使用厚度 9～18mm。（2）骨架支撑体系要求一般环境使用不形变，骨架支撑体系材料采用 Q235 钢材时应除锈镀锌。选用铝质型材时，支撑系统阳极氧化型材符合《铝合金建筑型材》GB/T 5237.1～5237.5 要求。所用镀锌型材或铝合金骨架、配件、材料及嵌缝材料的品种、规格、性能应与现行国家技术标准相一致。（3）所用木饰面板的有害物质限量应符合强制性国家标准，严格查验进场材料的有害物质含量检测报告，并严格按照国家有关规定进行材料复验。表面不应有弯曲、受潮、断裂、损伤等问题，并保证表面的平整，无撞伤凹陷现象。（4）五金配件、建筑胶、自攻螺钉等材料应有产品合格证，材料规格、质量应经现场检验符合设计要求。（5）所用材料在运输、储存和施工过程中，应采取有效措施防止材料损坏、变质和污染环境。

3. 工艺要点

1）工艺流程

测量放线→饰面板工厂化加工→龙骨安装→紧固件与固定套连接安装→安装木饰面板→调整缝宽、整体感观→板面清洁、验收。

2）测量放线

用水准仪测量弹出木饰面板横向基准控制线，在每块饰面安装位置的墙上投影弹出墨线作为竖向控制线。

3）饰面板工厂化加工

（1）样板确认：根据现场实际测量尺寸及原设计分缝方案对木饰面板进行排板，下单给工厂进行样板制作，根据样板制作情况进行模数的最终调整和确认。（2）工厂加工：根据设计图纸，检查各类木饰面板和型材的断面、长度尺寸及相应数量进行生产，并对成品饰面板进行分类编号核对，并按施工总进度计划分区域、分批运输，成品分类。

4）龙骨安装

（1）型钢骨架加工：型钢骨架按图下料切割，纵向支撑梁应采用50mm×50mm×5mm钢方通，型钢立柱间距为1000～1200mm，横向活动卡件间距不大于1200mm，根据安装型钢骨架实际尺寸及两立柱间间距，确定横向支承件的下料长度。（2）型钢骨架安装固定：根据弹线位置，采用全站仪或经纬仪、水准仪及线坠配合测量，校正位置，确保型钢骨架立柱、横梁垂直平整，位置准确。安装镀锌钢方通、横向活动卡件间采用螺栓连接，该工序为关键工序，螺帽应拧紧，应按质量控制方法和步骤进行质量监控。施工节点见图2.5.3-1、图2.5.3-2。

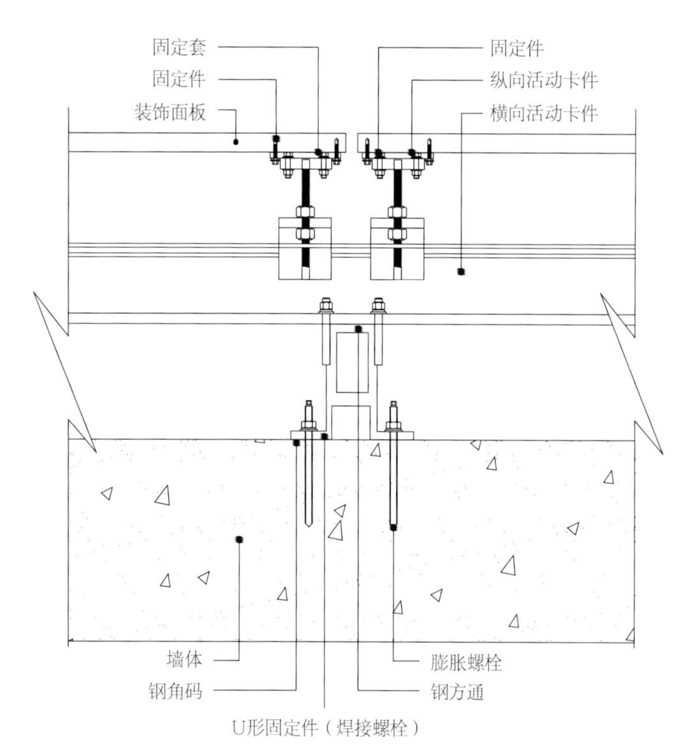

图2.5.3-1　木饰面板横向节点示意图

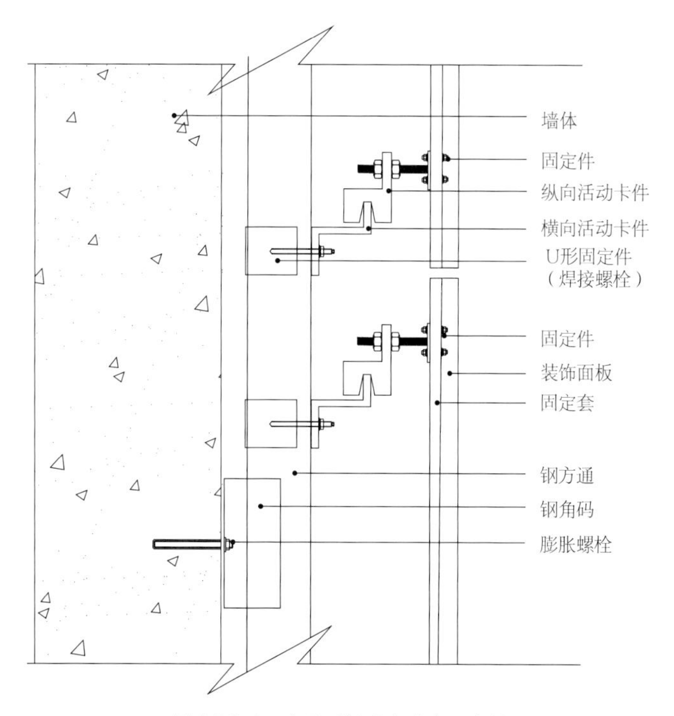

图2.5.3-2　木饰面板竖向节点示意图

5）紧固件与固定套连接安装

（1）纵向活动卡件与固定套连接安装：根据设计图纸的大样图，安装施工时测量定位好控制点，保证精度。纵向活动卡件穿接在固定套定位后通过紧固件锁紧，标高偏差不应大于 2mm，水平位置偏差不应大于 2mm。（2）横向活动卡件与固定套连接安装：将镀锌钢方通作为整个安装结构的支撑部，固定连接在墙体的表面，相关固定件及横向活动卡件见图 2.5.3-3。（3）卡固件与紧固件连接安装：通过两个调节螺母定位调节锁紧在调节螺纹上，控制卡件的卡槽口垂直向下，利用水准仪或靠尺对卡件进行横纵向，确保卡件整体处于一个平面内。

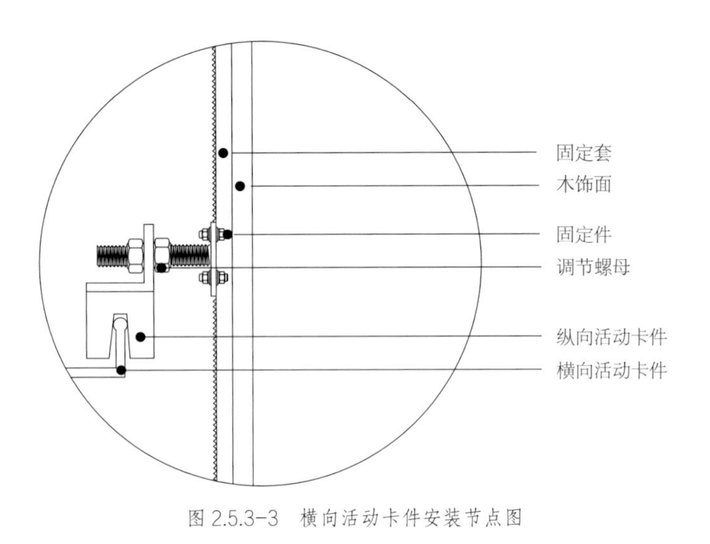

图 2.5.3-3　横向活动卡件安装节点图

6）安装木饰面板

（1）施工前，应检查加工后木饰面板的规格、尺寸、卡件位置、外观质量。在建筑物墙骨架立面拉好控制线，通过水平线和纵垂线，以此控制拟将安装的木饰面板面平整度（误差不大于 1.5mm）。（2）木饰面板横截面与横梁相对应，确保编号及位置的准确，安装排列的卡件挂扣在横向活动卡件，相关饰面板装配见图 2.5.3-4、图 2.5.3-5。

7）调整缝宽、整体感观

木饰面板安装完成后，利用塞尺检查、调整木饰面板间缝宽、整体水平度及垂直度，确保四角对等、横平竖直、整体感要直观。

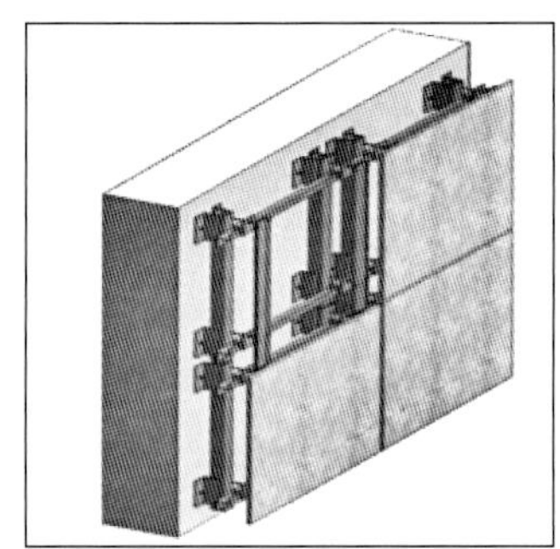
图 2.5.3-4　饰面板装配式构造三维图

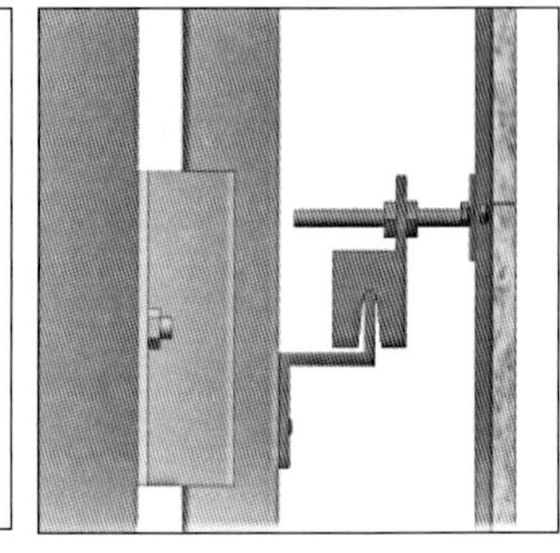
图 2.5.3-5　饰面板及固定套安装示意图

8）板面清洁、验收

进行木饰面板表面清理保洁，对饰面采用围挡保护措施，以免碰撞损坏，并采用防污染遮挡设施保护，做好质量检查记录，并进行验收。

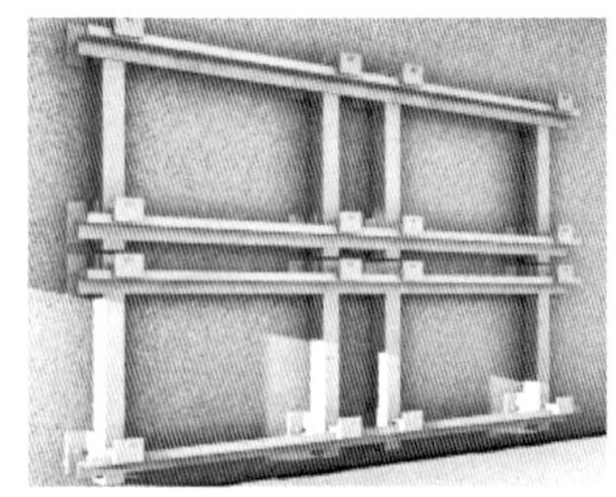
图 2.5.3-6　卡式龙骨安装图

图 2.5.3-7　木饰面板安装成品图

4. 验收要点

参见“2.5.1　石材饰面工程”的“4. 验收要点”。

2.5.4　金属板墙面工程

1. 技术要点

施工质量应符合《建筑装饰装修工程质量验收标准》GB 50210、《钢结构工程施工质量验收标准》GB 50205 等标准的规定。其余参见“2.5.1　石材饰面工程”的“1. 技术要点”。

2. 材料要点

1）金属饰面板

常用板材规格（长×宽）为1220mm×440mm、2440mm×1220mm、3000mm×122mm，可根据工程实际设计需求，切割成各种尺寸，其中成品型材厚度 2.5～25mm。

2）基层材料

（1）钢龙骨结构钢，一般环境下使用不形变，骨架支撑体系材料采用 Q235 钢材时应除锈镀锌。其种类、牌号、质量等级应符合设计要求，锌膜或涂膜厚度应符合国家相关技术标准。（2）铝合金龙骨采用铝合金热挤压型材，其支撑系统阳极氧化型材符合《铝合金建筑型材》GB/T 5237.1～5237.5 要求。合金牌号、供应状态应符合设计要求，型材尺寸允许偏差应达到国家标准高精级，型材质量、表面处理层厚度应符合国家相关技术标准。（3）相关不锈钢固定配件、耐候胶、不锈钢螺钉等材料应有产品合格证，材料规格、质量应经现场检验，符合设计使用要求。

3）面层材料

（1）单层铝板、铝塑复合板、蜂窝铝板、彩色涂层钢板、搪瓷涂层钢板、不锈钢板、锌合金板、钛合金板、铜合金板等面料，其材质、主要化学成分、力学性能、板厚度、色泽、规格必须符合设计图纸要求，其表面处理层的厚度及材质必须符合国家相关标准的要求。（2）铝塑复合板物理性能应符合：弯曲强度≥100MPa，剪切强度≥22MPa，剥离强度≥130（N·mm）/mm，弯曲弹性模量≥20000MPa。开槽和折边应采用机械刻槽，开槽和折边部位的塑料芯板应保留的厚度≥0.3mm。（3）蜂窝铝板：厚度为 10mm 的蜂窝铝板应由 1mm 厚正面铝合金板、0.5～0.8mm 厚背面铝合金板及铝蜂窝粘结而成；厚度在 10mm 以上的蜂窝铝板其正背面铝合金板厚度均应为 1mm。物理性能应符合：抗拉强度≥10.5MPa，抗剪强度≥1.4MPa。（4）搪瓷涂层钢板的内外表层应上底釉，搪瓷涂层应保持完好，面板不应在施工现场进行切割或钻孔，对于不允许现场加工的材料，应对该系统总成尺寸链的组成、安装尺寸的公差与配合等作出规定。（5）彩色涂层钢板的涂层应保持完好，面板不应在施工现场进行切割或钻孔，对于不允许现场加工的材料，应对该系统总成尺寸链的组成、安装尺寸的公差与配合等作出规定。

4）材料下单

材料下单加工要求准确无误。由厂家专业技术人员会同施工管理员共同根据现场进行测量，并绘出详细图，进行工厂化生产。

3. 工艺要点

1）工艺流程

测量放线→连接件安装→骨架安装→金属板加工→金属板安装→接缝处理→清洁、验收。

2）测量放线

金属墙面板安装前应根据设计图纸要求，进行骨架定位放线。

3）连接件安装

根据设计图纸及预先墨线分格安装连接件（连接件应经过防腐处理），调整连接件并用螺栓固定。

4）骨架安装

先安装两端的第一根竖向钢龙骨，在两端竖向钢龙骨的上下两端各拉通线（此为钢龙骨完成面控制线），其余中间龙骨按预先墨线分格及完成面控制线安装，钢骨架与连接件用六角自攻螺钉紧固，螺钉紧固时螺钉旋紧力度要达到要求，整个龙骨体系须进行防腐处理。金属挂板（密缝）节点见图 2.5.4-1～图 2.5.4-5。

5）金属板加工

按照排板设计图选择板块，注意控制板块尺寸和对角线偏差，切割边缘要去毛刺。

6）金属板安装

施工现场水平总控制基准线与垂直总控制基准线制定准确，便于引测，现场尺寸分格准确并与板块部件一致，安装示意见图 2.5.4-6、图 2.5.4-7。

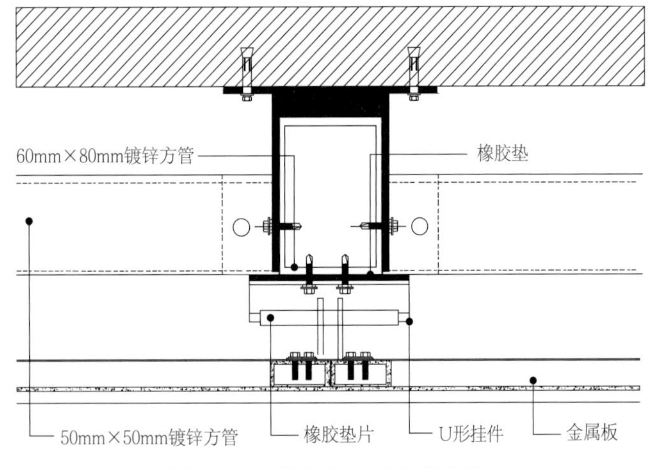

图 2.5.4-1　金属挂板（密缝）横向节点

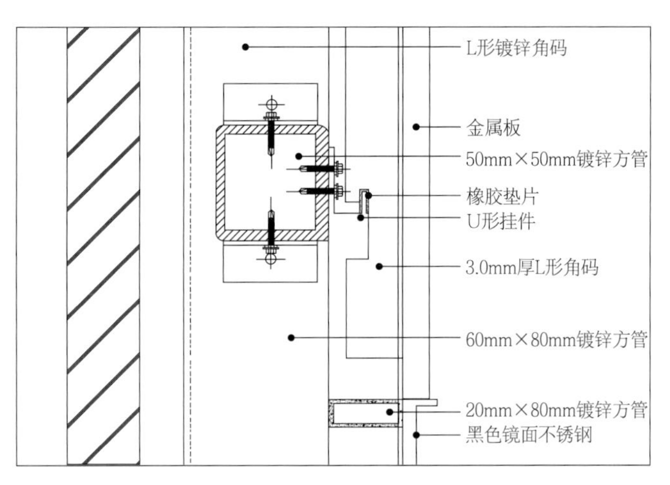

图 2.5.4-2　金属挂板（密缝）竖向节点

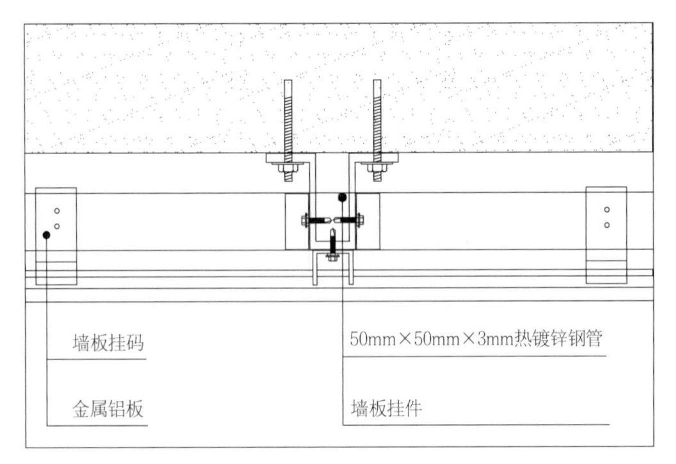

图 2.5.4-3　金属挂板（留缝）横向节点

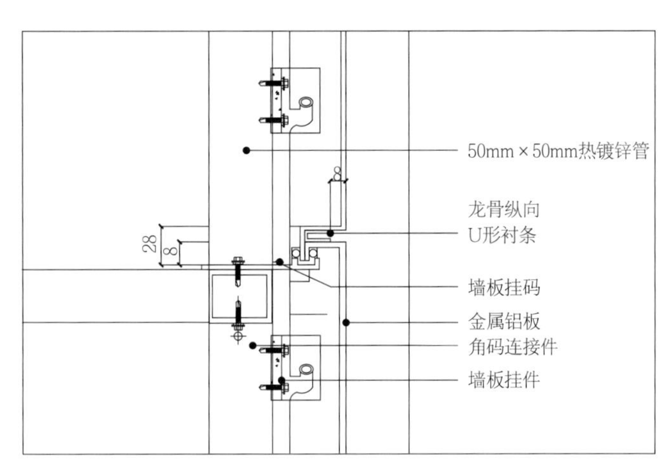

图 2.5.4-4　金属挂板（留缝）竖向节点

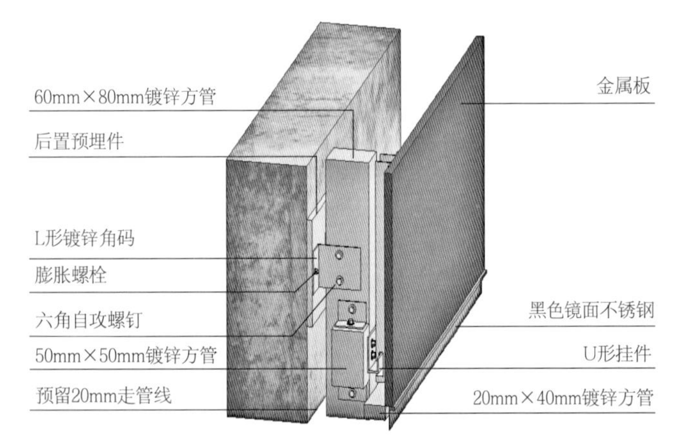

图 2.5.4-5　金属挂板（密缝）三维示意图

图 2.5.4-6　金属板安装

图 2.5.4-7　阳极氧化铝板安装成品效果

7）接缝处理

每一施工段安装完成并经检查无误后，可清扫拼接缝，设计要求封缝处理的填入橡胶条或者用打胶机进行涂封，一般只封平接缝表面或比板面稍凹少许即可。防震缝、伸缩缝、沉降缝等部位的处理应保证缝的使用功能和饰面的完整性。

8）清洁、验收

用细软布清洁表面灰尘，贴上保护膜，组织验收。

4. 验收要点

参见“2.5.1　石材饰面工程”的“4. 验收要点”。

2.5.5 陶瓷玻璃复合板墙面工程

1. 技术要点

陶瓷玻璃复合板是由5mm或以上浮法玻璃、5.5mm厚陶瓷薄板夹0.76mm或以上PVB复合而成，生产和施工应符合《建筑陶瓷薄板应用技术规程》JGJ/T 172要求。其余参见“2.5.1 石材饰面工程”的“1.技术要点”。

2. 材料要点

（1）陶瓷玻璃复合板常用板材规格（长×宽）为2400mm×1200mm、1800mm×900mm、1200mm×600mm，可根据工程实际设计需求，切割成各种尺寸，其中陶瓷薄板厚度5.5mm，玻璃厚度为5mm或以上，PVB中间层厚度为0.76mm或以上。（2）骨架支撑体系要求一般环境使用不形变，骨架支撑体系材料采用Q235钢材时应除锈镀锌。选用铝质型材时，支撑系统阳极氧化型材符合《铝合金建筑型材》GB/T 5237.1～5237.5要求。所用镀锌型材或铝合金骨架、配件、材料及嵌缝材料的品种、规格、性能应与现行国家技术标准相一致。（3）陶瓷薄板四边的铝合金副框材料表面应采用阳极氧化处理，级别为AA15；闭口铝合金型材其主要受力部位壁厚不应小于1.4mm；开口铝合金型材其主要受力部位壁厚不应小于2.5mm；材质宜选用6063-T5或6063-T6铝合金型材。（4）陶瓷玻璃复合板专用硅酮结构密封胶性能材料应具有通过国家质量监督检验检疫总局计量认证检测机构出具的全性能检测报告、剥离粘结性及耐污染性检测合格的报告。（5）材料下单加工要求准确无误。由厂家专业技术人员会同施工管理员共同根据现场进行测量，并绘出详图，进行工厂化生产。

3. 工艺要点

1）工艺流程

测量放线及工厂化加工→安装支座→安装龙骨→安装陶瓷玻璃复合板→安装活动板→安装铝合金压盖→清洁、验收。

2）测量放线及工厂化加工

（1）放线：陶瓷玻璃复合板安装前必须根据设计图纸要求，对装饰墙面进行放线分格定位。（2）陶瓷玻璃复合板加工应在专用机械设备上进行，设备的加工精度应满足设计精度要求，并以装饰面（正面）作为加工基准面。陶瓷玻璃复合板应结合其在工程中的基本形式、安装方法和组合方式进行加工。

3）安装支座

在标好支座位置的地方，用膨胀螺栓（或A级防火化学螺栓）将支座固定在混凝土结构，保持支座在同一水平线上，上下相邻两个支座应保持在同一竖直线上。

4）安装龙骨

选择相应尺寸龙骨型材，安装好主体龙骨架，龙骨架的稳定、牢固、可靠，平整度与平直度均应达到设计要求，横竖龙骨安装偏差不大于2mm/2m。变形缝处横梁应断开，变形缝两侧不大于200mm处各立一根竖龙骨。

5）安装陶瓷玻璃复合板

确定好水平及垂直的控制标准点，自下而上进行安装；将陶瓷玻璃复合板挂装于龙骨连接构件上，并及时调整面板，使其平整度和平直度均达到要求。饰面层安装按照《建筑装饰装修工程质量验收标准》GB 50210中的规定进行施工及验收。

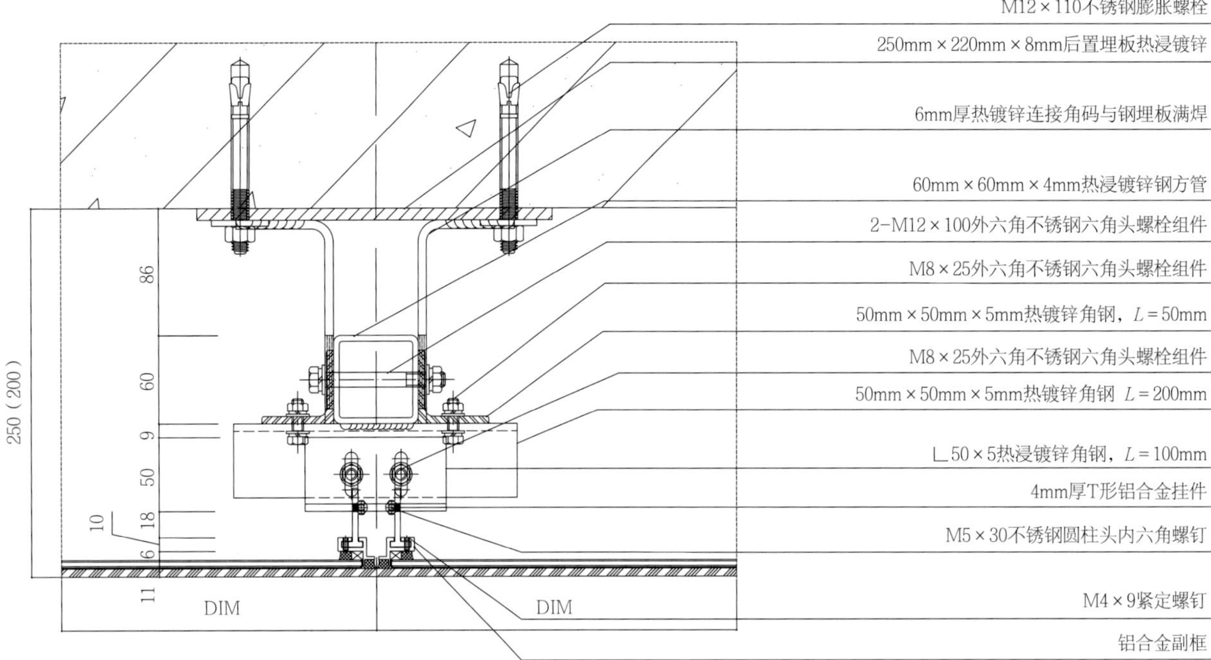

图 2.5.5-1 陶瓷玻璃复合板密拼系统横向剖面示意图

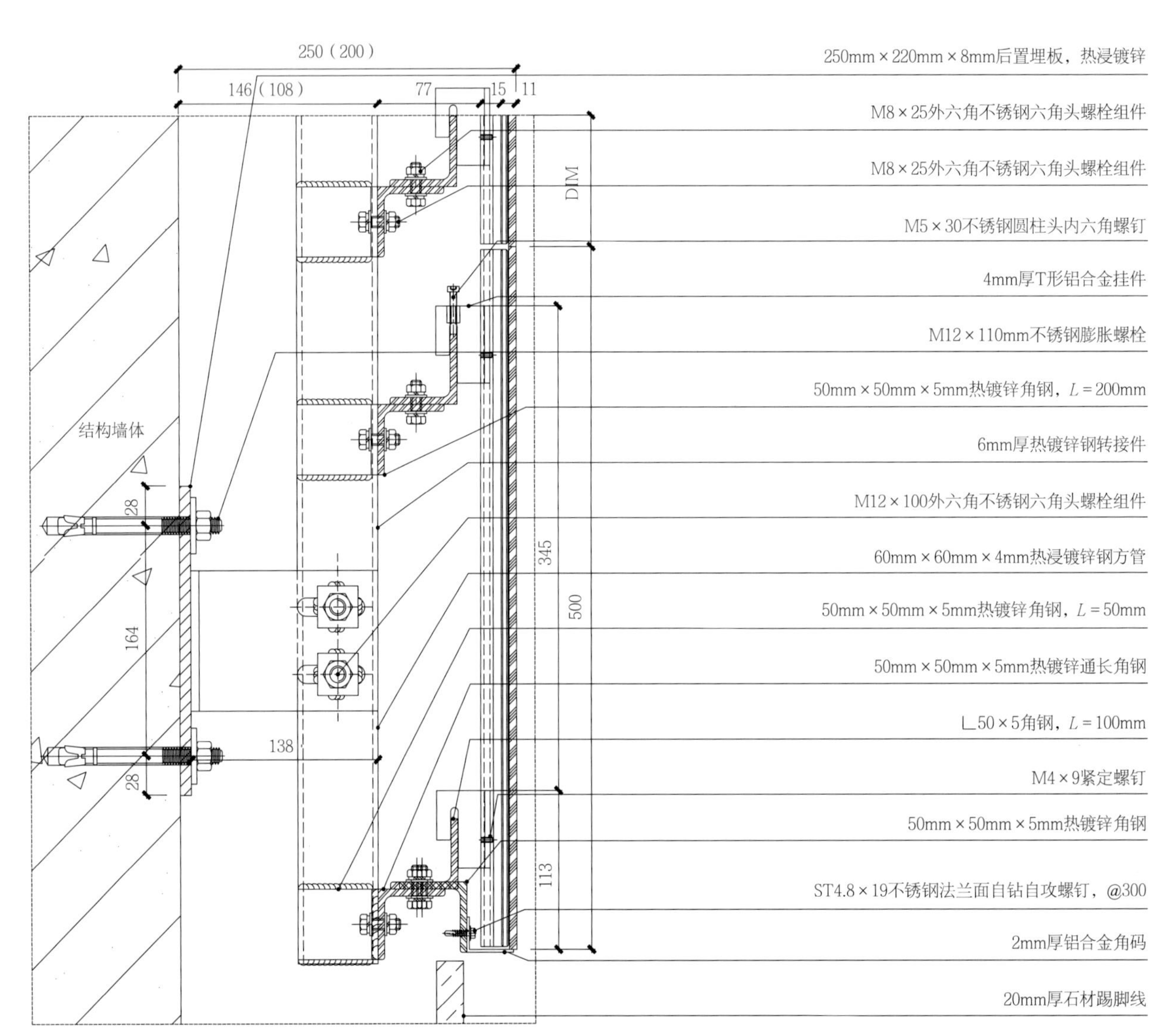

图 2.5.5-2 陶瓷玻璃复合板密拼系统竖向剖面示意图

6）安装铝合金压盖

板缝清洁干净，将压盖压入板缝。

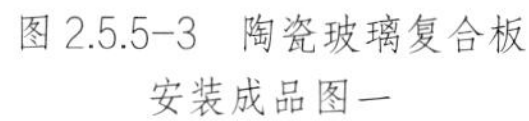

图 2.5.5-3　陶瓷玻璃复合板安装成品图一

图 2.5.5-4　陶瓷玻璃复合板安装成品图二

7）清洁、验收

施工完毕后，清除饰面上的胶带纸，并用清水和清洁剂将饰面板表面擦洗干净。

4. 验收要点

参见“2.5.1　石材饰面工程”的“4. 验收要点”。

2.5.6　构件式玻璃板墙面工程

1. 技术要点

施工质量应符合《建筑装饰装修工程质量验收标准》GB 50210、《建筑玻璃应用技术规程》JGJ 113 等标准的规定。其余参见“2.5.1　石材饰面工程”的“1. 技术要点”。

2. 材料要点

（1）构件式玻璃板常用板材规格厚度有 8mm、10mm、12mm、15mm、18mm、22mm 等，可根据工程实际设计需求，加工切割成各种尺寸。对构件式玻璃进行钢化加工时，必须符合《建筑用安全玻璃　第 2 部分：钢化玻璃》GB 15763.2 要求。（2）骨架支撑体系要求一般环境使用不形变，骨架支撑体系材料采用 Q235 钢材时应除锈镀锌。选用铝质型材时，支撑系统阳极氧化型材符合《铝合金建筑型材》GB/T 5237.1～5237.5 要求。所用镀锌型材或铝合金骨架、配件、材料及嵌缝材料的品种、规格、性能应与现行国家技术标准相一致。（3）构件式玻璃板四边的铝合金副框材料表面应采用阳极氧化处理，级别为 AA15；闭口铝合金型材其主要受力部位壁厚不应小于 1.4mm；开口铝合金型材其主要受力部位壁厚不应小于 2.5mm；材质宜选用 6063-T5 或 6063-T6 铝合金型材。（4）紧固材料：化学膨胀螺栓、镀锌方管、铝合金挂件、自攻螺钉和粘贴嵌缝料，应符合设计要求。（5）构件式玻璃板专用硅酮结构密封胶性能材料应具有通过国家质量监督检验检疫总局计量认证检测机构出具的全性能检测报告、剥离粘结性及耐污染性检测合格的报告。（6）材料下单加工要求准确无误。由厂家专业技术人员会同施工管理员共同根据现场进行测量，并绘出详细图，进行工厂化生产，交货时按提交的数量、规格、质量标准严格把关，并做好成品保护。

3. 工艺要点

1）工艺流程

测量放线→工厂化加工→安装锚固板及主龙骨→后置锚固件验收→安装副龙骨→安装铝合金卡座→安装玻璃单元→安装缓冲杆、踢脚板→清洁、验收。

2）测量放线

（1）根据建筑室内装饰设计图纸，结合建筑结构图纸，对安装结构墙体进行试点测量并绘制放样图。（2）确认墙面玻璃板构件及玻璃板的安装顺序、计算需用材料数量，按照放样图所定编号提交墙面玻璃板构件、玻璃面板订购单到工厂制作。

3）工厂化加工

（1）铝合金框制作

将从工厂定制的铝合金构件按设计尺寸切割组装成铝合金框，加工组合完成的铝合金框长、宽、对角尺寸误差≤ ±1.0mm。

（2）玻璃注胶及安装

① 注胶应在专门的注胶间进行，注胶间要求清洁、无尘、无火种、通风良好，并备置必要的设备，室内温度应控制在 15～27℃，相对湿度控制在 35%～75%。② 清洁：所有与注胶处有关的构件表面均应清洗，保持清洁、无灰、无污、无油、干燥。③ 双面胶条的粘贴：按图纸

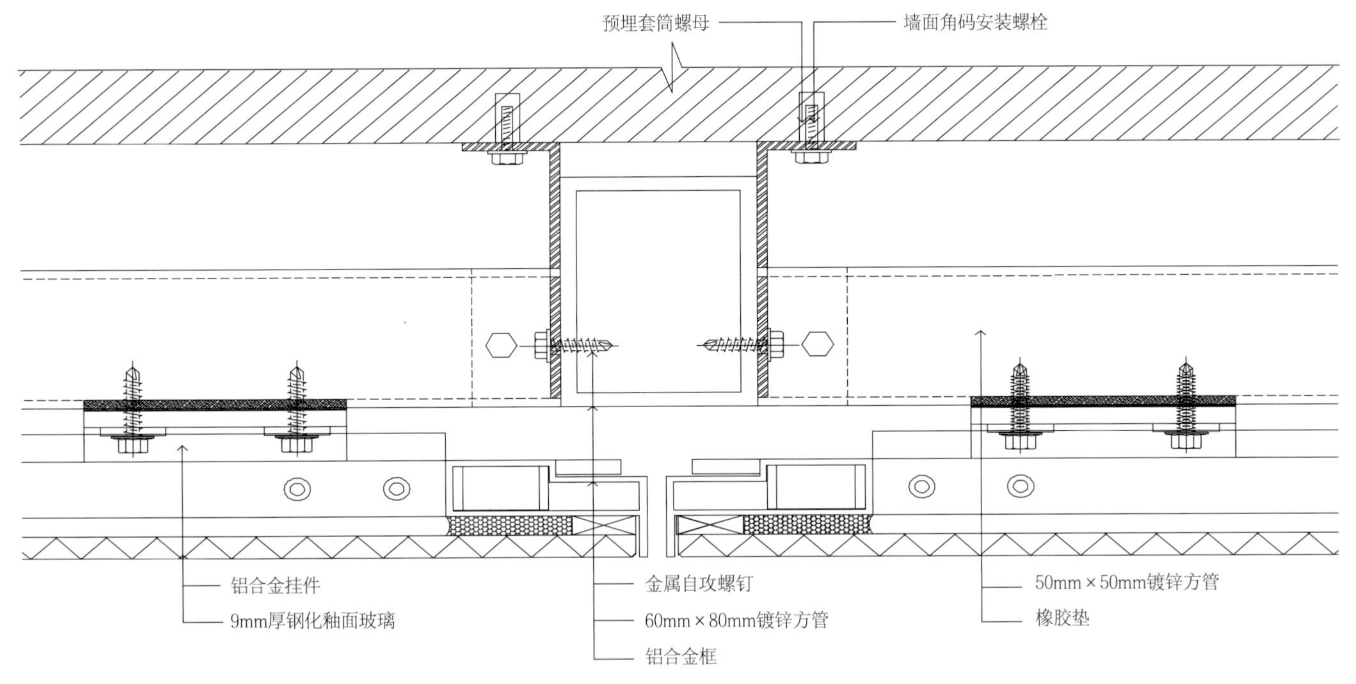

图 2.5.6-1 构件式玻璃板节点横向剖面图

要求在制作好的铝框上正确位置粘贴双面胶条，双面胶条厚度一般要比注胶胶缝厚度大 1mm。这是因为玻璃放上后，双面胶条要被压缩 10%。④ 玻璃粘贴：将玻璃放到胶条上一次成功定位，玻璃与铝框的定位误差应小于 ±1.0mm，玻璃固定好后，及时将玻璃铝框组件移至注胶间，并对其形状尺寸进行最后校正，摆放时应保证玻璃面的平整，不得有玻璃弯曲现象。⑤ 注胶：注胶后要用刮刀压平、刮去多余的密封胶，并修整其外露表面，使表面平整、光滑，缝内无气泡，压平和修整的工作应在所允许的施工时间内进行，一般在 10min 以内。⑥ 静置养护：注完胶的玻璃组件应及时静置，静置养护场地要求：温度为 10～30℃，相对湿度为 65%～75%，无油污、无大量灰尘，否则会影响其固化效果。

4）安装锚固板及主龙骨

根据设计要求安装锚固板及主龙骨。锚固件型钢规格符合国家标准，热镀锌处理，焊接部位做防锈处理。如无设计要求时，可以用 ϕ8～ϕ12 膨胀螺栓固定安装锚固件，安装前做好防腐处理。铝合金龙骨应选择相应尺寸的型材，龙骨架安装应稳定、牢固、可靠，平整度与平直度均应达到设计要求（图 2.5.6-1、图 2.5.6-2）。

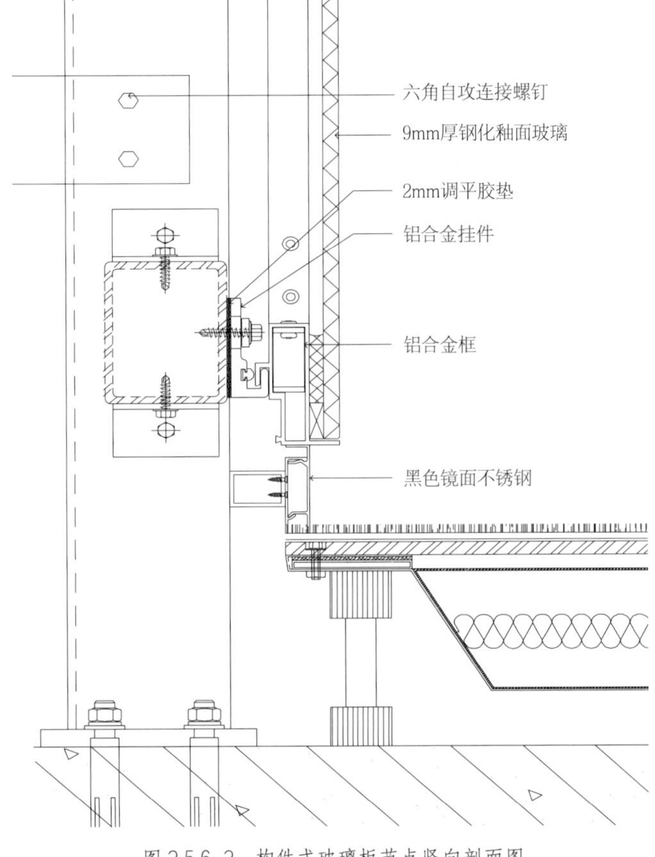

图 2.5.6-2 构件式玻璃板节点竖向剖面图

5）后置锚固件验收

构件式玻璃板工程后置预埋件验收，一般是采用现场非破损拉拔试验，检测依据标准《混凝土结构后锚固技术规程》JGJ 145 的检测规定及要求（图 2.5.6-3）。

6）安装副龙骨

副龙骨安装根据设计要求按分档线位置固定横龙骨，用扣件或螺栓固定，应安装牢固。

7）安装铝合金卡座

将铝合金卡座用两颗螺栓安装在横向龙骨上，连接件安装关系到整个成品观感质量，应仔细反复调整。

8）安装玻璃单元

按设计要求将玻璃单元安装在横龙骨挂码上。

9）安装缓冲杆、踢脚板

缓冲杆、踢脚板在工厂定制后运往现场组装。组装时，应采取保护措施，防止破坏已经安装完成的玻璃饰面板（图 2.5.6-4、图 2.5.6-5）。

10）清洁、验收

施工完毕后，清除玻璃板饰面上的保护纸，并用清水和清洁剂将玻璃饰面板表面擦洗干净。

4. 验收要点

参见“2.5.1　石材饰面工程”的“4. 验收要点”。

图 2.5.6-3　构件式玻璃板固定件螺栓拉拔验收

图 2.5.6-4　构件式玻璃板安装图

图 2.5.6-5　构件式玻璃板安装成品效果

2.6　裱糊与软包饰面工程

2.6.1　裱糊工程

1. 技术要点

（1）裱糊抹灰基层墙面在刮腻子前应涂刷抗碱封闭底漆，抹灰基层的含水率不得大于 8%。（2）裱糊工艺所用材料的品种、规格和质量应符合《建筑装饰装修工程质量验收标准》GB 50210 等标准的规定。（3）所用材料的有害物质限量应符合强制性国家标准，严格查验进场材料的有害物质含量检测报告，并严格按照《民用建筑工程室内环境污染控制标准》GB 50325 等标准进行材料复验。

2. 材料要点

（1）壁纸、墙布：有聚氯乙烯塑料壁纸、复合纸质壁纸、墙布等，根据设计要求选用，质量应符合设计要求及国家现行标准的有关规定。壁纸、墙布材料见图 2.6.1-1、图 2.6.1-2。（2）墙纸、墙布等产品检测合格，其规格、型号符合设计要求并保证其表面不应有色差、刮损等现象；材料应有产品合格证，材料规格、质量应经现场检验。（3）所用材料在运输、储存和施工过程中，应采取有效措施防止材料损坏和污染环境。

图 2.6.1-1　墙纸

图 2.6.1-2　墙布

3. 工艺要点

1）工艺流程

基层处理→弹线→计算用料、裁料→刷胶、裱糊→墙纸、墙布拼接→墙纸、墙布修整→成品保护。

2）基层处理

（1）将混凝土或抹灰基层上的浆点、污物、粉尘等清除干净，涂刷抗碱封闭底漆（图 2.6.1-3）。（2）满刮腻子 1～2 道找平，待腻子干后用砂纸磨平、磨光。基层腻子的粘结强度应符合《建筑室内用腻子》JG/T 298 的规定。

3）弹线

（1）吊顶：将顶棚的对称中心线通过吊直、套方、找规矩的办法弹出中心线，以便从中间向两边对称控制。（2）墙面：将房间四角的阴阳角通过吊垂直、套方、找规矩，并确定从哪个阴角开始按照壁纸的尺寸进行分块弹线控制（习惯做法是进门左阴角处开始铺贴第一张）。

4）计算用料、裁料

（1）吊顶：根据设计要求决定壁纸的粘贴方向，然后计算用料、裁纸。应按所量尺寸每边留出 2～3cm 余量，如采用塑料壁纸，应在水槽内先浸泡 2～3min，拿出，抖去余水，将壁纸用净毛巾沾干。（2）墙面：按已量好的墙体高度放大 2～3 cm，按此尺寸计算用料，并按墙纸的品种、图案、颜色、规格进行选配分类，拼花裁切，将裁好的墙纸编号，并用湿毛巾擦后平放（或卷放）待用（图 2.6.1-4）。

图 2.6.1-3　墙面涂刷抗碱封闭底漆

图 2.6.1-4　计算用料、裁料

5）刷胶、裱糊

（1）吊顶：在纸的背面和吊顶的粘贴部位刷胶，纸的两边各甩出 1～2cm，并满足与第二张铺粘时的拼花压槎对缝的要求，即两张纸搭接 1～2cm，用钢板尺比齐，用湿毛巾将接缝处辊压出的胶痕擦净，后续墙纸操作依次进行。（2）墙面：分别在纸上及墙上刷胶，其刷胶宽度应与墙纸宽度相吻合。糊纸时从墙的阴角开始铺贴第一张，按已画好的垂直线吊直，并从上往下用手铺平，刮板刮实，并用小辊子将上、下阴角处压实，同时将挤出的胶液用湿毛巾擦净。然后用同法将接顶、接踢脚的边切割整齐，并带胶压实。墙面上遇有电器开关、插座时，应在其位置上破纸作为标记。在裱糊时，阳角不允许甩槎接缝，阴角处应裁纸搭缝，不允许整张纸铺贴，避免产生空鼓与皱折（图 2.6.1-5）。

图 2.6.1-5　墙面刷胶、糊纸

6）墙纸、墙布拼接

（1）纸的拼缝处花形要对接拼搭好，铺贴前应注意花形及纸的颜色保持一致。（2）墙与顶壁纸的搭接应根据设计要求而定，一般有挂镜线的房间应以挂镜线为界，无挂镜线的房间则以弹线为准。（3）花形拼接如出现困难时，错槎应尽量甩到不显眼的阴角处，大面不应出现错槎和花形混乱的现象（图 2.6.1-6、图 2.6.1-7）。

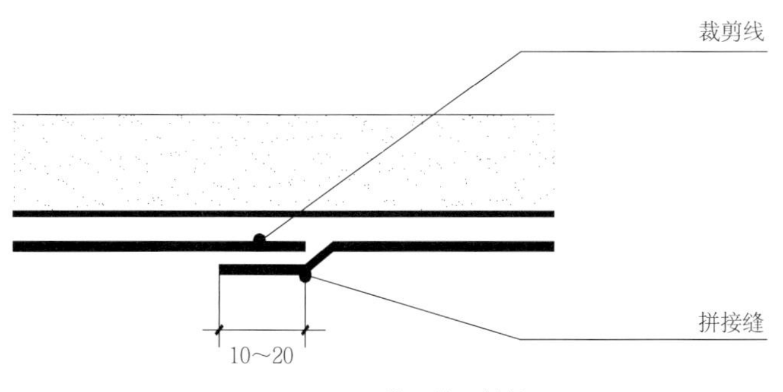

图 2.6.1-6　墙面墙纸拼接

图 2.6.1-7　墙纸拼接

7）墙纸、墙布修整

墙纸、墙布粘贴完后，应检查是否有空鼓不实之处，接槎是否平顺，有无翘边现象，胶痕是否擦净，有无小包，表面是否平整，直至符合要求为止。

8）成品保护

墙纸、墙布裱糊完的房间应及时清理干净，避免污染和损坏。严禁在已裱糊好墙纸、墙布的顶、墙上剔眼打洞。二次修补油漆、刷浆及水磨石二次清理打蜡时，注意做好壁纸的保护，防止污染、碰撞与损坏。

4. 验收要点

（1）工程饰面验收应满足国家和地方现行相关规范、标准的规定，以及相关行业标准的要求。（2）工程验收时应检查下列文件和记录：工程的施工图、设计说明及其他设计文件；材料的生产许可证、产品合格证书、性能检测报告、进场验收记录和复验报告；隐蔽工程验收记录；施工记录。

2.6.2　软硬包工程

1. 技术要点

（1）软包基层墙面防潮层的材料应执行设计图纸要求，涂刷封闭底漆作防潮层。底架一般采用镀锌轻钢龙骨或专用铝合金龙骨架，软包基层安装面必须采用合格的防火材料（如：阻燃夹板或硅酸钙板）。作业所用材料的品种、规格和质量应符合设计要求和《建筑装饰装修工程质量验收标准》GB 50210 等标准的规定。（2）软包所用材料的有害物质限量应符合《民用建筑工程室内环境污染控制标准》GB 50325 等强制性国家标准，严格查验进场材料的有害物质含量检测报告，并严格按照国家有关规定进行材料复验。（3）软包面料及其他填充材料应符合设计要求，并应符合建筑内装修设计防火的有关规定。

2. 材料要点

（1）所用材料在运输、储存和施工过程中，应采取有效防潮、防霉、防腐、防污染、防刮伤等保护措施。（2）软包的材料应符合国家有关合格产品质量要求，应有产品合格证，材料规格、质量应经现场检验，符合设计要求。（3）软硬包墙面木框、龙骨、底板、面板等木材的树种、规格、等级、含水率和防腐处理，应符合设计图纸要求和《木结构工程施工质量验收规范》

图 2.6.1-8　墙纸完成图

图 2.6.1-9　壁纸完成图

图 2.6.2-1　皮革硬包材料

图 2.6.2-2　布面软包材料

GB 50206 的规定。

3. 工艺要点

1）工艺流程

基层或底板处理→弹线→计算下料→粘贴面料→安装贴脸或装饰边线、刷镶边油漆→软包墙面→成品保护。

2）基层或底板处理

凡做软包墙面装饰的墙面、房间基层，结构墙体上应抹水泥砂浆找平层。

3）弹线

根据设计图纸要求，把房间需要软包墙面的装饰尺寸、造型等通过吊直、套方、找规矩、弹线等工序，把实际设计的尺寸与造型落实到墙面上，软、硬包采用金属骨底架施工（图 2.6.2-3）。

4）计算下料

根据设计图纸的要求，确定软、硬包墙面的具体做法。一般做法有两种（一是预制铺贴镶嵌法，二是直接铺贴法），同一房间、同一图案与面料应用同一卷材料和相同部位（含填充料）套裁面料。

5）粘贴面料

（1）采用施工现场采集数据，与设计图比对调整后，直接由工厂加工成品。（2）现场直接铺贴法施工时，应待墙面细木装修基本完成、边框油漆达到交付条件，方可粘贴面料；如果采取预制铺贴镶嵌法，则不受此限制，可事先进行粘贴面料工作。

6）安装贴脸或装饰边线、刷镶边油漆

根据设计选择和加工好的贴脸或装饰边线，应按设计要求先涂刷好墙面封闭漆，安装示意见图 2.6.2-4～图 2.6.2-7。

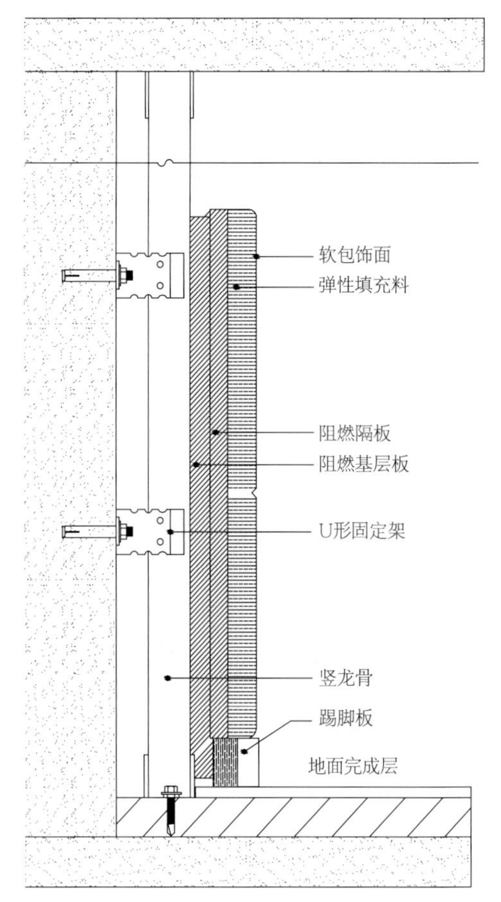

图 2.6.2-3　金属底架软、硬包安装结构剖面图

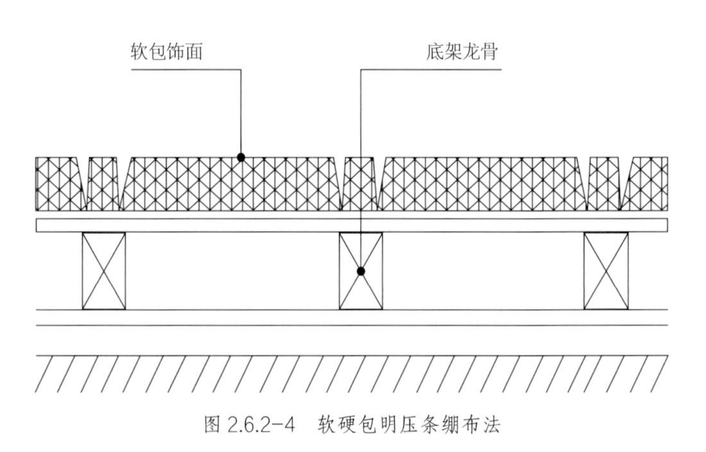

图 2.6.2-4　软硬包明压条绷布法

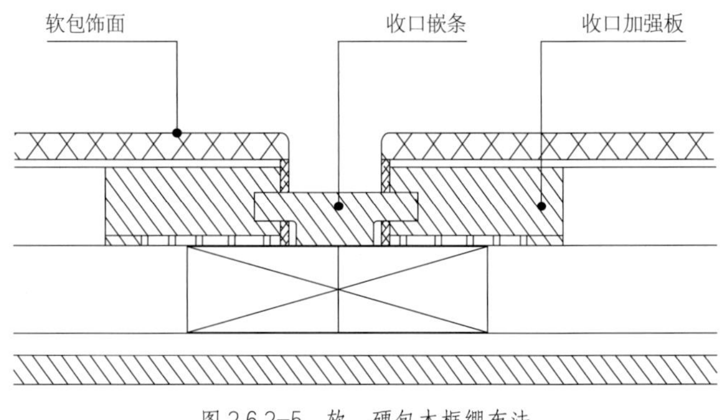

图 2.6.2-5　软、硬包木框绷布法

图 2.6.2-6 硬包安装图

图 2.6.2-7 软包安装图

7）成品保护

软、硬包工程已完的房间应及时清理干净，不准做料房或休息室，避免污染和损坏，应设专人管理（加锁、定期通风换气、排湿）。严禁在已完软硬包墙面装饰房间内剔眼打洞，若需设计变更，应采取相应的可靠有效的措施，施工时要小心保护，施工后要及时认真修复，以保证成品完整。软、硬包墙面施工时，各项工序应严格按照规程施工，操作时要做到干净利落，边缝要切割整齐到位，胶痕及时清擦干净（图 2.6.2-8、图 2.6.2-9）。

图 2.6.2-8 硬包完成图

图 2.6.2-9 软包完成图

4. 验收要点

参见“2.6.1 裱糊工程”的“4. 验收要点”。

2.7 涂饰工程

2.7.1 技术要点

（1）混凝土或抹灰基层涂刷溶剂型涂料，其含水率不得大于 8%，涂刷水性涂料，其含水率不得大于 10%，木质基层含水率不得大于 12%。涂料涂刷底面应不少于两遍，厚度为 80～90μm，面层漆料为 40～75μm。工艺所用材料的品种、规格和质量应符合《建筑装饰装修工程质量验收标准》GB 50210、《合成树脂乳液内墙涂料》GB/T 9756 等标准的规定。（2）涂料工程基层处理：表面的灰尘、污垢、溅沫、砂浆应清理干净，并刷界面剂。（3）木饰材料表面处理：木眼、孔隙、裂缝应上灰补色，并确保颜色与木色相一致。（4）现场作业环境温度宜在 5～35℃之间，并保持通风换气和防尘。（5）设计图纸应对水溶性涂料、溶剂型涂料、艺术涂料、弹性建筑涂料和特种装饰涂料等使用作出明确的设计要求。

2.7.2 材料要点

（1）涂料选用产品应有生产企业名称地址、产品名称、种类、颜色、生产日期、执行标准、保质期、使用说明、产品性能检测报告和产品合格证以及生产企业的产品质量保证书等，经检验、检查符合使用要求方可使用。（2）涂料订货供货以同一生产批次为宜，若订货量较大或分期供货，应按同一涂饰区域涂料用量为一个生产批次订货。（3）涂饰供货到达施工场地，应按照检验程序对进场货品进行检验、检查，对于供应量大的涂料，应对每批进场的涂料抽样开罐检查，并在同一环境条件下对每批进场涂料作涂饰样板，对比检验同一种类涂料的一致性。（4）涂料在工地的储存，应根据材料的物理化学性质，按照相关的规范要求和仓储措施，按涂料的种类、品种、批号、颜色、使用区位、生产日期和使用先后次序等分别有序放置。（5）工程选用溶剂型涂料，应严格执行国家、行业等相关规范和要求，产品应是符合绿色环保，满足各项技术指标，具有产品质量证明的合格产品。

2.7.3 工艺要点

1. 水性涂料涂饰工程

1）工艺流程

基层处理→刷底漆→满刮腻子→喷（刷）第一道涂层→找补腻子→喷（刷）第二道涂料→喷（刷）面层涂料→清洁。

2）基层处理

基层应符合坚固、平整、干燥、中性、清洁等基本要求。

3）刷底漆

墙面批灰基层完成后先刷一道与内墙涂料相配套的抗碱封闭底漆，防止墙面析碱破坏涂层，刷底漆一般刷醇酸清漆两遍，批灰的腻子里需加 10% 的清漆。

4）满刮腻子

底漆干燥后，第一遍应用不锈钢刮板满刮，要求横向刮抹平整、均匀、光滑、密实，线角及边棱整齐，待第一遍腻子干透后，用粗砂纸打磨平整。注意操作要平衡，保护棱角，磨后清扫干净。第二遍满刮腻子方法同第一遍，但刮抹方向与前腻子相垂直。然后用粗砂纸打磨平整，必要时进行第三遍、第四遍，用灯侧照墙面或天棚面，用粗砂纸打磨平整，最后用细砂纸打磨平整光滑为准。

5）喷（刷）第一道涂层

喷（刷）时以房间为单位，用专用喷枪或滚刷进行喷（刷），第一道涂层用料可稍稀一些，涂刷不可太厚。第一道涂料施工后，一般需干燥 4h 以上，才能进行下道磨光工序。

6）找补腻子

第一道涂层可明显暴露出墙面的局部凹陷或砂眼，仔细检查后，用配好的石膏腻子，将墙面、窗口、阳角等磕碰破损处及麻面、裂缝、接缝等分别找平补好，干燥后用砂纸将凸出处打磨平整。在墙面管线槽部位、砌体开裂部位，先采用专用修补砂浆修补，再用专用界面剂处理，贴网格布或贴纸带。

7）喷（刷）第二道涂料

第二道涂层与第一道相同，但不再磨光。

8）喷（刷）面层涂料

喷涂时，喷嘴应始终保持与装饰表面垂直（尤其在阴角处），距离约为 0.3～0.5m（根据装修面大小调整），采用合适喷嘴压力，喷枪呈 Z 字形向前推进，横纵交叉进行。喷枪移动要平衡，涂布量要一致，不得时停时移，跳跃前进，以免发生堆料、流挂或漏喷现象（图 2.7.3-1、图 2.7.3-2）。

图 2.7.3-1 顶棚喷涂

图 2.7.3-2 墙面喷涂

9）清洁

清扫飞溅乳胶漆，清除施工准备时预先覆盖在踢脚板、水、暖、电、卫设备及门窗等部位的遮挡物。

2. 溶剂型涂料涂饰工程

1）工艺流程

基层处理→润油粉→满刮油腻子→刷第一遍清漆→复补腻子→修色→打磨→刷第二遍清漆→刷第三遍清漆。

2）基层处理

（1）木质表面的处理，用刮刀除去木质表面的灰尘、油污胶迹、木毛刺等，对其他缺陷部位进行填补、磨光、脱色处理。（2）金属表面的处理，除油脂、污垢、锈蚀外，还要对表面氧化皮进行清除、满刷防锈漆两道。（3）新建筑物的混凝土或抹灰基层在涂饰涂料前应涂刷抗碱封闭底漆。（4）旧墙面在涂饰涂料前应清除疏松的旧装修层，并涂刷界面剂。（5）混凝土或抹灰基层涂刷溶剂型涂料时，含水率不得大于8%；涂刷乳液型涂料时，含水率不得大于10%。木材基层的含水率不得大于12%。（6）基层腻子应平整、坚实、牢固、无粉化、起皮和裂缝。内墙腻子的粘结强度应符合《建筑室内用腻子》JG/T 298的规定。

3）润油粉

用大白粉：熟桐油＝24：2（重量比）等混合搅拌成色油粉（颜色同样板颜色）盛在小油桶内。用棉丝蘸油粉反复涂于木材表面，擦进木材棕眼内，而后用麻布或木丝擦净，线角上的余粉用竹片剔除。

4）满刮油腻子

用披刀或牛角板将腻子刮入钉孔、裂纹、棕眼内。刮抹时要横抹竖收，腻子一定要刮光，不留野腻子。待腻子干透后，用1号砂纸轻轻顺木纹打磨，先磨线角、裁口、后磨四口平面，来回打磨至光滑为止。

5）刷第一遍清漆

刷法与刷油色相同，但刷第一遍用的清漆应略加一些稀料（汽油）撤光，便于快干。待清漆完全干透后，用1号或旧砂纸彻底打磨一遍，将头遍清漆面上的光亮基本打磨掉，再用湿布将粉尘擦净。

6）复补腻子

修补残缺不全之处，操作时应使用牛角板刮抹，不得损伤漆膜，腻子要收刮干净，光滑无腻子疤（有腻子疤必须点漆片处理）。

7）修色

木材表面上的黑斑、节疤、腻子疤和材色不一致处，应用漆、酒精加色调配（颜色同样板颜色）或用由浅到深清漆色调合漆（铅油）和稀释剂调配、进行修色。

8）打磨

使用细砂纸轻轻往返打磨，再用湿布擦净粉末。

9）刷第二遍清漆

应使用原桶清漆不加稀释剂（冬季可略加催干剂），清漆涂刷得饱满一致、不流不坠、光亮均匀，刷完后再仔细检查一遍，有毛病及时纠正。

10）刷第三遍清漆

待第二遍清漆干透后首先要进行磨光，然后过水砂，最后刷第三遍清漆，刷法同前，直至漆膜厚度达到要求（图2.7.3-3、图2.7.3-4）。

图2.7.3-3　造型饰面润色

图2.7.3-4　造型饰面刷清漆

3. 美术涂饰工程

1）工艺流程

基层处理→磨平→第一遍满刮腻子→磨平→第二遍满刮腻子→磨平→清理、粘贴纸胶带→涂刷底层涂料→复补腻子→磨平、局部涂刷底层涂料→弹漏花位置线→第一遍面层涂料→第二遍面层涂料→清理。

2）基层处理

（1）混凝土墙面和抹灰墙面，批嵌两遍腻子。（2）石膏板墙面，应对板面的螺（钉）帽进行防锈处理，再用专用腻子批嵌石膏板接槎处和钉眼处，并粘贴玻璃纤维布、白的确良布或纸孔胶带。（3）木夹板基面，应对板面的螺（钉）帽进行防锈处理，再用专用腻子批嵌夹板接槎处和钉眼处。（4）旧墙面应清除浮灰，铲除起砂、翘皮、油污、疏松起壳等部位，用钢丝刷子除去残留的涂膜后，将墙面清洗干净再做修补，干燥后按选定的涂饰材料施工工序施工。（5）金属基面表面的处理，除油脂、污垢、锈蚀及表面氧化皮的清除。对金属表面的砂眼、凹坑、缺棱拼缝等处用腻子（原子灰）修补，腻子干后用砂纸打磨平整。

3）磨平

局部刮腻子干燥后，用0～2号砂纸人工或者机械打磨平整。手工磨平应保证平整，机械打磨严禁用力按压，以免电机过载受损。

4）第一遍满刮腻子

第一遍满刮用稠腻子，施工前将基层面清扫干净，使用胶皮刮板满刮一遍，刮时要一板排一板，两板中间顺一板，既要刮严，又不得有明显接槎和凸痕，做到凸处薄刮，凹处厚刮，大面积找平。

5）磨平

待第一遍腻子干透后，用0～2号砂纸打磨平整并扫净。

6）第二遍满刮腻子

第二遍满刮用稀腻子找平，并做到线脚顺直、阴阳角方正。

7）磨平

所用砂纸宜细，以打磨后不显砂纹为准。处理好的底层应该平整光滑、阴阳角线通畅顺直，无裂痕、崩角和砂眼麻点。其平整度以在侧面光照下无明显凹凸和批刮痕迹、无粗糙感觉、表面光滑为合格。

8）清理、粘贴纸胶带

第二遍腻子刮完磨平后，施工现场及涂刷面进行清理，打扫完所有的浮灰，进行降尘、吸尘处理。然后，对门窗框、墙饰面造型、软包、墙纸及踢脚线、墙裙、油漆面等与涂刷部分分界的地方，用纸胶带或粘贴废旧纸，进行遮挡，对已完工的地面也应铺垫遮挡塑料布等物，确保涂饰涂料时，不污染其他已装修好的成品。

9）涂刷底层涂料

底层涂料进行封闭、抗碱处理。

10）复补腻子

对于一些脱落、裂纹、角不方、线不直、局部不平、污染、砂眼和器具、门窗框四周等部位用稀腻子复补。

11）磨平、局部涂刷底层涂料

待复补腻子干透后，用细砂纸打磨至平整、光滑、顺直，然后将底层涂料在此局部涂刷均匀，厚薄一致。

12）弹漏花位置线

根据设计要求，用色线弹出漏花位置线并进行校核。

13）第一遍面层涂料

（1）待修补的底层涂料干透后进行涂刷面层。（2）对于干燥较快的涂饰材料，大面积涂刷时，采用多人配合操作，流水作业，顺同一方向涂刷，保持颜色均匀一致。（3）套色涂刷宜用喷印方法进行，并按分色顺序喷印。漏花板每漏3～5次，应用干布或干棉纱擦去正面和背面的涂料，以免污染。漏花不得有漏刷（或漏喷）、透底、流坠、皱皮等缺陷。

14）第二遍面层涂料

涂刷面为垂直面时，最后一道涂料应由上向下刷。对于流平性较差、挥发性快的涂料，不可反复过多回刷。做到无掉粉、起皮、漏刷、透底、泛碱、咬色、流坠和疙瘩（图2.7.3-5、图2.7.3-6）。

15）清理

第二遍涂料涂刷完毕后，将所有纸胶带、保护膜、废旧纸等遮挡物清理干净，特别是与涂料分界处的遮挡物，揭纸时要小心，最好用裁刀顺直划一下，再揭纸或撕胶带，防止涂料膜撕成缺口，影响美观。

图 2.7.3-5 美术涂料施工

图 2.7.3-6 美术涂饰成品

2.7.4 验收要点

（1）涂饰工程验收应满足国家现行相关规范、标准的规定。（2）工程验收时应检查下列文件和记录：工程的施工图、设计说明及其他设计文件；材料的生产许可证、产品合格证书、性能检测报告、进场验收记录和复验报告；隐蔽工程验收记录；施工记录。

2.8 厨卫工程

2.8.1 传统厨卫工程

1. 技术要点

（1）找平层的泛水坡度为1%～3%，不得局部积水，墙地阴角、管根应抹成半径为10mm、均匀一致的半弧形圆角。（2）厨卫后加砌隔墙基底应设置钢筋混凝土基座，基座高度≥200mm，与隔墙同厚，并与建筑结构楼板紧密连接，强度不低于C20。（3）防水施工应在穿过防水层的管道及固定卡具、给水排水横管、支管安装完毕，暗藏的设备底盒、预埋件或连接件安装固定并填补缝隙后进行，施工前应复核找平层标高是否符合要求，表面应抹平压光、坚实、平整，无空鼓、裂缝、起砂等缺陷，含水率不大于9%。（4）厨卫等潮湿区域地、墙面应根据现场不同情况分别进行刚、柔性防水处理，地面翻边≥200mm，门洞处防水层向外延伸的长度不应小于500mm，向两侧延展的宽度不小于200mm，淋浴区墙面及邻近房间的隔墙面宜到楼板底，其他区域≥1800mm。（5）管道、地漏周边300mm范围内及所有阴阳角处应附加无纺耐碱玻纤网格布一层，管根周围缝隙用C20膨胀细石混凝土填塞密实，待达到强度要求并干透后，管根周围用硅硐耐候密封胶封闭。（6）防水施工环境温度不应低于+5℃。（7）木门套底部宜安装在门槛石上或采用天然、人造石材、不锈钢基座防止潮气侵蚀，门槛石基层应设置止水措施。（8）门扇下部应设透气百叶或透气口。（9）门框、扇应两面开槽，槽深浅应与合页适宜、吻合。（10）合页安装时应将带有较多轴管的叶片安装在框面上，另一个轴管较少的叶片安装在门窗扇的框料上，合页安装平整、方向一致。（11）镜面玻璃安装不应与硬质材料直接接触，应采用镜框柔性压条，周边应预留空隙，背面应增加隔潮软垫，基底板应进行防潮防虫处理。镜面玻璃应与墙面机械连接，不宜采用胶粘连接。（12）防雾镜应留间隙，以防止玻璃热胀冷缩爆裂。（13）玻璃隔断与周边连接应采用预留槽柔性固定，打防霉密封胶密封、不得用无槽直碰连接。（14）玻璃隔断安装应与周边软连接，预留安装空隙及设置橡胶软垫。（15）不应将吊柜安装在遮挡自然通风和天然采光的位置。（16）厨房无外窗的应有通风设施，应预留安排风机位置和条件。（17）插座设置的高度应根据适用设备确定，且距室内装修地面的高度宜为300mm、1200mm、2100mm。（18）台下盆应采用钢骨架与建筑结构固定，不得用云石胶固定，台面缝密封应采用防霉胶或美缝宝。（19）铺贴饰面前应检查基底是否有空鼓、开裂，并将缺陷处理后施工。（20）瓷砖或石材粘贴应牢固，不得铺贴小于1/2块面，地面饰面缝应与墙面、吊顶缝通齐。（21）地面铺贴完成面应面向地漏找坡，坡度为1%～3%。（22）饰面砖粘贴应牢固、无空鼓、无裂缝、洁净、色泽一致，无裂纹和缺损。（23）墙面突出物周围的饰面砖应整砖套割吻合，边缘应整齐，墙裙、贴脸等上口平直。（24）地漏设置点应靠近花洒，地漏边缘离墙面不宜小于30mm，四周成漏斗形，位置居于地面砖的正中心。（25）地漏、排水管口径应符合排水流量要求，排水管应设置静音存水弯。（26）开关设置的高度应根据适用设备确定，且距室内装修地面的高度宜为1350mm、2100mm，并配置防水面盖。（27）浴缸周边石材部位应设置镀锌角钢支撑架，并设检修暗门。

2. 材料要点

1）防水材料

（1）宜使用聚氨酯防水涂料、聚合物乳液防水涂料、聚合物水泥防水涂料和丙烯酸酯防水涂料等水性或反应型防水涂料，不得使用溶剂型防水涂料。（2）聚氨酯防水涂膜在使用前，应经复试合格后方可使用。现场见证取样。（3）不得将新旧材料混用。（4）进场的材料需要有害物质含量检测报告和质量检验报告，并严格按照国家有关规定进行材料复验，检查合格方可使用。

2）饰面砖、石材

（1）石材应进行有机硅（宜采用浸泡工艺）六面体防护处理。（2）饰面砖应选用防滑砖，并在工厂按安装设计尺寸加工。（3）墙面大于300mm×300mm规格的石材应采用10mm厚薄板石材。（4）地面拼花石材应采用水刀切割加工工艺。

3）玻璃

（1）镜面玻璃：应选用浮法真空镀银玻璃。（2）透明玻璃：应使用浮法超白安全玻璃，厚度不宜少于10mm，应有国家3C认证标志。（3）密封胶：应选用中性硅酮耐候防霉密封胶，按照国家有关规定进行材料复验，检查合格方可使用。

4）成品门

（1）应选用铝合金、不锈钢、玻璃、塑料、实木复合材质，应不易变形、耐腐蚀、绿色环保。（2）五金配件应选用不锈钢（304）或耐腐蚀性较好、符合有关产品标准的金属制品。

5）饰面板

（1）橱柜柜体宜选用防潮板、铝合金、不锈钢等，板材应具有防水、防潮，不会受潮变形的性能；台面板材宜选用人造石、天然石、不锈钢等，台面板应具有耐磨、耐水、易打理的特点。（2）吊顶宜选用硅钙板、防潮石膏板、铝扣板、铝复合板等，板材应安装简便，并具有耐火、防潮、隔声、隔热的性能。

6）给水排水管道材料

（1）排水管道应采用硬质聚氯乙烯排水管材及与管材相适应的配件，同一系统的化学管材、管件应为同厂家同一批次的产品。（2）粘结剂应标有生产日期和有效期。（3）给水管道材质宜选用：PP-R管、PVC-U管、不锈钢管等，材质应防腐、环保、无毒性。

7）卫浴洁具及五金件

（1）卫浴洁具坐便器、蹲便器、浴缸等材质宜选用陶瓷、亚克力，材质应质地光滑、色泽柔和、强度符合设计要求、保温性好。（2）五金件应选用不锈钢、铜、铝合金、锌合金等，材质应具有防锈性、耐用性、抗腐性。

8）辅助材料

（1）水泥应选用普通硅酸盐水泥，其强度等级不应低于42.5，严禁不同品种、不同强度等级的水泥混用。（2）应选用河砂，不得使用洗水海砂，含泥量在2%以内。（3）钢筋宜采用螺纹钢。

3. 工艺要点

1）工艺流程

测量放线→给水排水、电气管线预埋、安装→找平层施工→防水层施工→闭水试验→墙、地面饰面施工→二次闭水试验→吊顶施工→固定家具安装→给水排水管安装→成品门安装→玻璃安装→洁具安装→五金件安装→灯具电气安装→清洁→调试验收→成品保护。

2）测量放线

测量放线应准确定位，并标注各种器具位置及管线走向。

3）给水排水、电气管线预埋、安装

（1）防水基座钢筋应与原建筑结构墙、柱、楼板牢固连接，混凝土应捣注密实，待强度达到1.2MPa后模板方能拆除，侧模拆除时的混凝土强度应能保证其表面及棱角不受损伤。（2）混凝土浇水养护的时间不得少于7天，养护期内应保持混凝土处于湿润状态。（3）管道安装前，应检查预留孔的位置和标高，并应清除管材和管件上的污垢。（4）墙体管线开槽应用手提切割机切割整齐（严禁横向开槽），槽边作凿毛套浆处理，管线应用管码固定牢固，用水泥砂浆分次进行修补平整。

4）找平层施工

找平层施工应在所有预埋管线安装完毕并验收合格后进行，并向地漏方向找坡。找平层施工后应进行封闭，防止踩踏，养护期不少于3～4天，待凝固后进行防水施工。

5）防水层施工

防水涂膜厚度不应小于2mm厚，第二遍涂膜应在第一遍涂膜凝固后（触摸不沾手）进行，下一遍涂刷方向与上一遍垂直，重点部位（墙根、管根）应加涂两遍。

6）闭水试验

闭水试验的蓄水深度不小于50mm，闭水时间不低于48h无渗漏，合格后方可进行下道工序，并做好闭水试验验收记录。

7）墙地砖铺贴

（1）墙面砖、石材宜需提前一天涂刷背胶，用专用瓷砖胶粘贴，防止瓷砖空鼓、开裂的质量隐患。（2）饰面砖、石材接缝应填嵌密实、平直、颜色一致，立面砖缝要与地面砖缝对齐，搭接部位正确。（3）管道出墙管应居于饰面砖、石材中或骑缝，地漏的四周饰面砖、石材应呈45°切角拼成漏斗式，位置居于地砖的正中。（4）墙地砖缝应与洁具边缘安装对称、吻合。

8）给水排水管安装

（1）水盆配套排水器安装时，所有接口应有密封胶圈，以防止渗水造成橱柜受潮膨胀变形。（2）下水管与水落口连接处应使用密封胶圈，缝隙用中性防霉密封胶进行密封。

9）成品门安装

（1）门安装应洞口交接检查合格后进行，对不符合要求的洞口应做整改处理。（2）无基座的木门套基层板根部应与槛石面留缝（约10mm），缝隙用柔性防水胶泥填实，木饰面板根部应与门槛石面留缝（约2～3mm），以防潮气渗入木门套内引起变形发霉（图2.8.1-1）。（3）门套底部加设防潮基座（天然或人造石材）。

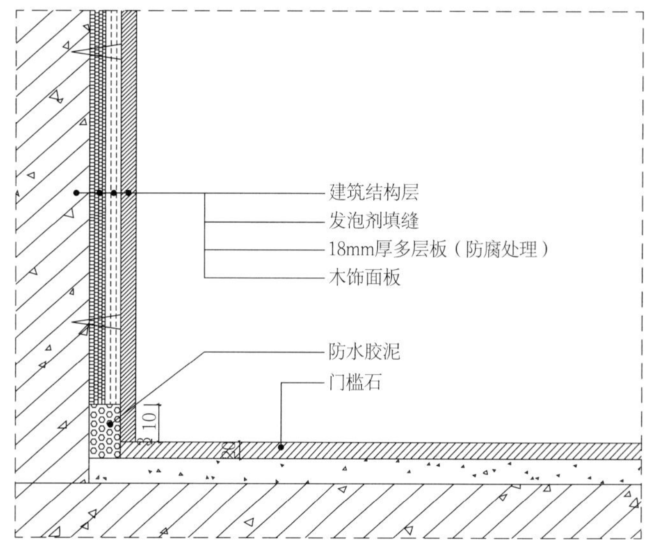

图2.8.1-1　木门套根部防潮构造示意图

10）玻璃安装

玻璃安装应在墙、地面、吊顶装饰面预留槽，留槽宽度以金属槽可嵌入内即可，金属槽内宽应比玻璃厚度宽10mm左右，深度应比装饰面低5mm，槽内垫橡胶软垫。

11）洁具安装

（1）台下盘安装：按台下盆的尺寸定做安装金属托架，再将台下盆安装在预置位置，固定好支架后将已开好孔的台面盖在台下盆上固定在墙上（一般选用角铁托住台面然后与墙体固定)。(2)坐便器安装好后，其底部间隙用密封胶封堵。(3)卫生间器具满水后各个连接件不渗不漏，排水通畅，完成通水试验。

12)五金件安装

(1)地漏安装：应该先确定地漏的位置，地砖向地漏铺出坡度，地漏与下水口的连接，安装要严密，应用密封胶封堵。(2)花洒、龙头安装：将冷热水龙头主体对准墙面预留的进水口，拧紧法兰盖及螺栓，再将花洒及配件与主体组装，注意所有接口应有密封胶圈。(3)卫生间器具满水后各个连接件不渗不漏，排水通畅，完成通水试验。

13)成品保护

(1)施工时加强成品保护，不得随意撕掉成品、半成品表面所贴的保护膜，在交叉作业中，应采用柔性膜＋木板进行保护，以免其他硬物损坏。(2)应在玻璃四角及边缘设置醒目防撞安全警示标志。

4. 验收要点

(1)防水材料性能应符合国家现行有关标准的规定，并应有产品合格证书。(2)排水管道应进行通水通球试验，应排水畅通无渗漏，给水管道应进行加压试验，无渗漏。(3)找平层表面应平整，不得有空鼓、起砂、开裂等缺陷。含水率应符合防水材料的施工要求。(4)涂膜防水层涂刷均匀、不起泡、不流淌、平整无凹凸，厚度满足产品技术规定的要求，不露底，与洁具预埋口、地漏预埋口、排水口接缝严密收头圆滑不渗漏。(5)地漏位置应符合规定、排水流畅，四周砖拼接美观，设有防臭装置。(6)墙地砖、石材接缝严密、吻合，平整，无色差，无空鼓、裂缝、水渍。(7)吊顶平整，接缝美观、灯具布局合理。(8)橱柜、洗水台接缝严密，无渗水，台下盆支撑钢架稳固。(9)门及门套合页安装合理，开关顺畅，通气孔良好，无受潮变形、变色现象。(10)玻璃及镜面性能符合安全要求，无花斑、崩边缺角，密封胶顺滑、平直。(11)电器末端与饰面吻合，防潮严密，相线正确，安全性合规。(12)洁具安装与墙地砖、石材接缝美观、吻合，清洗顺畅，节水性好。

2.8.2 装配式厨卫工程

1. 技术要点

(1)装配式及整体厨卫工程应协调结构、设备等施工专业共同确定厨卫布局、结构方案及结构孔洞预留、管道井等位置。(2)厨卫间应在给水排水、电气设备等预留连接处设置检修口或检修门，检修口外应有便于安装和检修的操作空间。(3)装配式厨卫不同用电装置的电源线应分别穿入走线槽或电线管内，并固定在墙板和顶板上端，其分布应有利于检修，且电气插座、开关应增加漏电保护装置。(4)厨卫间的门框套与墙板、底板与墙板之间、墙板与墙板之间、墙板与吊顶之间的连接构造应具备防渗漏和防潮功能。(5)排水管与预留管道之间的连接应做密封处理。(6)公共厨卫间应人性化设计，惠及老人、小孩、残障人等特殊人群需求，设置无障碍厨卫间、小孩洗手台、便斗等设施，并应符合《无障碍设计规范》GB 50763的相关规定。(7)装配式厨卫间墙板与原建筑结构墙体之间应预留安装间距，并应符合下列规定：当无管线时，不宜小于50mm；当敷设给水、电管线时，不宜小于70mm；当敷设排水管线时，不宜小于90mm；卫浴间顶板与原建筑结构楼板底不宜小于250 mm；若顶板上还有其他设备，应根据设备尺寸预留。(8)厨卫间预制混凝土墙板采用凹槽敷管时，保护层厚度不宜小于20mm。(9)卫浴间地面应设置挡水，地面坡度应向排水槽或地漏找坡，干区地面排水坡度不宜小于1%，湿区地面排水坡度不宜小于2%。(10)装配式淋浴间应符合下列规定：淋浴间宜设推拉门或外开门，门洞净宽不宜小于600mm；淋浴间内花洒的两旁距离不宜小于800mm；前后距离不宜小于800mm；隔断高度不宜低于2m。淋浴间采用的玻璃隔断应符合现行行业标准《建筑玻璃应用技术规程》JGJ 113的相关规定。(11)厨卫固定家具安装应与墙体可靠连接固定，与轻质隔墙体连接时应采取加强构造措施。(12)管线应进行综合设计，除燃气管线外，其他管线宜设在橱柜背部或吊顶内，冷热水表、燃气表、净水设备等宜集中布置，以便于查抄和检修。

2. 材料要点

1）厨卫墙、地面

厨卫墙、地面应选用防火、防潮、易清洁、防滑、耐磨产品。

2）防水底盘

防水底盘宜选用复合材料防水盘、玻璃钢防水盘、亚克力防水盘。

3）面板

（1）高密度无石棉纤维增强水泥板厚度宜不小于6mm，中密度无石棉纤维增强水泥板厚度宜不小于8mm。（2）彩涂热镀锌钢板的厚度宜不小于0.6mm，铝合金板的厚度宜不小于1mm。（3）陶瓷板的平均厚度宜不小于6mm，最小厚度应不小于5mm。（4）天然石材板的厚度宜不小于4mm，且宜不大于18mm。（5）人造石材板的厚度宜不小于12mm。

4）龙骨

轻钢龙骨壁厚应不小于1mm，龙骨的镀锌层镀锌量应不小于180g/m^2，或采用等效的镀铝锌、镀锌铝等措施。

5）连接件

连接件应选用优质碳素结构钢、低合金高强度结构钢、合金结构钢和铸造碳钢。

6）紧固件

紧固件应选用不锈钢（304）、锌合金。

7）密封材料

硅酮建筑密封胶、双组分环氧树脂、聚氨酯泡沫填缝剂、橡胶密封胶条。

8）填充材料

填充材料选用岩棉或玻璃棉。

9）其他要求

（1）主要组件应具备通用性，且便于维修与更换。（2）所有组成材料的有害物质限量应符合现行国家标准《民用建筑工程室内环境污染控制标准》GB 50325和《建筑材料放射性核素限量》GB 6566的规定。（3）所用胶粘剂不应对墙板整体产生不利影响，有害物质限量应符合《室内装饰装修材料 胶粘剂中有害物质限量》GB 18583的规定。（4）厨卫装配式墙板的燃烧性能等级和耐火极限根据其应用场所和用途确定，并应符合《公共场所阻燃制品及组件燃烧性能要求和标识》GB 20286、《建筑设计防火规范》GB 50016和《建筑内部装修设计防火规范》GB 50222的规定。（5）当对厨卫装配式墙板的隔声性能有要求时，其隔声性能应符合《民用建筑隔声设计规范》GB 50118的规定。（6）当对厨卫装配式面板的热工性能有要求时，其热工性能应符合《民用建筑热工设计规范》GB 50176的规定。（7）防水盘金属支撑腿、支撑壁板的金属型材应进行防腐处理。

3. 工艺要点

1）工艺流程

基层清理→测量放线→排水管安装→防水盘安装→壁板安装→顶板安装→给水管安装→电气设备安装→清洁、成品保护。

2）基层清理

将需安装的作业面清理干净。

3）测量放线

测量放线应准确，标注各种给水排水及电器管线的接驳定位。

4）排水管安装

（1）检查预留排水管的位置和标高是否准确；（2）清理厨卫间内排污管道杂物，进行试水确保排污排水通畅；（3）根据地漏口、排污口及排污立管三通接口位置，确定排水管走向；（4）在粘胶之前，将管道试插一遍，各接口承插到位，确保配接管尺寸准确；（5）管件接口粘接时，应将管件承插到位并旋转一定角度，确保胶粘接均匀饱满；（6）排水管与厨卫间原有孔洞的连接应进行密封处理。

5）防水盘安装

（1）采用同层排水方式，整体卫生间门洞应与其外围合墙体门洞平行对正，底盘边缘与对应卫生间墙体平行。（2）采用异层排水方式，同时应保证地漏孔和排污孔、洗面台排污孔与楼面预留孔一一对正。（3）用专用扳手调节地脚螺栓，调整底盘的高度及水平；保证底盘完全落实，无异响现象。

6）壁板安装

（1）按安装壁板背后编号依次用连接件和镀锌栓进行连接固定，注意保护墙板表面；（2）壁板拼接面应平整，缝隙为自然缝，壁板与底盘结合处缝隙均匀，误差不大于2mm；（3）壁板安装应保证壁板转角处缝隙、排水盘角中心点两边空隙均等，以利于压条的安装；（4）壁板与底盘之间的连接，底盘翻边高于墙板安装面25mm，接触处应采用中性硅酮结构胶进行密封收口处理。

7）顶板安装

（1）采用内装法安装顶板时，应通过顶板检修口进行安装；（2）顶板与壁板间安装应平整，缝隙要小而均匀。

8）给水管安装

（1）沿壁板外侧固定给水管时，应安装管卡固定；（2）应按整体厨卫间各给水管接头位置预先在壁板上开好管道接头的安装孔；（3）使用热熔管时，应保证所熔接的两个管材或配管对准。

9）电气设备安装

（1）将卫生间预留的每组电源进线分别通过开关控制，接入接线端子对应位置；（2）各用电装置的开关应单独控制。

10）清洁、成品保护

将墙地面积尘清除干净，用专用保护膜覆盖保护。

11）工厂组装整体厨卫间安装顺序

（1）工厂组装完成的整体卫生间，经检验合格后，做好包装保护，由工厂运输至施工现场；（2）利用垂直运输工具将整体卫生间放置在楼层的临时指定位置；（3）当满足整体厨卫间安装条件后，使用专用平移工具将整体卫生间移动到安装位置就位；（4）拆掉整体厨卫间门口包装材料，进入厨卫间内部检验有无损伤，调整好整体卫生间的水平、垂直度；（5）完成整体厨卫间与给水、排水、电路预留点位连接和相关检验工作；（6）拆掉整体厨卫间外围包装保护材料，由相关单位进行整体厨卫间外围墙体的施工工作；（7）进行门窗安装、收口工作；（8）所有工作完成后进行清洁、自检、报检和成品保护工作。

12）整体厨卫间安装

（1）临时安放位置应满足设计载荷要求；（2）利用专用工具将整个壳体叉起、移动和放置时要有保护措施；（3）整体厨卫间安装就位后应进行蓄水试验。

4. 验收要点

（1）整体卫生间内部尺寸、功能应符合设计要求。（2）整体卫生间面层材料的材质、品种、规格、图案、颜色和功能应符合设计要求。整体卫生间构件及其配件性能应符合现行行业标准《住宅整体卫浴间》JG/T 183的规定。（3）整体卫生间的防水底盘、壁板和顶板的安装应牢固。（4）整体卫生间所用金属型材、支撑构件应经过表面防腐处理。（5）整体卫生间防水地盘、壁板和顶板的面层材料表面应洁净、色泽一致，不得有翘曲、裂缝及缺损。压条应平直、宽窄一致。（6）整体卫生间内的灯具、风口、检修口等设备设施的位置应合理，与面板的交接应吻合、严密。（7）整体卫生间壁板与外围墙体之间填充吸声材料的品种和铺设厚度应符合设计要求，并应有防散落措施。

2.9 门窗工程

2.9.1 木门窗工程

1. 技术要点

（1）木门应严格限制甲醛释放量，现场检测数据应符合有关规范、标准。（2）木门安装前，应对门套基底及相连墙体进行防虫、防潮处理。（3）潮湿区域的木门套底部宜安装在门槛石上或采用天然、人造石材、不锈钢基座防止潮气侵蚀，门槛石基层应采取止水措施。（4）合页的数量是根据门的基材和规格来确定，自重较轻且规格较小的门采用 2 个合页；实木复合门、实木门等比较重的门应加装 3 个合页，并符合表 2.9.1-1 合页参数的规定。普通合页的安装位置分别在距门的上、下转角四分之一处，以保证受力均匀。（5）若采用三副合页，则中间一副宜安放在上下合页之间的上 1/3～1/4 处。（6）门框、扇应两面开槽（隐形合页除外），槽深浅应与合页适宜、吻合；不得单面开槽，合页的承重轴（3 轴）应安装在门框上，副轴（2 轴）应装在门扇上。（7）7 层及 7 层以上建筑物外开窗、面积大于 1.5m^2 的窗玻璃或玻璃底边（玻璃在框架中装配完毕，玻璃的透光部分与玻璃安装材料覆盖的不透光部分的分界线）离最终装修面小于 500mm 的落地窗、倾斜装配窗、各类天棚（含天窗、采光顶）、观光电梯窗以及易遭受撞击、冲击而造成人体伤害的其他部位应使用安全玻璃。

合页参数表　　表 2.9.1-1

门宽（单位：mm）	门高（单位：mm）	数量
≤ 940	≤ 1524	2 个
	1524～2286	3 个
	2286～3048	4 个
940～1219	在此门宽范围内，应按上表各增加 1 个合页	

2. 材料要点

（1）木框含水率应符合设计及现行国家标准要求，应经过防虫、防腐处理，表面平直、木纹自然，表面无裂缝、疤痕和明显色差。（2）玻璃原片宜采用浮法玻璃，玻璃选用厚度应按照国家有关规范标准，安全玻璃应有 3C 认证标志；中空玻璃生产工艺应为全自动机械流水线生产，玻璃的外观质量不得存在裂痕、气泡、叠层、磨伤、脱胶等缺陷。（3）门窗工程连接用螺钉、螺栓应使用不锈钢紧固件。（4）高层建筑用外平开窗，窗重不大于 50kg 时，不应使用合页铰链固定窗扇，应根据窗型、重量、受力状态进行计算，配套使用摩擦铰链进行固定，并须带有防脱落装置。窗重大于 50kg 时宜采用合页铰链。

3. 工艺要点

1）工艺流程

测量放线→预埋件预埋→门窗框套固定→安装门窗扇→门窗扇线条安装→门窗扇五金、锁具安装→清洁→成品保护。

2）测量放线

门窗安装洞口交接检查合格后，用激光水准仪测定水平标高线、中心控制线并标记，依据门窗中心控制线向窗两边量出门窗边线；若为多层或高层建筑，以顶层门窗边线为准，用激光水准仪将门窗边线下引，在各层分别标记。

3）预埋件预埋

门窗框预埋金属连接件或木砖应按设计要求预埋，连框螺钉长度、直径必须符合设计要求，个别框与墙缝隙过大应采用加长螺钉，临时定位固定木楔在塞填密缝时应移除。

4）门窗框套固定

门窗框安装时应根据抹灰层及墙体饰面层厚度，确保门窗框安装后与饰面层平齐，扇开启不受阻，顶端需考虑滴水线位置，下端要有排水坡度，两侧有足够的余量，不影响开窗角度要求。

5）安装门窗扇

门窗扇体安装应在抹灰工序完成后进行，普通合页应双向开槽，承重页应装在门窗框上，木螺钉严禁用锤敲入，可预先用电钻钻孔，且钻头直径小于木螺钉直径1.5mm，不能倾斜，玻璃垫块的沉重和限位块应按要求进行放置。

6）门窗扇线条安装

拼樘料应对端口封堵后与门窗框有效固定，组合线条应用紧固件双向紧固，并用密封胶对拼接位置进行密封。

7）门窗扇五金、锁具安装

门窗扇五金件、紧固件应使用不锈钢材质并可靠连接，不得使用铆钉。

8）清洁

将作业面积尘、胶痕清理干净，清理时不得使用含腐蚀性的洗涤剂。

9）成品保护

门窗安装完成后验收前应作保护，走道门框采用内衬泡沫板面木夹板遮挡保护，窗框需用槽型泡沫板包裹，玻璃贴保护膜，并作醒目标志，防止碰撞损坏。

4. 验收要点

（1）门窗扇应安装牢固、开关灵活、关闭严密、无倒翘；表面应洁净，不得有刨痕和锤印；（2）窗上的槽和孔应边缘整齐，无毛刺；（3）门窗批水、盖口条、压缝条和密封条安装应顺直，与门窗结合应牢固、严密；（4）门窗周边封口应严实，平整；玻璃不得出现崩裂；密封胶不应出现不相容（开裂）；（5）门窗不应有渗漏，门窗与墙体间的缝隙应填嵌饱满；（6）严寒和寒冷地区外门窗（或门窗框）与砌体间的空隙应填充保温材料；（7）门窗安装质量验收项目应符合规范要求，其中有允许偏差的检验项目，其最大偏差不得超过现行国家标准《建筑装饰装修工程质量验收标准》GB 50210允许偏差值的1.5倍。

2.9.2 金属门窗工程

1. 技术要点

1）材料基本要求

门窗用型材、薄钢板、五金零件、密封材料、玻璃等材料应符合现行国家、行业相关规范要求。

2）框扇

框扇要合理设置排水孔及等压孔，要有相应的工艺孔盖。在框扇的角部位应使用组角角码。

3）门窗组角

门窗组角部位一律采用先加组角胶后用组角机进行机械加工。

4）活动门玻璃、固定门玻璃和落地窗玻璃的选用

（1）安全玻璃使用应符合表2.9.2-1的规定。（2）无框玻璃应使用公称厚度不小于12mm的钢化玻璃。

安全玻璃最大许用面积　　表2.9.2-1

玻璃种类	公称厚度（单位：mm）	最大许用面积（单位：m^2）
钢化玻璃	4	2.0
	5	2.0
	6	3.0
	8	4.0
	10	5.0
	12	6.0
夹层玻璃	6.38　6.76　7.52	3.0
	8.38　8.76　9.52	5.0
	10.38　10.76　11.52	7.0
	12.38　12.76　13.52	8.0

5）门窗构造施工质量

门窗构造施工质量应符合《铝合金门窗工程技术规范》JGJ 214 的规定，且符合下列要求。

（1）防排水构造质量要点

① 在门窗水平缝隙上方应设置一定宽度的披水条。② 对门窗型材构件的连接缝隙、配件附件装配缝隙、螺栓、螺钉孔等应采取合理的密封措施。③ 提高门窗杆件的刚度，采取连续的密封条和多点锁闭装置，加强门窗可开启部分密封防水性能。④ 门窗框与洞口墙体的安装间隙应设置防水密封处理，窗下框与洞口墙体之间应设置披水板。⑤ 外门窗与外墙外表面应有一定的距离。⑥ 宜采用压力平衡的外窗排水构造，确保玻璃镶嵌槽以及框扇配合空间形成等压腔；否则应采取构造防水措施等实现水密性能设计要求。外窗型材构件连接和附件装配缝隙以及外窗框与洞口墙体安装间隙均应有排水措施。外窗洞口上沿应做滴水线或滴水槽，滴水槽的宽度和深度均不应小于 10mm；外窗窗台流水坡度不应小于 2%。合理设置门窗的排水线路，外露的排水孔应予以遮蔽，保证排水通道的畅通；在外门、窗的框、扇下横边应设置排水孔，并应根据等压原理设置气压平衡孔槽。排水孔的位置、数量及开口尺寸应满足排水要求，内外侧排水槽应横向错开，避免直通。排水孔宜加盖排水孔帽。有外墙外保温层的外窗宜在室外窗台安装披水板，且披水板的边缘与外墙间应妥善收口。

（2）安全构造设计要点

① 四边支承中空玻璃的最大容许面积为中空玻璃按两单片玻璃薄片厚度计算出的最大容许面积的 1.5 倍，采光顶室内侧玻璃应使用夹层玻璃；② 采用外开窗或推拉窗时，窗扇应有防脱落措施；③ 有防盗要求的建筑外窗，可采用夹层玻璃和可靠的外窗锁具，外窗扇应有防止从室外侧拆卸的装置；④ 为防止儿童或室内其他人员窗户跌落至室外，窗的开启扇宜采用带钥匙的窗锁、执手等锁闭器具，或者采用铝合金花格窗、花格网、防护栏杆等防护措施；⑤ 安装在易于受到人体或物体碰撞部位的玻璃应采取适当的防护措施，对于碰撞后可能发生高处人体或玻璃坠落的情况应采用可靠的护栏。

（3）耐火构造质量要点

① 有耐火完整性要求的门窗玻璃，应根据耐火时间要求，采用非隔热型单层防火玻璃或夹片防火玻璃；② 门窗框架用于玻璃镶嵌的槽口内，应该有可靠的耐高温防玻璃脱落构造，受大火后能防止玻璃面板脱落；③ 外门窗在使用防火材料做内衬时，应连接成封闭的刚性框架；④ 铝合金隔热窗的玻璃和型材之间的刚性连接片，宜设置在断热型材的非受火一侧；塑料窗的连接钢片，应与内衬型钢牢固连接；⑤ 防火玻璃与型材框架的镶嵌密封部位应采用膨胀率合理的阻燃膨胀胶条，门窗框扇开启部位应采用阻燃隔热胶条，湿法施工时还应采用建筑用阻燃密封胶；⑥ 门窗五金件除应满足通用要求外，还应满足耐火时间要求，材料宜采用钢制或合金材料，使用防火五金配件时，五金配件安装部位应做防火密封处理；⑦ 耐火门窗系统选用的辅助材料，如耐火填充材料、玻璃面板定位块等，应采用阻燃或难燃材料。

（4）防雷构造质量要点

① 窗外框与洞口墙体连接固定用的连接件可作为防雷连接件使用，但要保证该连接件与窗框具有可靠的导电性连接。固定连接件与窗框采用卡槽连接时，则应另外采用专门的防雷连接件与窗框进行可靠的螺钉或铆钉机械连接。② 窗外框与防雷连接件连接处，除阳极氧化、阳极氧化加电解着色、阳极氧化加有机着色处理的型材外，电泳涂漆、粉末喷涂、氟碳喷涂的窗外框型材，应先将其表面处理的非导电涂层除去，再与防雷连接件连接。③ 防雷连接导体可采用热镀锌处理的直径 ≥ 8mm 的圆钢或截面积 ≥ 24mm^2、厚度 ≥ 4mm 的扁钢，并分别与建筑物防雷装置和窗框防雷连接件进行可靠的焊接连接。

（5）门窗玻璃的镶嵌质量要求

门窗玻璃安装材料的使用应符合《建筑玻璃应用技术规程》JGJ 113 的规定，应根据玻璃安装的部位、型材构造和开启形式设计支承块、定位块、填充块的使用部位、数量和规格。

2. 材料要点

1）型材要求

铝合金门窗主要受力杆件所用铝合金主型材基材壁厚公称尺寸应经设计计算和试验确定，尚应符合《铝合金门窗》GB/T 8478 的规定：（1）室外门基材壁厚不应小于 2.2mm，室内不应小于 2mm。（2）室外窗基材壁厚不应小于 1.8mm，室内不应小于 1.4mm。（3）门窗用副框的材质应采用铝合金型材或钢材，其最小实测壁厚应不小于 2mm。钢材表面采用热浸镀锌防腐处理，副框最小截面尺寸应不小于 40mm×20mm。

2）连接件、紧固件、五金件要求

（1）门窗所用钢材宜采用奥氏体不锈钢材料。采用其他黑色金属材料作门窗钢材时，表面均应进行防腐处理，钢附框和增强型钢表面宜进行热镀锌处理。（2）执手的表面颜色及手感与对应框料颜色一致；传动器采用两点锁固定，窗扇高度大于 1200mm 时，传动器长度大于 1100mm；悬窗五金采用四连杆，开启角度 90°。（3）门窗框扇连接、锁固用功能性五金配件应满足整樘门窗承载能力的要求，其反复启闭性能应满足反复启闭耐久性要求：五金件在规定荷载作用下，门的反复启闭次数不应少于 10 万次，窗的反复启闭次数不应少于 1 万次，且启闭无异常，使用无障碍。（4）建筑门窗安装用固定连接片应选用 Q235 钢材，固定连接片应表面镀锌，厚度不应小于 1.5mm，宽度 20mm。（5）隐框窗中与硅酮结构密封胶粘结部位的型材应采用阳极氧化，其膜厚级别应不低于 AA15。

3）密封材料

（1）门窗用密封胶条宜采用硫化橡胶类胶条，如三元乙丙（EPDM）、硅橡胶（MVQ）、氯丁胶（CR）胶条等；框扇间密封宜采用三元乙丙胶条；（2）节能门窗用密封胶应在产品保质期内使用，并应在施工前进行粘结性试验；（3）门窗所用密封胶应具有与所接触的材料的相容性和与所需粘结基材的粘结性；（4）应根据门窗的使用环境和功能要求选择不同材质密封胶条，并应考虑其接触部位材料的相容性和污染性；（5）玻璃支承块、定位块等弹性材料应符合《建筑玻璃应用技术规程》JGJ 113 玻璃安装材料的有关规定，耐火型门窗玻璃支承块、定位块等弹性材料应采用阻燃材料。

3. 工艺要点

1）工艺流程

测量放线→预埋件预埋→金属门窗框安装→金属门窗扇及玻璃安装→五金附件安装→清洁→成品保护。

2）测量放线

门窗安装洞口交接检查合格后，用激光水准仪测定水平标高线、中心控制线并标记，依据门窗中心控制线向窗两边量出门窗边线；若为多层或高层建筑，以顶层门窗边线为准，用激光水准仪将门窗边线下引，在各层分别标记。

3）预埋件预埋

门窗框预埋金属连接件应按设计要求预埋，连框螺钉长度、直径必须符合设计要求，个别框与墙缝隙过大应采用加长螺钉，临时定位固定用垫块，在塞填密缝时应移除。

4）金属门窗框安装

（1）门窗框 45° 组角时，镶嵌于型材角部应采用不锈钢组角片，以提高门窗平整度和防止角部变形的插接板。（2）门窗框与洞口连接固定时应符合下列规定：砌体墙洞口严禁采用射钉固定，应采用膨胀螺栓固定，并不得固定在砖缝处。（3）门窗宽度、高度大于 1500mm 时，门窗框与附框四周间隙应按门窗材料的热膨胀系数调整间隙值，一般四周间隙宜控制在 5～8mm。（4）金属门窗安装采用钢附框时，连接处应采取防止双金属腐蚀的措施。（5）门窗框与附框之间安装固定点位置及中心距应满足设计要求，一般距角部的距离不大于 150mm，其余部位的中心距不大于 400mm 外，还应考虑在窗框受力杆件中心位置两侧 100mm。（6）门窗框与附框间宜采用安装调整器、紧固件固定，安装调整器必须正确使用，未采用调整器的应加防腐垫片等绝缘措施隔离，保证四周间隙适当。(7）与水泥砂浆接触的金属门窗框应进行防腐处理，湿法抹灰施工前，应对外露金属表面进行保护。

5）金属门窗扇及玻璃安装

(1）密封胶条与密封毛条的断面形状及规格尺寸应与铝合金型材断面相匹配。(2）密封胶条嵌装应平整，其长度宜比边框内槽口长 1.5%～3.0%。(3）密封胶条与密封毛条装配后应平整、严密、牢固，不得有脱槽现象。(4）密封胶条角部接口处必须密封处理。(5）玻璃垫块安装时，应用聚氯乙烯胶加以固定以免滑移，并不得影响排水和通气。(6）玻璃采用密封胶安装时，胶缝应平滑整齐、无空隙和断口，注胶宽度不小于 5mm，最小厚度不小于 3mm。(7）平开窗扇、悬窗扇、窗固定扇室外侧框与玻璃之间密封胶条处宜涂抹少量玻璃胶。(8）门窗下框应有有效的支垫措施，防止下框下沉，其支垫间距不应大于 500mm，中竖框处及下框中部应加设支垫。

6）五金附件安装

(1）五金配件及玻璃安装必须在墙饰面工程完成后进行。(2）门窗锁、执手、滑撑、拉手等要按配件安装说明书要求进行安装，安装后应开关灵活，无噪声，无松动。(3）安装超大门时，应将合页或门铰轴焊到建筑结构墙柱中的预埋件上，对每侧预埋件必须在同一垂直线上，两侧对应的预埋件必须在同一水平面位置上，连框合页或门铰轴两侧对称、出入一致。

7）清洁

门窗工程竣工后，应全面清洁门窗，不得使用腐蚀性清洗剂，不得使用尖锐工具刨刮型材和玻璃表面。

8）成品保护

(1）门窗框安装完成后，其洞口不得作为物料运输及人员进出的通道，且门窗严禁搭压、坠挂重物。对于易发生踩踏和刮碰的部位，应采取加设木板或围挡等有效的保护措施。(2）所有外露型材应进行有效保护，宜采用可降解的塑料保护膜。

4. 验收要点

1）金属门窗观感质量要求

(1）玻璃没有刮花，色泽均匀，没有析碱、发霉和镀膜脱落等现象；金属型材没有锈蚀、刮花、凹痕，漆膜或保护层应连续。(2）门窗框与墙体之间的安装缝隙应填塞饱满，墙边胶表面应光滑、顺直、无断裂。(3）玻璃胶缝应顺直、光滑、宽度大小匀称。(4）金属门窗扇的密封胶条或密封毛条装配应平整、完好，不得脱槽，交角处应平顺。(5）开启扇把手表面涂层不应脱落。(6）整窗及墙体周边应无渗漏。

2）金属门窗实物质量要求

(1）金属门窗的品种、类型、规格、分格、开启方向、安装位置、连接方式应符合设计要求。(2）金属门窗扇应安装牢固、开关灵活、关闭严密、无倒翘。(3）推拉门窗扇防止扇脱落的装置，应齐全、有效。(4）金属门窗推拉门窗扇开关力不应大于 50N。(5）排水孔应畅通，位置和数量应符合设计要求。(6）开启扇密封胶条不应存在间隙太大、密封胶条不交圈、胶缝老化、龟裂。(7）开启窗不应明显的下沉，铰链不应采用铝抽芯铆钉连接，开启应灵活。(8）门窗安装质量验收项目应符合规范要求，其中有允许偏差的检验项目，其最大偏差不得超过现行国家标准《建筑装饰装修工程质量验收标准》GB 50210 允许偏差值的 1.5 倍。

2.9.3 塑料门窗工程

1. 技术要点

(1）由单樘窗拼接而成的组合窗，拼接方式应符合设计要求，拼接处应考虑窗的伸缩变位。组合门窗洞口应在拼樘料的对应位置设置拼樘料连接件或预留洞。(2）建筑外窗的安装应牢固可靠，在砖砌体上安装时，严禁用射钉固定。(3）推拉门窗扇应设置门窗扇防脱落装置。(4）安装滑撑时，紧固螺钉应使用不锈钢材质，并应与框扇增强型钢或内衬局部加强钢板可靠连接。螺钉与框扇连接处应进行防水密封处理。

2. 材料要点

（1）窗用主型材的可视面最小实测壁厚不应小于2.5mm，非可视面最小实测壁厚不应小于2.0mm；门用主型材的可视面最小实测壁厚不应小于2.8mm，非可视面最小实测壁厚不应小于2.5mm。（2）外门窗（PVC-U）型材人工老化时间不应小于6000h，老化后冲击强度保留率不应小于60%，老化后试样的颜色变化ΔE^*不应大于5、Δb^*不应大于3。内门窗用型材老化时间应达到4000h。（3）门、窗的增强型钢应满足工程强度设计要求，窗的最小壁厚不应小于1.5mm，门的最小壁厚不应小于1.5mm。

3. 工艺要点

1）工艺流程

测量放线→预埋件预埋→门窗框安装→门窗扇及玻璃安装→五金附件安装→清洁→成品保护。

2）测量放线

门窗安装洞口交接检查合格后，用激光水准仪测定水平标高线、中心控制线并标记，依据门窗中心控制线向窗两边量出门窗边线；若为多层或高层建筑，以顶层门窗边线为准，用激光水准仪将门窗边线下引，在各层分别标记。

3）预埋件预埋

门窗框预埋金属码件应按设计要求预埋，连框螺钉长度、直径必须符合设计要求，框与墙缝隙过大时应采用加长螺钉，临时定位固定用垫块，在塞填密缝时应移除。

4）门窗框安装

（1）增强型钢与型材承载方向内腔配合间隙不应大于1mm。（2）用于固定每根增强型钢的紧固件不应少于3个，其间距不应大于300mm，距型材端头内角距离不应大于100mm，固定后的增强型钢不应松动。（3）机械式连接的中梃连接部位应用专用连接件连接，该连接件与增强型钢应采用紧固件固定连接。（4）连接处的四周缝隙应有可靠密封防水措施。

5）门窗扇及玻璃安装

（1）机械式连接框、扇、梃相邻构件装配间隙不应大于0.3mm；（2）门窗扇应安装牢固、开关灵活、关闭严密、无倒翘；（3）门窗扇的密封胶条或密封毛条装配应平整、完好，防止脱槽，交角处保持平顺；（4）玻璃安装时应注意避免刮花；（5）推拉门窗扇应安装防止扇脱落的装置，门窗推拉门窗扇开关力不应大于50N；（6）排水孔应畅通，位置和数量应符合设计要求；（7）开启扇密封胶条间隙紧密、密封胶条不交圈。

6）五金附件安装

（1）五金配件及玻璃安装必须在墙饰面工程完成后进行；（2）门窗锁、执手、滑撑、拉手等要按配件安装说明书要求进行安装，安装后应开关灵活，无噪声，无松动。

7）清洁

门窗工程竣工后，应全面清洁门窗框扇，不得使用腐蚀性清洗剂，不得使用尖锐工具刨刮型材和玻璃表面。

8）成品保护

（1）门窗框安装完成后，其洞口不得作为物料运输

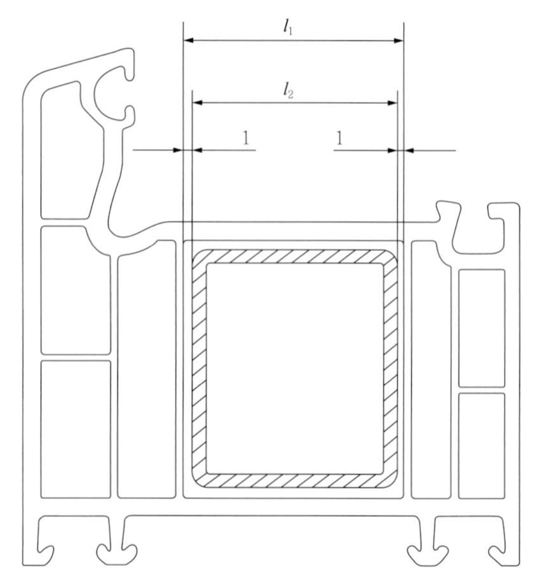

图2.9.3-1　增强型钢与型材承载方向内腔配合间隙

及人员进出的通道，且门窗严禁搭压、坠挂重物。对于易发生踩踏和刮碰的部位，应采取加设木板或围挡等有效的保护措施。（2）所有外露型材应进行有效保护，宜采用可降解的塑料保护膜。

4. 验收要点

1）塑料门窗观感质量要求

（1）门窗表面应洁净、平整、光滑，颜色应均匀一致。可视面应无划痕、碰伤等缺陷，门窗不得有焊角开裂和型材断裂等现象。（2）门窗框与墙体之间的安装缝隙应填塞饱满，墙边胶表面应光滑、顺直、无断裂。（3）玻璃胶缝应顺直、光滑、宽度匀称。

2）塑料门窗实物质量要求

（1）门窗扇应安装牢固、开关灵活、关闭严密、无倒翘。（2）门窗扇的密封胶条或密封毛条装配应平整、完好，不得脱槽，交角处应平顺。（3）玻璃没有刮花，色泽均匀，没有析碱、发霉和镀膜脱落等现象。（4）推拉门窗扇应安装防止扇脱落的装置，门窗推拉门窗扇开关力不应大于 50N。（5）排水孔应畅通，位置和数量应符合设计要求。（6）开启扇密封胶条不应存在间隙太大、密封胶条不交圈、胶缝老化、龟裂。（7）滑撑铰链的安装应牢固，紧固螺钉应使用不锈钢材质。螺钉与框扇连接处应有防水密封处理。（8）开启扇把手表面涂层应无脱落。（9）安装后的门窗关闭时，密封面上的密封条应处于压缩状态，密封层数应符合设计要求。（10）密封条应连续完整，装配后应均匀、牢固，应无脱槽、收缩和虚压等现象。（11）密封条接口应严密，且应位于窗的上方。整窗及墙体周边应无渗漏。（12）门窗安装质量验收项目应符合规范要求，其中有允许偏差的检验项目，其最大偏差不得超过现行国家标准《建筑装饰装修工程质量验收标准》GB 50210 允许偏差值的 1.5 倍。

2.9.4 特种门工程

1. 技术要点

（1）防火门的镶嵌密封部位应采用膨胀率合理的阻燃膨胀胶条，门窗框扇开启部位应采用阻燃隔热胶条，湿法施工时还应采用建筑用阻燃密封胶。（2）防火门五金件除应满足通用要求外，同时应满足耐火时间要求，材料宜采用钢制或合金材料，使用防火五金配件时五金配件安装部位应做防火密封处理。（3）公共空间的防火门应设置闭门器，保持常闭状态。（4）防盗门门框、门板厚度应符合防盗安全等级要求。（5）防盗安全门在锁具安装部位以锁孔为中心，在半径不小于 100mm 的范围内应有加强防护钢板。（6）自动门（旋转门）应设置通长金属横梁扶手，防止行人碰撞玻璃。

2. 材料要点

（1）防火门门扇填充的对人体无毒无害的防火隔热材料，应经国家认可授权检测机构检验达到《建筑材料及制品燃烧性能分级》GB 8624 规定燃烧性能 A1 级要求和《材料产烟毒性危险分级》GB/T 20285 规定产烟毒性危险分级 ZA2 级要求。（2）防火门所用钢质材料厚度应符合表 2.9.4-1 的规定。（3）防火门所用粘结剂应经国家认可授权检测机构检验达到《材料产烟毒性危险分级》GB/T 20285 规定产烟毒性危险分级 ZA2 级要求。（4）防火门所用其他材质材料应对人体无毒无害，应经国家认可授权检测机构检验达到《材料产烟毒性危险分级》GB/T 20285 规定产烟毒性危险分级 ZA2 级要求。（5）防盗门钢质材料厚度：门框按防盗安全的乙、丙、丁级别分别选用 2.0mm、1.8mm、1.5mm；门扇的外面板、内面板厚度用“外面板 / 内面板”形式表示，按防盗安全的乙、丙、丁级别分别选用 1.0/1.0mm、0.8/0.8mm、0.8/0.6mm；甲级防盗安全门板的厚度在符合其防破坏性能条件下，按产品设计选择厚度，所选择的钢质板材厚度应不低于乙级防盗安全门级别的边框、门扇的厚度与允许偏差值要求。

钢质材料厚度　　表 2.9.4-1

序号	部件名称	材料厚度（单位：mm）
1	门扇面板	≥ 0.8
2	门框板	≥ 1.2
3	铰链板	≥ 3.0

续表

序号	部件名称	材料厚度（单位：mm）
4	不带螺孔的加固件	≥ 1.2
5	带螺孔的加固件	≥ 3.0

3. 工艺要点

1）全玻璃门工艺要点

（1）工艺流程

测量放线→地弹簧安装→门夹安装→门扇玻璃安装→门拉手安装→清洁→调试→成品保护。

（2）测量放线

安装洞口交接检查合格后，用激光水准仪测定水平标高线、中心控制线并标记，依据门中心控制线向两边量出门边线。

（3）地弹簧安装

① 按地弹簧盒体及说明书要求，在地面开槽，将地弹簧放入槽内摆正暂时固定，地弹簧转轴轴心必须与上方门框定位销中心保持在同一垂直线上。② 进行玻璃门扇试装，调试完成后取下门扇，使用水泥或快干粉固定地弹簧。

（4）门夹安装

① 门扇上下门夹轴心必须在同一直线上。② 上下门夹安装必须牢固。

（5）门扇玻璃安装

① 固定部分的玻璃板对接时，其对接缝应有 3～5mm 的宽度，玻璃板边都要进行倒角处理。② 安装多个连续门扇时，所有玻璃板对接缝应调整到均匀一致。

（6）门拉手安装

拉手连接部分插入孔洞时不能很紧，应有松动，在拉手插入玻璃的部分涂少许玻璃胶；如若插入过松，可在插入部分裹上软质胶带。拉手组装时，其根部与玻璃贴紧后再拧紧固定螺钉。

（7）清洁

清除玻璃和配件金属装饰面板的尘埃、油渍和其他污物，应使用清水或专用清洁剂擦洗。

（8）调试

调节地弹簧，控制门扇开合速度。

（9）成品保护

① 对于易发生踩踏和刮碰的部位，应采取加设木板或围挡等有效的保护措施。② 应在玻璃四角及边缘设置醒目防撞安全警示标志。

2）自动门施工工艺及要点

（1）工艺流程

测量放线→地面导轨安装→横梁、电机等配套附件安装→横梁包饰→门扇安装→清洁→调试→成品保护。

（2）测量放线

安装洞口交接检查合格后，用激光水准仪测定水平标高线、中心控制线并标记，弹出门边线、上下导轨及钢横梁控制线。

（3）地面导轨安装

① 铝合金自动门和全玻璃自动门地面上装有导向性下轨道。自动门安装时，撬出预埋方木条便可埋设下轨道，下轨道长度应为开启门宽的 2 倍。② 埋轨道时注意与地坪的装饰面层的标高保持一致（图 2.9.4-1）。

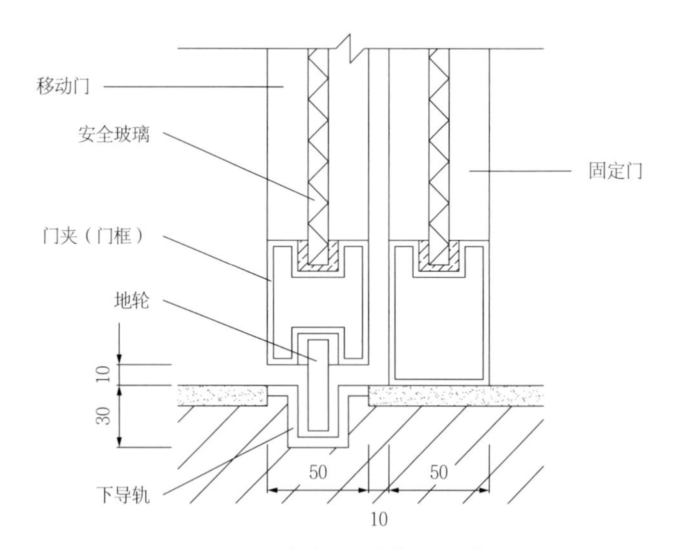

图 2.9.4-1　自动门下导轨埋设示意图

（4）横梁、电机等配套附件安装

① 自动门传动控制机箱及自控探测装置都固定安装在钢横梁上，其固定连接方式有钢横梁打孔穿螺栓固定方式和钢横梁上焊接连接板再连接固定的方式。应注意钢横梁上钻孔或焊接连接板应在钢横梁安装前完成。② 安装门构件，确定轨道水平、牢固、稳定。

（5）门扇安装

① 门扇挂入上轨道，来回滑动检测，确认无滞重现象。② 确认门扇的地轮沿地面导向轨道滑动，平稳顺畅。③ 确定门扇开闭位置并安装限位器。

（6）清洁

清除玻璃和配件金属装饰面板的尘埃、油渍和其他污物，应使用清水或专用清洁剂擦洗。

（7）调试

调整门扇平整度及接口缝隙，接通电源，对探测传感系统、安全保护传感系统和机电装置进行反复调试，将感应灵敏度、探测距离、开闭速度等调试至最佳状态。

（8）成品保护

① 对于易发生踩踏和刮碰的部位，应采取加设木板或围挡等有效的保护措施。② 应在玻璃四角及边缘设置醒目防撞安全警示标志。

4. 验收要点

1）特种门观感质量要求

（1）特种门的表面应洁净，应无划痕和碰伤。（2）密封条与玻璃、玻璃槽口的接触应紧密、平整。密封胶与玻璃、玻璃槽口的边缘应粘结牢固、接缝平齐。（3）割角和拼缝应严密平整。门窗框、扇裁口应顺直，刨面应平整。（4）门窗上的槽和孔应边缘整齐，无毛刺。

2）特种门实物质量要求

（1）人行自动门活动扇在启闭过程中对所要求保护部位的安全间隙应小于 8mm 或大于 25mm。（2）推拉自动门的感应时间限值和检验方法应符合表 2.9.4-2 的规定。（3）自动门安装的允许偏差和检验方法应符合《自动门》JG/T 177 的规定。（4）当停电或切断电源开关时，自动门应能手动开启，开启力和检验方法应符合表 2.9.4-3 的规定。

推拉自动门的感应时间限值和检验方法

表 2.9.4-2

项次	项目	感应时间限值（单位：s）	检验方法
1	开门响应时间	≤ 0.5	用秒表检查
2	堵门保护延时	16～20	
3	门扇全开启后保持时间	13～17	

自动门手动开启力和检验方法　　表 2.9.4-3

项次	门的启闭方式	手动开启力（单位：N）	检验方法
1	推拉自动门	≤ 100	用测力计检查
2	平开自动门	≤ 100（门扇边梃着力点）	
3	折叠自动门	≤ 100（垂直于门扇折叠处铰链推拉）	
4	旋转自动门	150～300（门扇边梃着力点）	

注：① 推拉自动门和平开自动门为双扇时，手动开启力仅为单扇的测值。② 平开自动门在没有风力情况下测定。③ 重叠推拉着力点在门扇前、侧结合部的门扇边缘。

2.10　细部工程

2.10.1　固定家具工程

1. 技术要点

（1）固定家具选型宜与建筑空间设计协同进行，家具尺寸应符合人体工学。（2）潮湿区域的固定家具应选用防锈蚀五金配件。（3）吊装的固定家具应对吊装配件、安装基层的稳定性进行安全测试。（4）固定家具安装前应将暗藏的管线位置做好标识，避免损坏已有的管道设备。

2. 材料要点

（1）固定家具由工厂生产成品或半成品，其木材制品含水率不得超过 12%。加工的框和扇进场时，应检查型号及质量，验证产品合格证。（2）固定家具在现场加工制作的，其所用树种、材质等级、含水率和防腐处理应符合设计要求和《木结构工程施工质量验收规范》GB 50206的规定。（3）其他材料，如锁、防腐剂、插销、木螺钉、拉手、碰珠、合页等，按设计要求的品种、规格、型号购备，并应有产品质量合格证。（4）固定家具露明部位要选用优质材，作清漆、油饰显露木纹时，应注意同一房间或同一部位选用颜色、木纹近似的相同树种。木材不得有腐朽、节疤、扭曲和劈裂等弊病。（5）凡进场花岗石放射性和人造木板甲醛含量限值经复验超标的材料，及木材燃烧性能等级不符合设计要求和《民用建筑工程室内环境污染控制标准》GB 50325规定的材料，不得使用。

3. 工艺要点

（1）工艺流程：测量放线→框、架安装→壁柜、隔板、支点安装→壁（吊）柜扇安装→五金安装→清洁验收。（2）壁柜、吊柜定位时应考虑抹灰厚度的关系。（3）若壁柜、吊柜安装在加气混凝土或轻质隔板墙时，应采用穿墙螺杆固定。（4）固定家具壁柜、吊柜的框和扇，在安装前应检查有无窜角、翘扭、弯曲、壁裂。（5）吊柜钢骨架应检查规格是否符合设计要求，有无变形。

4. 验收要点

（1）固定家具安装应安全牢固。（2）固定家具配件安装应安全牢固，表面洁净无污渍、锈蚀。（3）固定家具柜门及抽屉开关灵活，缝隙均匀一致。（4）固定家具与其他装饰面的交接、嵌合应严密，交接线应顺直、清晰、美观。（5）固定家具安装的允许偏差和检验方法应符合表2.10.1-1的规定。

固定家具安装的允许偏差和检验方法　　表2.10.1-1

项次	项目	允许偏差（单位：mm）	检验方法
1	外形尺寸	3	用钢尺检查
2	立面垂直度	2	用1m垂直检测尺检查
3	门与框架的平行度	2	用钢尺检查

2.10.2 窗帘盒工程

1. 技术要点

（1）窗帘盒应与基层固定牢固，具有承重性能。（2）窗帘盒与玻璃、幕墙衔接位置的固定方式应按现场情况进行深化图纸设计。

2. 材料要点

（1）对称层和同一层单板应是同一树种、同一厚度，并考虑成品结构的均匀性。表板应紧面向外，各层单板不允许端拼。（2）板均不许有脱胶鼓泡，一等品上允许有极轻微边角缺损，二等板的面板上不得留有胶纸带和明显的胶纸痕。公称厚度6mm以上的板，其翘曲度：一、二等品板不得超过1%，三等板不得超过2%。

3. 工艺要点

（1）工艺流程：测量放线→制作窗帘盒→安装窗帘盒→检查调校→涂料施工→清洁验收。（2）有吊顶采用暗窗帘盒的房间，吊顶施工应与窗帘盒安装同时进行。（3）窗帘盒宽度应符合设计要求，当设计无需求时，窗帘盒宜伸出窗口两侧200～300mm，窗帘盒中线应对准窗口中线并使两端伸出窗口长度相同，窗帘盒下沿与窗口上沿应平齐或略低。（4）当采用木夹板双包工艺制作窗帘盒时，遮挡板外立面不得有明榫，底边应做封边处理。（5）窗帘盒底板采用膨胀螺栓固定，遮挡板与吊顶交接处宜用角线收口，窗帘盒靠墙部分应与墙面紧贴。（6）窗帘轨道安装应平直，窗帘轨固定点必须在底板的龙骨上，严禁用圆钉固定；采用电动窗帘轨时，要考虑电机的大小并预先留好电源，单层窗帘最少也要180mm左右，双层一般250～300mm，如果是曲轨要考虑弧度的问题，需要适当加宽。

4. 验收要点

（1）窗帘盒安装应与原建筑结构连接牢固。（2）窗帘盒外观应平整、光滑、洁净、色泽一致。（3）窗帘盒与其他装饰面的交接处应严密，交接线应顺直、清晰、美观。（4）窗帘盒安装的允许偏差和检验方法应符合表2.10.2-1的规定。

窗帘盒安装的允许偏差和检验方法　　表 2.10.2-1

项次	项目	允许偏差（单位：mm）	检验方法
1	水平度	2	用 1m 水平尺和塞尺检查
2	上口、下口直线度	3	拉 5m 线，不足 5m 拉通线，用钢直尺检查
3	两端距窗洞口长度差	2	用钢直尺检查
4	两端出墙厚度差	3	用钢直尺检查

2.10.3　窗台工程

1. 技术要点

（1）窗台板应与隔墙或原建筑结构连接牢固，窗套与窗台板宜一体化设计。（2）窗台板应平整，无坡度，与窗框连接紧密。与玻璃、幕墙衔接位置的固定方式应按现场情况进行深化图纸设计。（3）窗台板采取木质材料时，应做好防潮防腐措施。

2. 材料要点

（1）窗台板制作与安装所使用的材料和规格、木材的燃烧性能等级和含水率及人造板的甲醛含量应符合设计要求和现行国家标准的有关规定。（2）木方料是用于制作骨架的基本材料，应选用木质较好、无腐朽、无扭曲变形的合格材料，含水率不大于 12%。（3）防腐剂、油漆、钉子等各种小五金应符合设计要求。

3. 工艺要点

（1）工艺流程：测量放线→检查预埋件→支架安装→窗台板安装→清洁验收。（2）安装石材窗台板时，应先进行试拼。（3）石材窗台板应做防返碱和防水处理。（4）木质窗台板应选用耐腐性材料，基层应做防腐防火处理。

4. 验收要点

（1）窗台板安装应与原建筑结构或基层连接牢固。（2）窗台板表面应平整、光滑、洁净、色泽一致。（3）窗台板与其他装饰面的交接处应严密，交接线应顺直、清晰、美观。（4）窗台板安装的允许偏差和检验方法应符合表 2.10.3-1 的规定。

窗台板安装的允许偏差和检验方法　　表 2.10.3-1

项次	项目	允许偏差（单位：mm）	检验方法
1	水平度	2	用 1m 水平尺和塞尺检查
2	上口、下口直线度	3	拉 5m 线，不足 5m 拉通线，用钢直尺检查
3	两端距窗洞口长度差	2	用钢直尺检查
4	两端出墙厚度差	3	用钢直尺检查

2.10.4　门窗套工程

1. 技术要点

（1）门窗套采取木质材料时，应做好防潮防腐措施。（2）门窗套应与基层固定牢固，与墙面连接紧密。

2. 材料要点

1）木材

木材的种类、规格、等级应符合设计图纸要求，并应符合下列规定：（1）木龙骨一般采用红、白松，含水率不大于 12%，不得有腐朽、节疤、劈裂、扭曲等缺陷。（2）底层板一般采用细木工板或密度板，含水率不得超过 12%。板厚应符合设计要求，甲醛含量应符合室内环境污染物限值要求，人造板材使用面积超过 500m^2 时应做甲醛含量复试。板面不得有凹凸、劈裂等缺陷。应有产品合格证、环保及燃烧性能检测报告。（3）面层板一般采用三合板（胶合板），含水率不超过 12%，甲醛释放量不大于 0.12mg/m^3，颜色均匀一致，花纹顺直一致，不得有黑斑、黑点、污痕、裂缝、爆皮等。应有产品合格证、环保及燃烧性能检测报告。（4）门、窗套木线一般采用半成品，规格、形状应符合设计图纸要求，含水率不大于 12%，花纹纹理顺直，颜色均匀，不得有节疤、黑斑点、裂缝等。

2）其他材料

一般包括气钉、防火涂料、胶粘剂、木螺钉、防腐涂料等，其中胶粘剂、防火、防腐涂料应有产品合格证及性能检测报告。

3. 工艺要点

（1）工艺流程：检查门窗洞口尺寸→安装基层板→填充缝隙→粘贴面板→钉收口实木压线→清洁验收。（2）门窗套基层细木工板套材下料基层用干木楔固定稳定离地 5mm 防止水浸泡。封面层板采用白乳胶，钉固定白乳胶应涂刷均匀足量修边，严禁修边。（3）基层板间隔要留 5mm 缝隙，防止变形。（4）门窗洞口的尺寸与设计不符时可用木方料制成龙骨架进行调整，与墙体牢固连接，不得松动，龙骨架应刷防腐、防火涂料。（5）在合页部位应增加膨胀螺栓固定。（6）石材门窗套采用干挂时，侧板安装好后与墙体缝隙应使用填缝剂填充。

4. 验收要点

（1）门窗套制作与安装的质量验收，每个检验批应至少抽查 3 间（处），不足 3 间（处）时应全数检查。（2）门窗套安装应与原建筑结构或基层连接牢固。（3）门窗套表面应平整、光滑、洁净、色泽一致。（4）门窗套与其他装饰面的交接处应严密，交接线应顺直、清晰、美观。（5）门窗套安装的允许偏差和检验方法应符合表 2.10.4-1 的规定。

门窗套安装的允许偏差和检验方法　　表 2.10.4-1

项次	项目	允许偏差（单位：mm）	检验方法
1	正、侧面垂直度	3	用 1m 垂直检测尺检查
2	门窗套上口水平度	1	用 1m 水平检测尺和塞尺检查
3	门窗套上口直线度	3	拉 5m 线，不足 5m 拉通线，用钢直尺检查

2.10.5　护栏及扶手工程

1. 技术要点

（1）护栏、栏杆应与原建筑结构连接牢固，设计栏杆时应考虑防攀爬措施，护栏、栏杆净高、间距及受力应满足相关规范的要求。（2）立柱及扶手底座与墙地面结构的连接方式应按现场情况进行深化图纸设计。（3）玻璃面板应采用安全夹胶玻璃，安装应牢固、可靠。（4）护栏、扶手品种、规格、图案、颜色应满足设计要求。

2. 材料要点

（1）玻璃栏板：玻璃栏板应采用钢化玻璃、夹层玻璃等安全玻璃，钢化玻璃应在热处理之前将裁切钻洞和磨边等加工工序进行完毕，钢化处理后的玻璃不能再进行切割打孔。（2）金属栏杆、扶手：金属栏杆和扶手的管径和管材的壁厚尺寸应符合设计要求，一般大立柱和扶手的管壁厚度不宜小于 1.2mm。（3）木栏杆和木扶手：木栏杆和木扶手应能承受规定的水平荷载，以保证楼梯的安全。木制扶手其树种、规格、尺寸、形状应符合设计要求。木材质量均应纹理顺直、颜色一致，不得有腐朽、节疤、裂缝、扭曲等缺陷；含水率不得大于 12%。弯头料一般采用扶手料。

3. 工艺要点

（1）工艺流程：测量放线→预埋件预埋→立柱安装→栏板安装→扶手安装→清洁验收。（2）玻璃栏板加注密封胶前，接缝处的表面应清洁、干燥。密封材料的宽度和深度应符合设计要求，充填应密实，外表应平整光洁。（3）金属栏杆现场焊接和安装，一般应先竖立直线段两端的立柱，检查就位正确和校正垂直度，然后逐个安装中间立柱，顺序焊接其他杆件。对设有玻璃栏板的栏杆，固定玻璃栏板的夹板或嵌条应对齐在同一平面上。（4）木扶手与垂直杆件连接牢固，紧固件不得外露。

4. 验收要点

（1）护栏和扶手转角弧度应符合设计要求，接缝应严密，表面应光滑，色泽应一致，不得有裂缝、翘曲及损坏。（2）玻璃护栏必须采用安全玻璃，高度应符合国家相关标准要求，全玻璃护栏应设置钢立柱及扶手，护栏和扶手转角弧度应符合设计要求，接缝应严密，表面应光滑，色泽应一致，不得有裂缝、翘曲及损坏。（3）护栏和扶手安装的允许偏差和检验方法应符合表 2.10.5-1 的规定。

护栏和扶手安装的允许偏差和检验方法

表 2.10.5-1

项次	项目	允许偏差（单位：mm）	检验方法
1	护栏垂直度	3	用 1m 垂直检测尺检查
2	栏杆间距	0，-6	用钢尺检查
3	扶手直线度	4	拉通线，用钢直尺检查
4	扶手高度	+6，0	用钢尺检查

2.10.6 花饰工程

1. 技术要点

（1）花饰工程应按设计要求进行深化图纸设计。（2）按照深化图纸进行订货加工，由工厂提供安装说明及编号。（3）花饰制品采取木质材料时，应做好防潮防腐措施。（4）花饰安装应牢固、可靠，与装饰面连接紧密。

2. 材料要点

1）木花饰

（1）木花饰制品由工厂生产成成品或半成品，进场时应检查型号、质量，验证产品合格证。（2）木花饰在现场加工制作的，宜选用硬木或杉木制作，要求结疤少，无虫蛀、无腐蚀现象；其所用的树种、材质等级、含水率和防腐处理应符合设计要求和《木结构工程施工质量验收规范》GB 50206 的规定。（3）其他材料如防腐剂、铁钉、螺栓、胶粘剂等，按设计要求的品种、规格、型号购备，并应有产品质量合格证。（4）木材应提前进行干燥处理，其含水率应控制在 12% 以内。（5）凡进场甲醛含量限值经复验超标及木材燃烧性能等级不符合设计要求和《民用建筑工程室内环境污染控制标准》GB 50325 规定的人造木板不得使用。

2）竹花饰

（1）竹子应选用质地坚硬、直径均匀、竹身光洁的竹子，一般整枝使用，使用前需进行防腐、防蛀处理，如用石灰水浸泡。（2）销钉可用竹销钉或铁销钉。（3）螺栓、胶粘剂等符合设计要求。

3）玻璃花饰

（1）玻璃可选用平板玻璃进行磨砂等处理，或采用彩色玻璃、玻璃砖、压花玻璃、有机玻璃等。（2）金属材料、木料主要作支承玻璃的骨架和装饰条，钢筋用作玻璃砖花格墙拉结，这些材料都应符合设计要求。

4）塑料花饰制品

塑料花饰制品由工厂生产成成品，进场时应检查型号、质量，验证产品合格证。

5）其他材料

胶粘剂、螺栓、螺钉、焊接材料、贴砌的粘贴材料等，品种、规格应符合设计要求和国家相关标准的规定。

3. 工艺要点

（1）工艺流程：基层处理→确定花饰安装位置线→分块花饰预拼→花饰安装固定→清洁验收。（2）安装花饰的工程部位，其前道工序项目应施工完毕，应具备强度的基体，基层应达到安装花饰的要求。（3）重型花饰的位置应在结构施工时，事先预埋锚固件，并做抗拉试验。（4）按照设计的花饰品种，安装前应确定好固定方式（如粘贴法、镶贴法、螺栓固定法、焊接固定法等）。（5）正式安装前，应在拼装平台做好安装样板，经有关部门检查鉴定合格后，方可正式安装。

4. 验收要点

（1）石材、木材、塑料、金属、石膏等花饰制作与安装工程的质量验收，室外每个检验批应全部检查；室内每个检验批应至少抽查 3 间（处），不足 3 间（处）时应全部检查。（2）花饰安装应安全牢固。（3）花饰与其他装饰面连接处应严密，无错位、凹凸不平等现象。（4）花饰表面应色泽一致，无缺角、损伤、修补痕迹。（5）花饰安装的允许偏差和检验方法应符合表 2.10.6-1 的规定。

花饰安装的允许偏差和检验方法　　表 2.10.6-1

项次	项目		允许偏差（单位：mm）		检验方法
			室内	室外	
1	条型花饰的水平度或垂直度	每米	1	3	拉线和用 1m 垂直检测尺检查
		全长	3	6	
2	单独花饰中心位置偏移		10	15	拉线和用钢直尺检查

2.10.7　其他细部工程

1. 技术要点

（1）熟悉相关粘接及密封材料的使用说明。（2）编制施工方案，对施工人员进行安全技术交底。（3）制作相关样板，经设计、监理、建设单位验收并签认后，进行大面积施工。

2. 材料要点

（1）细部工程应对花岗石的放射性和人造木板的甲醛释放量进行复验。（2）细部工程所用的材料应有产品合格证书、进场验收记录、性能检验报告和复验报告。（3）固定屏风应选用安全、防撞的材料。（4）厨房、卫浴易生长霉菌，以上部位使用的粘结密封产品应满足《建筑用防霉密封胶》JC/T 885 的要求。（5）镜子的粘结密封材料应选择满足《硅酮和改性硅酮建筑密封胶》GB/T 14683 的产品。（6）轻质装饰板的粘结固定材料应满足《室内墙面轻质装饰板用免钉胶》JC/T 2186 的要求。

3. 工艺要点

（1）对于密封胶所使用的粘结密封基材和物品，应检查验收，其材质、规格、图式应符合设计要求。（2）对一些特殊材料进行粘结时，应咨询密封胶厂家，确认其粘结性能是否符合要求，必要时应对密封胶产品和粘结基材做相容性试验。

4. 验收要点

（1）细部工程验收时应检查下列文件和记录：施工图、设计说明及其他设计文件；材料的产品合格证书、性能检验报告、进场验收记录和复验报告；隐蔽工程验收记录；施工记录。（2）细部工程应对预埋件（或后置埋件）、护栏与预埋件的连接节点进行隐蔽工程验收。（3）装饰完成面应平整、洁净、色泽一致，不得有裂缝、翘曲及损坏。

2.11　幕墙工程

2.11.1　玻璃幕墙工程

1. 技术要点

（1）建筑幕墙面板的板块及其支承结构不应跨越主体结构的变形缝、沉降缝。（2）幕墙结构的连接节点应有可靠的防松、防脱和防滑措施。（3）不同金属材料相接触部位，应设置绝缘衬垫或采取有效的防电化学腐蚀隔离措施。（4）后置埋件采用化学锚栓，焊接时应采取措施防止化学锚栓受热失效，并应有焊接高温后抗拉承载力检验报告。（5）幕墙立柱与主体结构的钢连接件材料厚度应不小于 6mm，采用焊接时，应计算焊缝尺寸并标注焊接要求。（6）玻璃幕墙板块不得采用四边大小片中空玻璃构造（图 2.11.1-1）。（7）单元板块与主体结构连接的挂件组定位后应有防止板块滑动脱落的构造措施。两个单元板块共用一个连接件与槽式埋件连接时，连接件与埋件的连接螺栓应不少于 3 个。（8）单元板十字相交处过桥型材周边应注胶密封。横梁采用胶条板排水时，胶条板应连续设置，接头不应设在单元板十字相交处。对接型单元系统的横竖密封胶条应相同，胶条周圈应闭合。（9）单元组件框架连接螺钉宜带胶拧入，螺钉和螺栓部位应有防渗漏与防松退措施。工艺孔应注胶密封或采用橡胶帽封堵。（10）明框板块用密封胶条固定玻璃时，玻璃四周与框之间应设置柔性垫块，垫块长度应不小于100mm，每边不少于2块。垫块与框之间应有可靠的固定连接。（11）高度大于8m全玻幕墙的玻璃肋宜考虑平面外的稳定验算；高度大于12m的玻璃肋，应进行平面外稳定验算，必要时应采取设置水平玻璃肋或水平金属拉杆等防止侧向失稳的构造措施。（12）明框幕墙面板压板应连续，压板不得单边悬空。压板胶条外注密封胶时，密封胶应与胶条相容，密封胶厚度应不小于3.5mm。（13）建筑外墙上、下层开口之间应设置高度不小于1.2m的实体墙或挑出宽度不小于1.0m、长度不小于开口宽度的防火挑檐；当室内设置自动喷水灭火系统时，上、下层开口之间的实体墙高度不应小于0.8m。（14）当上、下层开口之间设置实体墙确有困难时，可设置防火玻璃墙，但高层建筑的防火玻璃墙的耐火完整性不应低于1h，多层建筑的防火玻璃墙的耐火完整性不应低于0.5h。（15）幕墙与楼层边沿实体墙上、下水平缝隙设置两道层间防火封堵层，应采用高度不小于200mm的岩棉、矿棉等耐高温、不燃材料填充密实，以厚度不小于1.5mm镀锌钢板为承托板并与相对应的幕墙横梁连接封堵。封堵材料不得与玻璃接触。（16）幕墙防火封堵的承托板或支承构架应与主体结构牢固连接，缝隙应采用防火密封胶封闭。防火封堵承托板宽度≥300mm时，应增设支承钢架加固措施，且不得与玻璃接触。幕墙与隔墙竖向防火封堵宜有钢构架支承，并牢固连接。（17）供消防救援进出的应急窗口设置应与消防车登高操作场地相对应，并符合以下规定：消防救援窗应沿建筑四周均衡布置，各相邻救援窗间距不宜大于20m，且不宜布置在建筑物出入口上方。每个防火分区消防救援窗应不少于2个。消防救援窗口下沿距室内地面的高度不宜大于1.2m。消防救援窗的应急击碎玻璃应采用厚度不大于8mm的单片钢化玻璃或中空钢化玻璃。不得采用普通玻璃，半钢化玻璃或夹层玻璃。应急击碎玻璃的净高度和净宽度应不小于1.0m。采用固定窗时，玻璃面积应不大于3.0m^2；采用开启窗时，玻璃面积应不大于1.8m^2。（18）开启扇宜采用上悬方式，其单扇面积不宜大于1.5m^2，开启角度不宜大于30°，最大开启距离不宜大于300mm。当采用上悬挂钩式的开启扇时，应设置防止开启扇开启时脱钩坠落有效措施（图2.11.1-2、图2.11.1-3）。（19）开启窗构造宜采用扇框叠压方式，胶条固定应牢固，转角部位宜连续折弯无断缝。胶条应压合严密，压合界面重叠量应不小于6mm。平推窗的扇胶条与框的有效搭接量应不小于7mm。锁点间距宜不大于400mm，锁点安装处胶条应能承压。（20）玻璃幕墙开启扇不得使用旋压锁，推荐使用多点锁。开启扇尺寸面积不应超过2.0m^2。（21）隐框开启扇中空玻璃中的结构胶与副框结构胶至少应有一组对边位置重合（图2.11.1-4、图2.11.1-5）。（22）隐框开启扇玻璃外侧应设置护边型材，护边与扇框料应机械连接，并不少于一组对边（图2.11.1-6）。（23）不得在建筑幕墙上采用胶粘连接装饰构件（图2.11.1-7），应采用机械连接装饰构件（图2.11.1-8）。（24）单元式幕墙防雷设计：幕墙型材有隔热构造时，应以等电位金属导体连接其内外侧金属材料，每一单元板块不少于两处。（25）幕墙玻璃防人体冲击设计，在易于受到人体或物体碰撞部位的玻璃面板，应采取防护措施，并在易发生碰撞的部位设置警示标志、护栏等防撞设施。楼层外缘无实体墙的玻璃部位应设置防撞设施或醒目的警示标志。设计固定护栏时，护栏应符合《民用建筑设计统一标准》GB 50352的规定。

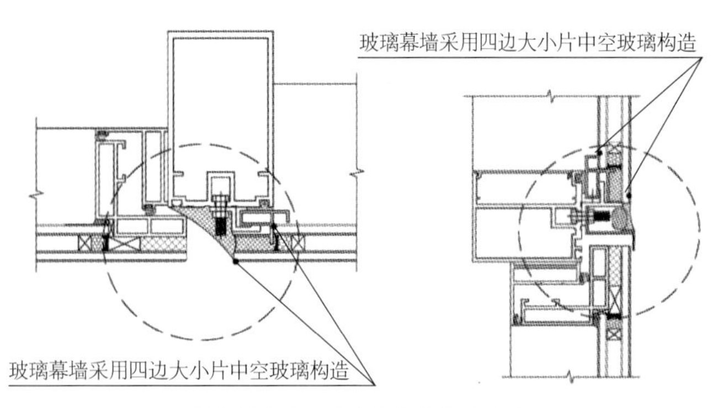

图 2.11.1-1　四边大小片中空玻璃

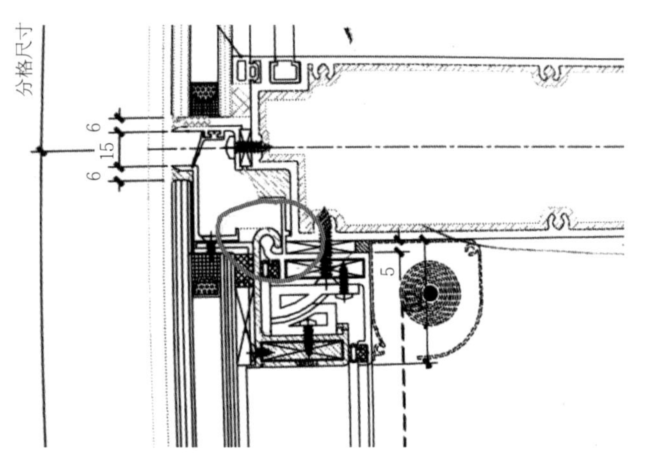

图 2.11.1-2　挂钩式上悬开启扇

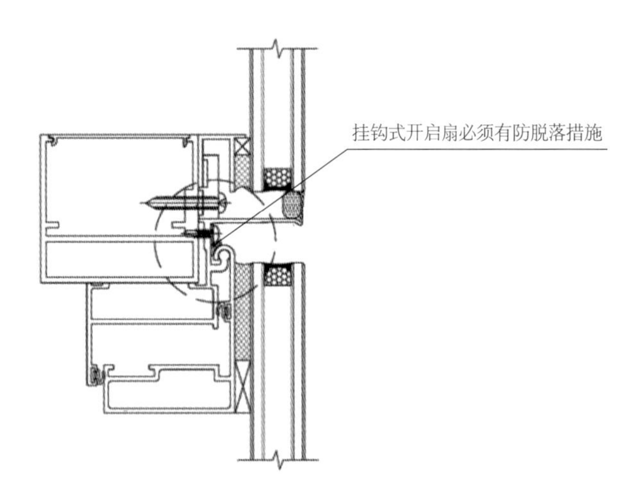

图 2.11.1-3　挂钩式开启扇防脱落

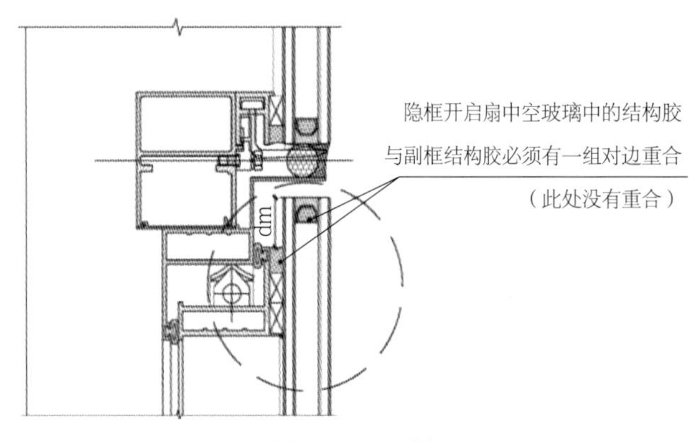

图 2.11.1-4　结构胶与副框结构胶位置不重合

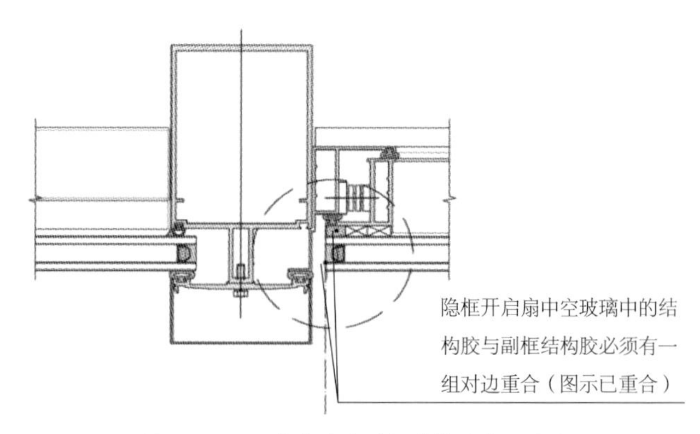

图 2.11.1-5　结构胶与副框结构胶位置重合

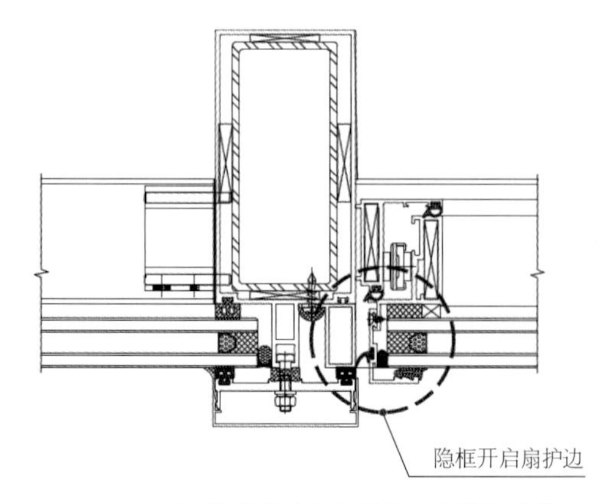

图 2.11.1-6　隐框开启扇设置护边和机械连接

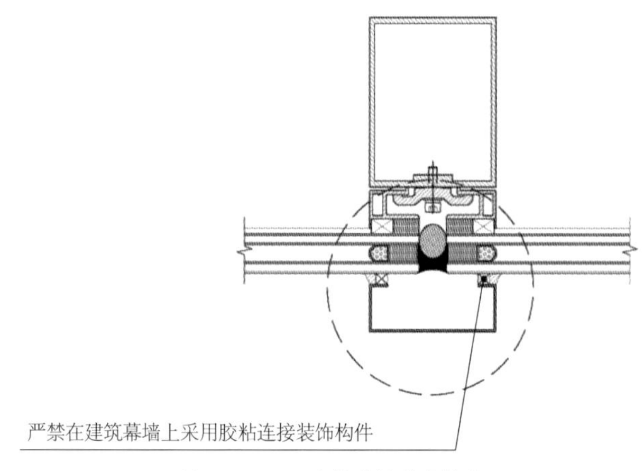

图 2.11.1-7　胶粘连接装饰构件

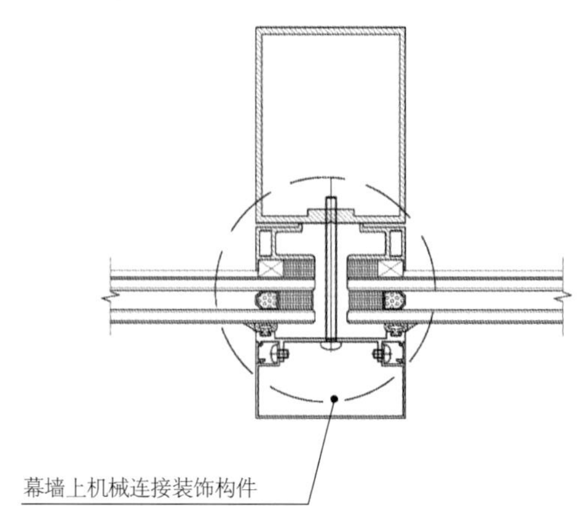

图 2.11.1-8　机械连接装饰构件

2. 材料要点

1）铝合金材料

幕墙采用铝合金材料应符合现行国家标准的有关规定。铝合金支座、连接件宜选用 6061-T6，铝合金横竖龙骨宜选用 6063-T5 或 6063-T6。铝合金型材尺寸允许偏差应达到高精级及以上标准，对于单元式幕墙宜采用超高精级。

2）钢材

建筑幕墙所选用钢材的种类、牌号、质量等级应符合现行国家标准及设计要求，宜选用耐候钢，覆盖涂层厚度应符合表 2.11.1-1 的规定。

钢材表面覆盖涂层厚度要求　　表 2.11.1-1

使用部位	覆盖涂层方式或材料	要求
钢材非外露部分碳素结构钢和低合金结构钢	热浸镀锌防腐	锌膜镀层平均厚度应不小于 85μm
钢材外露部分表面	宜采用机械喷射或抛射除锈	表面除锈等级不得低于 Sa2.5 级
	采用氟碳喷涂	经防锈处理后其涂层干漆膜总厚度室外不应少于 180μm
非空气污染严重及海滨地区	氟碳漆喷涂或聚氨酯漆喷涂	涂膜厚度不小于 35μm
空气污染严重及海滨地区	氟碳漆喷涂	涂膜厚度不宜小于 45μm

3）玻璃

幕墙玻璃宜采用夹层半钢化玻璃、超白钢化玻璃，钢化玻璃宜进行均质化处理，减少玻璃自爆情形的发生。

4）建筑粘结密封材料

（1）幕墙采用硅酮结构密封胶的性能应符合《建筑用硅酮结构密封胶》GB 16776 及《建筑幕墙用硅酮结构密封胶》JG/T 475 的规定，且产品质保年限不少于 25 年，并在有效期内使用。（2）幕墙采用中性硅酮耐候密封胶，其性能应满足现行行业标准《幕墙玻璃接缝用密封胶》JC/T 882 的规定，且应选用不低于 25 级的密封胶；超高层幕墙应选用不低 50 级的密封胶。

5）防火、保温、隔热材料

（1）幕墙的防火、防烟封堵材料应选用防火性能等级为 A 级的不燃材料，并符合现行国家标准的规定。（2）弹性防火密封胶或弹性防火密封漆应具有伸缩能力，其伸缩率应符合设计要求，且不宜小于 ±15%。

6）材料加工、制作要求

（1）铝合金构件应采用拉弯设备进行弯加工，弯加工后的构件表面应光滑，不得有皱折、凹凸、裂纹。幕墙的连接件、支承件外观应平整，不得有裂纹、毛刺、凹凸。（2）建筑幕墙用钢化玻璃可采用倒棱或三边细磨，倒棱宽度不得小于 1mm；玻璃幕墙和采光顶用钢化玻璃应进行三边细磨或三边抛光。

3. 工艺要点

1）硅酮结构密封胶注胶工艺

（1）注胶间环境要求

注胶间要求清洁、无尘、无火种、通风良好，并配置必要的调温设备，室内温度应控制在 15～27℃（中性单组分结构硅酮密封胶施工温度可控制在 5～48℃），相对湿度控制在 35%～75%。

（2）密封胶要求

严禁使用过期的结构硅酮密封胶；未做相容性试验者，严禁使用。

（3）“两次擦”清洁工艺

玻璃面板及铝框注胶面的清洁是幕墙构件加工关键工序，涉及隐框玻璃幕墙安全性和可靠性，具体要求如下：① 玻璃和铝框粘结表面的尘埃、油渍和其他污物，应分别使用带溶剂的擦布和干擦布清除干净。② 注胶处基材的清洁，对于非油性污染物，通常采用异丙醇溶剂；对于污染物，通常采用二甲苯溶剂。清洁布应采用干净、柔软、不脱毛的白色布。③ 应在清洁后 30min 内进行注胶；注胶前再度污染时，应重新清洁；每清洁一个构件或一块玻璃，应更换清洁的干擦布。④ 使用溶剂清洁时，不得将擦布浸泡在溶剂里，应将溶剂倾倒在擦布上；使用和贮存溶剂，应采用干净的容器。

（4）“两块抹布法”清洁操作工艺

用带溶剂的布顺一方向擦拭后，用另一块干净的布在溶剂挥发前擦去未挥发的溶剂散物、尘埃、油渍和其他脏物，第二块布脏后应立即更换（图 2.11.1-9）。

图 2.11.1-9 “两块抹布法”清洁操作工艺

（5）双组混胶与检验

① 双组分结构胶在玻璃幕墙制作工厂注胶间进行混胶，固化剂和基剂的比例应按产品说明书规定，并注意是体积比还是质量比。② 为控制好密封胶混合，在每次混胶过程中应留出蝴蝶试样和胶杯拉断试样，及时检查密封胶的混合情况，并做好当班记录。③ 蝴蝶试验：将混合好的胶挤在一张白纸上，胶堆直径约 20mm，厚约 15mm，将纸折叠，折叠线通过胶堆中心，然后挤压胶堆至 3～4mm 厚，摊开白纸，可见堆成 8 字形蝴蝶状。如果打开白纸后发现有白色斑点、白色条纹，则说明结构胶还没有充分混合，不能注胶；试验直至合格，在混胶全过程中都要将蝴蝶试样编号记录（图 2.11.1-10）。④ 拉断试验：此试验程序用来测试密封胶的固化速率。在一小杯中装入 3/4 深度混合后的胶，插入一根小棒或一根小压舌板，每 5min 抽一次棒，记录每一次抽棒时间，一直到胶被扯断为止，此时间为扯断时间；正常的扯断时间为 20～45min，混胶中应调整基剂和固化剂的比例，使扯断时间在上述范围内（图 2.11.1-11）。

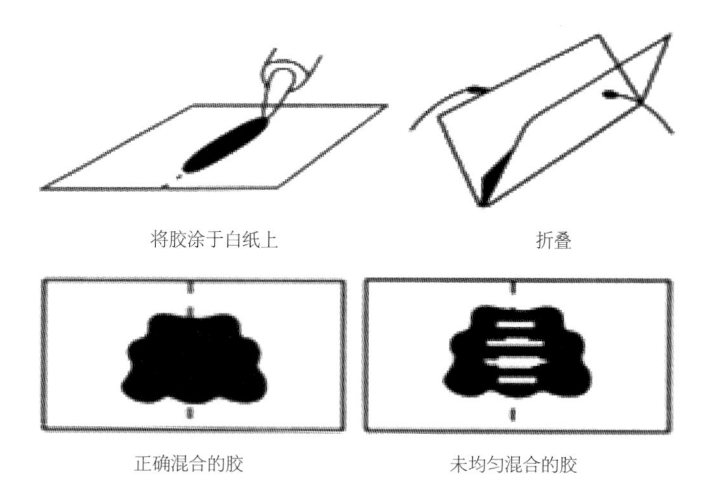

图 2.11.1-10 蝴蝶试验示意图

图 2.11.1-11 拉断试验示意图

（6）注胶

① 注胶前应认真检查、核对密封胶是否过期，所用密封胶牌号是否与设计图纸相符，玻璃、铝框是否与设计图纸一致，铝框、玻璃、双面粘胶条等是否通过相容性试验，是否需要加底漆。② 结构胶注胶应采用机械注胶，注胶要按顺序进行，以排走注胶空隙内的空气；密封胶应连续、均匀、饱满地注入注胶空隙内，不允许出现气泡。③ 注胶后应采用刮刀压平、刮去多余的密封胶，并修整其外露表面，使表面平整、光滑，缝内无气泡。

（7）静置与养护

① 注完胶的玻璃组件应及时静置，静置养护场地要求：温度为 10～30℃，相对湿度为 65%～75%、无油污、无大量灰尘，否则会影响其固化效果。② 双组分结构胶静置 3～5 天后，单组分结构胶静置 7 天后才能运输（图 2.11.1-12、图 2.11.1-13）。③ 完全固化后，玻璃组件可装箱运至安装现场，但还需要在安装现场放置 10 天左右，使总的养护期达到 14～21 天，达到结构密封胶的粘结强度后方可安装上墙。

图 2.11.1-12　注胶板块静置

图 2.11.1-13　注胶板块养护

（8）成品检验

① 注胶后的成品玻璃组件应抽样作切胶检验，以进行检验粘结牢固性的剥离试验和判断固化程度的切开试验。② 剥离试验：试验时先将玻璃和双面胶条从铝框上拆除，拆除时最好使玻璃和铝框上各粘拉一段密封胶，检验时分别用刀在密封胶中间导切开 50mm，再用手拉住胶条的切口向后撕扯。如果沿胶体中撕开则为合格（图 2.11.1-14）；反之，如果在玻璃或铝材表面剥离，而胶体未破坏则说明结构密封胶粘结力不足或玻璃、铝材镀膜层不合格，成品玻璃组件不合格（图 2.11.1-15）。③ 切开试验可与剥离试验同时进行，切开密封胶的同时注意观察切口胶体表面，表面如果闪闪发光，非常平滑，说明胶未固化；反之，表面平整、颜色发暗，则说明已完全固化，可以搬运安装施工。

图 2.11.1-14　合格的密封胶剥离试验示意

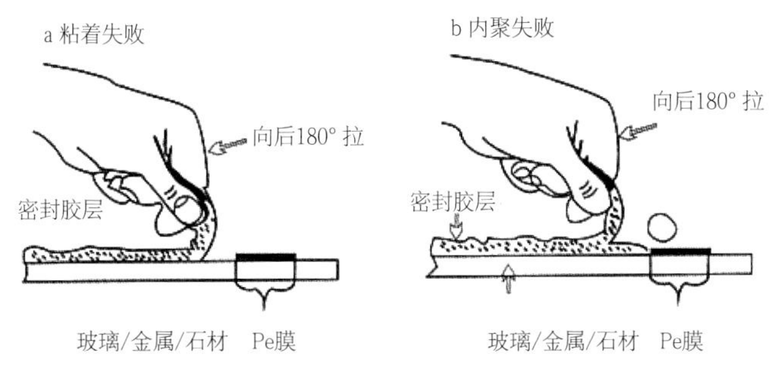

图 2.11.1-15　不合格的密封胶剥离试验示意

2）单元式幕墙加工、组装工艺要点

（1）工艺孔封

应对单元板块紧固横向和竖向构件连接螺钉用的工艺孔等形成压腔的通气孔进行封堵。

（2）单元板块构件连接

采用自攻螺钉直接连接单元板块水平构件和竖向构件，螺钉头部应采用硅酮建筑密封胶密封。

（3）单元板块组装

① 单元横、竖框端面涂密封胶：使用“三块抹布”的操作方法时，应将横框腔内单面贴外侧的基面及横、竖框端面擦拭干净，用手动胶枪将耐候密封胶（灰色）均匀涂在横框端面和单面贴侧面，同时向钉孔内注胶，保证横、竖框端面涂胶厚度 2～3mm，单面贴涂胶厚度 7～8mm（图 2.11.1-16、图 2.11.1-17）。② 螺钉的密封：单元连接牢固后对所有螺钉的钉帽、钉头用手动胶枪涂耐候密封胶（灰色）（图 2.11.1-18）。③ 单元背板涂密封胶工序：单元背板、岩棉安装完成后，用手动胶枪在背板与框型材的间隙处涂耐候密封胶（灰色），见图 2.11.1-19，胶缝应连续、饱满、平整、光滑、美观，无气泡、无接头、无残胶、无飞边、无污迹，转角处圆滑过渡、无缺肉断裂。钉头涂耐候密封胶（灰色），之后将残胶清理干净。

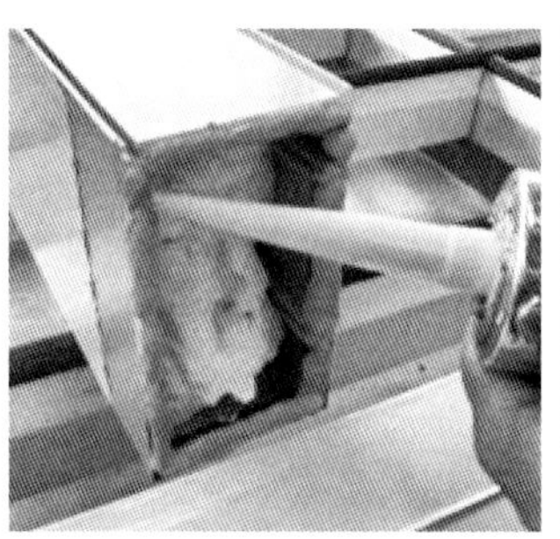

图 2.11.1-16　端面涂密封胶

图 2.11.1-17　框端面涂密封胶

图 2.11.1-18　螺钉涂密封胶

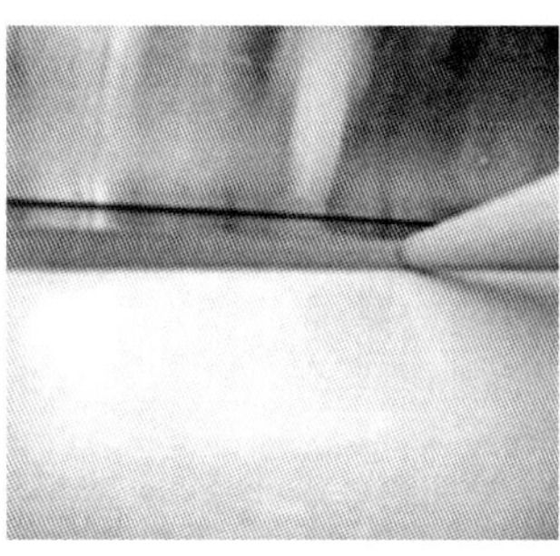

图 2.11.1-19　单元背板涂密封胶

3）开启扇组装要点

（1）采用带挂钩的开启扇，应设置防滑和防脱落装置。（2）开启窗安装附件处的型材壁厚小于螺钉的公称直径时，扇框内壁宜加衬板。螺钉应有防松脱措施。（3）开启窗四周的橡胶条的材质、型号应符合设计要求。其长度宜比边框内槽口长 1.5%～2%。橡胶条转角和接头部位应采用粘结剂粘结牢固，镶嵌平整。

4）构件式幕墙组件

（1）单层玻璃与槽口的配合尺寸（图 2.11.1-20）应符合表 2.11.1-2 的要求。（2）中空玻璃与槽口的配合尺寸（图 2.11.1-21）应符合表 2.11.1-3 的要求。（3）明框幕墙组件的导气孔及排水孔设置应符合设计要求，组装时应保证导气孔及排水孔通畅。玻璃的下边缘应采用符合《玻璃幕墙工程技术规范》JGJ 102 要求的垫块进行支承。

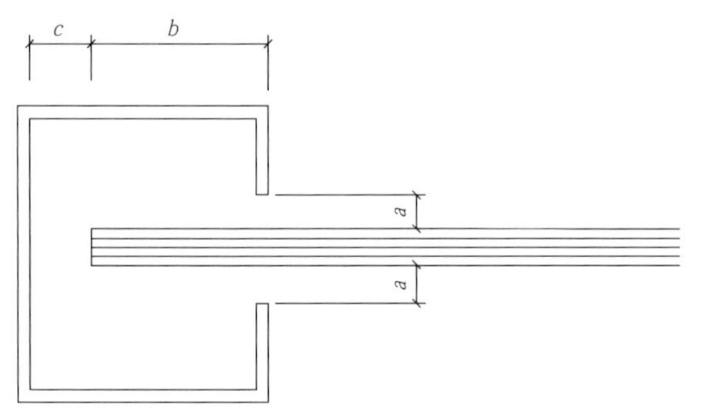

图 2.11.1-20　单层玻璃与槽口的配合示意

单层玻璃与槽口的配合尺寸（单位：mm）

表 2.11.1-2

玻璃厚度	a	b	c
5～6	≥ 3.5	≥ 15	≥ 5
8～10	≥ 4.5	≥ 16	≥ 5
≥ 12	≥ 5.5	≥ 18	≥ 5

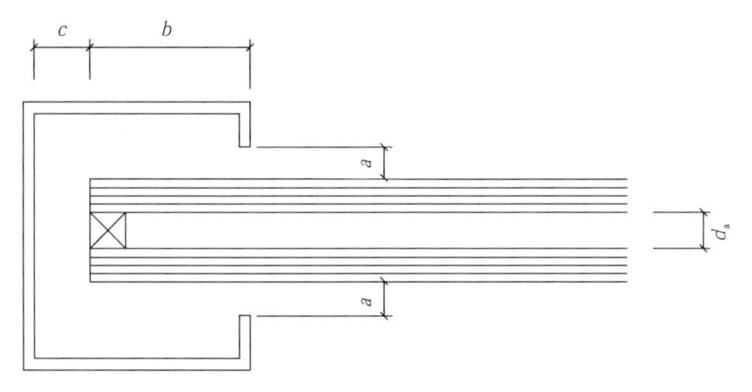

图 2.11.1-21　中空玻璃与槽口的配合示意

中空玻璃与槽口的配合尺寸（单位：mm）

表 2.11.1-3

中空玻璃厚度	a	b	c		
			下边	上边	侧边
$6+d_a+6$	≥ 5	≥ 17	≥ 7	≥ 5	≥ 5
$8+d_a+8$ 及以上	≥ 6	≥ 18	≥ 7	≥ 5	≥ 5

注：d_a 为气体层厚度，不应小于 9mm。

5）单元式幕墙组件

单元板块构件之间的连接应牢固、可靠。构件之间连接处的缝隙应采用硅酮建筑密封胶密封。注胶前应将注胶表面清理干净，并采取防止三面粘结的措施。

6）施工工艺流程

（1）隐框玻璃幕墙

工艺流程：测量放线→埋件处理→连接件与立柱连接、校正→连接件点焊固定→横梁安装固定→连接件满焊、防腐处理→防雷及防火层封修→饰面材料安装→注胶密封→开启窗扇安装→清洁、整理→检查、验收。① 用于固定玻璃框的勾块、压块应严格按设计要求执行。严禁少装或不装紧固螺钉，第一个压码距玻璃框端部不应大于 150mm，其他固定点不大于 300mm。② 对于横向隐框板块每块玻璃幕墙板块底部应按规范设置长度 100mm、厚度 2mm 的托块，并且与板块副框或横梁可靠连接。③ 防火层封修：对于混凝土梁、柱，射钉将镀锌槽板固定于混凝土梁、柱，间距不大于 300mm，应封修严密；沿镀锌板固定处的缝隙注阻燃密封胶，确保严密封堵，不得漏光。

（2）明框玻璃幕墙

工艺流程：测量、放线→埋件处理→连接件与立柱连接、校正→连接件点焊固定→横梁安装固定→连接件满焊、防腐处理→防雷及防火层封修→饰面材料安装→注胶密封→开启窗扇安装→清洁、整理→检查、验收。压板固定宜通长设置，压板应安装密封胶条，不得采用双面贴代替密封胶条；压板螺钉间距不大于 300mm，螺钉应采用机丝螺钉，不应采用自攻螺钉或自攻自钻螺钉。

（3）吊挂式全玻璃幕墙

工艺流程：定位放线→上部钢架安装→下部和侧面嵌槽安装→平面玻璃板安装就位→玻璃肋安装→胶缝嵌固及密封胶→表面清洗和验收。① 锚栓应选用质量可靠的化学锚栓，钻孔孔径和深度应符合设计要求，孔内灰渣应清吹干净，后埋件的固定要严格按照设计图纸安装。② 上部承重钢结构安装：承重钢结构横梁的中心线应与幕墙中心线相一致，并且椭圆螺孔中心与吊杆螺栓位置一致（图 2.11.1-22）。金属扣夹安装应通顺平直，内外金属扣夹的间距应均匀一致，尺寸符合设计要求。③ 玻璃面板与肋玻璃安装：安装前应检查玻璃的质量，尤其要注意玻璃有无裂纹的崩边，吊夹铜片位置是否正确。④ 打胶工艺控制：在打胶前应先安装固定夹板装置（图 2.11.1-23）。先在大面玻璃胶缝处放置内、外夹板（每间隔 1m），其夹板厚度等同结构胶设计厚度，并用铁丝将内、外夹板绑扎固定，保证外侧玻璃面板的平整度与结构胶宽度尺寸。在玻璃肋的玻璃后部（每间隔 1m）应放置玻璃保护垫，并用铁丝穿过胶缝与内、外夹板拧紧，以保证玻璃肋处硅酮结构胶设计的注胶厚度、玻璃成型平整度及玻璃肋的垂直度。打胶过程应清洁玻璃胶缝处灰尘等污染物，在胶缝两侧贴美纹纸，打胶时宜采用双人里外同步对打的方法，保证胶缝填实。打好的胶不得有外溢、毛刺等现象。

图 2.11.1-22　幕墙承重结构安装

（4）拉索（杆）点支承玻璃幕墙

工艺流程：测量放线→拉索地锚安装→驳接座焊接→拉索（杆）安装→拉索（杆）预应力施工→驳接爪安装→玻璃安装→拼缝注胶→清洁、验收。① 主体混凝土柱、楼板面的预埋件上焊接拉索座地锚、耳板，形成倒 T 形连接件，焊接前应进行测量放线定位，所有耳板位置定位误差应在 5mm 以内，拉索座耳板是拉索系统的直接受力件，焊接必须饱满密实，焊接完毕后应喷涂两道氟碳漆。② 驳接件的焊接需精确定位出主索与横索的位置。在预埋钢板上弹出的墨线位置处焊接驳接座，驳接座的中心线与所弹墨线重合。所有驳接座的焊接应垂直于混凝土结构面且竖向偏差小于 5mm。③ 安装索具前应对预埋件做拉拔试验，达到设计要求后才能安装索具。安装竖索应从顶层逐层向下、分区段向下。待竖索与横索均安装完毕后再进行张拉。④ 使用张拉工具进行张拉时每一次施加的拉力不宜过大，边张拉边旋紧锚具的螺母，两者应同步进行。⑤ 竖向拉索和横向拉索采用 7 天循环校核、张拉，即 7 天后再次对拉索测力，所测数值超出设计范围的应及时予以张拉调整，一般进行两

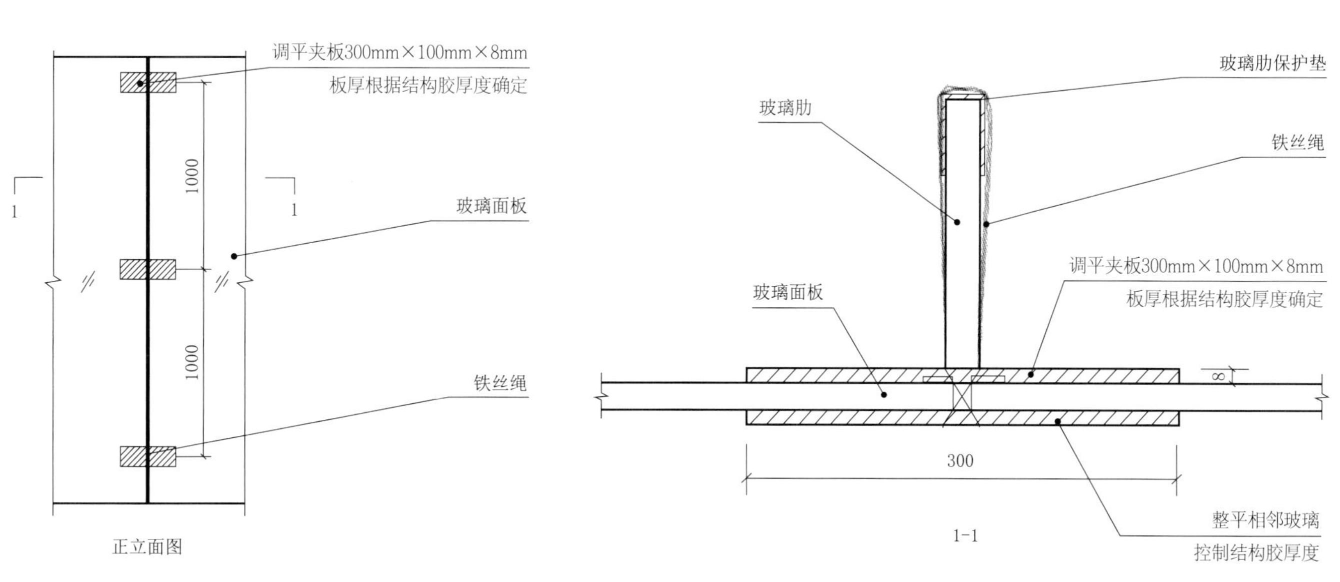

图 2.11.1-23　全玻璃幕墙注胶成型装置示意图

次7天循环校核以保证拉力值稳定在设计范围内。⑥ 横索与竖索成90°直角，夹具固定完毕后驳接爪的轴心是垂直于索网平面的，如果轴心与索网平面不垂直应在驳接爪与夹具间加坡垫片调平。⑦ 玻璃安装顺序应从上往下分区段进行。安装同一驳接爪件上的玻璃时应按从左往右从上往下的顺序进行，发现驳接爪发生偏转的应及时纠正，切不可待该驳接爪上的四面玻璃都安装完毕后再调整。⑧ 拼缝注胶宜选在晴朗的白天进行，雨天禁止打胶施工。

（5）单元式玻璃幕墙

工艺流程：测量定位放线→板块运输设备安装检测→地台挂板码安装→单元板块吊装→单元板的调节→水槽板安装→层间防火封堵、保温安装→十字位的密封→水槽盖板闭水试验→防雷连接→表面清洗和验收。① 地台挂板码安装：安装精度要满足单元幕墙安装的精度标准，左右居中偏差不得大于3mm，同方向进出位偏差不得大于2mm，标高参照标准1m线不得超过±5mm（图2.11.1-24）。② 单元板块吊装：在吊装过程中，楼层内施工人员应扶好单元板块缓慢下滑，以免与主体结构碰撞造成单元板块划损（图2.11.1-25）。③ 单元板的调节：对于超出误差范围的板块，应使用调节螺栓进行标高调节，使板块挂接于挂板，且螺栓应与地台码有效接触（图2.11.1-26）。④ 水槽板安装：清除槽内的垃圾等附着物，进行水槽料的安装，缝隙用清洁剂擦干净进行注胶工序，打胶应连续饱满，然后进行刮胶修整处理，必须待密封胶干后进行渗水试验，合格后方可进行下道工序（图2.11.1-27）。⑤ 十字位的密封：单元式幕墙对插接缝的缝隙应安装泡沫海绵，以提高幕墙水密性和气密性（图2.11.1-28）。⑥ 水槽盖板闭水试验：应在每完成一层单元板块后进行过水槽闭水试验。测试前应堵封所有的排水孔，并待硅酮密封胶固化。测试时水注满顶横料过水槽并持续至少15min，不应有水渗漏进幕墙内侧，水槽注满水时间应持续最少24h（图2.11.1-29）。⑦ 单元板块防雷安装应采用铜制编织导线与ϕ12镀锌防雷钢筋相连并与主体结构的防雷引出线相连（图2.11.1-30）。

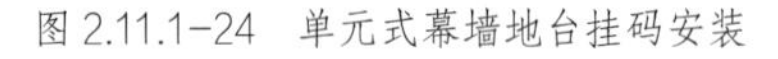
图2.11.1-24　单元式幕墙地台挂码安装

图2.11.1-25　单元板块吊装

图2.11.1-26　单元板水平度调节

图2.11.1-27　水槽盖板安装

图2.11.1-28　十字位的密封

图 2.11.1-29　闭水试验

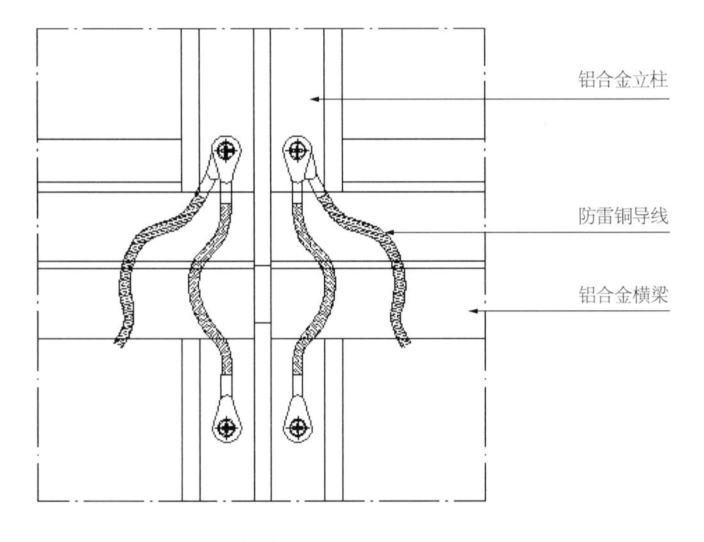

A向视图-1

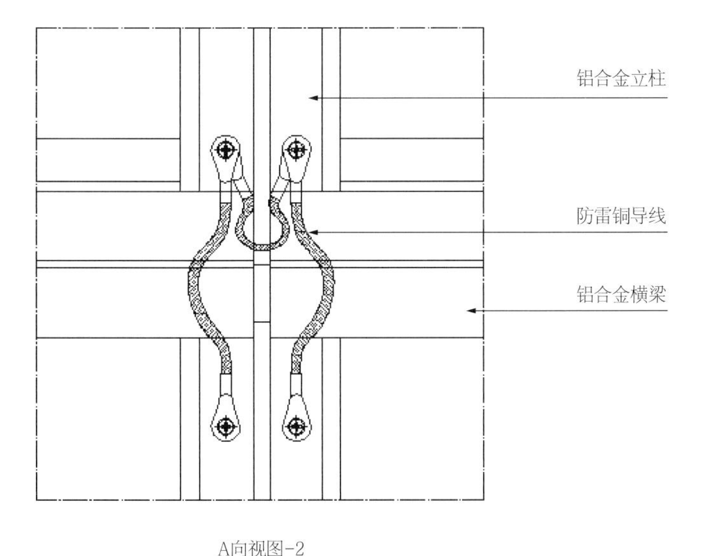

A向视图-2

图 2.11.1-30　单元式板块防雷节点图

4. 验收要点

1）玻璃幕墙观感质量要求

（1）注胶密封式的胶缝应顺直、光滑、宽度大小匀称，十字缝注胶过渡平顺；（2）面板颜色应均匀，造型、色彩、花纹和图案应符合设计要求；表面应洁净、无污染，无明显刮伤、划痕；（3）转角部位的面板压向应符合设计要求，边缘整齐，合缝顺直；（4）滴水线、流水坡向符合设计要求，宽窄均匀、光滑顺直；（5）玻璃板块胶缝相交应纵向、横向贯通、闭合。

2）玻璃幕墙实物质量要求

（1）幕墙隐蔽节点的遮封装修应整齐美观，幕墙边角部位、变形缝的构造符合设计要求；（2）转角部位的面板压向应符合设计要求，边缘整齐，合缝顺直；（3）隐框或半隐框玻璃幕墙及开启扇每块玻璃下端应设置两个铝合金或不锈钢托条，其长度不应少于 100mm，厚度不应少于 2mm；（4）开启扇密封胶条间隙应均匀、密封胶条交圈、胶缝无老化、龟裂；（5）开启窗不应有明显的下沉、铰链采用铝抽芯铆钉连接、开启不灵活等故障；（6）采用挂钩式开启扇设有效限位装置，防止左右窜动；（7）开启窗门无功能性障碍，开启灵活，五金附件无锈蚀，关闭密封性好；胶条应无硬化、老化现象，胶条转角处连续，无漏光；（8）幕墙面板应平整、无破损；（9）玻璃肋支撑点驳幕墙的玻璃肋应使用钢化夹胶玻璃；（10）点支承幕墙的连接件、驳接爪等钢件不应有锈蚀；（11）层间防火层镀锌板固定应整齐、搭接规整，螺钉间距符合设计要求；防火密封胶注胶密实、连续，采用防火涂料应涂层厚度均匀，密封严密；（12）防火层距主体结构面悬挑长度≥ 300mm 时应设置独立钢架支撑的幕墙防火封堵构造；（13）玻璃面板不应跨防火层，防火分区处的幕墙龙骨与主体结构间隙应完整封闭、有效；（14）幕墙内侧防护栏杆应符合国家规范和设计要求，对于公共建筑临空外窗部位横梁距地面净高不得低于 800mm，居住建筑临空外窗部位横梁距地面净高不得低于 900mm；（15）开启扇滑撑、风撑螺钉部位的立柱应局部加厚型材，防止连接失效；（16）使用的钢材，包括连接件应采用热镀锌防腐处理，不得采用冷镀锌；（17）明框装饰盖板应注胶平整、美观、无开裂，饰盖与饰盖之间平面度无明显高低差，胶缝均匀；（18）玻璃安装幕墙横梁受加荷载后应无明显扭转现象；（19）幕墙安装质量验收项目允许偏差项目的 90% 应符合规范要求，其中有允许偏差的检验项目，其最大偏差不得超过现行国家标准《建筑装饰装修工程质量验收标准》GB 50210 允许偏差值的 1.5 倍。

2.11.2 金属幕墙工程

1. 技术要点

（1）金属面板单层铝合金板、不锈钢板、搪瓷涂层钢板、铜合金板、钛合金板、彩色钢板在构件设计时，应设计成四周折边。单层铝合金板厚度应不小于 2.5mm，单层铜板厚度应不小于 2.0mm，单层不锈钢板厚度应不小于 1.5mm，彩色钢板和合金板厚度应不小于 0.9mm。（2）金属面板可根据受力需要设置加劲肋。铝合金型材加劲肋壁厚应不小于 2.5mm，且不小于面板厚度。钢型材加劲肋壁厚应不小于 2.0mm。加劲肋应与面板可靠连接，并有防腐蚀措施。（3）金属面板宜设置固定耳攀为连接件，在支承框架构件上沿周边牢固连接，连接螺钉的数量应经强度计算确定，螺钉直径应不小于 4.0mm，螺钉相邻间距应不大于 350mm。（4）金属板幕墙竖向线条应每层设置水平层防火层封堵。

2. 材料要点

（1）加强肋：设置加强肋增加其刚度并保持板面平整。作为面板的支承边时，加强肋应保证中肋与边肋、中肋与中肋的可靠连接，固定码间距不得大于 350mm。（2）当采用热轧型钢作加强筋使用时应采用热镀锌表面处理，与铝板接触面应设置防腐蚀垫块。

3. 工艺要点

（1）工艺流程：测量定位放线→立柱安装→横梁安装→支座连接件焊接、防腐处理→防雷、防火、保温层安装→金属板（不锈钢板、搪瓷涂层钢板等）安装→密封胶施工→表面清洗和验收。（2）横梁与立柱角码及立柱及连接件与埋件的角焊缝长度、宽度、厚度应符合要求，焊缝表面应饱满过渡均匀，无气孔、杂渣、焊瘤。焊接施工完毕，验收合格后焊缝涂刷两遍防锈漆。（3）开放式金属板幕墙防水背板安装：防水背板安装后所有的接缝均用耐候密封胶嵌缝，以保证背板层的气密性和水密性。镀锌钢板上下端采用两两搭接不小于 50mm（上下板块搭接位置需打上一道密封胶），搭接末端折起打密封胶（图 2.11.2-1）。（4）金属板安装：饰面板就位临时固定，拉线调整。安装过程中拉线相邻板面的平整度和板缝的水平、垂直度，用板模块控制缝的宽度，如缝宽有误差，应均分在每条胶缝中，防止误差积累在某一条缝上或某一块面材上（图 2.11.2-2）。用自攻自钻螺钉将板块连接固定，并控制平整度。

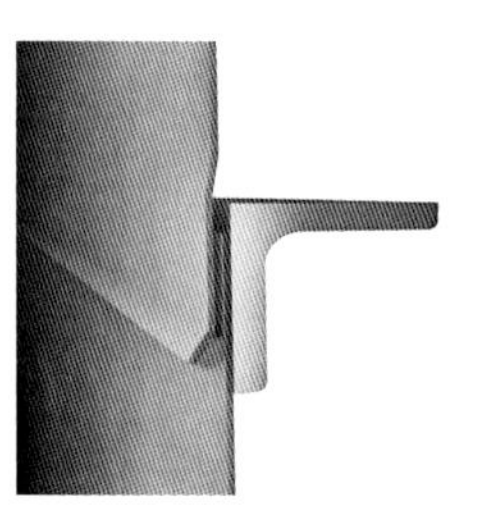

图 2.11.2-1 镀锌钢板高度方向密封形式

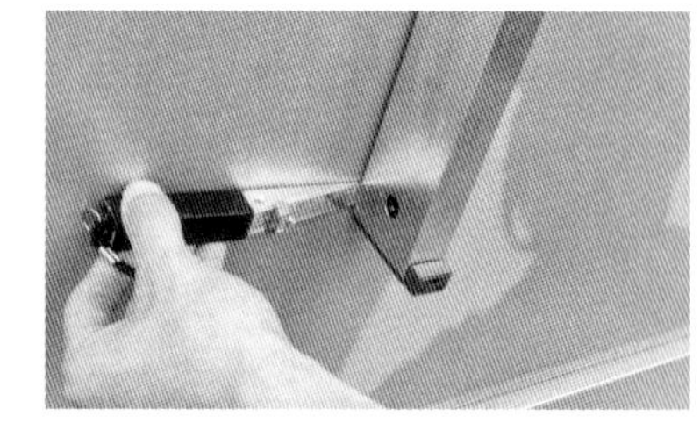

图 2.11.2-2 金属板调节图

4. 验收要点

1）金属幕墙观感质量要求

（1）板缝间隙应宽窄一致、大小匀称、顺直；胶缝表面光滑，十字缝注胶过渡平顺；（2）板块胶缝相交应纵向、横向贯通，闭合；（3）幕墙隐蔽节点的遮封装修应整齐美观，幕墙边角部位、变形缝的构造符合设计要求；（4）转角部位的面板压向应符合设计要求，边缘整齐，合缝顺直；（5）滴水线、流水坡向符合设计要求，宽窄均匀、光滑顺直；（6）曲面金属板曲度顺畅、过渡平滑，符合建筑设计要求；（7）每平方米金属板的表面质量要求应符合表 2.11.2-1 的规定。

金属板的表面质量　　表 2.11.2-1

项目	质量要求
0.1～0.3mm 宽划伤痕	总长度小于 100mm 且不多于 8 条
擦伤	不大于 500mm^2

注：① 露出金属基体的为划伤；② 没有露出金属基体的为擦伤。

2）金属幕墙实物质量要求

（1）竖向突出金属线条内腔水平防火层封堵安装密实，阻燃胶粘接；（2）幕墙周边封口应严实、平整；（3）防火分区处的幕墙龙骨与主体结构的间隙应完整封闭；（4）幕墙安装质量验收项目允许偏差项目的 90% 应符合规范要求，其中有允许偏差的检验项目，其最大偏差不得超过现行国家标准《建筑装饰装修工程质量验收标准》GB 50210 允许偏差值的 1.5 倍。

2.11.3 天然石材幕墙工程

1. 技术要点

（1）水平倒挂外墙、斜幕墙及高层幕墙，不宜采用倒挂石材吊顶；采用单排石材吊顶时，应采取有效的防石材坠落措施；不得大面积采用倒挂石材吊顶（图 2.11.3-1）；应采用仿石材铝板替代石材（图 2.11.3-2）。（2）石材板块的连接和支承不应采用钢销、T 形连接件、蝴蝶码和背挑挂件（亦称为背插式或斜插式）（图 2.11.3-3、图 2.11.3-4）；石材幕墙严禁采用单纯胶粘连接构造，石材面板应采用机械连接构造（图 2.11.3-5）；背栓连接或 L 形不锈钢挂件连接构造见图 2.11.3-5、图 2.11.3-6；采用开缝石材幕墙不宜采用短槽式构造，观感不理想，胶缝处看到挂件。（3）石材转角组拼应采用金属件或背栓进行可靠连接（图 2.11.3-5、图 2.11.3-7），不得采用胶粘接连接方式。（4）石材短槽连接挂件经计算确定。不锈钢挂件厚度不小于 3mm，铝合金挂件厚度不小于 4mm。挂件长度不小于 60mm。（5）石材短槽挂件在面板内的实际插入深度不小于挂件厚度的 5 倍，短槽长度应比挂件长度大 40mm，宽度宜为挂件厚度加 2mm，深度宜为挂件插入深度加 3mm。槽口两侧板厚度均不小于 8mm。（6）石材短槽、通槽挂件在面板挂装时，应在面板短槽内注入胶粘剂，胶粘剂应具有高机械性抵抗能力，充盈度应不小于 80%。（7）石材背栓连接可选择齐平式或间距式构造连接（图 2.11.3-7）。除条状板材及小尺寸板块外，每块石材板块上背栓数量不少于 4 个，背栓螺栓直径不小于 6mm。（8）石材背栓孔切入的有效深度宜不小于面板厚度的 0.4 倍，孔底至板面的剩余厚度应不小于 10mm，孔底应扩孔。背栓孔离石板边缘净距不小于板厚的 5 倍，且宜不大于 200mm。背栓间的间距应不大于 800mm，且不小于板厚的 5 倍。（9）背栓支承应有防松脱构造，并有可调节余量。（10）挂钩支座应采用不锈钢螺栓连接，螺栓直径不小于 6mm，每个支座宜用 2 个螺栓连接。

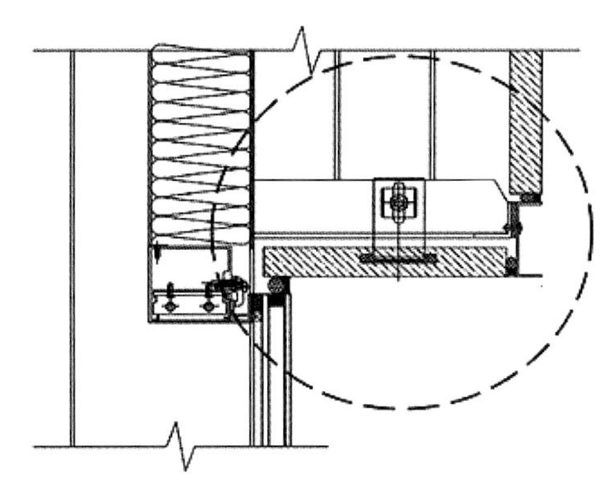

图 2.11.3-1　石材无防坠落措施

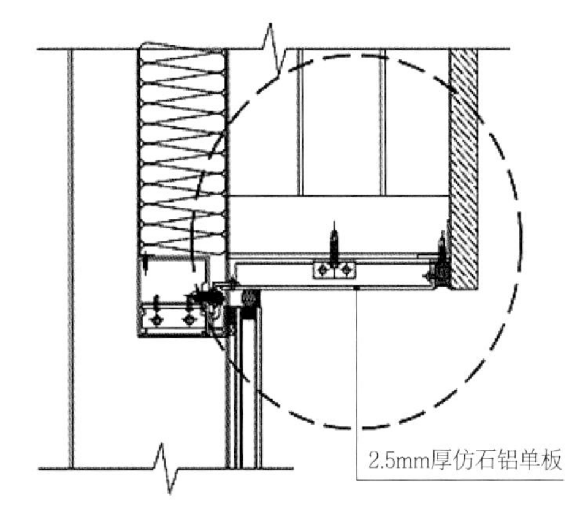

图 2.11.3-2　仿石材铝板替代石材

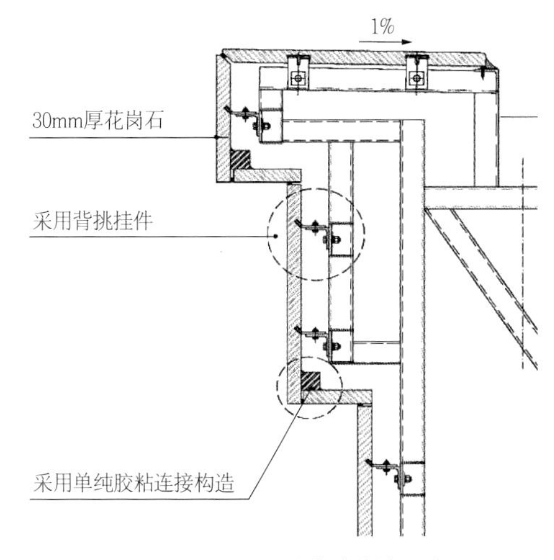

图 2.11.3-3　石材幕墙背挑挂件

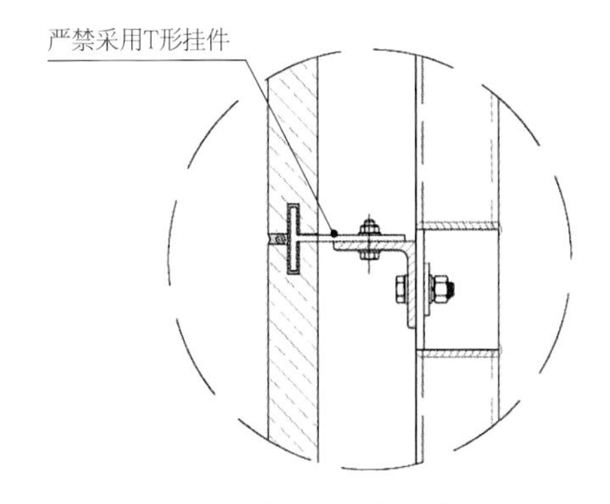

图 2.11.3-4　石材幕墙 T 形或蝴蝶形挂件

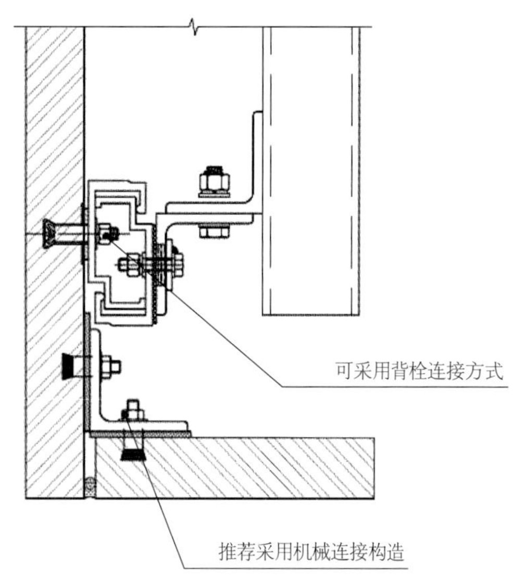

图 2.11.3-5 石材背栓连接

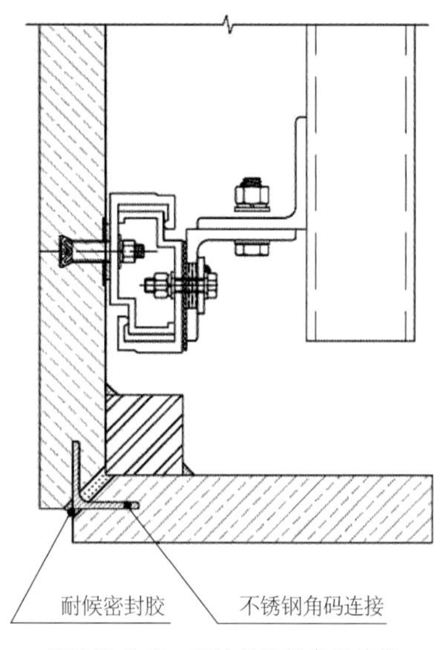

图 2.11.3-6 石材不锈钢角码连接

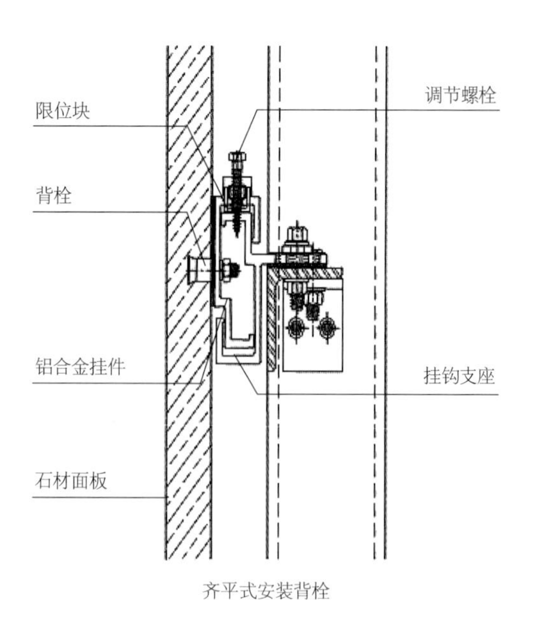

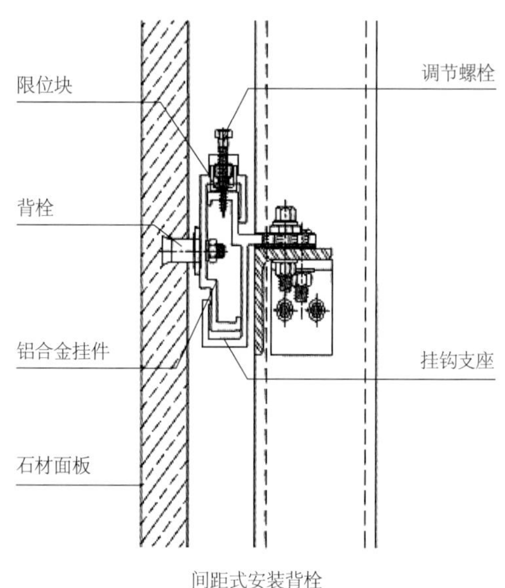

图 2.11.3-7 背栓支承构造

2. 材料要点

（1）石材面板厚度应经强度计算确定。花岗石磨光面板厚度应不小于 25mm，火烧板厚度以计算厚度加 3mm。（2）石材面板应作六面防护处理。防护应根据石材的种类、污染源的类型合理选用石材防护剂。（3）石材面板加工连接部位应无缺棱、缺角、裂纹等缺陷；外侧不得有崩边、缺角现象；其他部位崩边不大于 5mm×20mm，缺角不大于 20mm。（4）通槽式、短槽式安装的石板开槽后不得有损坏或崩裂，槽口应 45° 倒角，槽内应光滑、洁净。（5）金属挂件安装到石材槽口内，在石材胶固化前应将挂件做临时固定。槽口内注环氧胶应混合均匀，注胶应饱满。

3. 工艺要点

（1）工艺流程：测量定位放线→立柱安装→横梁安装→支座连接件焊接、防腐处理→防雷、防火、保温层安装→石材面板安装→密封胶施工→表面清洗和验收。（2）焊接钢架时，应对下方和相邻的已完工作面进行保护。焊接时，应采用对焊，减少焊接产生变形，并检查焊缝合格后刷防锈漆。（3）石材拼缝密封胶注胶前用带有凸头的刮板填装泡沫棒，保证胶缝的厚度和均匀性。选用的泡沫棒直径应略大于胶缝宽度。（4）注胶应均匀，无流淌现象，边打胶边用专用工具勾缝，使胶缝成型呈微弧凹面。（5）胶缝施工厚度应不大于 3.5mm，宽度不宜小于厚度的 2 倍，胶缝应顺直表面平整。打胶完成后除去胶带纸。

4. 验收要点

1）天然石材幕墙观感质量要求

（1）开缝设计的板缝间隙应宽窄一致、大小匀称、顺直；（2）注胶密封式的胶缝应顺直、光滑，宽窄大小匀称，十字缝注胶过渡平顺；（3）幕墙隐蔽节点的遮封装修应整齐美观，幕墙边角部位、变形缝的构造符合设计要求；（4）面板颜色应均匀，造型、色彩与花纹和图案应与设计文件相符。表面应洁净、无污染；（5）转角部位的面板压向应符合设计要求，边缘整齐，合缝顺直；（6）滴水线、流水坡向符合设计要求，宽窄均匀、光滑顺直；（7）每平方米石材的表面质量应符合表 2.11.3-1 的规定。

石材的表面质量　　表 2.11.3-1

项目	质量要求
0.1～0.3mm 的划伤	长度小于 100mm 不多于 2 条
擦伤	不大于 500mm²

注：① 石材花纹出现损伤的为划伤；② 石材花纹出现模糊现象的为擦伤。

2）天然石材幕墙实物质量要求

（1）阴阳角、凸凹线、洞口、槽边应方正，角度符合要求；（2）幕墙周边封口注胶应严实、平整；（3）挂件与面板连接点处不得出现崩裂；（4）石材幕墙不得使用云石胶；（5）水平吊挂石材应有防坠落措施；（6）防火分区处的幕墙龙骨与主体结构间隙防护封修应完整封闭、有效；（7）幕墙安装质量验收项目允许偏差项目的 90% 应符合规范要求，其中有允许偏差的检验项目，其最大偏差不得超过现行国家标准《建筑装饰装修工程质量验收标准》GB 50210 允许偏差值的 1.5 倍。

2.11.4　人造板材幕墙工程

1. 技术要点

（1）人造面板可选用微晶玻璃、瓷板、陶板、玻璃纤维增强水泥外墙板（GRC 板）等多种材质，可按《人造板材幕墙工程技术规范》JGJ 336 和《玻璃纤维增强水泥（GRC）建筑应用技术标准》JGJ/T 423 设计。人造面板的适用高度见表 2.11.4-1。（2）人造面板厚度和最大板块面积应符合表 2.11.4-2 规定。（3）人造板材面板采用背栓与挂件连接时，背栓螺栓和连接件螺栓应采用不锈钢材质，直径应经计算确定且不小于 6mm，连接件的连接螺栓宜不少于 2 个。构造上应有防滑移防脱落措施。（4）铝蜂窝板正面铝板面层厚度应不小于 1mm。10mm 厚铝蜂窝板背层厚度应不小于 0.7mm，厚度大于 10mm 的铝蜂窝板背层厚度应不小于 0.8mm。四周自然折边或镶框，蜂窝不应外露。安装在转角处板边外露的蜂窝板应封边处理。（5）铝蜂窝板选用吊挂式、扣压式等方式连接（图 2.11.4-1、图 2.11.4-2）。板缝宽度应满足计算要求。吊挂式铝蜂窝板板缝宽度宜不小于 10mm，扣压式铝蜂窝板板缝宽度宜不小于 25mm。四周封边，芯材不得暴露。（6）石材蜂窝面板应采用专用金属挂件固定在支承结构上，连接构造见图 2.11.4-3。（7）石材蜂窝板应镶框封边处理，蜂窝不应外露。石材蜂窝板幕墙宜采用封闭式板缝。（8）瓷板背栓埋置深度应不小于板厚的 1/2，孔底面板净厚度不小于 6mm，背栓螺栓直径不小于 6mm，背栓承载能力应通过试验确定。（9）GRC 人造板材面板设计可选用平板、带肋板、单层板和背附钢架板（图 2.11.4-4）。GRC 板可带有装饰层、保温层。GRC 面板设计应符合表 2.11.4-3 规定。大尺度 GRC 面板宜采用带肋板或背附钢架板。（10）GRC 人造板水平悬挂或外倾挂装的人造面板，连接部位应予加强，并有防坠落措施。（11）微晶玻璃板厚度应由计算确定，公称厚度应不小于 20mm，并应按照现行行业标准的规定进行抗急冷急热试验，采用墨水渗透法对试样表面进行检查，不应有目视可见的裂纹。（12）微晶玻璃采用背栓连接时，采用专用钻头和打孔工艺。孔深宜不小于板厚的 1/2，孔底至板面的剩余厚度应不小于 10mm。（13）背栓螺栓直径应不小于 6mm，背栓抗拉承载力设计值应通过试验确定。（14）陶板的连接应使用配套的专用挂件，挂件强度和刚度经计算确定。铝合金型材表面阳极氧化处理，挂件连接处宜设置弹性垫片。（15）陶板横向接缝处宜留 6～10mm 安装缝隙，上下陶板不应直接碰触；竖向接缝处宜留 4～8mm 安装缝隙，内置胶条防止侧移。（16）陶板采用背栓支承时，实心陶板实际厚度应不小于 16mm，其承载能力应由试验确定。陶板连接构造如图 2.11.4-5、图 2.11.4-6 所示。

人造面板适用高度（单位：m） 表 2.11.4-1

材质	陶板	瓷板	微晶玻璃	GRC 板	
				平板	带肋板、单层板和背附钢架板
高度	≤ 80	≤ 60	≤ 70	≤ 24	≤ 60

人造面板厚度和最大板块面积 表 2.11.4-2

面板材料	厚度（单位：mm）	最大板块面积（单位：m^2）	对应标准
微晶玻璃板	≥ 12	≤ 1.5	《建筑装饰用微晶玻璃》JC/T 872
瓷板	≥ 13	≤ 1.0	《建筑幕墙用瓷板》JG/T 217
陶板	≥ 15	—	《建筑幕墙用陶板》JG/T 324
玻璃纤维增强水泥（GRC）板	≥ 12	—	《玻璃纤维增强水泥（GRC）外墙板》JC/T 1057 《玻璃纤维增强水泥（GRC）建筑应用技术标准》JGJ/T 423

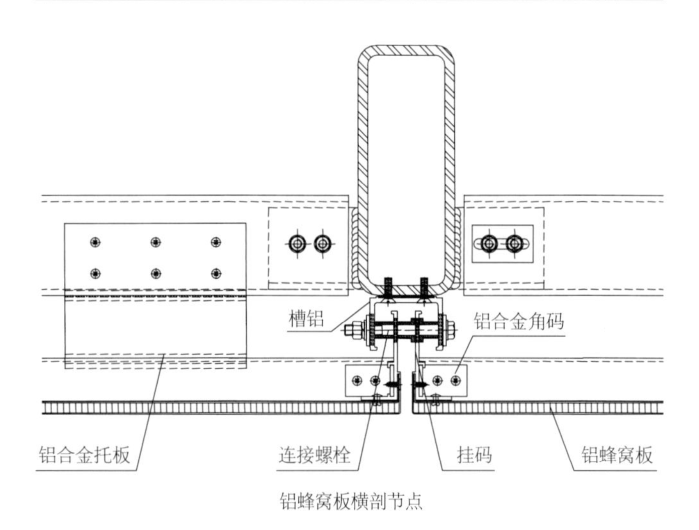

铝蜂窝板横剖节点

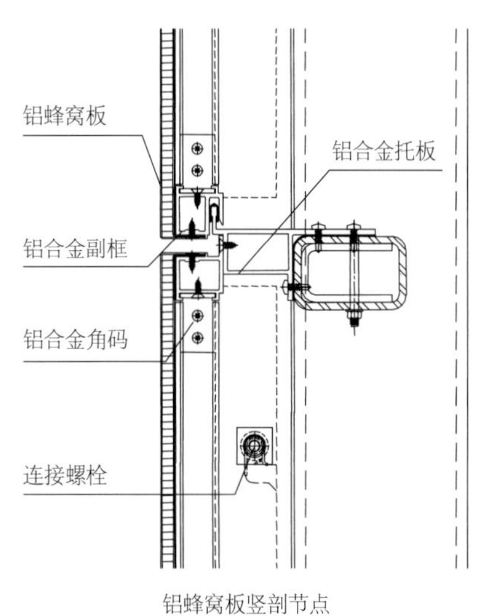

铝蜂窝板竖剖节点

图 2.11.4-1 吊挂式铝蜂窝板连接构造示意图

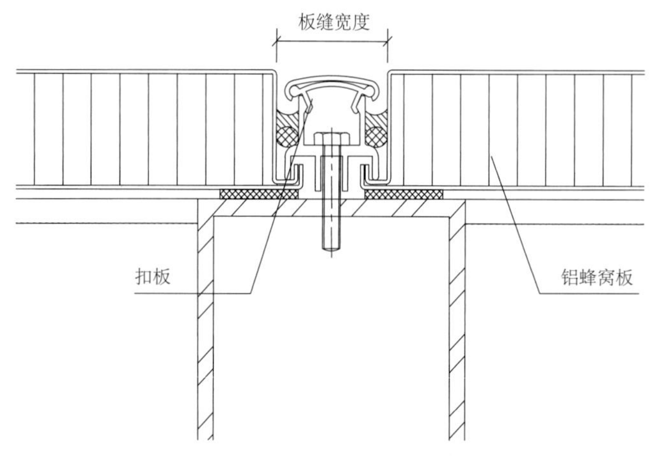

图 2.11.4-2 扣压式铝蜂窝板连接构造示意图

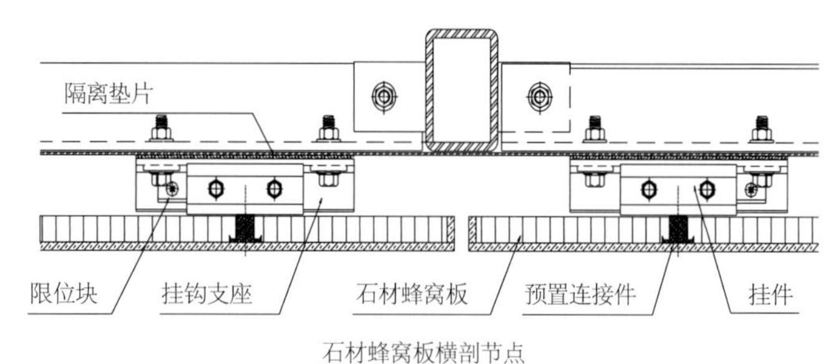

石材蜂窝板横剖节点

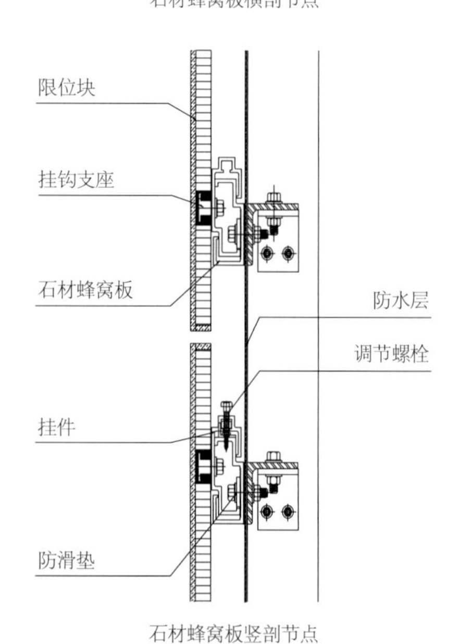

石材蜂窝板竖剖节点

图 2.11.4-3 石材蜂窝板连接构造示意图

玻璃纤维增强水泥（GRC）面板厚度、面积和单边极限长度 表 2.11.4-3

玻璃纤维增强水泥（GRC）板	面板厚度（单位：mm）	单块最大面积（单位：m^2）	单边极限长度（单位：mm）
平板	≥ 25	—	—
带肋板	≥ 12	—	—
单层板		4	2000
背附钢架板		12	6000

注：采用四点支承的 GRC 平板单块面积宜不大于 1.0m^2，临街建筑的 GRC 平板厚度宜不小于 30mm。

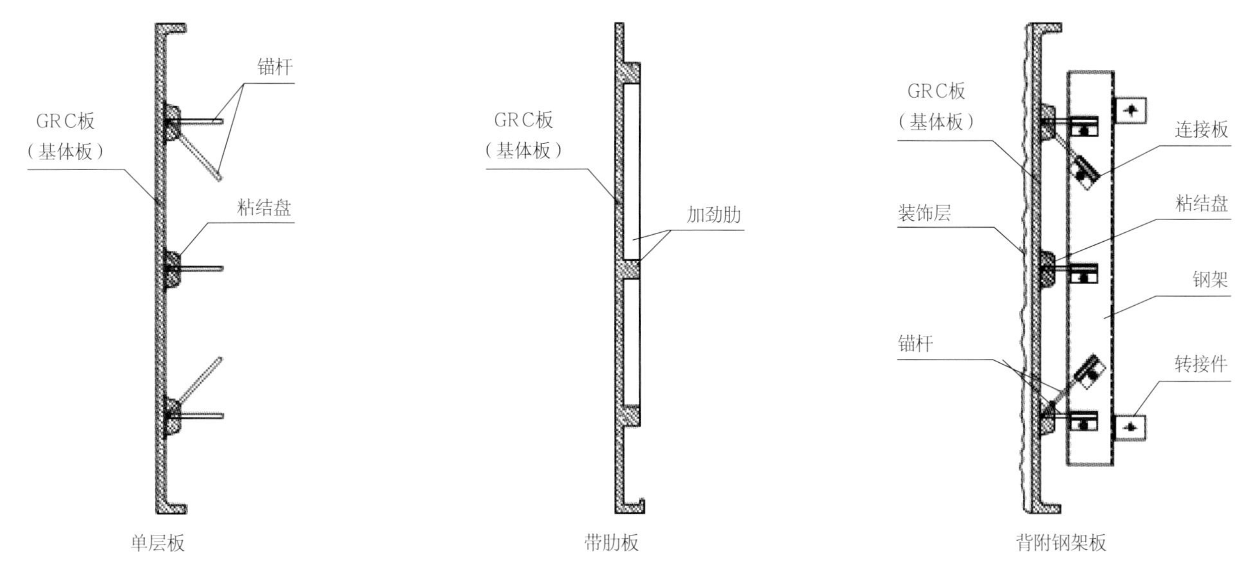

图 2.11.4-4　GRC 板示意图

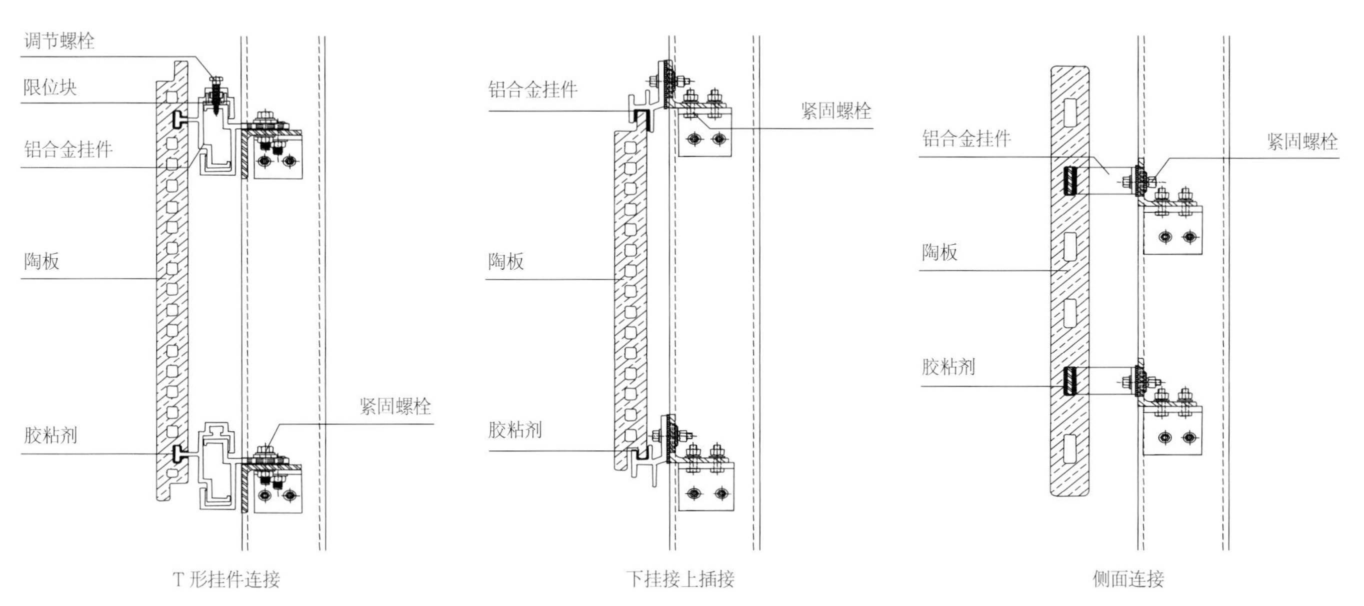

图 2.11.4-5　陶板连接构造示意图

图 2.11.4-6　陶板幕墙

2. 材料要点

（1）微晶玻璃的公称厚度应不小于 20mm，并应按照相关标准的规定进行抗急冷急热试验，采用墨水渗透法对试样表面进行检查，不应有目视可见的裂纹。（2）幕墙用石材铝蜂窝板面板石材为亚光面或镜面时，厚度宜为 3～5mm；面板石材为粗面时，厚度宜为 5～8mm。石材表面应涂刷符合《建筑装饰用天然石材防护剂》JC/T 973 规定的一等品及以上要求的饰面型石材防护剂。（3）幕墙用纤维水泥板采用穿透连接的基板厚度应不小于 8mm，采用背栓连接的基板厚度应不小于 12mm，采用短挂件连接、通长挂件连接的基板厚度应不小于 15mm。基板应进行表面防护与装饰处理。（4）瓷板和微晶玻璃幕墙的密封，密封胶宜采用符合现行国家标准的产品，并应在施工前进行粘结性试验。（5）陶板、石材铝蜂窝板、纤维水泥板幕墙的密封应采用符合现行国家标准《石材用建筑密封胶》GB/T 23261 规定的密封胶，并应通过污染性试验。（6）人造板面板与挂件的填充、粘结，应采用具有一定弹性且模量较高的胶粘剂，胶粘剂应符合现行国家标准的规定，并进行污染性试验。

3. 工艺要点

1）加工要点

（1）石材铝蜂窝板和瓦楞芯板的加工应封边处理。石材铝蜂窝板采用外层金属板折转封边时，其折角应弯成圆弧形。缝隙应采用硅酮密封胶密封。切除芯材不得划伤外层板面，外层板上应保留 0.3～0.5mm 的芯材。瓦楞芯板折边后，周边应有加强措施。（2）石材铝蜂窝复合板预埋螺母用孔的加工深度不应小于铝蜂窝芯的厚度，且不应伤及与石材相粘结的板面。（3）孔内残屑应清理干净，孔底部需保证平整并无毛刺。注胶时，注胶完成面应与背板表面持平或略呈凹孤状，预埋螺栓的表面不得低于注胶完成面和背板的表面。（4）人造板材的开槽、打孔受力部位不得有修补。修补后的石材，正面不得有明显的痕迹，色泽应与正面石材相近似；且每层修补的石材块数不应大于 2%。（5）瓷板外墙阳角板边均采用蝴蝶角拼缝，瓷板磨边应严格按图 2.11.4-7 瓷板阳角磨边大样图进行加工，以保证瓷板阳角拼缝处泡沫棒的嵌入及注胶饱满度。（6）瓷板所有整板均按设计孔位，采用专用设备在瓷板背面钻 4 个圆锥形孔，并在底部扩孔，孔深 8.5mm，孔径 6mm，扩孔处 7mm，详见图 2.11.4-8（瓷板设计孔位距瓷板外侧边尺寸采用固定尺寸均为 150mm）。（7）纤维水泥板加工槽口的侧面不应有损坏或崩裂现象，槽内应光滑、洁净，不得有目视可见的阶梯。割、开槽、钻孔后的纤维水泥板的表面、孔壁和槽口，应立即用干燥的压缩空气进行清洁处理，并进行边缘浸透密封处理。（8）陶板外表面的花纹图案应比照样板检查，板块四周不得有明显的色差。对挂钩处有明显缺陷的产品，不得使用。

2）陶板人造板材施工

（1）工艺流程：定位放线→立柱安装→横梁安装→防火保温层封修→铝挂件弹簧片安装→陶板安装→胶缝嵌固及密封胶施工→表面清洁和验收。（2）两根立柱间留伸缩缝 15～20mm。（3）在一幅幕墙转角处上、下固定钢丝铅垂线，并在中间每隔 3～4m 设钢丝垂线，以保证幕墙板面的垂直度和竖缝尺寸一致。（4）横挂式陶板（图 2.11.4-9）背后的安装槽口，挂件穿入该槽口，挂件应有效固定在龙骨上。陶板与挂件之间和挂件与龙骨之间应采用柔性连接。陶板横向的接缝处宜留有 6～10mm 的安装缝隙，上下的陶土板不能直接相碰，竖向的接缝处应留 4～8mm 的安装缝隙，内置三元乙丙防水胶条。（5）竖挂式陶板顶挂码与底挂码的接缝处应留 4～8mm 的安装缝隙（图 2.11.4-10、图 2.11.4-11）。（6）陶板安装的时候严禁刷油漆，避免油漆污染陶板。

3）背栓式瓷板幕墙施工

（1）工艺流程：定位放线→立柱安装→横梁安装→防火保温层封修→瓷板组件安装→胶缝嵌固及密封胶施工→表面清洁和验收。（2）瓷板角码副挂在紧固前应拉通水平线和阴阳角线对副挂进行检验和调整，使副挂在水平方向和整面均进出一致，保证瓷板安装后的水平缝和平整度。（3）紧固挂件后的瓷板相对应地挂到横梁的 4 个副挂上，对瓷板板缝和平整度的调整，用专用工具将副挂上螺帽和主挂上调节螺栓紧固。（4）瓷板设计板缝为 6mm，误差应控制在 1mm 以内，因此瓷板安装后应严格保证板缝为 6～7mm；泡沫棒嵌入板缝内应与瓷板面有 5mm 缝隙，保证注胶的饱满度（图 2.11.4-12），注胶后的胶缝应饱满、平直、宽窄均匀、颜色一致、横平竖直。

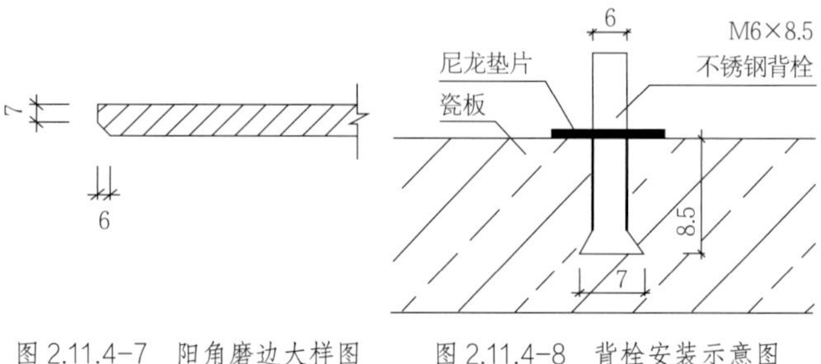

图 2.11.4-7　阳角磨边大样图　　图 2.11.4-8　背栓安装示意图

图 2.11.4-9　横挂式陶板图

图 2.11.4-10　竖挂式陶板图

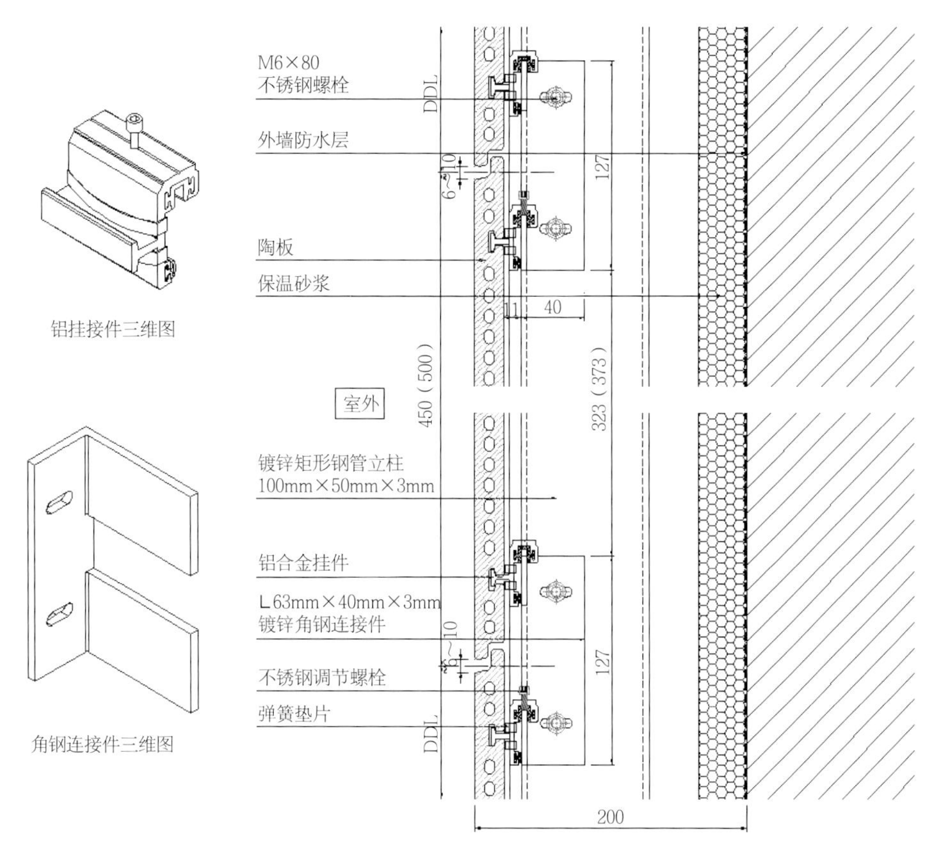

图 2.11.4-11　陶板幕墙竖剖节点图

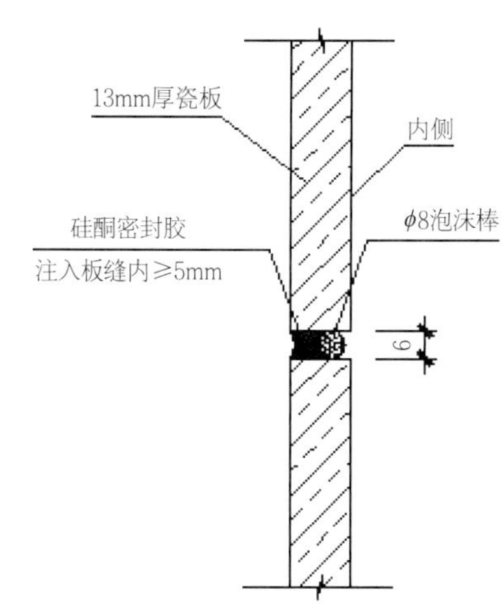

图 2.11.4-12　陶瓷板缝注胶剖面图

图 2.11.4-13　GRC 板幕墙

4）GRC 人造板材幕墙施工

（1）工艺流程：测量定位放线→立柱安装→横梁安装→支座连接件焊接、防腐处理→防雷、防火、保温层安装→面板安装→密封胶施工→表面清洁和验收。（2）临时定位安装应准确，且应复查板面的平整度和垂直度。如误差超出 2mm/1000mm 时，应在构件安装时加以控制调整。（3）柱头柱脚安装时应四面十字型吊垂直线。（4）安装异型构件（如斗栱）时，需扣除阴阳角的两端长度后再按图纸要求均匀安装。（5）GRC 人造板材幕墙接缝工艺要点：构件之间的接缝错位超过 5mm 应返工安装，5mm 以下的需打磨处理（图 2.11.4-13）。构件与构件之间应有 V 形口，以确保接缝水泥膏胶泥的有效性。补缝前应对接缝进行清洁处理，包括除尘、除油污、扫胶落物质，适当洒水，湿润接口，以手指接触不沾水为宜。构件与安装基面之间的接缝内海棠角，内弯半径宜在 5～8mm，确保基面泛水不在构件与基面接缝处停留，减小渗水机会，内弯海棠角在补缝的同时用水泥膏来完成。GRC 构件伸缩缝的宽度应控制在 2～3cm，其设置应留在外墙面的附角处或较隐蔽的部位，并进行油膏嵌缝。

4. 验收要点

1）人造板材幕墙观感质量要求

（1）开缝设计的板缝间隙应宽窄一致、大小匀称、顺直；（2）注胶密封式的胶缝应顺直、光滑，十字缝注胶过渡平顺；（3）幕墙隐蔽节点的遮封装修应整齐美观，幕墙边角部位、变形缝的构造符合设计要求；（4）面板颜色应均匀，造型、色彩、花纹和图案应与设计文件相符，表面应洁净、无污染；（5）转角部位的面板压向应符合设计要求，边缘整齐，合缝顺直；（6）滴水线、流水坡向符合设计要求，宽窄均匀、光滑顺直；（7）人造板面板的表面质量应符合设计的要求。

2）人造板材幕墙实物质量要求

（1）阴阳角、凸凹线、洞口、槽边应方正，角度符合要求；幕墙周边封口应严实、平整；（2）挂件与面板连接点处不得出现崩裂；幕墙胶缝应无污染，幕墙中不应使用云石胶；（3）防火分区处的幕墙龙骨与主体结构间隙防护封修应完整封闭、有效；（4）幕墙不应有渗漏，人造板与密封胶不应有不相容（开裂）的情况发生；（5）幕墙安装质量验收项目允许偏差项目的90%应符合规范要求，其中有允许偏差的检验项目，其最大偏差不得超过现行国家标准《建筑装饰装修工程质量验收标准》GB 50210允许偏差值。

2.12 屋面工程

2.12.1 板块屋面工程

1. 技术要点

（1）板块屋面工程应在屋面防水层、屋面设备、伸出屋面管道安装完毕并验收合格后进行；（2）板块屋面应根据屋面形式及使用功能要求确定排水坡度，应采用有组织排水方式，上人屋面坡度不应小于2%、水落口坡度不应小于5%；（3）板块屋面天沟、檐沟、檐口、水落口、检修口、天窗、泛水、变形缝和伸出屋面管根部等处应采取防水加强措施；（4）板块屋面粘贴材料及勾缝材料应符合使用功能要求，采用普通硅酸盐水泥时，强度不应低于32.5MPa级；分格缝应采用耐候柔性密缝剂；（5）种植屋面及蓄水屋面不宜跨越变形缝。

图2.12.1-1 管道根部美观规范，整齐划一

2. 材料要点

（1）板块材料的规格、材质和性能等应满足设计要求，应符合现行国家产品标准；（2）材料进场前应提交样板经监理、建设单位确认后封样，以便进场时对样校验；（3）材料进场时，应三证齐全随货同行报送监理、建设单位进行检验确认，并按规定将需二次送检的材料送交具备检验资格的检测机构进行检测，检验不合格的不得使用。

3. 工艺要点

（1）工艺流程：基层处理→找标高、弹线→铺找平层→铺板块面层→填缝→成品保护。（2）施工前将验收合格的基层表面尘土、杂物清理干净，并进行闭水（48h）试验，确认无渗漏后进行下道工序。（3）女儿墙、构筑物根部找平层做成圆弧形，突出屋面的管道、支架根部找平层做成台基形状，找平层的构造及尺寸应符合设计要求。（4）板块面层铺贴应美观规范，符合排板图设计要求，应设置纵向缩缝和横向缩缝，纵向缩缝间距不得大于6m，横向缩缝不得大于12m，缝宽不应小于10mm，并应与结构相应缝的位置一致；板块之间的缝隙宽度要顺直，当无设计规定时不应小于3mm。（5）伸缩缝应采用柔性耐候密封材料填充。（6）已铺好的板块面层，应采取措施进行成品保护，不得在已做好防水层的屋面再进行钻孔打凿等施工作业及堆放杂物。

4. 验收要点

（1）女儿墙四周、出屋面的墙、通风道等部位均应留出分格缝，分格缝四周应交圈，分格缝宽25mm。（2）隐蔽工程应有验收记录。（3）面层与基层粘结应牢固，无空鼓，勾缝严密、顺直、宽窄一致。

图2.12.1-2 变形缝

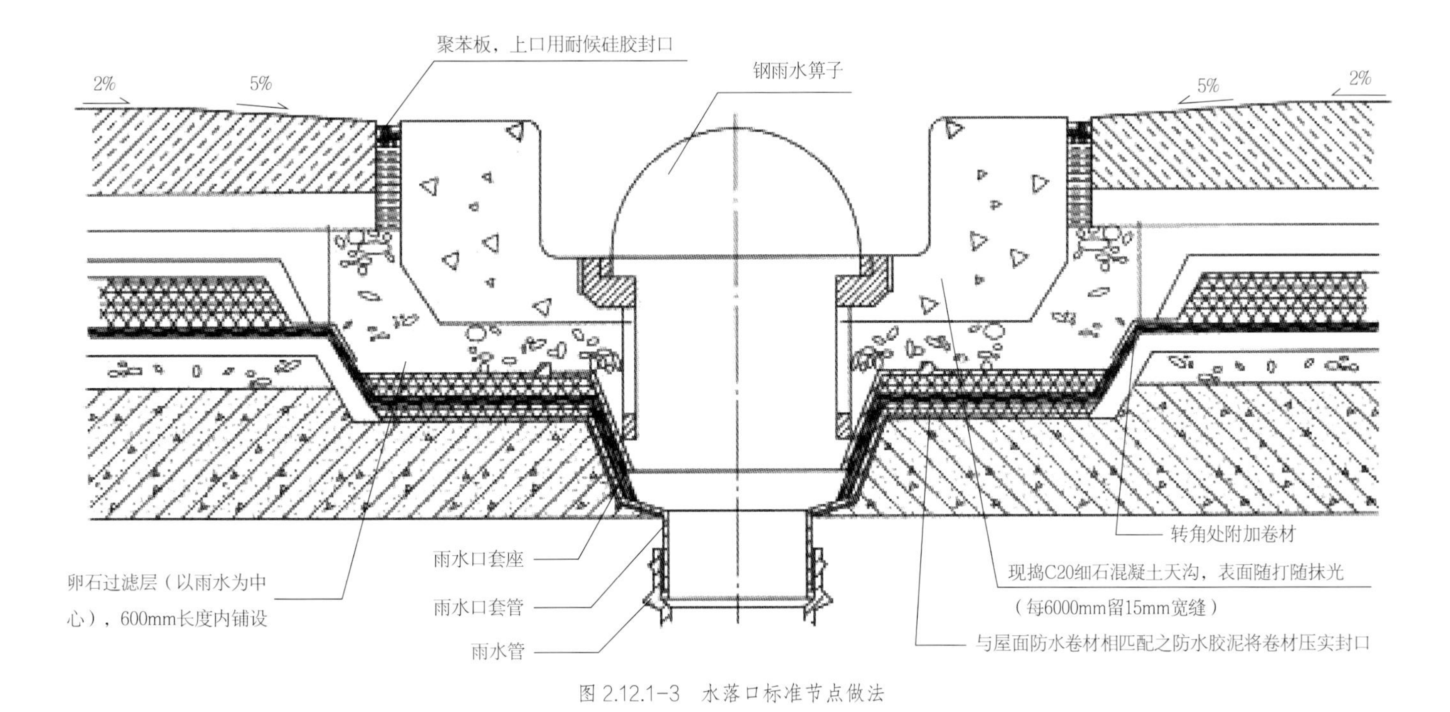

图 2.12.1-3　水落口标准节点做法

图 2.12.1-4　面砖铺贴要美观规范

图 2.12.1-5　屋面坡度要合理，勾缝精细整齐

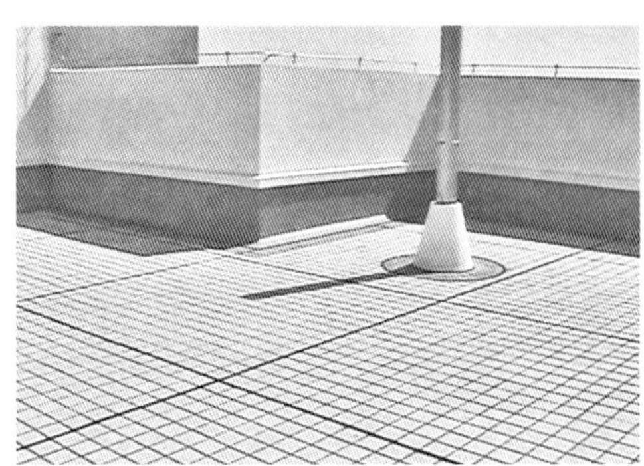

图 2.12.1-6　女儿墙根部做法

图 2.12.1-7　各种设备支架、管道根部做法

图 2.12.1-8　屋面铺贴（平整顺直，设备安装牢固整齐）

2.12.2　金属屋面工程

1. 技术要点

（1）金属屋面受力点应在建筑主体结构的梁柱上，连接点的预埋件、后置埋件（化学螺栓）应进行现场拉拔试验；（2）在严寒和寒冷地区，金属屋面檐口部位应采取防冰雪融坠的安全措施，天沟槽内应设置融雪融冰装置；（3）金属屋面设计应根据当地的雪荷载、温度变化等情况，进行板块与板块之间、板块与结构之间的变形分析，采取相应的金属板材及构造系统；（4）金属屋面系统除不锈钢材料以外，其他金属材料应采取防腐、防锈措施，表面应采用耐候氟碳涂层或粉末涂层，不锈钢材料应采用304以上级别；（5）金属屋面应按使

用功能要求采取保温隔热、隔声降噪、防震、防结露的措施，隔热、保温材料应采用不燃性或难燃性材料；（6）金属屋面应采用复合防水构造；（7）金属面板厚度应可以抵抗当地最大正负风压；（8）金属面板应采取固定和防止滑落的措施；（9）金属屋面整体结构的防雷体系应连通。

2. 材料要点

（1）金属屋面紧固件及连接件（化学螺栓、膨胀螺栓、铆钉、自攻螺钉、垫板、垫圈、螺帽等）的品种规格、颜色和性能等应满足设计要求，应符合现行国家产品标准；（2）材料进场前应提交样板经监理、建设单位确认后封样，以便进场时对样校验；（3）材料进场时，应三证（生产许可证、产品合格证及检测报告）齐全随货同行报送监理、建设单位进行检验确认，并按规定将需二次送检的材料送交具备检验资格的检测机构进行检测，检验不合格的不得使用。

3. 工艺要点

1）工艺流程

测量放线→骨架结构安装→天沟安装→金属板材、膜材安装→其他附属构件安装→成品保护→验收。

2）测量放线

根据设计图纸使用测量仪器测出原始控制点及标高，在测量的基础上放线标记出骨架结构控制线。

3）骨架结构安装

骨架结构（主檩、次檩）安装在主体结构的梁柱上，根据结构控制线校核调整偏差，精确定位后连接固定，按设计要求可采取焊接或非焊接的固定方式。

4）天沟安装

（1）天沟应安装在骨架结构上，按设计要求可采取焊接、铆接、自攻钉等固定方式，使用焊接方式时应防止天沟变形；（2）天沟连接处用中性密封胶进行密封，沟槽内应平整顺直，排水顺畅不积水；（3）天沟室外部分凹槽内设置柔性防水层，室内部分设置保温、隔热层；（4）天沟按设计要求设置水落口、溢流口，落水管避开骨架结构安装，以免造成排水不畅；天沟坡度在斜度大于15%时，设置阻水板装置控制水流速度及防止杂物进入排水口，阻水板贴沟槽底部安装，高度一般为沟槽高度的1/3～1/2。

5）金属板材、膜材安装

（1）板材安装：板材采用穿钉固定方式时，螺钉要打在檩条上，严禁少打及漏钉，螺钉应加防水垫片，外露部分周边用密封材料保护，防止漏水（图2.12.2-1）；板材安装时根据控制线应及时调整板块误差，面板之间留缝宽度应整齐一致；板材之间的缝隙填充密封胶条及密封胶，应平整顺滑；板材表面应清洁干净，无残留密封胶、杂物。（2）膜材（防水透气膜、保温棉、无纺布）安装应符合设计要求，铺设严密、平整无皱褶，膜材接缝应采取搭接的方式，防止形成冷桥（图2.12.2-2、图2.12.2-3）。

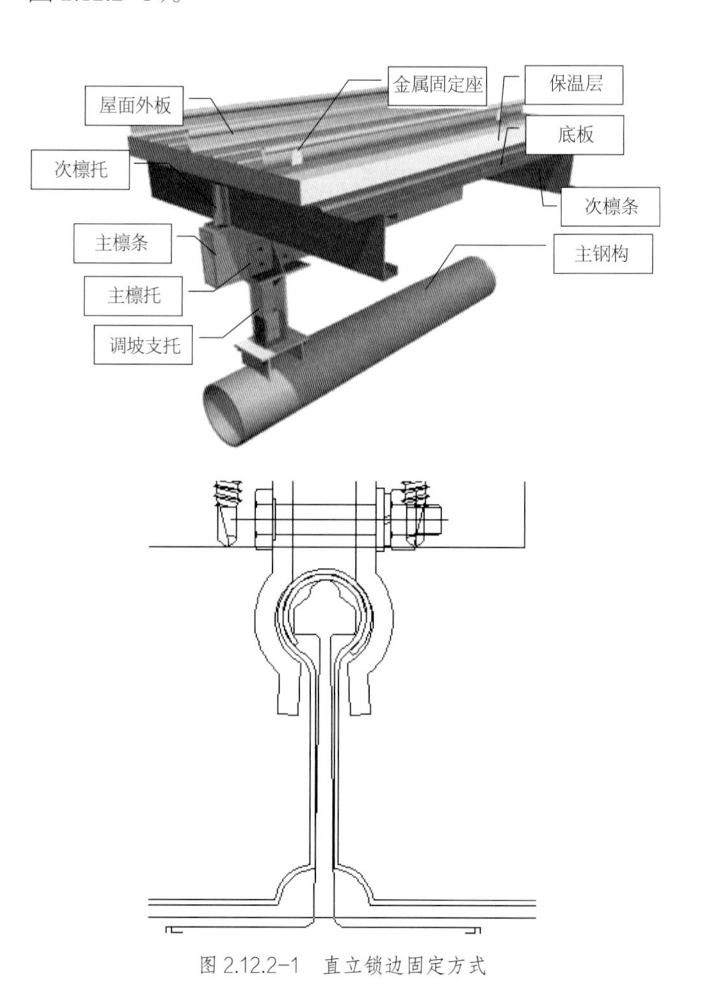

图2.12.2-1　直立锁边固定方式

图 2.12.2-2　膜材安装

图 2.12.2-3　防水加强措施

6）其他附属构件安装

屋面其他附属构件安装应符合设计要求，屋面附属构件不应影响屋面造型，外观应与屋面装饰风格一致，美观规范。

7）成品保护

已安装的金属面板，应采取措施进行成品保护，严禁上人或堆放物件。

8）验收

每一项施工工序完毕，质检员进行交接验收，合格后填写交接验收记录表。

4. 验收要点

（1）金属板材屋面与墙面及突出屋面结构等交接处，均应做泛水处理。（2）金属板材应采用带防水垫圈的镀锌螺栓（螺钉）固定，所有外露的螺栓（螺钉）均应涂抹密封材料保护。（3）压型板的横向搭接不应小于一个波，纵向搭接不小于 200mm。（4）金属板的连接和密封处理应符合设计要求，不得有渗漏现象。（5）水落口周围直径 500mm 范围内坡度不应小于 5%，并采用防水涂料和密封材料封闭，其厚度不应小于 2mm。（6）变形缝的泛水高度不应小于 250mm。（7）管道根部四周应增设附加层，宽度和高度均不应小于 300mm。

2.12.3　玻璃屋面工程

1. 技术要点

（1）玻璃屋面工程应对现场精确测量放线定位，并采用 BIM（建筑信息模型）技术及计算机三维设计软件导入数据进行分析与修正；（2）在严寒和寒冷地区，玻璃屋面檐口部位应采取防冰雪融坠的安全措施；（3）玻璃屋面框架结构材料及紧固件、连接件，采用不锈钢材料的应为 304 不锈钢（沿海及高盐地区应采用 316 系列不锈钢）采用铝合金型材及其他金属材料的应作耐候氟碳涂层、粉末涂层等防腐防锈措施；（4）玻璃屋面应采取物理固定和防止滑落的安全措施；（5）玻璃屋面应按使用功能要求采取保温隔热，防结露的措施；（6）玻璃屋面整体结构的防雷体系应连通；（7）注好胶的组件应移至养护地点堆放养护，使用单组分密封胶的养护环境要控制在 21～23℃，相对湿度 50%～70%，养护期不少于 14 天，隐框玻璃采光顶结构装配组件固化不少于 21 天；（8）不同金属构件接触面之间应采取隔离措施；（9）玻璃屋面应采用安全玻璃，宜采用夹层玻璃或夹层中空玻璃。

2. 材料要点

（1）玻璃原片应根据设计要求选用，且单片玻璃厚度不宜小于 6mm。（2）夹层玻璃的玻璃原片厚度不宜小于 5mm。（3）玻璃屋面应采用夹层玻璃或夹层中空玻璃。（4）点支承玻璃屋面应采用钢化夹层玻璃。（5）所有玻璃应进行磨边倒角处理。（6）夹层玻璃或夹层中空玻璃面板的规格、材质和性能等要求应满足设计要求，应符合现行国家产品标准。夹层玻璃宜为干法加工合成，夹层玻璃的两片玻璃厚度相差不宜大于 2mm；夹层玻璃的胶片宜采用聚乙烯醇缩丁醛胶片，聚乙烯醇缩丁醛胶片的厚度不应小于 0.76mm；暴露在空气中的夹层玻璃边缘应进行密封处理；中空玻璃气体层的厚度不应小于 12mm；中空玻璃宜采用双道密封结构，隐框或半隐框中空玻璃的二道密封应采用硅酮结构密封胶；夹层中空玻璃的夹层面应在中空玻璃的下表面。（7）密封材料的品种、颜色和性能等要求应满足设计要求，应符合现行国家产品标准。（8）框架结构材料、紧固件及连接件的品种、材质和性能等要求应满足设计要求，应符合现行国家产品标准。（9）材料进场前应提交样板经监理、建设单位确认后封样，以便进场时对样校验。（10）材料进场时，应三证齐全随货同行报送监理、建设单位进行检验确认，并按规定将需二次送检的材料送交具备检验资格的检测机构进行检测，检验不合格的不得使用。

3. 工艺要点

（1）工艺流程：测量放线→框架结构安装→（连接件安装）→玻璃面板安装→填缝密封→保护。（2）玻璃屋面组装采用镶嵌方式时，应采取防止玻璃整体脱落的措施。（3）玻璃屋面组装采用胶粘方式时，隐框和半隐框构件的玻璃与金属框之间，应采用与接触材料相容的硅酮结构密封胶粘结，其粘结宽度及厚度应符合强度要求。（4）玻璃屋面采用点支组装方式时，连接件的钢制驳接爪与玻璃之间应设置衬垫材料，衬垫材料的厚度不宜小于 1mm，面积不应小于支承装置与玻璃的结合面。（5）玻璃间的接缝宽度应能满足玻璃和密封胶的变形要求，且不应小于 10mm；密封胶的嵌填深度宜为接缝宽度的 50%～70%，较深的密封槽口底部应采用聚乙烯发泡材料填塞。玻璃接缝密封宜选用位移能力级别为 25 级硅酮耐候密封胶。

4. 验收要点

（1）玻璃屋面所用的骨架型材及辅件的品种、规格、型号应符合设计要求和国家现行相关标准的规定。（2）玻璃屋面所用的玻璃、有机玻璃、塑料板等材料的品种、规格、颜色应符合设计要求和国家现行相关标准的规定。（3）玻璃屋面所用结构胶、防水密封胶、密封条应与所接触的材料相容，并在贮存、使用保质期内。（4）玻璃屋面所用金属件、构件应进行相应的防锈、防腐、防火处理，用螺栓、自攻钉连接的部位应加有抗耐热、耐磨垫片，不同金属材料相接触部位应有防腐蚀措施，与铝合金件固定的紧固件应为不锈钢件。（5）玻璃屋面严禁渗漏，应满足水密性、气密性、保温性、抗冲击性等设计指标要求，冷凝水排泄系统应畅通。（6）玻璃屋面支承系统安装应牢固可靠，造型尺寸准确，骨架制作安装应符合国家现行相应的施工与验收规范要求。支承系统与墙、柱连接严禁用膨胀螺栓固定，采用预埋铁件焊接固定时其焊缝应满足设计要求。

图 2.12.3-1 玻璃面板吊装

图 2.12.3-2 玻璃屋面受力点在主体结构梁柱上

2.13 电气工程

2.13.1 管线敷设工程

1. 技术要点

（1）布线系统选择与敷设，应避免因环境温度、外部热源以及非电气管道等因素对布线系统带来的损害，并应防止在敷设过程中因受撞击、振动、电线或电缆自重和建筑物变形等各种机械应力带来的损害。（2）金属导管、可弯曲金属导管、刚性塑料导管（槽）及电缆桥架等布线，应采用绝缘电线和电缆。不同电压等级的电线、电缆不宜同管（槽）敷设；当同管（槽）敷设时，应采取隔离或屏蔽措施。（3）同一配电回路的所有相导体、中性导体和 PE 导体，应敷设在同一导管或槽盒内。（4）在有可燃物的闷顶和封闭吊顶内明敷的配电线路，应采用金属导管或金属槽盒布线。（5）明敷设用的塑料导管、槽盒、接线盒、分线盒应采用阻燃性能分级为 B1 级的难燃制品。（6）敷设在钢筋混凝土现浇楼板内的电线导管的最大外径不宜大于板厚的 1/3。当电线导管暗敷设在楼板、墙体内时，其与楼板、墙体表面的外保护层厚度不应小于 15mm。（7）布线用各种电缆、导管、电缆桥架及母线槽在穿越防火分区楼板、隔墙及防火卷帘上方的防火隔板时，其空隙应采用与建筑构件耐火极限相同的不燃烧材料填塞密实。

2. 材料要点

（1）主要设备、材料、成品和半成品应进场验收合格，并应做好验收记录和验收资料归档。当设计有技术参数要求时，材料的技术参数应符合设计要求。

（2）新型电气设备、器具和材料进场验收时应提供安装、使用、维修和试验要求等技术文件。

3. 工艺要点

1）桥架安装

（1）工艺流程

测量定位→支架安装→桥架安装→桥架引出管安装→保护接地线安装。详见图 2.13.1-1～图 2.13.1-3。

（2）测量定位

根据图纸确定始端到终端，找好水平或垂直线，用激光标线仪沿墙壁、顶棚等处，确定出线路的中心线。多根桥架布置时，分匀挡距并用笔标出具体位置及支架设置的位置。

图 2.13.1-1　桥架安装

图 2.13.1-2　电气竖井内桥架安装

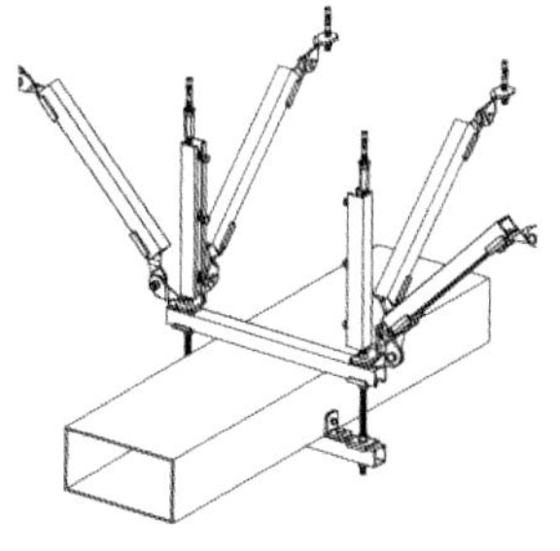

图 2.13.1-3　矩形桥架抗震支架示意图

（3）支架安装

支架与吊架应安装牢固，保证横平竖直，在有坡度的建筑物上安装支架与吊架应与建筑物有相同坡度。①在进出箱、柜拐角、转弯和变形缝两端及丁字接头的三个端点 500mm 以内应设置支撑点，且吊杆距离线槽接缝间距一致。桥架在经过伸缩缝或直线超过 30m 时应设置伸缩节。伸缩节两端各设置一个支架，距离伸缩节端部距离不大于 500mm。②内径不小于 60mm 的电气配管及重力不小于 150N/m 的电缆梯架、电缆槽盒、母线槽均应进行抗震设防。刚性桥架侧向支撑最大间距为 12m，非刚性桥架侧向支撑最大间距为 6m，刚性桥架纵向支撑最大间距为 24m，非刚性桥架纵向支撑最大间距为 12m。最终间距根据现场实际情况在深化设计阶段确定。

（4）桥架安装

梯架、托盘和槽盒安装应做到安装牢固、横平竖直。①当直线段钢制或塑料梯架、托盘和槽盒长度超过 30m，铝合金或玻璃钢制梯架、托盘和槽盒长度超过 15m 时，应设置伸缩节；当梯架、托盘和槽盒跨越建筑物伸缩缝时，应设置补偿装置。②桥架穿越防火分区，应进行防火封堵。桥架不应在楼板中连接，盖板应错开 200～300mm，以便防火封堵，同时穿越楼板时周围应加防水台保护，高度不小于 50mm。

（5）桥架引出管安装

由金属梯架、托盘和槽盒引出的配管应使用钢管，当桥架需开孔时，应用开孔器开孔，开孔处应切口整齐，管孔径吻合，严禁用气、电焊割孔。钢管与桥架连接时，应使用管接头固定。

（6）保护接地线安装

本体之间的连接应牢固可靠，与保护导体的连接应符合下列规定：①梯架、托盘和槽盒全长不大于 30m 时，应不少于 2 处与保护导体可靠连接，全长大于 30m 时，每隔 20～30m 应增加连接点，起始端和终点端均应可靠接地；②非镀锌梯架、托盘和槽盒本体之间连接板的两端应跨接保护联结导体，保护联结导体的截面积应符合设计要求。③镀锌梯架、托盘和槽盒本体之间不跨接保护联结导体时，连接板每端不应少于 2 个有防松螺帽或防松垫圈的连接固定螺栓。

2）配管安装

（1）工艺流程

预制加工→支吊架安装→箱盒固定→管路敷设→跨接保护导体。详见图 2.13.1-4、图 2.13.1-5。

（2）预制加工

配管前根据图纸要求的实际尺寸及管路走向预制管段，切断管子后必须用锉刀把管口的毛刺清理干净，切口应垂直，斜度不应大于 2°。

（3）支吊架安装

管路明敷设时，支架、吊架的规格符合设计或图集规定，推荐使用轻型吊架、通丝杆、管卡、管垫片。

（4）箱盒固定

由地面引出管路至自制明箱时，可直接焊在角钢支架上，采用定型盘、箱，需在盘、箱下侧 100～150mm 处加稳固支架，将管固定在支架上。盒、箱安装应牢固平整，开孔整齐并与管径相吻合。铁制盒、箱严禁用电气焊开孔。

（5）管路敷设

① 金属导管应与保护导体可靠连接；严禁对口熔焊连接，镀锌和壁厚小于 2mm 的钢导管不得套管熔焊连接。当采用套管熔焊连接时，其套管长度不应小于导管直径的 1.5～3 倍，熔焊连接焊缝应密实饱满，焊接处应涂刷防腐油漆。② 镀锌钢管应采用丝扣连接或套管紧固螺钉连接；非镀锌电线管采用丝扣连接或套管焊接。电缆导管的弯曲半径不得小于电缆最小允许弯曲半径。③ 可弯曲金属导管间和盒间连接采用与导管型号规格相适配的专用接头，连接要牢固可靠，配专用接地线卡跨接。④ 明装导管应排列整齐，固定点间距均匀，安装牢固。⑤ 紧定式、扣压式管线不得用于潮湿露天场所，管路安装时连接顺直，无弯曲塌腰现象。⑥ 进出箱（盒）的导管应一管一孔，管口露出箱（盒）内长度不大于 5mm，进入落地式配电箱管口应高出基础面且不应小于 50mm，管口应平整光滑；两根以上排列应整齐、间距应均匀。⑦ 导管与箱（盒）采用管径与孔径相吻合的套接紧定式螺纹接头连接，按一管一孔排列整齐；连接时，应用紧定扳手拧紧爪形螺母，使其与箱（盒）连接紧密可靠。

（6）跨接保护导体

导管与箱（盒）间保护导体应采用截面积不小于 $4mm^2$ 的黄绿双色铜芯软导线，用专用接地卡连接，并应有标识；保护连接导体要留有余量，两端压接线鼻子并做搪锡处理；接地卡规格应与导管管径相匹配，折弯处无明显的机械损伤。

3）电缆敷设

（1）工艺流程

电缆检查→电缆敷设机械安装→电缆敷设→绑扎标识牌。详见图 2.13.1-6。

（2）电缆检查

进行型号及外观检查并进行绝缘测试。

（3）电缆敷设机械安装

采用机械施放时，将动力机械按施放要求就位，并安装好钢丝。

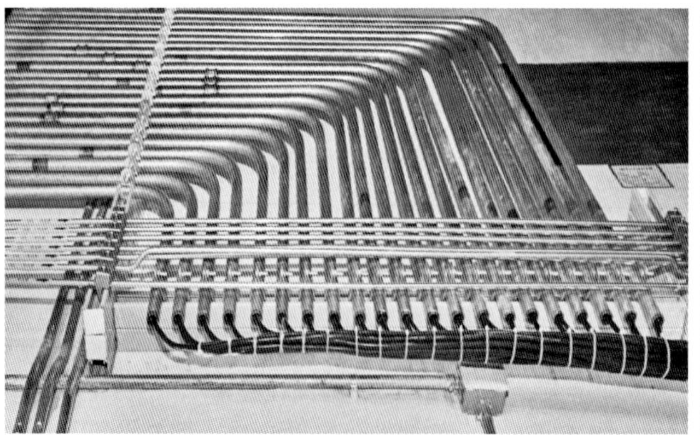

图 2.13.1-4　配管安装

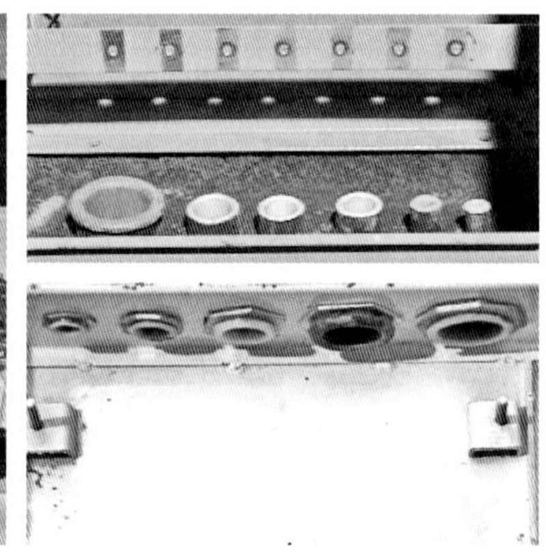

图 2.13.1-5　箱柜配管安装

图 2.13.1-6　电缆敷设示意图

（4）电缆敷设

① 电缆应敷设整齐、标识清楚、固定牢固，穿越防火分区做好防火封堵。② 电缆头应安装在箱柜内，铠装电缆、防火电缆金属壳应可靠接地。③ 在电缆端头、电缆接头、拐弯处及夹层内、隧道、竖井两端等地方，应装设标志牌，标志牌上应注明相关参数。④ 强、弱电电缆不应敷设在同一线槽内，敷设在一起时，应有隔板。⑤ 电缆敷设时，电缆应从盘的上端引出，应避免电缆在支架上及地面摩擦拖拉。电缆上不得有未消除的机械损伤。⑥ 直埋电缆沿线及其接头处应有明显的方位标志或牢固的标桩。⑦ 电缆进入电缆沟、隧道、竖井、建筑物、盘（柜）以及穿入管子时，出入口应封闭（防火封堵）。

（5）绑扎标识牌

线路编号，当无编号时，应写明电缆型号、规格及起讫地点；并联的电缆应有顺序号，标志牌的字迹要清晰，不易脱落；标志牌规格必须统一，材质能防腐，挂装应牢固。

4. 验收要点

（1）分项工程检验批主控项目的质量抽样检验应全数合格；一般项目的质量抽样检验，计数合格率不应小于 80%，其余 20% 不能超过允许偏差值的 1.5 倍。（2）分项工程所含的检验批均应符合合格质量的规定，分项工程所含的检验批质量验收记录应完整。（3）电气工程应由项目部进行自检。项目专业质量检查员组织检验批质量的检查评定，项目技术负责人组织分项工程质量的检查评定，项目经理组织分部（子分部）工程质量的检查评定。检查评定合格后应填写质量验收记录。（4）电气工程在自检合格的基础上，监理工程师（建设单位项目专业技术负责人）组织项目专业质量检查员、技术负责人等分别进行检验批和分项工程的质量验收；总监理工程师（建设单位项目专业负责人）组织施工项目经理和设计单位项目负责人进行分部（子分部）工程的质量验收。

2.13.2　设备末端工程

1. 技术要点

常用用电设备电气装置的配电设计应采用效率高、能耗低、性能先进并符合相应产品能效标准及节能评价值要求的电气产品。

2. 材料要点

（1）主要设备、材料、成品和半成品应进场验收合格，并应做好验收记录和验收资料归档。当设计有技术参数要求时，材料的技术参数应符合设计要求。（2）实行生产许可证或强制性认证（3C 认证）的产品，应有许可证编号或 3C 认证标志，并应抽查生产许可证或 3C 认证证书的认证范围、有效性及真实性。（3）新型电气设备、器具和材料进场验收时应提供安装、使用、维修和试验要求等技术文件。（4）进口电气设备、器具和材料进场验收时应提供商检报告，并附中文版的质量合格证明文件、性能检测报告以及安装使用说明书。（5）当主要设备、材料、成品和半成品的进场验收需进行现场抽样检测或因有异议送有资质检测单位抽样检测。（6）开关、插座、接线盒和风扇及附件进场应查验合格证，合格证内容填写应齐全、完整。（7）开关、插座、接线盒和风扇及附件进场应进行外观检查，开关、插座的面板及接线盒盒体应完整、无碎裂、零件齐全，风扇应无损坏、涂层完整，调速器等附件应适配。（8）应对进场的开关、插座的电气和机械性能进行现场抽样检测，不同极性带电部件间的电气间隙不应小于 3mm，爬电距离不应小于 3mm；绝缘电阻值不应小于 5MΩ；用自攻锁紧螺钉或自切螺钉安装的，螺钉与软塑固定件旋合长度不应小于 8mm，绝缘材料固定件在经受 10 次拧紧退出试验后，应无松动或掉渣，螺钉及螺纹应无损坏现象；对于金属间相旋合的螺钉、螺母，拧紧后完全退出，反复 5 次后，应仍然能正常使用。（9）对开关、插座、接线盒及面板等绝缘材料的耐非正常热、耐燃和耐漏电起痕性能有异议时，应按批抽样送有资质的检测单位检测。

3. 工艺要点

1）工艺流程

接线盒清理→接线→面板安装→成品保护。详见图 2.13.2-1。

2）接线盒清理

安装之前，将预埋接线盒内残存的灰块、杂物剔除干净，再用湿布将盒内灰尘擦净。

3）接线

（1）单相两孔插座，面对插座的右孔或上孔应与相线连接，左孔或下孔应与中性导体（N）连接；单相三孔插座，面对插座的右孔应与相线连接，左孔与中性导体（N）连接。（2）单相三孔、三相四孔及三相五孔插座的保护接地导体（PE）必须接在上孔。插座的保护接地端子不得与中性导体端子连接。同一户内的三相插座，其接线的相序应一致。（3）保护接地导体（PE）在插座间不得串联连接。（4）相线与中性导体（N）不应利用插座本体的接线端子转接供电。（5）开关接线，相线必须经开关控制。

4）面板安装

开关插座安装位置应便于操作，同一建筑物内开关边缘距门框距离宜为 0.15~0.2m。同一室内相同规格宜在同一标高安装。并列安装的多个开关插座必须在同一条水平线上。安装不同规格的开关插座应底边平齐。开关安装在多尘、潮湿场所和户外，应选用密封防水开关或加装防水盖。（1）开关、插座在木、软饰面上安装时，其接线盒必须与装饰面齐平，且与装饰面应有防火分隔。（2）卫生间等潮湿场所采用防水型开关、插座安装高度应符合设计要求。

5）成品保护

开关、插座安装完毕后，不应再次进行喷浆，以保持面板的清洁。

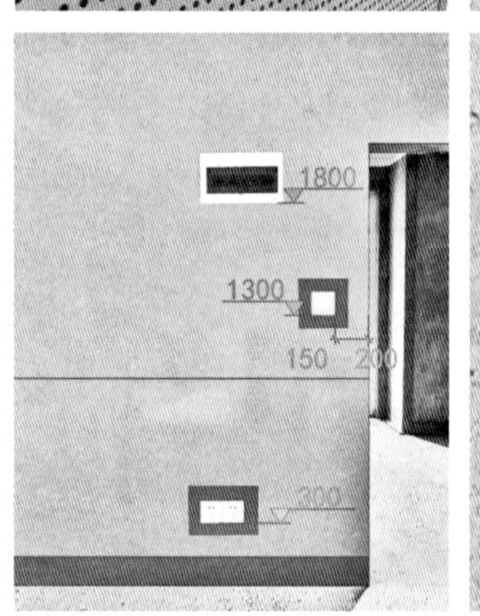

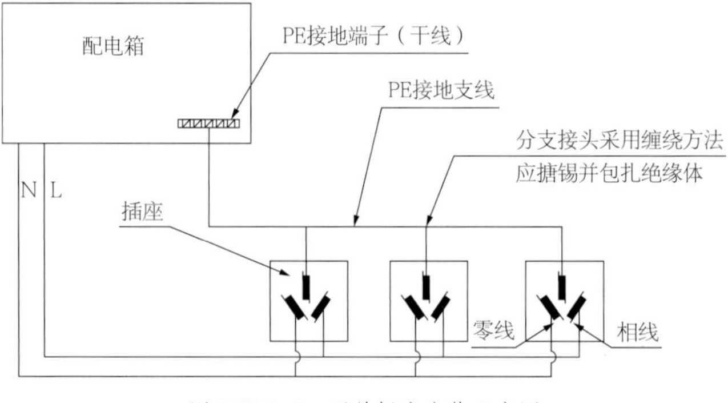

图 2.13.2-1　开关插座安装示意图

4. 验收要点

参见“2.13.1　管线敷设工程”的“4. 验收要点”。

2.13.3 灯具工程

1. 技术要点

（1）在照明设计时应根据视觉要求、作业性质和环境条件，通过对光源、灯具的选择和配置，使工作区或空间具备合理的照度、显色性和适宜的亮度分布以及舒适的视觉环境。（2）照明方案应根据不同类型建筑对照明的特殊要求，处理好电气照明与天然采光的关系、照明器具与照明品质的关系。（3）照明设计应采用高效光源和灯具及节能控制技术，合理采用智能照明控制系统。（4）电气照明设计符合现行国家标准《民用建筑电气设计标准》GB 51348 及《建筑照明设计标准》GB 50034 的相关设计规定。

2. 材料要点

1）照明灯具及附件的进场验收

（1）查验合格证

合格证内容应填写齐全、完整，灯具材质应符合设计要求和产品标准要求；新型气体放电灯应随带技术文件；太阳能灯具的内部短路保护、过载保护、反向放电保护、极性反接保护等功能性试验资料应齐全，并应符合设计要求。

（2）外观检查

① 灯具涂层应完整、无损伤，制造厂标、附件应齐全，I 类灯具的外露可导电部分应具有专用的 PE 端子；② 固定灯具带电部件及提供防触电保护的部位应为绝缘材料，且应耐燃烧和防引燃；③ 消防应急灯具应获得消防产品型式试验合格评定，且具有认证标志；④ 疏散指示标志灯具的保护罩应完整、无裂纹；⑤ 游泳池和类似场所灯具（水下灯及防水灯具）的防护等级应符合设计要求，当对其密闭和绝缘性能有异议时，应按批抽样送有资质的检测单位检测；⑥ 内部接线应为铜芯绝缘导线，其截面积应与灯具功率相匹配，且不应小于 0.5mm^2。

（3）自带蓄电池的供电时间检测

对于自带蓄电池的应急灯具，应现场检测蓄电池最少持续供电时间，且最少持续供电时间应符合设计要求。

（4）绝缘性能检测

对灯具的绝缘性能进行现场抽样检测，灯具的绝缘电阻值不应小于 2MΩ，灯具内绝缘导线的绝缘层厚度不应小于 0.6mm。

2）金属灯柱的进场验收

（1）查验合格证：合格证应齐全、完整。（2）外观检查：涂层应完整，根部接线盒盒盖紧固件和内置熔断器、开关等器件应齐全，盒盖密封垫片应完整。金属灯柱内应设有专用接地螺栓，地脚螺孔位置应与提供的附图尺寸一致，允许偏差应为 ±2mm。

3）灯具的进场验收

灯具进场时，应按《建筑节能工程施工质量验收标准》GB 50411 的有关要求进行见证取样检验。

3. 工艺要点

1）普通照明灯具安装

（1）工艺流程

灯具固定（大型灯具固定悬吊装置荷载试验）→灯具安装→灯具接线→灯具接地。详见图 2.13.3-1、图 2.13.3-2。

（2）灯具固定

在砖混中安装电气照明灯具时，应采用预埋吊钩、螺栓、螺钉、膨胀螺栓固定，严禁使用木楔、尼龙塞或塑料塞。当设计无规定时，上述固定件的承载能力应与电气照明装置的重量相匹配。① 有吊顶时灯具位置布置布局合理、美观，如果单排，应安装于楼道中间；如果两排以上，平均分布，并且横平竖直；灯具安装形式应根据吊顶形式设计，保证美观。② 质量大于 10kg 的灯具，固定装置及悬吊装置应按灯具重量的 5 倍恒定均布载荷做强度试验，且持续时间不得小于 15min。

图 2.13.3-1 成排灯具安装

图 2.13.3-2 弧形吊顶灯具安装

（3）灯具安装

灯具安装应牢固可靠，饰面不应使用胶类粘贴。灯具安装位置应有较好的散热条件，且不宜安装在潮湿场所。软管进线盒应用连接接头安装固定，接线端子、导线不能外露，金属软管长度不宜超过 1.2m；吊顶上灯具连接采用金属软管连接，并用专用接头与灯具固定。

（4）灯具接线

灯具内导线应绝缘良好，严禁漏电，灯具配线不得外露，并保证灯具能承受一定的机械力安全运行。灯具线不得有接头，在引入处不应机械受力。灯具线在灯头、灯线盒等处应将软线端作保险扣，防止接线端子受力。

（5）灯具接地

普通灯具的 I 类灯具外露可导电部分必须采用铜芯软导线与保护导体可靠连接，连接处应设置接地标识，铜芯软导线的截面积应与进入灯具的电源线截面积相同。

2）专用灯具安装

（1）工艺流程

灯具固定→灯具安装→灯具接线→灯具接地。详见图 2.13.3-3～图 2.13.3-6。

图 2.13.3-3　疏散出口指示灯安装

图 2.13.3-4　航空障碍标志灯安装

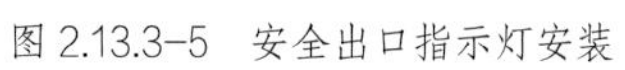

图 2.13.3-5　安全出口指示灯安装

图 2.13.3-6　泛光灯安装

（2）灯具固定

灯具固定应牢固可靠。

（3）灯具安装

① 室外灯具安装时，灯具应与基础固定可靠，地脚螺栓备帽齐全，盒盖的防水密封垫完整；② 应急照明安装完成后，应检验电源转换时间是否符合规范要求，应急照明持续时间应符合设计要求；③ 航空障碍标志灯安装在屋面接闪器保护范围外时设置接闪小针，且与屋面接闪器可靠连接。

（4）灯具接线

灯具内导线应绝缘良好，严禁漏电，灯具配线不得外露，并保证灯具能承受一定的机械力安全运行。灯具线不许有接头，在引入处不应机械受力。灯具线在灯头、灯线盒等处应将软线端作保险扣，防止接线端子受力。

（5）灯具接地

普通灯具的 I 类灯具外露可导电部分必须采用铜芯软导线与保护导体可靠连接，连接处应设置接地标识，铜芯软导线的截面积应与进入灯具的电源线截面积相同。

4. 验收要点

参见“2.13.1　管线敷设工程”的“4. 验收要点”。

2.14　给水排水工程

2.14.1　管线敷设工程

1. 技术要点

（1）生活饮用水系统所涉及的材料和设备应满足饮用水卫生安全标准。（2）管道直饮水系统应独立设置。（3）直埋的金属排水管道应按设计要求做好防腐处理，生产车间内的埋地排水塑料管穿过道路时应按照设计要求做好保护。（4）埋地的排水管道严禁敷设在未经处理的冻土或松土上，管道的基础应按设计要求或规范的要求进行处理。（5）隐蔽工程应在隐蔽前经验收各方检验合格，并形成记录。（6）建筑给水、排水及采暖工程与相关各专业之间，应进行交接质量检验，并形成记录。

2. 材料要点

1）给水管材

（1）室内给水管道应选用耐腐蚀和安装连接方便可靠的管材，可采用不锈钢管、铜管、给水塑料管和金属塑料复合管及经防腐处理的钢管。（2）高层建筑给水立管不宜采用塑料管。（3）埋地管道的管材，应具有耐腐性和能承受相应的地面荷载的能力。当 $DN>75mm$ 时可采用球墨铸铁管、给水塑料管和复合管；当 $DN \leqslant 75mm$ 时，可采用给水塑料管、复合管或经可靠防腐处理的钢管。小区室外埋地敷设的塑料管应采用硬聚氯乙烯（PVC-U）给水管。（4）室外明敷管道一般不宜采用铝塑复合管、给水塑料管。

2）排水管材

（1）室内排水管道应采用建筑排水塑料管材、柔性接口机制排水铸铁管及相应管件，通气管材宜与排水管管材一致。（2）当连续排水温度大于40℃时，应采用金属排水管或耐热塑料排水管。（3）压力排水管道可采用耐压塑料管、金属管或钢塑复合管。

3）热水管材

（1）热水管道应选用耐腐蚀和安装连接方便可靠的管材，可采用薄壁不锈钢管、薄壁铜管、塑料热水管、复合热水管等。（2）当采用塑料热水管或塑料和金属复合热水管材时，管道的工作压力应按相应温度下的容许工作压力选择。（3）设备机房内的管道不应采用塑料热水管。

4）消防给水埋地管道及室内外架空管道

消防给水埋地管道宜采用球墨铸铁管、钢丝网骨架塑料复合管和加强防腐的钢管等管材，室内外架空管道应采用热浸锌钢管等金属管材，并应按系统工作压力、覆土深度、土壤的性质、管道的耐腐蚀能力，以及可能受到土壤、建筑基础、机动车和铁路等其他附加荷载对管道的综合影响选择管材和设计管道。

5）其他

（1）主要材料、成品、半成品、配件、器具和设备应具有中文质量合格证明文件、必要的环保指标检测报告，规格、型号及性能检测报告应符合国家现行技术标准或设计要求。（2）材料进场时应对品种、规格、外观等验收。包装应完好，表面无划痕及外力冲击破损，无腐蚀，并经监理工程师核查确认。（3）材料在运输、保管和施工过程中，应采取有效措施防止损坏或腐蚀。

3. 工艺要点

1）管道支吊架安装

（1）工艺流程

预埋件定位、安装→支（吊）架制作→支（吊）架安装固定。详见图 2.14.1-1～图 2.14.1-8。

（2）预埋件定位、安装

位置正确，埋设应平整牢固。

（3）支（吊）架制作

管道支（吊）架应按照设计图纸要求选用材料制作，其加工尺寸、型号、精度及焊接均应符合设计要求。

（4）支（吊）架安装固定

① 固定支架与管道接触应紧密，固定应牢靠。② 滑动支架应灵活，滑托与滑槽两侧间应留有 3～5mm 的间隙，纵向移动量应符合设计要求。③ 无热伸长管道的吊架、吊杆应垂直安装。④ 有热伸长管道的吊架、吊杆应向热膨胀的反方向偏移。⑤ 固定在建筑结构上的管道支、吊架不得影响结构的安全。⑥ 不锈钢、塑料管及复合管，采用金属制作的管道支架，应在管道与支架间加衬非金属垫或套管。⑦ $DN65$ 的生活给水、热水及消防管道，当采用吊架、支架或托架固定时，应按现行国家标准《建筑机电工程抗震设计规范》GB 50981 的要求设置抗震支吊架。新建工程刚性管道侧向抗震支撑最大设计间距 12m，纵向抗震支撑最大设计间距 24m，柔性管道上述参数减半。最终间距根据现场实际情况在深化设计阶段确定。

图 2.14.1-1　PVC-U 排水管道吊装应使用专用吊卡

图 2.14.1-2　消防喷头管道末端吊架

图 2.14.1-3　门形吊架

图 2.14.1-4　吊架排列安装

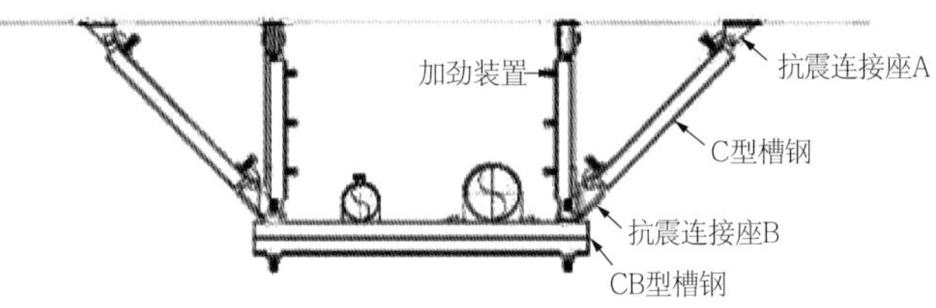

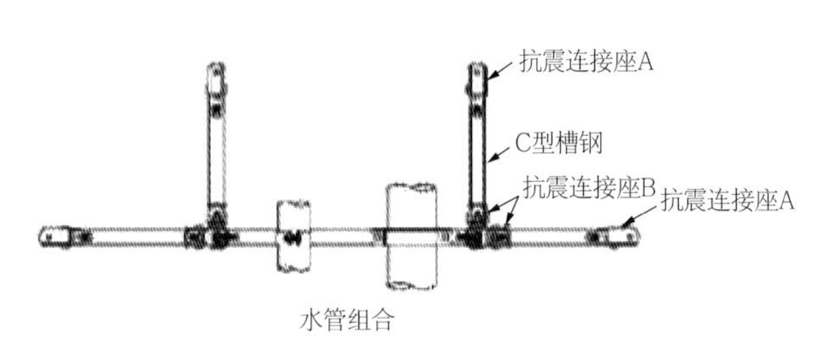

图 2.14.1-5　水管组抗震支架示意图

图 2.14.1-6　水管抗震支架示意图

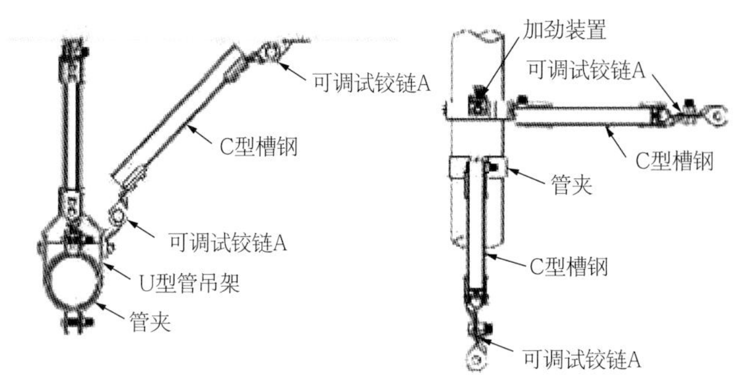

图 2.14.1-7　管径 *DN*65 ~ *DN*150 水管侧向及纵向支撑

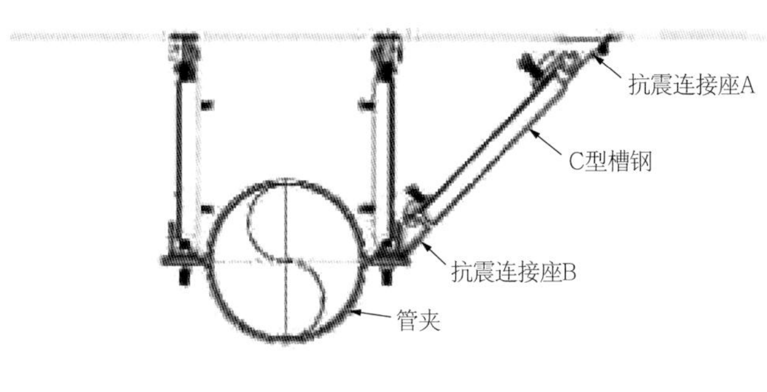

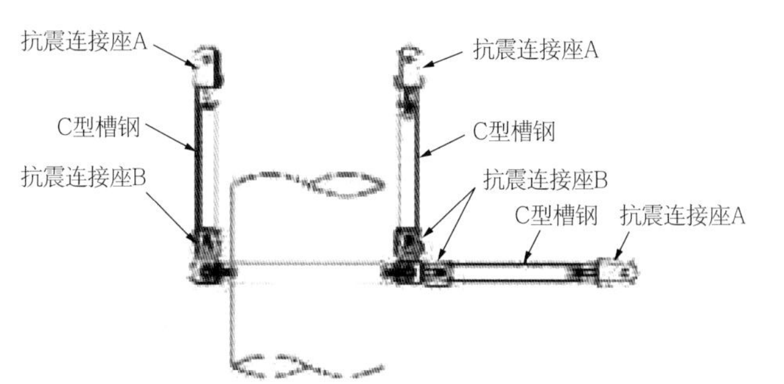

图 2.14.1-8　管径 *DN*200 ~ *DN*350 水管侧向及纵向支撑

2）管道安装

（1）管道丝扣连接

① 工艺流程：施工准备→管道螺纹加工（套丝）→管道连接→连接处清理→管道防腐。详见图 2.14.1-9。② 施工准备：根据图纸，在管材上画线，用切割机或割管器按线断管。断管后要将管口断面的铁屑、毛刺清除干净。③ 管道螺纹加工：按照管径分次套制丝扣，加工丝扣时，保证带丝的刻度调整准确，压力头压紧管道，带丝的板牙面应与管道的轴线垂直，套丝时加润滑油。套丝长度与管径相适应。④ 管道连接：在管道丝扣处均匀涂抹铅油，采用适当填料带入管件，然后用管钳拧紧，管道安装后的螺纹根部应有 2～3 扣的外露螺纹。⑤ 连接处清理：管道连接后，把挤到螺纹外面的填料清

理干净，填料不得挤入管腔，并对裸露的螺纹进行防腐处理。⑥ 管道防腐：按照设计要求对管道刷防锈漆及面漆。

（2）法兰连接

① 工艺流程：施工准备→管道螺纹加工→管道连接→管道防腐。详见 2.14.1-10。② 施工准备：根据图纸，在管材上画线，用切割机或割管器按线断管。断管后要将管口断面的铁屑、毛刺清除干净。③ 管道螺纹加工：按照管径分次套制丝扣，加工丝扣时，保证带丝的刻度调整准确，压力头压紧管道，带丝的板牙面应与管道的轴线垂直，套丝时加润滑油。套丝长度与管径相适应。④ 管道连接：法兰对接平行、紧密，与管子中心线垂直，双面施焊，法兰螺栓应长短一致，朝向相同，螺栓露出螺母部分应为螺栓直径的一半。法兰连接螺栓紧固时，按对角进行紧固，使法兰之间缝隙均匀。法兰与法兰连接应保证垂直度或水平度，使其自然吻合，以免管道或设备产生额外应力。法兰连接组对时，垫片应放在法兰的中心位置，不得偏斜，除设计要求外，不得使用双层、多层或倾斜形垫片。法兰连接，焊接情况下需二次镀锌。⑤ 管道防腐：按照设计要求对管道进行刷防锈漆及面漆。

（3）管道焊接

① 工艺流程：焊前准备→焊口组对→管道焊接→焊接检验。详见图 2.14.1-11。② 焊接准备：按要求对管道加工坡口，当采用气割加工时必须清除坡口表面的氧化物和毛刺等，对凹凸不平处进行打磨。③ 焊接组对：管道对口焊接应平直，间隙符合要求；错口偏差不超过管壁厚的 20%，且不超过 2mm。管道组对时，在管道的对口焊接处或弯曲（弯管）部位不得焊接支管；弯曲部位不得有焊缝；接口焊缝距起弯点不应小于一个管径，且不小于 100mm；接口焊缝距管道支、吊架边缘不小于 50mm。④ 管道焊接：焊接应焊肉饱满，光滑。焊口表面无烧伤、裂纹和明显的结瘤、夹渣及气孔，焊波均匀一致。⑤ 焊接检验：管道焊接焊肉饱满，焊缝高度、宽度符合设计要求。焊缝外观美观，无咬肉、夹渣、气孔、裂纹、飞溅等缺陷。

3）PVC-U 排水管道安装

（1）工艺流程：支吊架安装→管道安装→管道试验。（2）支吊架安装：支架（管卡）、吊架（托架）的设置和安装应分别满足立管垂直度、横管弯曲和设计坡度的要求。（3）管道安装：PVC-U 排水管一般采用承插粘接连接方式。排水管应使用无齿锯断管，断口应平齐，粘接前应对承插口先插入试验，一般为承口的 3/4 深度。试插合格后，用棉布将承插口需粘接部位的水分、灰尘擦拭干净。如有油污需用丙酮除掉。用毛刷涂抹粘结剂，先涂抹承口后涂抹插口，插入粘接时将插口稍作转动，以利粘结剂分布均匀，粘牢后立即将溢出的粘结剂擦拭干净。排水管道 PVC-U 采用粘接连接，粘结剂应有产品检验报告及合格证，管道安装后应保证外观清洁。（4）管道试验：隐蔽或埋地的排水管和雨水管道在隐蔽前必须做灌水试验，其灌水高度应不低于底层卫生器具的上边缘或底层地面高度，结果必须符合设计要求和施工规范规定。排水系统管道的立管，主干管应进行通球试验。

4）管道标识

（1）标识部位应选择在宜观察部位，应设置在便于

图 2.14.1-9　镀锌管道丝扣连接

图 2.14.1-10　金属管道法兰连接

图 2.14.1-11　金属管道焊接

操作、观察的直线段上，避开管件等部位，成排管道标识应整齐一致。（2）垂直管道宜标识在朝向通道侧管道轴线中心，成排管道以满足标识高度的直线段最短管道为基准，依次一致标识。（3）水平管道轴线距地小于1.5m时，标识在管道正上方；距离1.5～2.0m时，标识在正视侧面；距离大于2.0m时，标识在正下方或侧面。（4）标识内容应反映系统名称及编号、介质流向，标识形式包括颜色、色环、文字、箭头。（5）标识所采用的颜色应根据管道面色确定，详见表2.14.1-1。（6）采用色环标识时，请参照现行国家标准《工业管道的基本识别色、识别符号和安全标识》GB 7231的有关规定执行。（7）文字统一采用黑体加粗字，管径为80～150mm时，文字宽50～60mm；管径大于150mm时，文字宽80～100mm。箭头与文字间、文字与文字间间距不大于1个文字宽度，成排管道标识字体应一致。（8）单根管道文字置于箭尾；成排水平管道介质流向不一致时，介质流向标识统一放在文字左侧；垂直成排管道介质流向不一致时，介质流向标识统一放在文字上方。竖向文字方向应自上而下，水平文字方向应自左向右（图2.14.1-12～图2.14.1-15）。

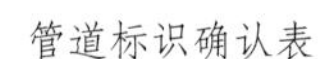
管道标识确认表　　表2.14.1-1

管道面色	标识颜色	适用管道或介质系统
绿色类	白色	给水
红色、紫色、棕色	白色	消防、水蒸气、酸、碱、油、可燃气体等
黄色类	红色	天然气、氮气
蓝色类	红色	空调水、氧气、氢气
黑色、灰色	白色	排水、压缩空气
白色（或镀锌色）	红色	采暖

图2.14.1-12　单根竖向管道标识做法实例

图2.14.1-13　成排水平管道标识做法实例

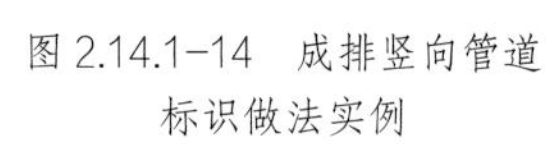
图2.14.1-14　成排竖向管道标识做法实例

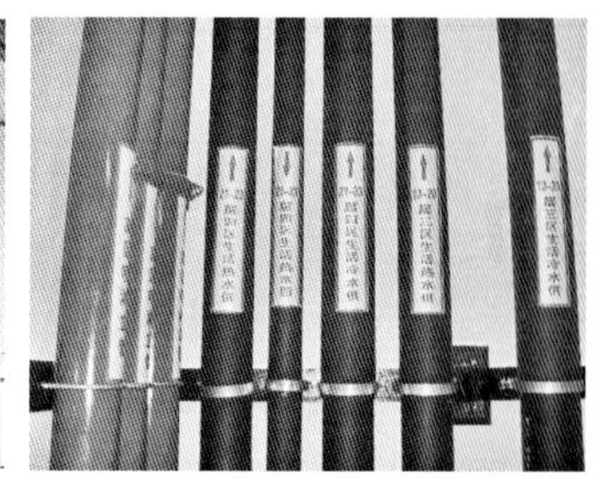

图2.14.1-15　成排竖向管道标识做法实例

4. 验收要点

（1）建筑给水、排水及采暖工程的施工，应编制施工组织设计（施工方案），经业主或监理工程师批准后方可实施；并应进行技术、安全及环境交底。（2）建筑给水、排水及采暖工程的分部、分项工程应按现行国家标准《建筑工程施工质量验收统一标准》GB 50300进行划分。分项工程应划分成若干个检验批进行验收。检验批可根据施工、质量控制和专业验收的需要，按系统、工程量、楼层、施工段、变形缝进行划分。（3）施工单位应根据施工进度情况及时组织自检，在自检合格的基础上，报请监理（建设）单位组织验收。专业分包施工单位还应报请总承包单位派人参加。（4）系统试运行与调试前，施工单位应编制相应的技术方案，并应经业主和总监理工程师审查批准后实施。（5）检验批应由施工单位项目专业质量检查员组织自检，并填写检验批质量验收表，报请监理工程师（建设单位项目专业技术负责人）组织施工单位项目专业质量检查员等进行验收。（6）分项工程应由施工单位项目专业技术负责人组织自检，并填写分项工程质量验收表，报请监理工程师（建设单位项目专业技术负责人）组织施工单位项目专业技术负责人等进行验收。（7）子分部工程应由施工单位项目专业技术负责人组织自检，并填写子分部工程质量验收表，报请监理工程师（建设单位项目专业技术负责人）组织施工单位项目技术负责人等进行验收。（8）分部工程应由施工单位项目技术负责人组织自检，并填写分部工程质量验收表，报请总监理工程师组织施工单位项目负责人和项目技术负责人等进行验收。

2.14.2 设备末端工程

1. 技术要点

（1）卫生器具和配件应符合国家现行有关标准的节水型生活用水器具的规定。（2）洗手盆应采用感应式水嘴或延时自闭式水嘴等限流节水装置；小便器应采用感应式或延时自闭式冲洗阀；坐式大便器宜采用设有大、小便分档的冲洗水箱，蹲式大便器应采用感应式冲洗阀、延时自闭式冲洗阀等。（3）卫生器具的材质和技术要求，均应符合《卫生陶瓷》GB/T 6952 和《非陶瓷类卫生洁具》JC/T 2116 的规定。（4）大便器的选用应根据使用对象、设置场所、建筑标准等因素确定，且均应选用节水型大便器。（5）地漏的构造和性能应符合现行行业标准《地漏》CJ/T 186 的规定。（6）地漏应设置在有设备和地面排水的场所。（7）地漏的选择应符合下列规定：食堂、厨房和公共浴室等排水宜设置网筐式地漏；不经常排水的场所设置地漏时，应采用密闭地漏；事故排水地漏不宜设水封，连接地漏的排水管道应采用间接排水；设备排水应采用直通式地漏；地下车库如有消防排水时，宜设置大流量专用地漏。（8）水封装置的水封深度不得小于 50mm，严禁采用活动机械活瓣替代水封，严禁采用钟式结构地漏。

2. 材料要点

（1）主要材料、成品、半成品、配件、器具和设备应具有中文质量合格证明文件、必要的环保指标检测报告，规格、型号及性能检测报告应符合国家现行技术标准或设计要求。（2）材料进场时应有合格证和检验报告，并应对品种、规格、外观等验收。包装应完好，表面无划痕及外力冲击破损，无腐蚀，并经监理工程师核查确认。（3）材料在运输、保管和施工过程中，应采取有效措施防止损坏或腐蚀。

3. 工艺要点

1）卫生洁具安装

（1）工艺流程

放线定位→支架安装→卫生器具安装→给水排水配件安装→试验。详见图 2.14.2-1~ 图 2.14.2-6。

（2）放线定位

根据土建标高线、建筑施工图及卫生器具安装高度确定卫生器具的安装位置。

（3）支架安装

支架采用型钢，螺栓孔不得使用电气焊开孔、扩孔或切割。支架制作应牢固、美观，孔眼及边缘应平整光滑，与器具接触面吻合。支架制作完成后进行防腐处理。

（4）卫生器具安装

卫生器具的固定件应采用预埋件和膨胀螺栓，凡是固定卫生器具的螺母，垫圈均应使用橡胶垫，膨胀螺栓只限于混凝土板、墙，轻质隔墙及砖墙不得使用。① 坐便器地脚螺栓不得小于 M6，坐便器背水箱固定螺栓不小于 M10，螺母下面须用平光垫和橡胶垫（3mm），螺栓外露螺母长度应为螺栓直径的 1/2。② 洗脸盆和家具盆支架安装必须牢固，器具与支架接触紧密，不得使用垫块的方法调整标高，各类支架均应做好防腐及面漆。③ 器具下水管与排水管连接处应用油麻和密封胶或玻璃胶封

图 2.14.2-1 成排卫生洁具安装

图 2.14.2-2 脚踏式冲洗阀安装

图 2.14.2-3 小便斗安装

图 2.14.2-4 卫生器具布置

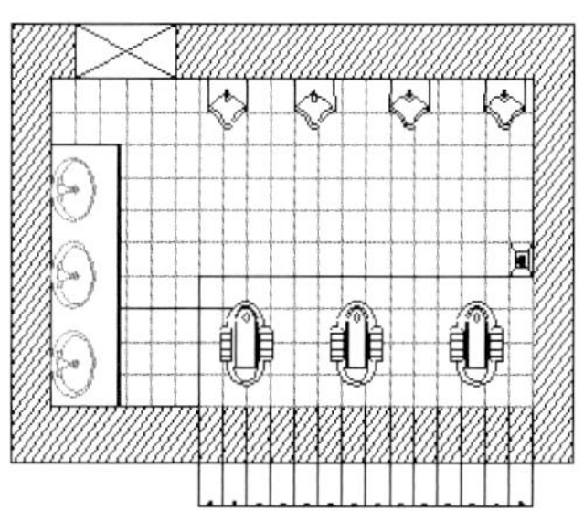

图 2.14.2-5 卫生器具排布示意图

图 2.14.2-6 台盆布置安装示意图

严。④ 浴缸安装平稳牢固。浴缸水嘴距地 670mm。浴缸挂钩（设计无要求时）距地 1.8m。浴缸的周边与墙面接触的部位应用玻璃胶封严。⑤ 小便斗安装牢固，与墙体接触严密，小便斗与墙接触缝打胶均匀。⑥ 成排卫生洁具安装应标高一致，成排卫生洁具安装间距均匀。⑦ 成排卫生洁具安装标高允许偏差 5mm，卫生洁具配件应垂直，高度朝向一致。⑧ 地漏与周边接触严密，无破损。

（5）给水排水配件安装

给水排水配件应完好，接口严密，功能正常。经满水试验后各连接件应无渗漏。地漏水封深度不得小于 50mm，地漏箅子顶面应低于设置处 5mm，严禁采用活动机械活瓣替代水封，严禁采用钟罩式地漏。洁具安装后交工前，洁具成品保护措施到位，无划痕、破损、裂痕，五金配件齐全，无丢失损坏，使用通畅、无漏水、堵塞等现象。

（6）试验

器具安装后做满水和通水试验（记录），无渗漏、通畅为合格。

2）消火栓箱安装

（1）工艺流程

干（立）管道安装→消火栓（箱）安装→试压→冲洗。详见图 2.14.2-7、图 2.14.2-8。

（2）干（立）管道安装

管道支吊架应安装牢固可靠，间距符合规范要求。管道安装坡度及垂直度应符合设计或规范要求。管道安装连接应牢固可靠，接口无渗漏且防腐良好。

（3）消火栓（箱）安装

栓口朝外，阀门距地面、箱壁的尺寸符合国家、行业现行施工规范规定。水龙带与消火栓和快速接头的绑扎紧密，并卷折挂在托盘或支架上。消防水枪竖放在箱体内侧，自救式水枪和软管应放在挂卡上。① 暗装消火栓栓口根部应用水泥砂浆填塞、抹平，不得污染消火栓箱壁、底。② 消火栓箱按设计要求标高固定在墙面上或墙洞内，要求箱体横平竖直固定牢固。对暗装消火栓箱，需将消火栓箱门预留在装饰墙面的外部。③ 消火栓门开启灵活，有明显标志，不应被装饰物遮掩，表面表述清晰、醒目。消火栓门四周的装饰材料颜色应与消火栓门的颜色有明显的区别。④ 消火栓栓口朝外，在门开启侧。消火栓箱门开启角度应不小于 120°。消火栓距地高度 1.10m，允许偏差 20mm。消防箱体安装垂直度偏差不大于 3mm。⑤ 消防箱内清洁，管口与箱体接合处应封堵严密光滑。

3）自动喷水灭火系统末端安装

（1）工艺流程

管路及支吊架安装→试压冲洗→喷头安装→严密性试验。详见图 2.14.2-9。

（2）管路及支吊架安装

管道安装前应弹线，保证管道安装的平直。管道支架、吊架、防晃支架的型式、材质、加工尺寸及焊接质量等应符合设计要求和国家现行有关标准、规范的规定。管道支架、吊架的安装位置不应妨碍喷头的喷

图 2.14.2-7　消火栓箱暗装

图 2.14.2-8　消火栓箱明装

图 2.14.2-9　自动喷水灭火系统部件末端安装示意图

水效果；管道支架、吊架与喷头之间的距离不宜小于300mm；与末端喷头之间的距离不宜大于750mm。

（3）试压冲洗

试压和冲洗应编制专门的方案，并履行规定的审批手续。不能参与试压和冲洗的设备、阀门、仪表及附件应按照试验方式，分别采取隔离、拆除、替代等措施，并对采用的临时设施进行标志、记录。

（4）喷头安装

由吊顶龙骨及材料确定喷洒头标高，做好固定支架使护口盘与吊顶接触紧密。喷头安装的两翼方向应成排统一安装。走廊单排的喷头两翼应横向安装。① 安装喷头时应采用专用扳手（灯叉形），填料宜采用聚四氟乙烯带，防止损坏和污染吊顶。② 上喷头安装应垂直，上喷头与顶棚距离为75～150mm。③ 侧喷头安装高度距顶距离150～300mm，侧喷头应与墙面垂直，喷头压盖与墙接触紧密无污染。

（5）严密性试验

水压严密性试验应在水压强度试验和管网冲洗合格后进行。试验压力应为设计工作压力，稳压24h，应无泄漏。

4. 验收要求

参见“2.14.1 管线敷设工程”的“4. 验收要点”。

2.15 通风空调工程

2.15.1 管线敷设工程

1. 技术要点

（1）通风与空气调节设计方案应根据建筑物的用途与功能、使用要求、冷热负荷特点、环境条件以及能源状况等，结合国家有关安全、节能、环保、卫生等政策、方针，通过经济技术比较确定。在设计中应优先采用新技术、新工艺、新设备、新材料。（2）在供暖、通风与空气调节设计中，对有可能造成人体伤害的设备及管道，应采取安全防护措施。（3）在供暖、通风与空调系统设计中，应设有设备、管道及配件所必需的安装、操作和维修的空间，或在建筑设计时预留安装维修用的孔洞。对于大型设备及管道应提供运输和吊装的条件或设置运输通道和起吊设施。（4）在供暖、通风与空气调节设计中，应根据现有国家抗震设防等级要求，考虑防震或其他防护措施。

2. 材料要点

（1）管材、管件及附属制品等应符合国家相关标准的规定，并按有关规定具有产品出厂合格证明、复试检测报告、产品质量认证或生产许可证，对防火规范和节能规范要求复验的材料和设备要进行见证取样送检。（2）材料进场封样：比对样品质量进行材料进场各批次的验收。（3）材料和设备在进场时应有产品合格证及检验报告。（4）进口材料设备要有商检证明及中文质量证明等。（5）设备材料防火要求：防火排烟阀门、消防排烟风机、挡烟垂壁应有消防3C认证。（6）防火风管的本体、框架与固定材料、密封垫料应为不燃材料，其耐火等级应符合设计的规定。防火风管的本体材料一般采用薄钢板（厚度达到设计要求），密封垫料采用A级不燃材料（厚度≥3mm）。（7）复合材料风管的覆面材料应为不燃材料，内部的绝热材料应为不燃或难燃且对人体无害的材料。（8）防烟、排烟系统柔性短管的制作材料应为不燃材料。（9）节能复试：根据现行国家标准《建筑节能工程施工质量验收标准》GB 50411，通风与空调工程中风机盘管与绝热材料需要进行节能复试。（10）风机盘管节能复试：对风机盘管机组的制冷量、供热量、风量、水阻力、功率及噪声进行复验，检查数量按《建筑节能工程施工质量验收标准》GB 50411执行。（11）绝热材料节能复试：应对绝热材料的导热系数或热阻、密度、吸水率进行复验，检查数量按《建筑节能工程施工质量验收标准》GB 50411执行。

3. 工艺要点

1）空调水管道安装

（1）工艺流程

管道预制→支吊架制作安装→管道连接安装。

（2）管道预制

管道预制应采用丝扣连接。① 下料：应用钢卷尺量尺寸，并注意减去管段中管件所占的长度，并注意加上拧进管件内螺纹尺寸，让出切断刀口值。② 套丝：用机械套扣之前，先用所属管件试扣。③ 调直：调直前，先将有关的管件上好，再进行调直。④ 清除麻（石棉绳）丝：将丝扣接头处的麻丝头用断锯条切断，再用布条等将其除净。⑤ 编号、捆扎：将预制件逐一与加工图进行核对、编号，并妥善保管。

（3）支吊架制作安装

安装说明：支架选型及固定方式应符合管井结构的要求；支架的焊缝应进行外观检查，满足焊接工艺的要求，并应进行防腐处理；在管井内，导向支架应设置在补偿器的部位；承重支架一般位于管井的下方，设置数量符合设计要求；立管高度超过 50m 时应对支管进行补偿，支管补偿首选自然补偿，当自然补偿无法满足要求时采用补偿器补偿，并符合设计要求；导向支架镀锌扁钢抱箍不宜拧紧，以防管道伸缩时对木托造成损坏；多管时通过深化设计组合使用。

① 冷冻水立管固定支架安装

见图 2.15.1-1。

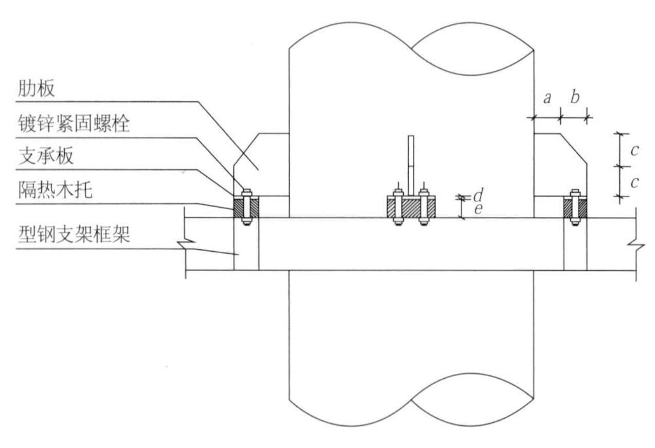

图 2.15.1-1　冷冻水立管固定支架安装示意图

② 冷却水立管固定支架安装

见图 2.15.1-2。

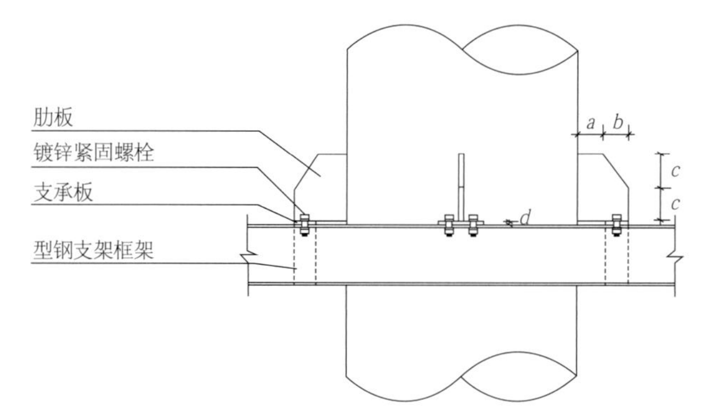

图 2.15.1-2　冷却水立管固定支架安装示意图

③ 空调水滑动支架安装

此支架形式将根据实际情况进行调整，槽钢的布置（两面或四面）根据管道的数量、管径的大小经过计算后选择；扁钢抱箍应根据管径的大小选择相应的规格（图 2.15.1-3）。

④ 落地式管道支架安装

落地式管道支架一般用于立管的底部，用于支撑管道和防止管道发生两侧位移。该支架承受较大的力，分布在此部位的集中荷载很大，因此在设计安装时应与结构专业积极配合，必要时采取楼板加固措施保证结构强度（图 2.15.1-4）。

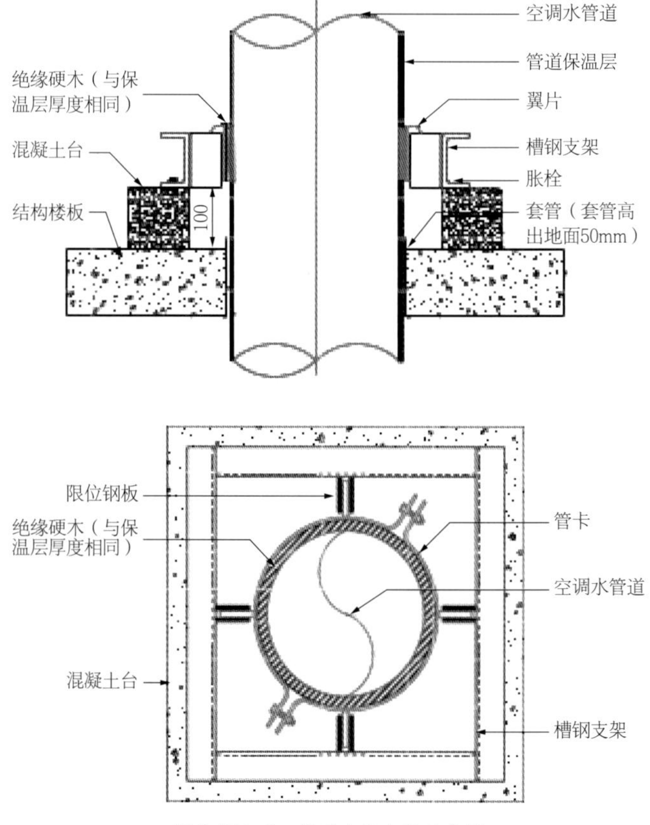

图 2.15.1-3　滑动支架安装示意图

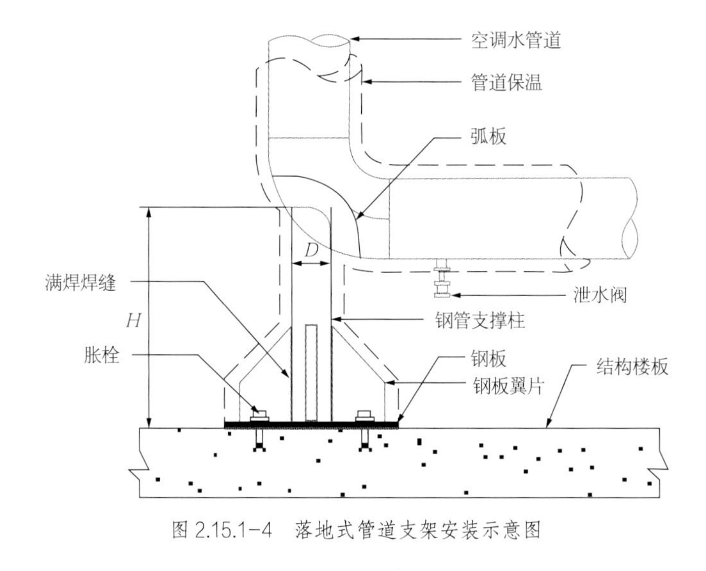

图 2.15.1-4 落地式管道支架安装示意图

⑤ 连排空调水管吊架安装

a. 空调及采暖水管支吊架切割面整齐，氧化铁、焊渣、飞溅等打磨干净。角钢支架应焊接牢固，无显著变形、焊缝均匀平整，不得出现裂纹、咬边、气孔、凹陷、漏焊等缺陷，焊缝处应进行防锈处理。b. 支架与吊架所用钢材应平直，无显著扭曲。下料后长短偏差应在 1mm 范围内，切口及钻孔处应无卷边、毛刺。c. 支架安装过程中，水平度及垂直度偏差不得大于 3mm，且支架的整体外观应成排成线，安装牢固。d. 连排管道敷设应间距一致、整齐。e. 连排管道翻弯要求整齐一致。f. 同一水平面上间距允许偏差 3mm，水平方向每米允许偏差 1mm，25m 以上偏差不大于 25 mm。g. 管道木托厚度≤横担宽度，其高度应与保温厚度匹配，采用抱卡固定于横担上，以起到绝热作用。连排空调水管吊架安装见图 2.15.1-5。

（4）管道连接安装

① 管道丝扣连接

a. 断管：断管应采用砂轮机或钢锯切断，断管后应将管口断面的管模、毛刺清理干净。b. 套丝：将断好的管材按照管径尺寸分别套丝，*DN*15～*DN*32 一般套 2 次，*DN*40～*DN*50 套 3 次，*DN*70 以上套 3～4 次，套丝的管螺纹长度参见表 2.15.1-1。c. 连接：连接时在管子的外螺纹与管件和阀件的内螺纹之间加适当的填料，安装时，先将麻丝料松成薄而均匀的纤维，然后从螺纹第二扣开始沿螺纹方向进行缠绕，缠好后表面沿螺纹方向涂白厚漆，然后用手拧上管件，再用管钳收紧，填料缠绕要适当，不得把白厚漆、麻丝或生料带从管端下垂挤入管腔。d. 完成：丝扣连接管道，螺纹清洁、规整、无断丝，镀锌钢管和管件的镀锌层无破损，接口处无外露油麻，外露丝扣 2～3 扣并刷漆。

② 法兰连接

a. 法兰对接平行、紧密，与管子中心线垂直，双面施焊，法兰螺栓应长短一致，朝向相同，螺栓露出螺母部分应为螺栓直径的一半。b. 法兰连接螺栓紧固时，按对角进行紧固，使法兰之间缝隙均匀。c. 法兰不得直接焊在弯管或弯头上，一般连接在长度 100mm 以上的直管段上。d. 法兰与法兰连接应保证垂直度或水平度，使其自然吻合，以免管道或设备产生额外应力。e. 支管上的法兰距主管外壁净距应在 100mm 以上，过墙管道上的法兰与墙面净距为 200mm 以上。f. 法兰连接组对时，垫片应放在法兰的中心位置，不得偏斜，除设计要求外，不得使用双层、多层或倾斜形垫片。

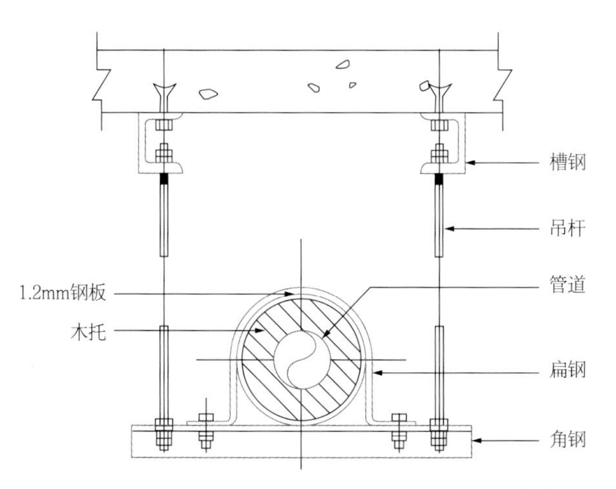

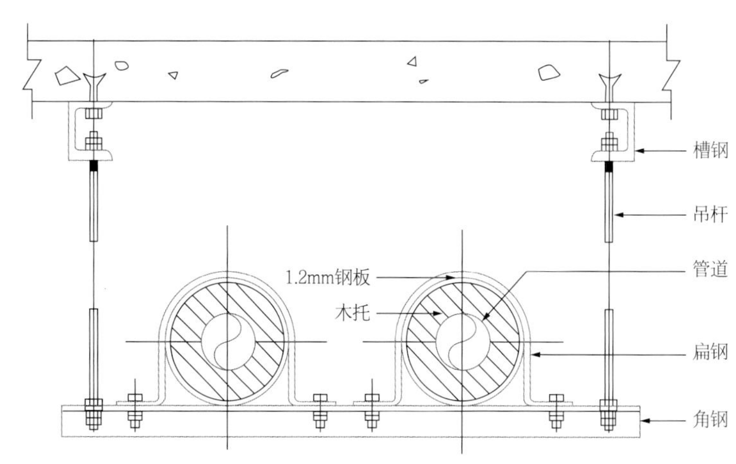

图 2.15.1-5 连排空调水管吊架安装示意图

管道螺纹长度尺寸表　　表 2.15.1-1

序号	公称直径（单位：mm）	普通丝头		长丝（连设备用）		短丝（连接阀类）	
		长度（单位：mm）	螺纹数	长度（单位：mm）	螺纹数	长度（单位：mm）	螺纹数
1	*DN*20	16	9	55	30	—	—
2	*DN*25	18	8	60	26	15	—
3	*DN*32	20	9	—	—	17	—
4	*DN*40	22	10	—	—	19	—
5	*DN*50	24	11	—	—	21	—
6	*DN*65	27	12	—	—	—	—
7	*DN*80	30	13	—	—	—	—
8	*DN*100	33	14	—	—	—	—

③ 钢管焊接

a. 管道焊缝位置的选择：焊接前，应清除管内土块、泥垢等污物，管道边缘和焊口两侧不小于 10～15mm 范围内的表面铁锈应清除干净，直到出现金属光泽。b. 直管段上两对接焊口中心面间的距离：当公称直径大于或等于 150mm 时，距离不应小于 150mm；当公称直径小于 150mm 时，距离不应小于管道直径。c. 焊缝距离弯管（不包括压制弯管）起弯点不得小于 100mm，且不得小于管道直径。d. 环行焊缝距支吊架的距离不应小于 100mm，并且不得设在穿楼板的套管内和支吊架上。不得在管道焊缝及边缘开孔。e. 坡口的加工及处理：焊口当管道壁厚超过 4mm 时，为保证管道能充分焊透，应进行坡口处理。f. 坡口可用气焊坡口，施焊时应清除坡口产生的氧化铁及焊渣，管道焊接应有加强面和遮盖面宽度，如设计无要求可按表 2.15.1-2 确定。

电焊焊缝加强面高度和宽度（单位：mm）
表 2.15.1-2

厚度		2～3	4～6	7～10
无坡口	焊缝加强高度 *h*	—	—	—
	焊缝宽度 *b*	5～6	7～9	—
有坡口	焊缝加强高度 *h*	—	—	2
	焊缝宽度 *b*	盖过每边坡口约 2mm		

④ 组对焊接

a. 管道、管件组对焊接要求：两根管子焊接后，其中心线应在一条直线上，焊口处不得出弯、错口。b. 壁厚相同的管子、管件组对时，其内壁应做到平齐。内壁错边量不应超过壁厚的 20%，且不大于 2mm。管道、管件组对、定位焊好并且调直后，再进行焊接，焊接时不得将管道悬空处于受力状态下焊接，应尽量采用转动方法施焊，减少仰焊，以提高焊接速度，保证焊接质量。组对要求详见表 2.15.1-3，管道焊口尺寸的允许偏差见表 2.15.1-4。c. 进行多层焊接时，焊缝内堆焊的各层，其引弧和熄弧的地方不应重合。焊缝的第一层应称凹面，并保证把焊缝根全部焊透。d. 每层焊缝应焊透，不得有裂纹、夹渣、气孔、砂眼的缺陷。

手工电弧焊对口型式及组对要求　　表 2.15.1-3

接头种类	接头尺寸		
	壁厚	间隙	坡口角度
V 形坡口	5～8mm		40～60
	8～12mm	2～3	60～65

注：$\delta \leq 4$mm 管子对接如能保证焊透可不开坡口。

管道焊口尺寸的允许偏差　　表 2.15.1-4

<table>
<tr><th colspan="3">项目</th><th>允许偏差</th></tr>
<tr><td rowspan="3">焊缝加强面</td><td colspan="2">管壁厚度< 10mm</td><td>管壁厚度的 1/4</td></tr>
<tr><td colspan="2">高度</td><td rowspan="2">＋10mm</td></tr>
<tr><td colspan="2">宽度</td></tr>
<tr><td rowspan="3">咬边</td><td colspan="2">深度</td><td>小于 0.5mm</td></tr>
<tr><td rowspan="2">长度</td><td>连续长度</td><td>25mm</td></tr>
<tr><td>总长度（两侧）</td><td>小于焊缝长度的 10%</td></tr>
</table>

⑤ 铜管焊接

a. 用砂纸清除管材接口处和管件承口处的垃圾、泥土、氧化物等杂质。b. 管径小于 22mm 时，采用承插焊接或套管焊接，将管道插入管件，充分插入并旋转后，检查其连接是否松紧适宜。c. 用焊炬将火焰调成中性焰，在铜管插入口上方 150mm 处进行局部预热，在管件下部也做局部预热。加热时应不断移动火焰并作匀速的圆周运动，使管道受热均匀。d. 管径大于 22mm 时采用对口焊接，要求对口间隙均匀。e. 将低银焊条用焊炬加热至熔融，并匀速使熔融的焊料在毛细的作用线均匀地附着在焊口上，直至焊缝内焊料饱满。此过程中应逐步减少加热直至停止加热。f. 待焊料完全凝固并冷却后检查焊口是否有过热、咬肉、变形等缺陷。g. 焊接黄铜管件时需在低银焊条上蘸取少量焊剂，以保证焊接质量。h. 用材：紫铜管、黄铜管件、铜银焊条（含银量不少于 2%）硼砂焊剂。

⑥ 空调水管道穿墙或楼板的封堵

a. 不保温管道穿墙板时，预留套管与管道之间采用不燃材料填充密实，外边用防火密封胶封堵；保温管道穿墙板处时保温不能间断，保温与套管之间的缝隙用不燃材料填充密实，外边用防火密封胶封堵。b. 空调水管穿越楼板或墙时，应预埋比水管（或保温层外径）大 2 号的钢制套管。c. 套管应平整、位置准确，套管内填料材质应符合设计要求且填料严密。d. 套管安装的轴线与管道轴线一致，套管与管道间隙应均匀，穿墙套管应与装饰面平齐。穿楼板套管的顶部应高于地面 20mm，有排水要求的地面应高出地面 50mm，套管底部应与楼板面平齐。e. 各类套管内不得有管道接口。f. 明装管道穿墙套管收口处采用不锈钢圈或铝板圈装饰。

2）管道试压

（1）空调水系统分区、分层试压

试压原则：当工作压力小于或等于 1.0MPa 时，应为 1.5 倍工作压力，最低不应小于 0.6MPa；当工作压力大于 1.0MPa 时，应为工作压力加 0.5MPa。试压时，试验压力稳压 10min，压力不得下降，再将系统压力降至该部位的工作压力，在 60min 内压力不得下降、外观无渗漏为合格。试压介质为自来水，用电动试压泵加压，空调供回水试验压力按设计说明的要求进行。

（2）主要工作程序

选定试压范围→试压准备→试压接管→灌水→试压→记录验收→泄压拆除。

（3）具体施工方法及技术要求

① 选定试压范围：采用分系统、分层试压的总体原则，各系统立管分别试压，各层横干管、支管按系统工作压力分别进行试压。试验范围选定后，对本范围内的管路进行封闭。将不参与试验的设备、仪表及管道附件隔离，安全阀拆去加装临时盲板，在系统最高点设排气阀（手动）。在可能存留空气处增设排气支管和阀门。在系统低点设泄水阀，并接临时泄水管路至地漏。② 试压准备：对封闭好的试压对象进行全面检查，检查支吊架是否平稳牢固，管道的焊接工作是否已结束并检验合格，焊缝及其他应检查的部位是否涂漆和保温；管道的标高坡度要复查合格。根据工程的压力要求，压力表测量范围为 0～2.5MPa，试压用表都要经过校准，要求精度不低于 1.5 级。试压方案应得到监理或相关部门的审核和批准。水源可取用施工临时用市政自来水，要求洁净无污染。临时灌水管路的管径不小于 *DN*32。③ 试压接管。④ 灌水：试压泵临时管路连接完毕之后，引入临时用水，灌水期间或达到市政给水压力值下要仔细检查管路，如有漏点或其他问题，及时泄水及时处理，没有问题后，启动加压泵，正式打压。⑤ 试压：在稳压过程中，分派人员在各点巡查各管件、附件、接头等处，以无渗无漏为合格，若出现渗漏视具体情况进行泄水修理，处理完后重新灌水打压，直至达到设计要求。⑥ 记录验收：合格后，及时填好管道强度严密性试验记录，并请监理验收、签字。⑦ 泄压拆除：在事先准备好的泄水口泄水，并拆除临时盲板。

3）空调水管道冲洗

（1）冷却供、回水管道系统冲洗

冷却供、回水管道系统冲洗分为重力开放式冲洗和闭式循环冲洗。① 冷却水系统重力开放式冲洗：拆除制冷机组与管道连接的软接头，关闭冷凝器在线清洗装

置阀门，关闭阀门和泄水阀。向系统补水、排空气。系统灌满水后开启制冷机房泄水阀进行泄水冲洗，重复2次，拆下过滤网，清理管道内杂物，重新安装过滤网进入闭式循环冲洗。② 闭式循环冲洗：关闭阀门和泄水阀，向系统补水、排空气。系统灌满水后启动循环水泵运行15min，开启制冷机房泄水阀和冷却塔排污阀进行泄水排污，拆下过滤网，清理管道内杂物，重新安装过滤网，重新补水并向管内加注一定剂量的钝化预膜剂，补满水后开启循环泵循环24h后即可泄水排污。③ 用白布放在排水口冲刷3min无污染即可确认冲洗干净后，按顺序分别适度开启阀门对其后端与制冷机连接的管段进行冲洗各1min，然后再关闭阀门。继续将系统内水排尽，拆下过滤网，清除残渣物即可关闭泄水阀，并将系统阀门复位到正常运行状态后向系统补满水等待下一步开机调试。

（2）冷冻供、回水管道系统冲洗

冷冻供、回水管道系统冲洗分为重力冲洗和闭式循环冲洗；冲洗前关闭能量计、压差控制阀及水处理器两边阀门，开启其旁通阀。① 冷冻水重力冲洗：拆除制冷机组与管道连接的软接头，关闭阀门和泄水阀。对各分区阀与空调柜、吊顶式新风机、风机盘管等设备的冷冻供、回水支管管道系统冲洗。该区供回水支管冲洗应在安装上述设备电动两通阀前进行。② 向系统补水、排空气。系统灌满水后开启制冷机房泄水阀进行泄水冲洗，重复循环2次，拆下过滤网，清理管道内杂物，重新安装过滤网进入闭式循环冲洗。③ 闭式循环冲洗：关闭阀门，向系统补水、排空气。系统灌满水后启动循环水泵运行15min，开启制冷机房泄水阀进行泄水排污，拆下过滤网，清理管道内杂物，重新安装过滤网，重新补水并向管内加注一定剂量的钝化预膜剂，补满水后开启循环泵循环24h后即可泄水排污。④ 用白布放在排水口冲刷3min无污染即可确认冲洗干净后，按顺序分别适度开启阀门，对其后端与制冷机连接的管段进行冲洗各1min，然后再关闭阀门。继续将系统内水排尽，拆下过滤网，清除残渣物即可关闭泄水阀，并将系统阀门复位到正常运行状态后，向系统补满水等待下一步开机调试。

（3）凝结水管系统冲洗

系统冲洗采用各风机盘管用凝结水管排放管向各支管、分区管及主管进行冲洗。水源取自市政自来水，压力≈0.2MPa，冲洗时间≈10min，在凝结水汇集主管之出水处检查，当无异物时可认为该部冲洗合格

4）通风与空调风管道安装

（1）工艺流程

测量放线→支吊架制作安装→风管制作→风管组对安装→软接头制作安装→风阀安装。

（2）测量放线

风管安装前，应先对其安装部位进行测量放线，确定管道中心线位置。

（3）支吊架制作安装

支、吊架形式应根据建筑物结构和固定位置确定，风管支、吊架的型钢材料应按风管、部件、设备的规格和重量选用，并应符合设计要求。

① 风管支、吊架位置应准确，方向一致，吊杆要求垂直，不得有扭曲现象，悬吊的风管与部件应设置防止摆动的固定点。玻璃钢风管长度超过20m时，应加固定支架不得少于一个。② 主风管吊架距支管之间的距离应不小于200mm。③ 空调风管吊装管道与支吊架间应加隔热木托。④ 支吊架槽钢头及角钢的朝向，同一区域内应该只有两个朝向（横向和纵向）；且风管支吊架间距应统一、均匀，弯头两端均应加设支吊架。⑤ 吊杆距横担的端头30mm，吊杆距风管外边（保温风管指保温层外边）30mm。⑥ 安装期间，吊杆外留50mm；安装、保温、打压等工作进行完，通过报验后，对吊杆进行切割，吊杆在螺帽外留2～3扣。⑦ 吊杆刷漆应均匀，颜色一致。风管安装完后，补刷一遍防锈漆。⑧ 风管弯头处、三通处、阀门处应加吊架，管道长度超过15m，防晃支架不得少于一个。⑨ 空调风管吊架安装时吊架角钢上下都应加螺母，而且下面应加双螺母固定；吊架安装应垂直，间距符合规范要求；风管木托应进行防腐处理，并符合规范要求。⑩ 风管垂直安装时，风管支架安装平整牢固，与风管接触紧密。⑪ 当风管弯头大于400mm时，应单独加支吊架。⑫ 风管三通处应单独加

吊架。⑬ 防火阀长边长度超过 630mm 应加独立支吊架。⑭ 风管系统安装位置正确，支、吊架构造合理；风管吊装应水平，吊架垂直；保温风管应加木托，木托厚度不小于保温材料厚度。⑮ 防排烟风道、事故通风风道及相关设备应采用抗震支吊架。矩形截面面积大于或等于 0.38m^2 和圆形截面直径大于或等于 0.7m 的风道可采用抗震支吊架。风管的侧向支撑最大间距 9m，纵向支撑最大间距 18m，具体深化设计由专业公司完成，最终间距根据现场实际情况在深化设计阶段确定。风管支吊架安装示意见图 2.15.1-6～图 2.15.1-10。

图 2.15.1-6　风管防晃支架安装

图 2.15.1-7　垂直风管支架安装

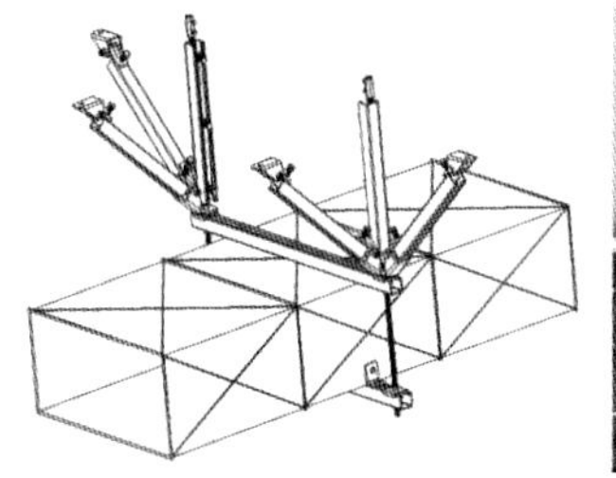

图 2.15.1-8　矩形风管抗震支架示意图

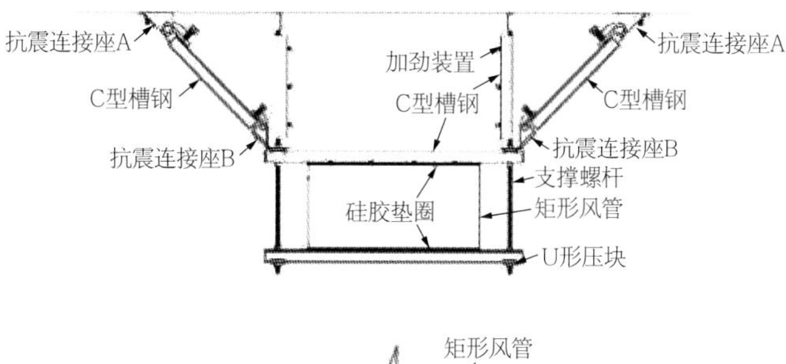

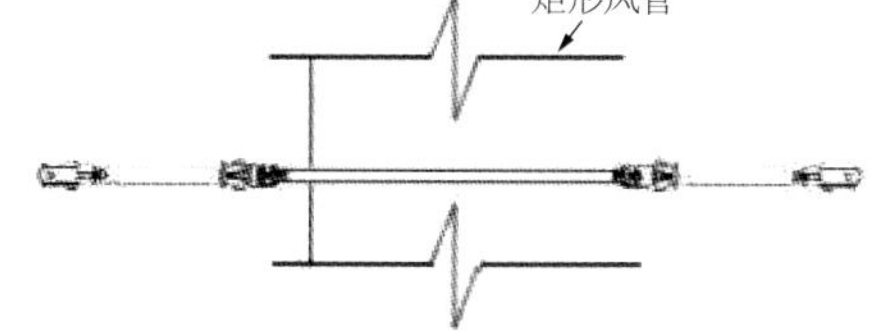

图 2.15.1-9　矩形风管双侧向支撑

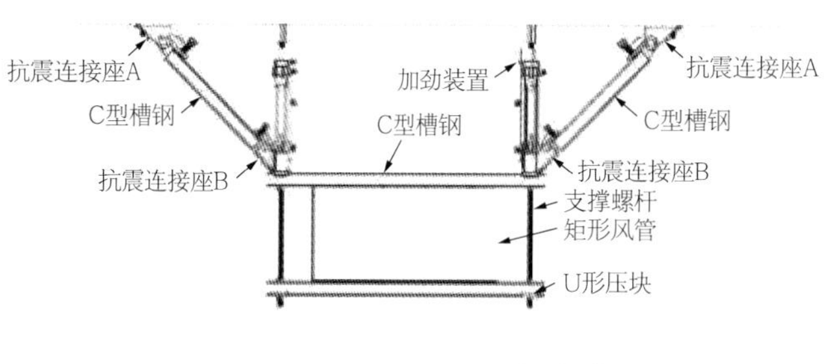

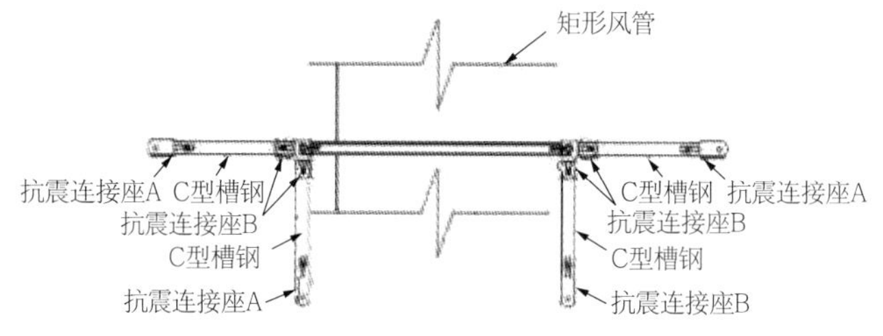

图 2.15.1-10　矩形风管双向支撑

（4）风管制作

① 角钢法兰风管制作

工艺见表 2.15.1-5。

角钢法兰风管制作工艺表　　　表 2.15.1-5

序号	项目	主要工艺
1	下料与压筋	（1）在加工车间按制作好的风管用料清单选定镀锌钢板厚度，将镀锌钢板从上料架装入调平压筋机中，开机剪去钢板端部。上料时要检查钢板是否倾斜，试剪一张钢板，测量剪切的钢板切口线是否与边线垂直，对角线是否一致。 （2）按照用料清单的下料长度和数量输入电脑，开动机器，由电脑自动剪切和压筋。板材剪切必须进行用料的复核，以免有误。 （3）特殊形状的板材用 ACL3100 等离子切割机，零星材料使用现场电剪刀进行剪切，使用固定式动剪时两手要扶钢板，手离刀口不小于 5cm，用力均匀适当
2	倒角与咬口	采用咬口连接的风管其咬口宽度和留量根据板材厚度而定
3	法兰加工	角钢法兰连接方式：方法兰由四根角钢组焊而成，画线下料时应注意使焊成后的法兰内径不能小于风管的外径，用砂轮切割机按线切断；下料调直后放在钻床上钻出铆钉加工孔及螺栓孔，通风空调系统孔距应大于 150mm，排烟系统孔距不应大于 100mm。均匀分成冲孔后的角钢放在焊接平台上进行焊接，焊接时按各规格模具卡紧压平，焊接完成后，在台钻上钻螺栓孔；螺栓孔距与铆钉孔距相同，均匀分布
4	折方	咬口后的板料按画好的折方线放在折方机上，置于下模的中心线。操作时使机械折压刀片中心线与下模中心重合，折成所需要的角度。折方时应互相配合并与折方机保持一定距离，以免被翻转的钢板或配重碰伤
5	风管合缝	咬口完成的风管采用手持电动缝口机进行缝合，缝合后的风管外观质量应达到折角平直，圆弧均匀，两端面平行，无翘角，表面凹凸不大于 5mm
6	上法兰	风管与法兰铆接前先进行技术质量复核，合格后将法兰套在风管上，风管折方线与法兰平面应垂直，然后使用液压铆钉钳或手动夹眼钳用 5×10 铆钉将风管铆固，并将四周翻边；翻边应平整，不应小于 6mm，四角应铲平，不应出现豁口，以免漏风

② 共板法兰（无法兰）风管制作要求

共板式法兰具有成本低、密封性能好、安装便捷的特点，特别适用于截面面积不大的通风管道生产。共板式法兰风管制作的基本要求同角钢法兰风管，在板材冲角、咬口后进入共板式法兰机压制法兰（图 2.15.1-11）。

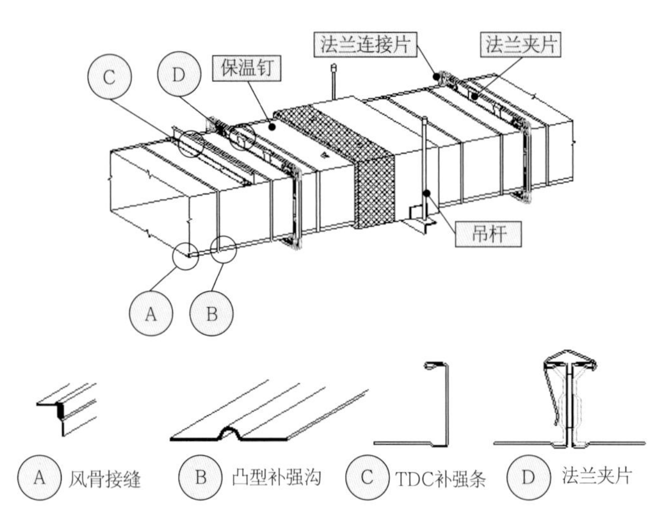

注：压好法兰后的半成品运至工地，折方、缝合、安装法兰角，调平法兰面，检验风管对角线误差，最后在四角用密封胶剂进行密封处理。

图 2.15.1-11 共板法兰（无法兰）风管制作示意图

③ 不锈钢风管制作质量要求

制作不锈钢风管时，板材的拼接采用氩弧焊接。焊接时，焊材与母材相匹配，并防止焊接飞溅物玷污表面，焊后将焊渣及飞溅物清除干净。风管制作完成后，应对所有焊缝进行酸洗及钝化处理，以防锈蚀。

④ 玻璃钢风管安装质量要求

a. 玻璃钢风管法兰连接，法兰螺栓间距不大于 120mm，法兰间距均匀，法兰平整，法兰垫片厚度为 3～5mm。b. 玻璃钢风管长度超过 20m 时，应加固定支架不得少于一个。c. 玻璃钢风管连接螺栓为镀锌螺栓，法兰螺栓两侧加镀锌平光垫片。d. 玻璃钢风管法兰平整度不大于 3mm，风管尺寸偏差不大于 3mm，对角线尺寸偏差不大于 5mm。e. 玻璃钢风管与风口连接不能在现场开口，应在加工制作时预制。

⑤ 金属板制风管加固质量要求

a. 风管大边尺寸在 630～1000mm 时，直接在生产线压筋加固，排列应规则，间隔应均匀，板面不应有明显的变形。b. 当风管大边尺寸在 1000mm 以上时，可采用角钢、扁钢、钢管、Z 形槽、加固筋、通丝螺杆等进行管内外加固。c. 角钢或加固筋的加固，其高度应小于或等于风管法兰高度，排列应整齐，间隔应均匀对称，且不大于 220mm，与风管的铆接应牢固。d. 管内用通丝螺杆支撑加固，其专用垫圈对外保温风管置于风管内壁，对不保温风管或内保温风管，则放在风管外壁，通丝螺杆宜设置在风管中心处，风管断面较大时，应在靠近法兰的两侧各加一根通丝螺杆支撑加固。e. 风管断面＞ 1250mm×630mm 时，为了保持相邻壁面互相垂直，宜在风管内四角采用 90° 支撑加固。f. 中压和高压系统风管，其长度大于 1250mm 时，应采用加固框补强。

⑥ 矩形风管三通、四通制作质量要求

a. 三通、四通制作形式，分叉处咬口应严密，如有开裂，应填塞密封胶。b. 风管三（四）通的分支管的高度如果小于主管高度，根据现场情况采用底平或顶平的进行渐变径，变径部位做法按照风管变径管制作工艺要求做。c. 风管三（四）通沿着主气流方向支管边长小于主管，该分支口支管应做成变径形式。d. 风管三（四）通的分支管与主管处一般应采用曲率半径为一个平面边长的内外同心弧形弯管；当管长边≥ 500mm 时，应布置导流叶片。e. 注意事项：三通、四通的侧分支管与主管连接应采用咬口连接，不得直接铆接在主管上；方接圆变径管不得采用圆管与方形箱体直接对接。这样会增加局部阻力和噪声。

⑦ 风管分支管制作质量要求

a. 风管与法兰铆接前先进行技术质量复核。将法兰套在风管上，管端留出 6～9mm 的翻边量，管中心线与法兰平面应垂直，然后使用铆钉将风管与法兰铆固，并留出四边翻边。b. 风管翻边应平整并紧贴法兰，翻边四角不得撕裂，翻拐角边时，应拍打为圆弧形；涂胶时，应适量、均匀，不得有堆积现象。c. 支管开口方向应顺气流方向。

⑧ 内法兰风管制作质量要求

风管的镀锌铁皮厚度、角钢法兰的规格、风管咬口与法兰翻边、法兰连接螺栓孔距等要求执行现行国家标准《通风与空调工程施工质量验收规范》GB 50243 中的低压外法兰风管制作标准。

序号	项目	主要工艺	示意图
1	定位	定位、测量放线和制作加工指定专人负责，既要符合规范标准的要求，又与水电管支吊架协调配合，互不妨碍	
2	支吊架安装	支、吊架位置错开风口、风阀、检查门和测定孔等部位	
3	风管组对	将成品运至安装地点，按编号进行排列，风管系统的各部分尺寸和角度确认准确无误后，开始组对	
4	风管顶升	将已组装好的水平风管采用电动液压式升降机或手提式升降机提升至吊架上。组装风管置于升降机上，提升风管至比最终标高高出200mm 左右处，拉水平线紧固支架横担，放下风管至横担上，确定安装高度	
5	风管连接	各段连接后在法兰边四周涂上密封胶，连接螺母置于同一侧；空调风管角钢法兰垫料采用 8501 阻燃密封胶（难燃 B 级），排烟风管垫料法兰垫料采用 A 级不燃垫料榫形连接，法兰压紧后垫料宽度与风管内壁平齐，外边与法兰边一致。将水平风管放在设置的支撑架上逐节连接，将角钢法兰风管连成 20m 左右，将共板法兰风管连成 10m 左右	

（5）风管组对安装

工艺见表 2.15.1-6。

（6）软接头制作安装

① 帆布软接头的长度为 150～300mm，安装时应为直线连接，不能作为偏位和变径用。② 帆布软接头两端应安装角钢法兰，法兰规格与所连接的风管法兰一致。③ 帆布软接头两端与法兰采用翻边的形式宽度为 8mm，帆布表面采用 L 形翻边镀锌铁皮（δ = 1.2mm）压条，压条翻边宽度为 8mm，另一边的宽度与角钢边宽度一致。④ 帆布与法兰采用 M4 的带帽螺栓连接，以便于帆

布破损拆卸更换，螺栓帽一律在法兰外侧，内侧螺母外露丝为2扣。螺栓孔距四角距离为10mm，中间间距为8～100mm。⑤ 帆布搭接宽度$B=15\text{mm}$，并采用双条麻线进行缝纫。⑥ 制作时先将帆布接头的两个法兰用8个螺杆（螺杆长度根据帆布软接长度而定，固定点为4个角及每条边的中间的螺栓孔）通过法兰螺栓孔进行固定。这样在铺设帆布时可以保证帆布平直无皱褶。⑦ 注意事项：防排烟系统软接头使用的帆布采用硅玻钛金制作；通风空调系统软接头使用的帆布应进行防霉处理；帆布软接头两端应用固定架固定；帆布软接头制作时，帆布应铺平，无皱褶、无错位；帆布与法兰固定不得采用铆钉和螺钉，否则帆布与法兰压贴不够紧密会导致破损，且不易更换。

（7）风阀安装

① 整个工程风管上阀门种类较多，到货后分型号、规格堆放，安装按系统领取，注意不能拿错型号，也不能装错位置。② 防火阀、排烟阀等应单独设吊架，阀门安装在吊顶内时，要有易于检查阀门开启状态和进行手动复位的位置。③ 所有阀门安装应便于操作，不得将阀门上操作机构朝内侧。④ 防火阀、排烟防火阀、全自动防火阀、防火调节阀安装时，注意熔断器在阀门入气口一侧，即迎气流方向。⑤ 在接驳防火阀两端的风管道上按气流方向和易熔片位置安装于适当及易操作的位置，设置气密检修门，以便对防火阀叶片和易熔片进行例行检查和维护。

（8）风管穿墙封堵质量要求

① 套管与风管之间的间隙为30～50mm，非保温风管间隙应采用防火、保温、隔声等功能的玻璃棉或岩棉材料进行密实封堵。保温风管保温层在套管内不能间断，间隙应采用防火、保温、隔声等功能的玻璃棉或岩棉材料进行密实封堵。② 套管封堵完成后，在墙体套管两端和楼板套管底端紧贴饰面安装$\delta=8\text{mm}$防火板封堵环框；也可采用厚度$\delta\geqslant1.6\text{mm}$的铁皮封堵环框；环框内边紧贴风管外壁，环框宽度为80～100mm。③ 楼板套管上端套管与风管之间可采用水泥砂浆抹平或采用内嵌防火板封堵环框；也可采用厚度$\delta=1.2\text{mm}$的镀锌铁皮L形下扣式封堵盖，采用自攻螺钉从侧面将L形铁皮封堵盖与套管壁进行固定。

5）风管试压

风管的漏风量测试采用的计量器具应经检定合格并在有效期内，同时采用符合现行国家标准《用安装在圆形截面管道中的差压装置测量满管流体流量》GB/T 2624.1～2624.4规定的计量元件，搭设测量风管单位面积漏风量的试验装置。测试原理：风机的出口用软管连接到被测试的风管进风端，并从风管进风端引出细的软管至测压管连接口。连接处应用胶带密封，并使被测风管整段处于密封状态。开动漏风量测试仪，并逐渐提高风机转速，向被测风管注入空气，被测风管内压力逐渐升高，当风管内风压达到所需测试压力时，调整风机调速按钮，使之保持风管内风压恒定，这时所测得的漏风量即该段风管在此压力下的漏风量。风管的漏风量测试结果应符合规范要求。

4. 验收要点

（1）分项工程主控项目的质量抽样检验应全数合格；一般项目的质量抽样检验，计数合格率不应小于80%，其余20%不能超过允许偏差值的1.5倍。（2）分项工程所含的检验批均应符合合格质量的规定，分项工程所含的检验批质量验收记录应完整。（3）通风空调管道安装应由项目部进行自检。项目专业质量检查员组织检验批质量的检查评定，项目技术负责人组织分项工程质量的检查评定，项目经理组织分部（子分部）工程质量的检查评定。检查评定合格后应填写质量验收记录。（4）通风与空调工程在自检合格的基础上，监理工程师（建设单位项目专业技术负责人）组织项目专业质量检查员、技术负责人等分别进行检验批和分项工程的质量验收；总监理工程师（建设单位项目专业负责人）组织施工项目经理和设计单位项目负责人进行分部（子分部）工程的质量验收。

2.15.2 设备末端工程

1. 技术要点

参见“2.15.1 管线敷设工程”的“1. 技术要点”。

2. 材料要点

（1）通风与空调工程所使用的材料与设备应有中文质量证明文件，且文件齐全、有效。质量证明文件应反映材料与设备的品种、规格、数量和性能指标等。（2）材料设备进场时，施工单位应对其进行检查和试验，收集相关的质量证明文件，填写材料（设备）进场验收记录，验收合格后报请监理工程师（建设单位代表）进行验收。未经监理工程师（建设单位代表）验收合格的材料与设备，不应在工程中使用。（3）风机盘管节能复试：对风机盘管机组的制冷量、制热量、风量、风压及功率进行复验，风机盘管机组按每次进场的数量复验2%，但不少于2台。（4）复合材料风管的覆面材料应为不燃材料，内部的绝热材料应为不燃或难燃且对人体无害的材料。

3. 工艺要点

1）末端风口安装

（1）风口安装时，确保风口处于板中，所有风口横平竖直，处于一条直线，且确保风口与吊顶板结合紧密。（2）风口的转动、调节部分应灵活、可靠，定位后无松动现象。风口与风管连接应严密、牢固。（3）风口水平度3‰，垂直度2‰。风口应转动灵活，不得有明显划痕，与板面接触严密。（4）排烟口在吊顶安装时，排烟管道安装底标高距吊顶面的尺寸应大于250mm以上；排烟口操作装置的电气接线及控制缆绳采用$DN20$套管，控制缆绳套管的弯曲半径不小于250mm，弯曲数量一般不多于3处，缆绳长度一般不大于6m。风口末端安装示意见图2.15.2-1。

2）空调机组冷凝水管安装

（1）存水弯总高度$H=2\times$机组负压对应的水柱高度+冷凝水管直径，单位：mm；冷凝水管高差$A=1.5\times$机组负压对应的水柱高度，单位：mm；水封高度$B=0.5\times$机组负压对应的水柱高度，单位：mm；机组负压对应的水柱高度＝机组负压$\times 0.1024$，单位：mm；当无法确定机组静压时，可按$A>102$mm，$B>70$mm的经验值来安装。（2）基础到建筑完成面的高度h需考虑存水弯总高度安装空间。（3）冷凝水管需采用镀锌钢管或PVC管，以防管道锈蚀。（4）冷凝水管坡度不小于1：100。（5）冷凝水管最低处需设排污连接件。（6）冷凝水管需保温，防止凝露。（7）不要将冷凝水管连接到密闭的排水系统。空调机组冷凝水管安装示意见图2.15.2-2。

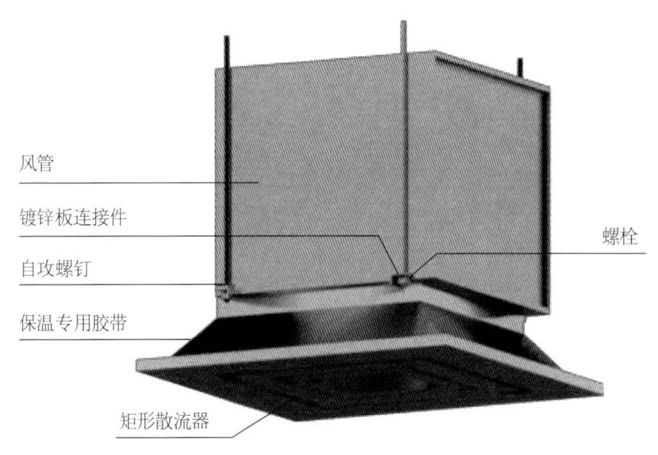

图2.15.2-1　散流器安装示意图

图2.15.2-2　空调机组冷凝水管安装示意图

4. 验收要点

参见“2.15.1　管线敷设工程”的“4. 验收要点”。

2.16 智能化工程

2.16.1 综合布线及信息网络系统工程

1. 技术要点

1）综合布线系统结构

综合布线系统应为开放式网络拓扑结构，应能支持语音、数据、图像、多媒体等业务信息传递的应用。

2）综合布线系统工程设计要点

（1）一个独立的需要设置终端设备（TE）的区域宜划分为一个工作区。工作区应包括信息插座模块（TO）、终端设备处的连接缆线及适配器。（2）配线子系统应由工作区内的信息插座模块、信息插座模块至电信间配线设备（FD）的水平缆线、电信间的配线设备及设备缆线和跳线等组成。（3）干线子系统应由设备间至电信间的主干缆线、安装在设备间的建筑物配线设备（BD）及设备缆线和跳线组成。（4）建筑群子系统应由连接多个建筑物之间的主干缆线、建筑群配线设备（CD）及设备缆线和跳线组成。（5）每栋建筑物应在适当的点配备配线管理、网络管理和信息交换的设备间。综合布线系统设备间宜安装建筑物配线设备、建筑群配线设备、以太网交换机、电话交换机、计算机网络设备。入口设施也可安装在设备间。（6）进线间应为建筑物外部信息通信网络管线的入口部位，并可作为入口设施的安装场地。（7）管理应对工作区、电信间、设备间、进线间、布线路径环境中的配线设备、缆线、信息插座模块等设施按一定的模式进行标识、记录和管理。

3）综合布线系统与外部配线网连接

综合布线系统与外部配线网连接时，应遵循相应的接口要求。

4）信息网络系统

信息网络系统应确认通信系统连接公用通信网络信道的传输率、信号方式、物理接口和接口协议是否符合要求。

2. 材料要点

1）设备及材料的进场验收具体要求

（1）应三证齐全（生产许可证、产品合格证和检验报告），电器还应有 3C 认证，保证外观完好，产品无损伤、无瑕疵，品种、数量、产地符合要求；（2）设备和软件产品的质量检查应执行现行国家标准《智能建筑工程质量验收规范》GB 50339 的规定；（3）依规定程序获得批准使用的新材料和新产品除符合设计要求外，尚应提供材料供应商的质量证明文件；（4）进口产品除应符合设计要求外，尚应提供原产地证明和商检证明，配套提供的质量合格证明、检测报告及安装、使用、维护说明书等文件资料应为中文文本（或附中文译文）；（5）工程所用缆线和器材的品牌、型号、规格、数量、质量应在施工前进行检查，应符合设计要求并具备相应的质量文件或证书，无出厂检验证明材料、质量文件或与设计不符者不得在工程中使用。

2）缆线检验

（1）电缆应附有本批次的电气性能检验报告，施工前应进行链路或信道的电气性能及缆线长度的抽验，并做测试记录。（2）光缆开盘后应先检查光缆端头封装是否良好。光缆外包装或光缆护套如有损伤，应对该盘光缆进行光纤性能指标测试，如有断纤，应进行处理，待再次检查合格后才允许使用。光纤检测完毕，光缆端头应密封固定，恢复外包装。（3）连接器件检验：配线模块、信息插座模块及其他连接器件的部件应完整，电气和机械性能等指标符合相应产品生产的质量标准。塑料材质应具有阻燃性能，并应满足设计要求。

3）其他要求

（1）网络设备开箱后通电自检，查看设备状态指示灯的显示是否正常，检查设备启动是否正常；（2）计算机系统、网管工作站、UPS电源、服务器、数据存储设备、路由器、防火墙、交换机等产品按现行国家标准《智能建筑工程质量验收规范》GB 50339的规定执行。

3. 工艺要点

1）工艺流程

线槽、桥架及线缆敷设→信息插座模块安装→配线架（机柜）安装→设备安装→软件安装→系统测试。见图2.16.1-1。

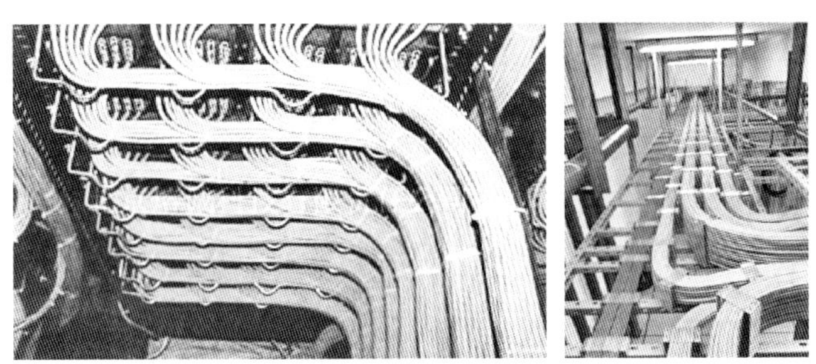

图2.16.1-1　综合布线及计算机网络系统安装示意图

2）线槽、桥架及线缆敷设

可参考“2.13.1　管线敷设工程”相关工艺要点。① 线缆布放应自然平直，不应受外力挤压和损伤。② 线缆经过桥架或管线拐弯处，应保证线缆紧贴底部，不悬空，不受牵引力。在桥架的拐弯处应采取绑扎或其他形式固定。③ 距信息点最近的一个过线盒穿线时应留有不小于15mm的余量。

3）信息插座模块安装

信息插座安装标高应符合设计要求，其插座与电源插座安装的水平距离应符合现行国家标准《综合布线系统工程验收规范》GB/T 50312的规定。当设计无标注要求时，其插座宜与电源插座安装标高相同。

4）配线架（机柜）安装

机柜内线缆应分别绑扎在机柜两侧理线架上，排列整齐、美观，捆扎合理，配线架应安装牢固，信息点位的标识应准确。配线间内应设置局部等电位端子板，机柜应可靠接地。

5）设备安装

（1）安装位置应符合设计要求，安装应平稳牢固，并便于操作维护。（2）机柜内安装的设备应有通风散热措施，内部接插件与设备连接应牢固。（3）对有序列号的设备必须登记设备的序列号。（4）跳线连接应规范，线缆应排列有序，线缆上应有正确牢固的标签。（5）设备安装机柜应张贴设备系统连线示意图。

6）软件安装

软件系统的安装应符合下列要求：（1）应按设计文件为设备安装相应的软件系统，系统安装应完整。（2）应提供正版软件技术手册（安装手册、使用手册等）。（3）服务器不应安装与本系统无关的软件。（4）操作系统、防病毒软件应设置为自动更新方式。（5）软件系统安装后应能够正常启动、运行和退出。（6）必须在网络安全检验后，服务器才可以在安全系统的保护下与互联网相联，并对操作系统、防病毒软件升级及更新相应的补丁程序。

7）综合布线检测

综合布线检测综合合格判定应符合下列规定：（1）对绞电缆布线全部检测时，无法修复的链路、信道或不合格线对数量有一项超过被测总数的1%，应为不合格。光缆布线系统检测时，当系统中有一条光纤链路、信道无法修复，则为不合格。（2）对绞电缆布线抽样检测时，被抽样检测点（线对）不合格比例不大于被测总数的1%，应为抽样检测通过，不合格点（线对）应予以修复并复检。被抽样检测点（线对）不合格比例如果大于1%，应为一次抽样检测未通过，应进行加倍抽样，加倍抽样不合格比例不大于1%，应为抽样检测通过。当不合格比例仍大于1%，应为抽样检测不通过，应进行全部检测，并按全部检测要求进行判定。（3）当全部检测或抽样检测的结论为合格时，则竣工检测的最后结论应为合格；当全部检测的结论为不合格时，则竣工检测的最后结论应为不合格。

8）信息网络系统检测

（1）信息网络系统的检测可包括连通性、传输时延、丢包率、路由、容错功能、网络管理功能和无线局域网功能检测等。采用融合承载通信架构的智能化设备网，还应进行组播功能检测 QoS 功能检测。（2）信息网络系统的检测方法应根据设计要求选择，可采用输入测试命令进行测试或使用相应的网络测试仪器。

9）网络安全系统检测

网络安全系统检测宜包括结构安全、访问控制、安全审计、边界完整性检查、入侵防范、恶意代码防范和网络设备防护等安全保护能力的检测。检测方法应依据设计确定的信息系统安全防护等级进行制定，检测内容应按现行国家标准《信息安全技术　网络安全等级保护基本要求》GB/T 22239 执行。

4. 验收要点

1）综合布线系统工程检验

（1）系统工程安装质量检查

应按《综合布线系统工程验收规范》GB/T 50312 所列项目、内容进行检验，各项指标符合设计要求，被检项检查结果应为合格；被检项的合格率为100%，工程安装质量应为合格。

（2）抽验系统性能

竣工验收需要抽验系统性能时，抽样比例不应低于10%，抽样点应包括最远布线点。

（3）系统性能检测单项合格判定

① 一个被测项目的技术参数测试结果不合格，则该项目应为不合格。当某一被测项目的检测结果与相应规定的差值在仪表准确度范围内，则该被测项目应为合格。② 按《综合布线系统工程验收规范》GB/T 50312 的指标要求，采用4对对绞电缆作为水平电缆或主干电缆所组成的链路或信道有一项指标测试结果不合格，则该水平链路、信道或主干链路、信道应为不合格。③ 主干布线大对数电缆中按4对对绞线对测试，若有一项指标不合格，则该线对应为不合格。④ 当光纤链路、信道测试结果不满足《综合布线系统工程验收规范》GB/T 50312 的指标要求时，该光纤链路、信道应为不合格。⑤ 未通过检测的链路、信道的电缆线对或光纤可在修复后复检，复检值在仪表准确度范围内，则该被测项目应为合格。

2）综合布线管理系统的验收合格判定

（1）标签和标识应按10%抽检，系统软件功能应全部检测。检测结果符合设计要求应为合格。（2）智能配线系统应检测电子配线架链路、信道的物理连接，以及与管理软件中显示的链路、信道连接关系的一致性，按10%抽检；连接关系全部一致应为合格，有一条及以上链路、信道不一致时，应整改后重新抽测。

3）验收工程验收条件

（1）按经批准的工程技术文件施工完毕；（2）完成调试及自检，并出具系统自检记录；（3）分项工程质量验收合格，并出具分项工程质量验收记录；（4）完成系统试运行，并出具系统试运行报告；（5）系统检测合格，并出具系统检测记录；（6）完成技术培训，并出具培训记录；（7）信息安全管理制度完成。

4）工程验收组织

（1）建设单位应组织工程验收小组负责工程验收；（2）工程验收小组的人员应根据项目的性质、特点和管理要求确定，并应推荐组长和副组长；验收人员的总数应为单数，其中专业技术人员的数量不应低于验收人员总数的50%；（3）验收小组应对工程实体和资料进行检查，并作出正确、公正、客观的验收结论。

2.16.2 设备监控系统工程

1. 技术要点

（1）监控系统的监控范围应根据项目建设目标确定，并宜包括供暖通风与空气调节、给水排水、供配电、照明、电梯和自动扶梯等设备。当被监控设备自带控制单元时，可采用标准电气接口或数字通信接口的方式互联，并宜采用数字通信接口方式。（2）监控系统的监控功能应根据监控范围和运行管理要求确定。（3）监控系统的监控功能、监测功能、安全保护功能、远程控制功能、自动启停功能、自动调节功能应符合现行行业标准《建筑设备监控系统工程技术规范》JGJ/T 334 的规定。

2. 材料要点

1）设备及材料的进场验收具体要求

（1）应三证齐全（生产许可证、产品合格证和检验报告），电器产品应有 3C 认证，保证外观完好，产品无损伤、无瑕疵，品种、数量、产地符合要求；（2）设备和软件产品的质量检查应执行现行国家标准《智能建筑工程质量验收规范》GB 50339 的规定；（3）依规定程序获得批准使用的新材料和新产品除符合设计要求外，尚应提供材料供应商的质量证明文件；（4）进口产品除应符合设计要求外，尚应提供原产地证明和商检证明，配套提供的质量合格证明、检测报告及安装、使用、维护说明书等文件资料应为中文文本（或附中文译文）；（5）工程所用缆线和器材的品牌、型号、规格、数量、质量应在施工前进行检查，应符合设计要求并具备相应的质量文件或证书，无出厂检验证明材料、质量文件或与设计不符者不得在工程中使用。

2）电动阀及计量器具要求

（1）电动阀的型号、材质应符合设计要求，经抽样试验阀体强度、阀芯泄漏应满足产品说明书的规定。（2）电动阀的驱动器输入电压、输出信号和接线方式应符合设计要求和产品说明书的规定。（3）电动阀门的驱动器行程、压力和最大关闭力应符合设计要求和产品说明书的规定，必要时宜由第三方检测机构进行检测。（4）温度、压力、流量、电量等计量器具（仪表）应按相关规定进行校验，必要时宜由第三方检测机构进行检测。

3. 工艺要点

1）工艺流程

现场设备定位安装→ DDC 控制器安装→线槽管线安装→校接线→系统调试。

2）现场设备定位安装

末端设备的定位与安装按设计和产品说明书要求进行。

（1）现场控制器箱应安装牢固，不得倾斜；安装在轻质墙上时，应采取加固措施；现场控制器箱体门板内侧应贴箱内设备的接线图。（2）在同一区域内安装的室内温湿度传感器，距地高度应一致，高度差不应大于 10mm；室内、外温湿度传感器不应安装在阳光直射的地方。（3）水管型温度传感器应与管道相互垂直安装，轴线应与管道轴线垂直相交。水管型温度传感器的感温段小于管道口径的 1/2 时，应安装在管道的侧面或底部。（4）风管型压力传感器应安装在管道的上半部，应在温、湿度传感器测温点的上游管段。（5）水管流量传感器的安装位置距阀门、管道缩径、弯管距离应不小于 10 倍的管道内径；水管流量传感器应安装在测压点上游并距测压点 3.5～5.5 倍管内径的位置；水管流量传感器应安装在温度传感器测温点的上游，距温度传感器 6～8 倍管径的位置；流量传感器信号的传输线宜采用屏蔽和带有绝缘护套的线缆，线缆的屏蔽层宜在现场控制器侧一点接地。（6）风阀执行器与风阀轴的连接应固定牢固；风阀的机械机构开闭应灵活，无松动或卡涩现象；风阀执行器不能直接与风门挡板轴相连接时，则可通过附件与挡板轴相连，但其附件装置必须保证风阀执行器旋转角度的调整范围；风阀执行器的开闭指示位应与风阀实际状况一致。（7）电动水阀、电磁阀：阀体上箭头的指向应与水流方向一致，并应垂直安装于水平管道上。阀门执行机构应安装牢固，传动应灵活，无松动或卡涩现象。阀门应处于便于操作的位置。有阀位指示装置的阀门，阀位指示装置面向便于观察的位置。

3）DDC 控制器安装

安装位置正确，部件齐全，箱体开孔与导管管径适配。控制器箱内接线整齐，回路编号齐全，标志正确。控制器箱安装牢固，垂直度允许偏差为 1.5‰。底边距地面一般为 1.4m，同一建筑物内安装高度应一致。

4）线槽管线安装

线槽管线安装可参考“2.13.1 管线敷设工程”相关工艺要点。（1）控制台安装位置应符合设计要求，安装应平稳牢固，便于操作维护。（2）控制台内机架、配线、接地应符合设计要求。（3）服务器、工作站、打印机等设备应按施工图纸要求进行安装，布置整齐、稳固。（4）控制中心设备的电源线缆、通信线缆及控制线缆的连接应符合设计要求，并理线整齐，避免交叉，做好标识。

5）校接线

（1）接线前应校线，检查其导通性和绝缘电阻，合格后方可接线，线端应有标号；（2）剥绝缘层时不应损伤线芯；（3）电缆与端子的连接应均匀牢固、导电良好；（4）多股线芯端头宜采用接线片，电线与接线片的连接应压接；（5）剥去外护套的橡皮绝缘芯线及屏蔽线，应加设绝缘护套；（6）线路两端均应按设计图纸标号，回路标志齐全正确，标号应字迹清晰且不易褪色。

6）系统调试

（1）系统调试必须配备专业人员负责调试，组成调试班子，其中包括负责现场施工的技术质量人员。（2）要制定调试计划（大纲），包括各方面的配合，经业主、监理审查通过后进行。

4. 验收要点

1）监控系统子分部工程验收

监控系统可独立进行子分部工程验收。

2）监控系统工程验收条件

（1）按经批准的工程技术文件施工完毕；（2）完成调试及自检，并出具系统自检记录；（3）分项工程验收合格，并出具分项工程质量验收记录；（4）完成系统试运行，并出具系统试运行报告；（5）系统检测合格，并出具系统检测报告或系统检测记录；（6）完成技术培训，并出具培训记录。

3）监控系统工程验收的组织

（1）建设单位应组织工程验收小组负责工程验收；（2）工程验收小组的人员应根据项目的性质、特点和管理要求确定，并应推荐组长和副组长；验收人员的总数应为单数，其中专业技术人员的数量不应低于验收人员总数的 50%；（3）建设单位项目负责人，总监理工程师，施工单位项目负责人和技术、质量负责人，设计单位工程项目负责人等，均应参加工程验收；（4）验收小组应对工程实体和资料进行检查，并应做出正确、公正、客观的验收结论。

2.16.3 安全防范工程

1. 技术要点

（1）安全防范工程（或称“安防系统工程”）的设计应运用传感、通信、计算机、信息处理及其控制、生物特征识别、实体防护等技术，构成安全可靠、先进成熟、经济适用的安全防范系统。（2）安全防范工程的设计应遵循整体纵深防护和（或）局部纵深防护的理念，分别或综合设置建筑物（群）和构筑物（群）周界防护、建筑物和构筑物内（外）区域或空间防护以及重点目标防护系统。（3）安全防范工程的设计除应满足系统的安全防范效能外，还应满足紧急情况下疏散通道人员疏散的需要。（4）安全防范工程的设计应以结构化、规范化、模块化、集成化的方式实现，应能适应系统维护和技术发展的需要。（5）高风险保护对象安全防范工程的设计应结合人防能力配备防护、防御和对抗性设备、设施和装备。

2. 材料要点

1）设备及材料的进场验收具体要求

（1）应三证齐全（生产许可证、产品合格证和检验报告），电器产品应有3C认证，保证外观完好，产品无损伤、无瑕疵，品种、数量、产地符合要求；（2）设备和软件产品的质量检查应执行现行国家标准《智能建筑工程质量验收规范》GB 50339的规定；（3）依规定程序获得批准使用的新材料和新产品除符合设计要求外，尚应提供材料供应商的质量证明文件；（4）进口产品除应符合设计要求外，尚应提供原产地证明和商检证明，配套提供的质量合格证明、检测报告及安装、使用、维护说明书等文件资料应为中文文本（或附中文译文）；（5）工程所用缆线和器材的品牌、型号、规格、数量、质量应在施工前进行检查，应符合设计要求并具备相应的质量文件或证书，无出厂检验证明材料、质量文件或与设计不符者不得在工程中使用。

2）其他要求

安全技术防范产品必须经国家或行业授权的认证机构（或检测机构）认证（检测）合格，并取得相应的认证证书（或检测报告）。

3. 工艺要点

1）工艺流程

线缆敷设→设备安装→控制台（架）安装→接地安装→系统调试。

2）线缆敷设

线缆敷设可参考“2.13.1　管线敷设工程”中的工艺要点。

3）设备安装

（1）探测器的安装

各类探测器的安装，应根据所选产品的特性、警戒范围要求和环境影响等，确定设备的安装点（位置和高度）。周界入侵探测器的安装应能保证防区交叉，避免盲区，并应考虑使用环境的影响。探测器底座和支架安装应牢固。导线连接应牢固可靠，外接部分不得外露，并留有适当余量。

（2）紧急按钮安装

紧急按钮的安装位置应隐蔽，便于操作。

（3）摄像机安装

在满足监视目标视场范围要求的条件下，其安装高度：室内离地不宜低于2.5m，室外离地不宜低于3.5m。摄像机及其配套装置，如镜头、防护罩、支架、雨刷等，安装应牢固，运转应灵活，应注意防破坏，并与周边环境相协调。信号线和电源线应分别引入，外露部分用软管保护，并不影响云台的转动。电梯厢内的摄像机应安装在厢门上方的左或右侧，并能有效监视电梯厢内乘员面部特征。

（4）云台、解码器安装

云台的安装应牢固，转动时无晃动。根据产品技术条件和系统设计要求，检查云台的转动角度范围是否满足要求。解码器应安装在云台附近或吊顶内，应留有检修孔。

（5）电子巡查设备安装

在线巡查或离线巡查的信息采集点（巡查点）的数目应符合设计与使用要求，其安装高度离地1.3～1.5m。安装应牢固，注意防破坏。

4）控制台（架）安装

控制台、机柜（架）安装位置应符合设计要求，安装应平稳牢固、便于操作维护。机柜（架）背面、侧面离墙净距离应符合现行国家标准《安全防范工程技术标准》GB 50348的规定。所有控制、显示、记录等终端设备的安装应平稳，便于操作。其中监视器（屏幕）应避免外来光直射，当不可避免时，应采取避光措施。在控制台、机柜（架）内安装的设备应有通风散热措施，内部插接件与设备连接应牢靠。控制室内所有线缆应根据设备安装位置设置电缆槽和进线孔，排列、捆扎整齐、编号，并有永久性标志。

5）接地安装

施工应符合下列要求：（1）系统的供电设施应符合《安全防范工程技术标准》GB 50348的规定。摄像机等设备宜采用集中供电，当供电线（低压供电）

与控制线合用多芯线时，多芯线与视频线可一起敷设。（2）系统防雷与接地设施的施工应按《安全防范工程技术标准》GB 50348 的相关要求进行。（3）监控中心内接地汇集环或汇集排的安装应符合《安全防范工程技术标准》GB 50348 的规定，安装应平整。接地母线的安装应符合《安全防范工程技术标准》GB 50348 的规定，并用螺钉固定。（4）对各子系统的室外设备，应按设计文件要求进行防雷与接地施工，并应符合《安全防范工程技术标准》GB 50348 的相关规定。

6）系统调试

（1）按设计要求，对照图纸逐一或抽查，检查设备的规格、型号、数量、备品备件等。（2）仔细检查供电的电压、极性和相位等应符合设计要求。（3）检查系统线路，对于错线、开路、虚焊、短路等应及时进行处理，检查其记录单。（4）要有调试大纲（或方案），并经有关方确认、审核后进行调试。

4. 验收要点

（1）安全防范工程竣工后，应由建设单位会同相关部门组织验收。（2）工程验收时，应组成工程验收组。工程验收组可根据实际情况下设施工验收组、技术验收组和资料审查组。（3）建设单位应根据项目的性质、特点和管理要求与相关部门协商确定验收组成员，并由验收组推荐组长。（4）验收组中技术专家的人数不应低于验收组总人数的 50%，不利于验收公正性的人员不得参加工程验收组。（5）验收组应对工程质量做出客观、公正的验收结论。验收结论分为通过、基本通过、不通过。验收通过的工程，验收组可在验收结论中提出建议或整改意见；验收基本通过或不通过的工程，验收组应在验收结论中明确指出发现的问题和整改要求。

2.17 钢结构工程

2.17.1 钢结构制作工程

1. 技术要点

（1）钢结构制作应根据钢结构加工图，进行选材、加工；（2）选用钢材应与设计强度一致并具备相应的变形能力，良好的工艺性能；（3）选用钢材应考虑加工制作环境，运输及施工条件；（4）应使用高效能材料，采用新技术简化结构，节约成本；（5）钢结构隐蔽部位钢材应用热镀锌，特殊项目表面应涂富锌底漆两遍处理；（6）焊接材料的选用应符合规范要求，应分类摆放，保持干燥；（7）高强度螺栓孔及孔距应符合规范要求。

2. 材料要点

（1）钢材的品种、规格、性能等应符合国家现行有关产品标准和设计要求；（2）紧固件、连接件的品种、规格、性能等应符合国家现行有关产品标准和设计要求；（3）焊接材料的品种、规格、性能等应符合国家现行有关产品标准和设计要求；（4）防腐涂料、稀释剂和固化剂的品种、规格、性能等应符合设计文件及国家现行有关产品标准的要求；（5）材料运至加工场地后，按现行国家产品标准和设计要求进行复验，合格后方准使用；（6）复验合格的材料应进行标识，避免材料混用。

3. 工艺要点

1）工艺流程

采购→检验→加工构件→预拼装→防锈、防腐处理→编号保护→堆放。

2）采购

按钢结构详图采购型钢、钢板、紧固件、连接件、涂料、焊条等材料，材料应具有生产许可证、产品合格证和检测报告。

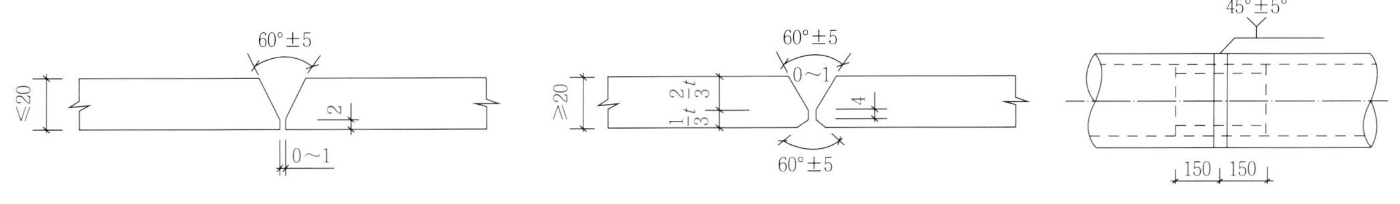

图 2.17.1-1　钢板坡口形式

3）检验

按现行国家产品标准和设计要求进行材料复验，复验合格后运送加工区。

4）加工构件

（1）按钢结构详图切割各型号钢材，边缘抛光，并对变形构件进行矫正，钢材表面不应有明显划痕，边缘不应有裂缝、熔瘤、飞溅物等缺陷；（2）所有构件的拼接焊缝应为一级焊缝，其他需熔透的坡口焊缝为二级焊缝，完工的焊缝在 24h 后进行无损探伤，填写检验记录；焊接过程中会造成材料变形，应采取合理的焊接顺序，材料对接选用适当的坡口形式；焊缝不应有裂缝、未熔合、气孔、飞溅物等缺陷；（3）制孔应在构件焊接及变形矫正后进行，孔洞及孔距尺寸应符合设计要求，定位应精确无误，孔洞边缘规整顺滑，无毛刺、损伤痕迹；（4）厚度大于 50mm 的碳素结构钢和厚度大于 36mm 的低合金结构钢，施焊前应进行预热，焊后应进行后热；（5）冷弯薄壁型钢结构构造上应考虑便于检查、清刷、刷油漆及避免积水，闭口截面构件沿全长和端部应焊接封闭；（6）焊条和焊剂在使用之前按出厂质量证明上规定进行烘焙和烘干；焊丝应清除铁锈、油污以及其他污物；（7）钢材加工机具、机械设备、吊装设施应每天进行安全检查；（8）钢材应使用专业吊具安装，吊装及运输过程中做好防护措施；（9）吊装区域应设置隔离带，作业半径 8m 内要拉安全警示带。

5）预拼装

对重要构件及结构复杂的部位进行预拼装，预拼装应考虑焊接收缩等拼装余量，预拼装经检验合格后，在构件上标注定位线、中心线、标高基准线等。

6）防锈、防腐处理

对构件进行防锈、防腐处理，按设计要求及颜色样板喷涂面漆；涂层厚度及耐火极限应符合设计要求，钢材表面不应有皱皮、流坠、起泡、返锈等现象。

7）编号保护

涂料干燥后，按钢结构详图检验构件的规格、品种、颜色、数量是否相符，并做好标记，填写检验记录，然后进行包装防护，贴上标签，标签内容包括：工程名称、图纸编号、构件编号、规格尺寸、出厂日期、检验人员、执行标准等。

8）堆放

堆放场地应平整，无积水，钢结构不能直接放置地上，底部垫块应有足够支撑面，防止下沉；构件按种类、安装顺序分区存放，做好防护及遮盖措施。

图 2.17.1-2　钢材切割

图 2.17.1-3　钢梁加工

4. 验收要点

1）钢材及钢构件

（1）钢材的品种、规格、性能等应符合现行国家产品标准和设计要求。进口钢材产品的质量应符合设计和合同规定标准的要求。（2）钢板厚度、型钢的规格尺寸、表面外观等通过观察或抽查方式检查其质量应符合国家标准及产品要求。

2）钢构件质量控制

钢构件在制作过程中，驻厂工程师跟随流程抽检，对重要工序进行重点控制，必要时可以委托第三方检测机构驻场对构件质量进行监督。

3）钢构件进场检验

（1）检查构件出厂合格证、材料试验报告、抗滑移系数试验报告、焊缝无损检测报告等。（2）检查进场构件外观，主要内容有构件挠曲变形、摩擦面表面破损与变形、焊缝外观质量、焊缝坡口几何尺寸及构件表面锈蚀等；若有问题，应及时组织有关人员制定返修工艺，进行修理。

4）焊接材料

（1）焊接材料的品种、规格、性能等应符合现行国家产品标准和设计要求。（2）焊钉（栓钉）及焊接瓷环，焊条、焊剂保管情况进行抽查，不得有药皮脱落、受潮结块等现象。（3）重要的钢结构工程的焊接材料需要见证取样、送样进行复验，包括：建筑结构安全等级为一级的一、二级焊缝，建筑结构安全等级为二级的一级焊缝，大跨度结构中一级焊缝，重级工作制吊车梁结构中一级焊缝。

5）连接用紧固标准件

（1）钢结构连接用高强度大六角头螺栓连接副、扭剪型高强度螺栓连接副、普通螺栓、铆钉、自攻钉、拉铆钉、射钉、锚栓（机械型和化学试剂型）、地脚锚栓等紧固标准件及螺母、垫圈等标准配件，其品种、规格、性能等应符合现行国家产品标准和设计要求。高强度大六角头螺栓连接副和扭剪型高强度螺栓连接副出厂时应分别随箱带有扭矩系数和紧固轴力（预拉力）的检验报告。（2）螺栓、螺母、垫圈外观不应出现生锈和沾染脏物，螺纹不应损伤。

6）钢结构焊接工程

焊缝检验是钢结构工程中重要的检验环节，焊接质量是否合格直接影响工程结构安全。（1）焊工应经考试合格并取得合格证书，持证焊工应在其考试合格项目及其认可范围内施焊；（2）对焊缝质量应按照验收规范及设计要求进行探伤，焊缝的内部缺陷进行探伤前应先进行外观质量检查；（3）焊缝质量等级分为一、二、三级，一级焊缝不允许有外观质量缺陷，二、三级焊缝外观质量应符合规范要求；（4）利用低倍放大镜或肉眼观察焊缝表面是否有咬边、夹渣、气孔、裂纹等表面缺陷，利用焊缝检验尺测量焊缝余高、焊瘤、凹陷、错口等。

7）涂装材料

（1）主控项：钢结构防腐涂料、稀释剂和固化剂等材料的品种、规格、性能等符合现行国家产品标准和设计要求。（2）一般项：防腐涂料和防火涂料的型号、名称、颜色及有效期应与其质量证明文件相符。开启后，不应存在结皮、结块、凝胶等现象。对防腐涂料和防火涂料应进行抽查。根据现行国家标准《建筑工程施工质量验收统一标准》GB 50300 的规定，钢结构作为主体结构之一应按子分部工程竣工验收；当主体结构均为钢结构时应按分部工程竣工验收。

2.17.2 钢结构运输、安装

1. 技术要点

（1）钢结构安装应到现场实地勘察，复核尺寸，使用仪器设备现场测量真实数据，采用 BIM（建筑信息模型）技术及计算机三维设计软件导入数据进行分析与修正；（2）钢结构应使用高效能材料，采用新技术简化结构，节约成本；（3）钢结构安装每道工序应严格控制，复查检验到位；（4）钢结构的构件连接应根据施工环境条件和作用力的性质，合理选用焊接或高强度螺栓连接方式；（5）钢结构建筑整体结构的防雷体系应有效连通；（6）钢结构的构件耐火等级应符合规范要求，应采取防火涂料阻燃和包封材料阻燃等防火措施；（7）钢结构须固定在原建筑结构的部分，应经过专业核算，并由原建筑设计单位认可，审核单位审核通过，方可施工；（8）焊工应经过考试并取得合格证后方可从事焊接工作，焊工停焊时间超过6个月，应重新考核；（9）作业人员应持证上岗，高空作业应佩戴安全带，施工危险区域应拉设安全网；（10）安全防护到位并经安全员验收；（11）每一项施工工序完毕，会同相关专业人员、质检员进行交接验收，合格后填写交接验收记录表。

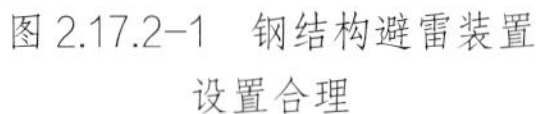
图 2.17.2-1　钢结构避雷装置设置合理

图 2.17.2-2　钢构件及时除锈

2. 材料要点

（1）钢材的品种、规格、性能等应符合国家现行有关产品标准和设计要求；（2）紧固件、连接件的品种、规格、性能等应符合国家现行有关产品标准和设计要求；（3）焊接材料的品种、规格、性能等应符合国家现行有关产品标准和设计要求；（4）防腐涂料、稀释剂和固化剂的品种、规格、性能等应符合设计文件及国家现行有关产品标准的要求；（5）材料运至施工现场后，会同监理、建设单位共同见证取样，然后送检测中心检测检验，检验合格后方准使用。

3. 工艺要点

1）工艺流程

构件运输→测量放线→预埋件安装→钢柱安装→钢梁、钢桁架安装→钢面板安装→防腐处理。

2）构件运输

（1）在构件加工场进行构件成品验收，核对编号，确认出货清单，根据钢结构的安装顺序、工程进度安排装车，运输到施工现场；（2）钢结构起吊、装卸车时应缓慢进行，防止碰撞，捆绑钢丝绳与钢结构接触处应用软垫保护表面；（3）施工现场应划定钢结构堆放区域，场地应平整，无积水，钢结构不能直接放置地上，底层垫块应有足够支撑面，防止下沉；构件按种类、安装顺序分区存放，做好防护及遮盖措施。

图 2.17.2-3　装车运输

图 2.17.2-4　钢梁吊装

3）测量放线

根据设计图纸使用测量仪器测出原始控制点及标高，在测量的基础上放线标记出钢结构的定位轴线、基础轴线及标高。

4）预埋件安装

根据柱基础轴线及标高位置初步安装定位模具，按模具位置穿好地脚螺栓，确定位置正确后固定模板，将地脚螺栓与柱钢筋焊接牢固，浇筑混凝土时再次检查螺栓位置是否正确。

5）钢柱安装

（1）底层钢柱吊装前，应对钢柱的定位轴线，基础轴线和标高，地脚螺栓直径和伸出长度等进行复查及交接验收，并对钢柱的编号、外形尺寸、螺孔位置及直径、承剪板的方位等进行全面复核。（2）钢柱吊装应缓慢下落，对接地脚螺栓，就位后采取临时固定措施，校正钢柱垂直度及标高后，及时紧固地脚螺栓螺母，浇筑混凝土时复查钢柱垂直度及水平度。（3）螺栓孔眼对不齐时，不得任意扩孔或改为焊接，安装时发现上述问题，应报告技术负责人，经与监理单位洽商后，按要求进行处理。（4）安装时应按规范要求先使用安装螺栓临时固定，调整紧固后，再安装高强螺栓并替换。（5）钢结构柱底需浇灌细石混凝土和二次灌浆后，应注意养护，防止产生裂缝，影响结构稳定。（6）所用钢结构安装前均需清洁，如有锈蚀、色斑、氧化等现象，应补漆使其色泽一致。（7）焊接前应将焊接部位的铁锈、污垢、积水等清除干净，焊条应进行烘干处理。（8）对于螺栓连接，可用目测、锤敲相结合的方法检查，并用扭力扳手（当扳手达到一定的力矩时，带有声、光指示的扳手）对螺栓的紧固性进行复查，仔细检查高强螺栓的连接，以及螺栓的直径、个数、排列方式。

6）钢梁、钢桁架安装

（1）钢梁、钢桁架吊装前检查梁的几何尺寸、节点板位置与方向、高强度螺栓连接面、焊缝质量。（2）钢梁、钢桁架吊装时应采用专用夹具吊运，钢丝绳做好防护措施，保持平衡稳定，与钢柱对接，就位后采取临时固定措施，校正钢梁、钢桁架水平度及位置后，检查摩擦面表面无破损与变形，用高强度螺栓紧固，并复查钢梁垂直度及水平度。

7）钢面板安装

钢面板安装前检查钢板的几何尺寸与方向，应采用专用夹具吊运，钢丝绳做好防护措施，保持平衡稳定，钢板安装时板边应沿钢梁中心线为准平放，确定安装方向正确，点焊初步固定，然后校正钢板水平度，进行焊接，对接应选用适当的坡口形式；焊缝不应有裂缝、未熔合、气孔、飞溅物等缺陷。

8）防腐处理

板结构整体安装完成，清理表面焊渣、飞溅物，焊缝打磨光滑，锈蚀位置彻底除锈，然后进行防锈防腐处理，按构件原喷涂颜色喷涂面漆；涂层厚度及耐火极限应符合设计要求，钢材表面不应有皱皮、流坠、起泡、返锈等现象。

图 2.17.2-5　钢柱基础浇筑

图 2.17.2-6　钢结构防火涂料保护

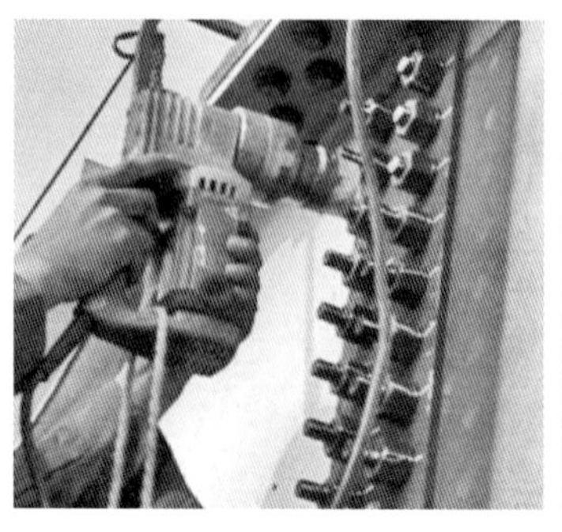

图 2.17.2-7　高强螺栓终拧

图 2.17.2-8　钢结构刷漆均匀

4. 验收要点

（1）需要复验的材料：国外进口钢材（一般很少用到）；钢材混批；板厚等于或大于 40mm，且设计有 Z 向性能要求的厚板（板厚方向）；建筑结构安全等级为一级，大跨度钢结构中主要受力构件所采用的钢材；设计有复验要求的钢材；对质量有疑义的钢材。（2）其余参见“2.17.1　钢结构制作工程”的“4. 验收要点”。

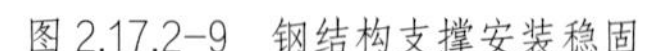

图 2.17.2-9　钢结构支撑安装稳固

图 2.17.2-10　钢结构构件间距合理

第 3 章

工程创优过程资料管控要点

3.1　施工过程资料管控要点

3.1.1　施工项目管理文件资料

（1）项目经理任命及授权通知书；（2）工程项目人员职务任命及授权签字通知书；（3）专业分包施工单位资格报审表；（4）施工现场质量管理检查记录；（5）单位（分部）工程开工报审表；（6）施工日志；（7）分部（子分部、分项）工程施工小结。

3.1.2　施工技术文件资料

1. 设计交底记录

2. 施工图设计文件会审记录

3. 施工图设计文件变更（洽商）记录

4. 设计变更通知单

5. 施工组织设计

施工组织设计要求规范齐全，应包括但不限于以下内容。

（1）编制依据。（2）工程概况。（3）施工部署。（4）施工进度计划。（5）施工准备与资源配置计划。（6）主要施工方案（分部分项施工方法及工艺要求）。（7）施工现场平面布置。（8）施工管理计划：进度管理计划、质量管理计划、安全管理计划、环境管理计划、成本管理计划、其他管理计划（根据合同要求等情况，宜包括绿色施工管理计划、科技创新管理计划等）。（9）应急预案及措施。（10）施工组织设计应有规范的封面和目录。

6. 专项施工方案

专项施工方案包括临时用水用电、安全文明施工、消防安全、应急预案、脚手架工程等内容。对危险性较大的分部分项工程，应严格遵守《危险性较大的分部分项工程安全管理规定》（中华人民共和国住房和城乡建设部令第 37 号）。危险性较大的分部分项工程专项施工方案应当包括以下主要内容。

（1）工程概况：危险性较大的分部分项工程概况和特点、施工平面布置、施工要求和技术保证条件。（2）编制依据：相关法律、法规、规范性文件、标准、规范及施工图设计文件、施工组织设计等。（3）施工计划：包括施工进度计划、材料与设备计划。（4）施工工艺技术：技术参数、工艺流程、施工方法、操作要求、检查要求等。（5）施工安全保证措施：组织保障措施、技术措施、监测监控措施等。（6）施工管理及作业人员配备和分工：施工管理人员、专职安全生产管理人员、特种作业人员、其他作业人员等。（7）验收要求：验收标准、验收程序、验收内容、验收人员等。（8）应急处置措施。（9）计算书及相关施工图纸。

7. 分项工程施工技术交底记录

8. 分部（系统）所属子分部（和子系统）工程划分方案

9. 子分部（子系统）所属分项工程划分方案

10. 分项工程质量验收检验批划分方案

11. 检验批质量验收抽样检验计划方案

12. 检测抽样、送样、实检见证确认记录

3.1.3 施工质量控制资料

1. 进场施工物资质量控制、证明和验收文件

1）材料质量证明文件

（1）水泥检测报告、厂家的合格证；（2）钢筋力学性能、工艺性能、重量偏差检测报告，厂家的合格证；（3）钢管力学性能、工艺性能检测报告，厂家的合格证；（4）金属洛氏硬度检测报告、厂家的合格证；（5）砌块检测报告；（6）砂浆检测报告；（7）砂检测报告；（8）防水材料检测报告、厂家的合格证；（9）石板材检测报告；（10）硅酮结构密封胶检测报告、厂家的合格证；（11）密封胶检测报告，厂家的合格证；（12）陶瓷墙地砖胶粘剂检测报告、厂家的合格证；（13）建筑玻璃冲击性能检测报告、厂家的合格证；（14）建筑玻璃光学性能检测报告、厂家的合格证；（15）中空玻璃露点检测报告、厂家的合格证；（16）铝塑复合板检测报告、厂家的合格证；（17）建筑铝合金型材检测报告、厂家的合格证；（18）保温材料检测报告、厂家的合格证。

2）进场验收记录

材料报审表，排列的顺序：（1）合格证检验报告汇总表（分类汇总）；（2）材料的报验单；（3）进场验收记录；（4）见证记录；（5）厂家的合格证；（6）性能检测报告；（7）现场复检报告。

3）见证记录及现场复检报告

（1）粘贴用的水泥

凝结时间、安定性和抗压强度。

（2）木材、木地板（装饰单板贴面人造板、细木工板、层板胶合木、实木复合地板、中密度纤维板）

甲醛释放量。

（3）陶瓷砖

① 陶瓷砖：吸水率（用于外墙），抗冻性（寒冷地区）。② 墙地砖：放射性。

（4）石材

① 天然花岗石建筑板材：放射性（室内用）弯曲强度、吸水率、耐久性、耐磨性、镜向光泽度、体积密度。② 天然大理石：放射性（室内用）、弯曲强度。

（5）防水卷材

① 预铺防水卷材：可溶物含量、拉伸性能、钉杆撕裂强度、弹性恢复率、抗穿刺强度、抗冲击性能、抗静态荷载、耐热性、低温弯折性、低温柔性、渗油性、不透水性。② 聚氯乙烯防水卷材：拉伸性能、热处理尺寸变化率、低温弯折性、不透水性、抗冲击性能、抗静态荷载、接缝剥离强度、直角撕裂强度、梯形撕裂强度、吸水率、热老化。③ 弹性体（SBS）、塑性体（APP）、改性沥青防水卷材：可溶物含量、耐热性、低温柔性、不透水性、拉力、延伸率、浸水后质量增加、热老化、渗油性、接缝剥离强度、钉杆撕裂强度、卷材下表面沥青涂盖层厚度、人工气候加速老化、老化后拉力及断裂伸长率。

（6）防水涂料

① 聚氨酯防水涂料：固体含量、断裂伸长率、拉伸强度、低温弯折性、不透水性。② 聚合物水泥防水涂料：固体含量、拉伸强度、断裂伸长率、低温柔性、不透水性、抗渗性。③ 聚合物乳液建筑防水涂料：拉伸强度、断裂延伸率、低温柔性、不透水性、固体含量。

（7）刚性防水材料

① 水泥基渗透结晶型防水材料：抗压强度、抗折强度、粘结强度、抗渗压力。② 无机防水堵漏材料：抗压强度、抗折强度、粘结强度、抗渗压力。

（8）防水密封材料

① 建筑石油沥青：软化点、针入度、延度。② 建筑防水沥青嵌缝油膏、聚氨酯建筑密封胶、聚硫建筑密封胶、丙烯酸酯建筑密封胶、聚氯乙烯建筑防水接缝材料：拉伸粘结性（或拉伸模量）。③ 建筑用硅酮结构密封胶：23℃拉伸粘结性、下垂度、热老化［注：作为幕墙工程用的必试项目为：拉伸粘结性（标准条件下）、邵氏硬度、相容性试验］。

（9）墙体、地面节能工程用保温材料

① 模塑聚苯乙烯泡沫塑料板：导热系数、表观密度偏差、压缩强度。② 挤塑聚苯乙烯泡沫塑料板：导热系数、压缩强度。③ 建筑绝热用硬质聚氨酯泡沫塑料：导

热系数、压缩强度。④ 喷涂硬质聚氨酯泡沫塑料：导热系数、表观芯密度、抗拉强度。⑤ 建筑保温砂浆：导热系数、干密度、抗拉强度。⑥ 玻璃棉、矿渣棉、矿棉及其制品：导热系数、密度。

（10）幕墙节能工程用保温材料

① 模塑聚苯乙烯泡沫塑料板：导热系数、表观密度偏差。② 挤塑聚苯乙烯泡沫塑料板：导热系数。③ 建筑绝热用硬质聚氨酯泡沫塑料：导热系数。④ 喷涂硬质聚氨酯泡沫塑料：导热系数、表观密度。⑤ 建筑保温砂浆：导热系数、干密度。

（11）粘结材料

① 粘剂：粘结强度 [常温常态浸水 48h 拉伸粘结强度（与水泥砂浆）]。② 粘结砂浆：拉伸粘接原强度（与聚苯板和水泥砂浆）。③ 瓷砖粘结剂：拉伸粘结强度。

（12）幕墙

① 幕墙玻璃：传热系数、遮阳系数、可见光透射比、中空玻璃露点。② 幕墙隔热型材：拉伸强度、抗剪强度。③ 钢结构工程用高强螺栓：连接副预应力、连接副扭矩系数、连接摩擦面抗滑移系数。④ 后置埋件拉拔试验（膨胀型锚栓、扩底型锚栓、化学锚栓）：锚固抗拔承载力。⑤ 幕墙气密性能、水密性能、耐风压性能及平面变形性能检验报告。⑥ 外墙外窗气密性能、水密性能、耐风压性能检验报告。

4）民用建筑工程室内环境质量检测报告

5）隐蔽验收记录

包括：基层、垫层、找平层、隔离层、填充层、吊顶内管道、设备的安装及水管试压，木龙骨防火、防腐处理，预埋件或拉结筋，吊杆安装，龙骨安装，填充材料的设置等。

6）有防水要求地面的蓄水试验记录

防水层、面层施工完后均需分别做蓄水试验。

3.1.4 检验批、分项、分部（子分部）施工质量验收资料

1. 检验批施工质量验收

1）建筑地面工程

（1）基层敷设

① 砂垫层和砂石层检验批质量验收；② 水泥混凝土垫层和陶粒混凝土垫层检验批质量验收；③ 找平层检验批质量验收；④ 隔离层检验批质量验收；⑤ 填充层检验批质量验收；⑥ 绝热层检验批质量验收。

（2）整体地面铺设

① 水泥混凝土面层检验批质量验收；② 水泥砂浆面层检验批质量验收；③ 水磨石面层检验批质量验收；④ 硬化耐磨面层检验批质量验收；⑤ 防油渗面层检验批质量验收；⑥ 自流平面层检验批质量验收；⑦ 涂料面层检验批质量验收；⑧ 塑胶面层检验批质量验收。

（3）板块面层铺设

① 砖面层检验批质量验收；② 大理石面层和花岗石面层检验批质量验收；③ 预制板块面层检验批质量验收；④ 料石面层检验批质量验收；⑤ 塑料板面层检验批质量验收；⑥ 活动地板面层检验批质量验收；⑦ 金属板面层检验批质量验收；⑧ 地毯面层检验批质量验收。

（4）木、竹面层铺设

① 实木地板、实木集成地板、竹地板面层检验批质量验收；② 实木复合地板面层检验批质量验收；③ 浸渍纸层压木质地板面层检验批质量验收；④ 软木类地板面层检验批质量验收。

2）抹灰工程

（1）一般抹灰检验批质量验收；（2）装饰抹灰检验批质量验收；（3）清水砌体勾缝检验批质量验收。

3）门窗工程

（1）木门窗安装检验批质量验收；（2）金属门窗安装检验批质量验收；（3）塑料门窗安装检验批质量验收；（4）特种门安装检验批质量验收；（5）门窗玻璃安装检验批质量验收。

4）吊顶工程

（1）整体面层吊顶检验批质量验收；（2）板块面层吊顶检验批质量验收；（3）格栅吊顶检验批质量验收。

5）轻质隔墙工程

（1）板材隔墙检验批质量验收；（2）骨架隔墙检验批质量验收；（3）活动隔墙检验批质量验收；（4）玻璃隔墙检验批质量验收。

6）饰面板（砖）工程

（1）石材安装检验批质量验收；（2）陶瓷板安装检验批质量验收；（3）木板安装检验批质量验收；（4）金属板安装检验批质量验收；（5）塑料板安装检验批质量验收；（6）玻璃板检验批质量验收；（7）饰面砖粘贴检验批质量验收。

7）幕墙工程

（1）玻璃幕墙安装检验批质量验收；（2）金属幕墙安装检验批质量验收；（3）石材幕墙安装检验批质量验收；（4）人造板材幕墙安装检验批质量验收。

8）涂饰工程

（1）水性涂料涂饰检验批质量验收；（2）溶剂型涂料涂饰检验批质量验收；（3）美术涂饰检验批质量验收。

9）裱糊与软包工程

（1）裱糊检验批质量验收；（2）软包工程检验批质量验收。

10）细部工程

（1）橱柜制作与安装检验批质量验收；（2）窗帘盒、窗台板和散热器罩制作与安装检验批质量验收；（3）护栏和扶手制作与安装检验批质量验收；（4）门窗套制作与安装检验批质量验收；（5）花饰制作与安装检验批质量验收。

2. 分项工程施工质量验收

3. 装饰与装修分部工程质量验收

4. 建筑节能分部工程质量验收

5. 分部（子分部）工程安全和功能检验资料

（1）幕墙气密性能、水密性能、耐风压性能及平面变形性能检测报告；（2）外墙外窗气密性能、水密性能、耐风压性能检测报告；（3）后置埋件现场拉拔检测报告；（4）外墙饰面砖粘结强度检测报告；（5）硅酮结构胶相容性和剥离粘结性检测报告、石材用密封胶耐污染性检测报告；（6）人造木板甲醛含量检测报告；（7）幕墙避雷电阻测试报告；（8）天然石材放射性检测报告；（9）建筑物垂直度、标高、全高测量记录；（10）有防水要求地面淋水试验记录；（11）外墙（门窗）淋水试验记录；（12）室内环境检测报告。

6. 建筑装饰与装修分部工程观感质量检查评定

3.2 竣工图管控要点

（1）竣工图由施工单位负责编制，编制完成的竣工图应由编制单位逐张加盖竣工图章并签署，经监理审核签字认可。（2）竣工图应完整、准确、清晰、规范、修改到位，真实反映项目竣工验收时的实际情况。（3）按施工图设计施工没有变更的，由竣工图编制单位在施工图（必须是新图）上加盖竣工图章并签署。（4）一般性图纸变更且能在原图上作修改补充的，可在原施工图（必须是新图）上更改，加盖竣工图章并签署，并标注变更通知或其他变更批准文号。（5）涉及结构形式、工艺、平面布置、项目等重大改变及图面变更面积超过35%的，应重新绘制竣工图。重绘图按原图编号，末尾加注“竣”字，或在新图图标内注明“竣工阶段”加盖竣工图章并签署，图中的变更处必须标注变更通知或其他变更批准文号。(6) 同一建筑物、构筑物重复的标准图、通用图可不编入竣工图中，但应在图纸目录中列出图号，指明该图所在位置并在编制说明中注明；不同建筑物、构筑物应分别编制。(7) 建设单位应负责或委托有资质的单位编制项目总平面图和综合管线竣工图。(8) 竣工图应按《技术制图　复制图的折叠方法》GB/T 10609.3要求统一折叠。(9) 编制竣工图总说明及各专业的编制说明，叙述竣工图编制原则、各专业目录及编制情况。(10) BIM设计文件和电子化文件，应按《建筑信息模型设计交付标准》GB/T 51301审核、交付和接收。

3.3　工程资料管理要求

为确实保证创优工程的整体性、有效性和一致性，必须做好统一资料收集管理工作。统一工程资料收集管理是确保工程得奖的一项重要工作。在施工过程中，对工程资料的收集和整理应注意工程资料的全面性、可追溯性、真实性、准确性。

第 4 章

工程创优主要质量通病及防治措施

4.1 隔墙工程

4.1.1 实体砖隔墙工程

实体砖隔墙工程质量通病及防治措施一　　表 4.1.1-1

质量通病	墙体顶砖与梁、楼板底连接处开裂
错误做法	正确做法

通病现象	墙体顶砖与梁、板连接处开裂
原因分析	（1）墙体斜顶砖组砌不密实，斜顶角度过大； （2）较长墙体斜顶砖采用同向方式组砌，造成开裂； （3）顶砖砌块砂浆填充不饱满； （4）墙面未放置防开裂网格布
防治措施	（1）墙体与楼板底或梁之间应留缝，等墙体沉降数日后再用斜砖塞紧；斜顶砖应组砌密实，角度宜为 60° 左右； （2）当墙体较长时应采用倒八字双向砌筑，中间部位放置成品三角块； （3）顶部缝隙使用膨胀砂浆灌浆，灰缝的砂浆饱满度不应低于 95%； （4）顶部墙面满挂玻璃纤维网格布，防止墙体开裂，增强表面平整度

实体砖隔墙工程质量通病及防治措施二　　表 4.1.1-2

质量通病	墙体拉结筋安装不规范
错误做法	 正确做法

通病现象	墙体拉结筋安装不符合规范
原因分析	（1）墙体内拉结筋间距和长度不符合规范要求，影响墙体的稳定性； （2）墙体内拉结筋安装方式不合理，接缝宽度不统一
防治措施	（1）沿结构柱、承重墙设置 2ϕ6@500mm 拉结筋，伸入砌块墙内不小于 700mm； （2）砌块开槽暗藏拉结筋，墙体连接牢固，缝隙美观平直； （3）拉结筋配筋一次备齐，砌块开槽控制尺度； （4）加强检查拉结钢筋隐蔽验收，并填写检查记录

实体砖隔墙工程质量通病及防治措施三 表 4.1.1-3

<table>
<tr><td>质量通病</td><td colspan="2">墙体构造柱做法不规范</td></tr>
<tr><td colspan="2">错误做法</td><td>正确做法</td></tr>
<tr><td colspan="3"></td></tr>
<tr><td>通病现象</td><td colspan="2">墙体构造柱做法不符合规范要求</td></tr>
<tr><td>原因分析</td><td colspan="2">（1）构造柱与墙体连接处未留有马牙槎，影响墙体的稳定性；
（2）构造柱浇筑时，构造柱与模板之间缝隙漏浆，影响墙体整体平整度</td></tr>
<tr><td>防治措施</td><td colspan="2">（1）构造柱与墙体连接处的砌体宜留马牙槎（先退后进），每隔 300mm 的高度增加 300mm、高 60mm 宽的马牙槎；
（2）槎口采取加胶条或海绵条的防漏浆措施；
（3）应先砌墙，后浇构造柱；
（4）沿构造柱设置 2ϕ6@500mm 拉结筋，伸入砌块墙内不小于 700mm，且不应小于墙长的 1/5</td></tr>
</table>

4.1.2 板材隔墙工程

板材隔墙工程质量通病及防治措施一　表 4.1.2-1

质量通病	墙体表面不平整

错误做法	正确做法

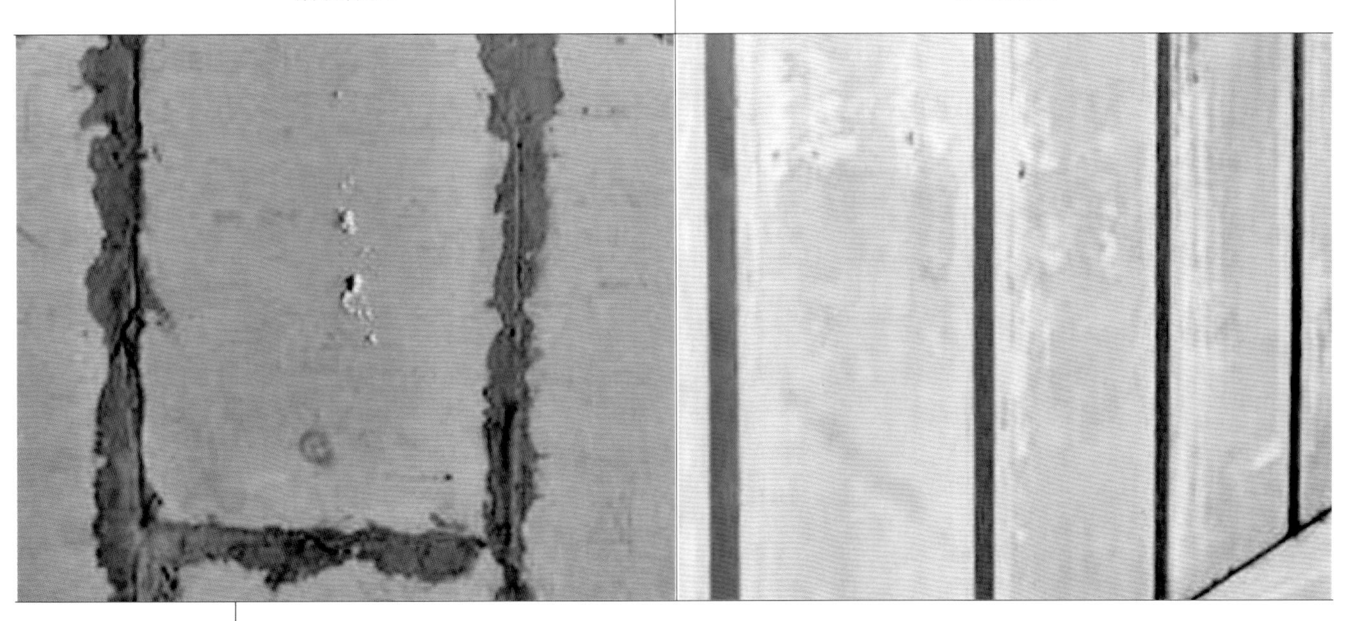

通病现象	墙体表面不平整
原因分析	(1) 墙板厚度不一致，变形缺角； (2) 墙板连接件安装不牢固，使用不配套的粘结材料，造成墙板松动移位； (3) 墙体接缝处粘结砂浆溢出未及时刮去； (4) 墙板拼装后未进行校正检查
防治措施	(1) 不同批次墙板不应混合堆放，运输时应防止损伤； (2) 墙板连接应牢固可靠，应采用墙板专用的聚合物砂浆； (3) 墙板拼装时将聚合物砂浆从接缝挤出，然后刮去凸出墙板面接缝的砂浆（低于板面 4~5mm），并保证砂浆饱满，待一天后再用水泥砂浆（1：2）加建筑胶调成聚合物浆状填平接缝； (4) 墙板初步拼装好后，要用专业撬棒进行校正，用 2m 的直靠尺检查平整度、垂直度

表 4.1.2-2

质量通病	门窗洞口墙板支撑结构不规范

错误做法	正确做法

通病现象	门窗洞口墙板支撑结构不规范
原因分析	(1) 门窗洞口顶部墙板未做支撑，影响墙体稳定性及整体性； (2) 墙板现场切割开孔，门窗洞口两侧板宽度过小，墙板的承载强度降低； (3) 门窗洞口墙板未能承受门窗荷载
防治措施	(1) 墙板门洞做法应符合设计要求，门洞周边墙板固定应牢固可靠；当门（窗）洞口跨度超过 2600mm 时，要加角铁作为横梁支撑上面的墙板； (2) 减少现场切割墙板，提高墙板连接强度，应在工厂排板、预制后，再运输到现场拼装； (3) 洞口墙板强度应能承受门窗荷载，可增加洞口加固措施，安装预制的钢筋混凝土板或扁钢框架作为基层

质量通病	墙板之间、墙体与原结构连接处开裂

错误做法	正确做法
	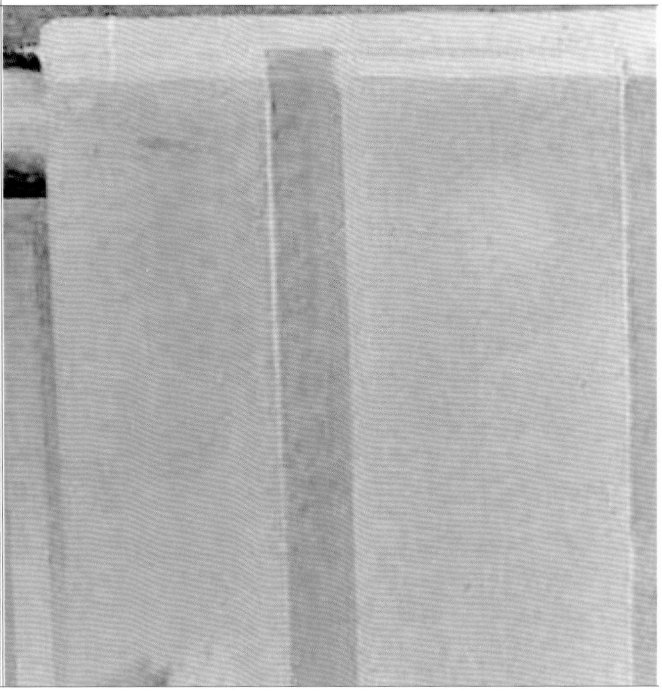

通病现象	墙板之间、墙体与原结构连接处开裂
原因分析	（1）墙板之间、墙体与原结构之间的连接件松动，超长、超高墙体未安装钢结构； （2）墙板使用的粘结砂浆配比不合理、砂浆填充不饱满； （3）墙体接缝未放置防开裂网格布； （4）墙体底部灌浆不饱满，木楔过早拔出，影响稳定性； （5）墙板开槽、穿孔方式有误，振动太大引起墙体连接处开裂
防治措施	（1）墙板安装应符合设计要求，连接件包括角码、接缝钢筋、对夹螺栓等的锚固方式确定牢固可靠；墙体高度大于 6m、跨度超 8m 时，墙板的安装需加钢结构，当门（窗）洞口跨度超过 2600mm 时，要加角铁作为横梁支撑上面的墙板； （2）采用墙板专用的聚合物砂浆进行砌筑、嵌缝，砌筑时墙板两边及顶端应铺满砂浆，确定接缝处砂浆饱满溢出再刮去； （3）3～5 天接合缝砂浆聚合物干缩定型后，用乳胶将宽 50mm 的玻璃纤维网格布贴在墙板的接缝处； （4）墙板拼装完成，待一天后再用水泥砂浆（1：2）加建筑胶调成聚合物浆状填平上、下缝和板与板之间的接缝，并将底部木楔拔出，用砂浆填平并保证砂浆饱满； （5）确定墙体整体强度达到要求后，再使用专用开槽工具进行切割，开槽深度应小于板厚的 1/3

骨架隔墙工程质量通病及防治措施一　　表 4.1.3-1

质量通病	轻钢龙骨安装结构不规范
错误做法	正确做法

通病现象	龙骨安装结构不规范，影响墙体整体性、稳定性
原因分析	（1）骨架构造简单，缺少支撑龙骨； （2）骨架间距未达到设计长度，无法与罩面板进行有效连接； （3）龙骨切割错误，搭接不到位或是随意驳接，采用射钉固定方式，容易松脱
防治措施	（1）骨架安装应规范合理，按墙体长度、高度要求加设通贯龙骨、横撑龙骨、斜撑龙骨；超高、超长墙体，门窗洞口、墙体转角连接处等应增设加强措施； （2）骨架尺寸应符合设计及规范要求，应注意龙骨安装间距是否符合罩面板尺寸； （3）骨架固定应牢固可靠，龙骨与结构墙固定应采用膨胀螺栓，通贯龙骨与竖龙骨连接应采用配套卡件，龙骨驳接应采用铆钉连接； （4）轻钢龙骨结构应进行隐蔽验收

质量通病	罩面板受潮发霉
错误做法	正确做法

通病现象	罩面板受潮发霉
原因分析	（1）潮湿地面未采取防潮措施，导致水分积聚在龙骨上，引起面板发霉； （2）面板安装直接落地，接触地面水分，引起发霉、腐烂、翘曲、脱离等现象
防治措施	（1）在潮湿区域，隔墙所处地面应采取以下防水措施： ① 地面进行地龙骨和找平层施工； ② 地面设置砖砌踢脚台； ③ 地面设置混凝土踢脚台； ④ 采用防水砂浆或防水卷材等防水加强措施。 （2）隔墙罩面板安装不直接落地，与完成地面之间留 5mm 空隙，后续采用防水材料填缝处理。 （3）基层板、装饰面板应涂刷防水涂料

4.1.4 活动隔墙工程

活动隔墙工程质量通病及防治措施 表 4.1.4-1

质量通病	活动隔墙吊轮滑动不顺畅
错误做法	正确做法
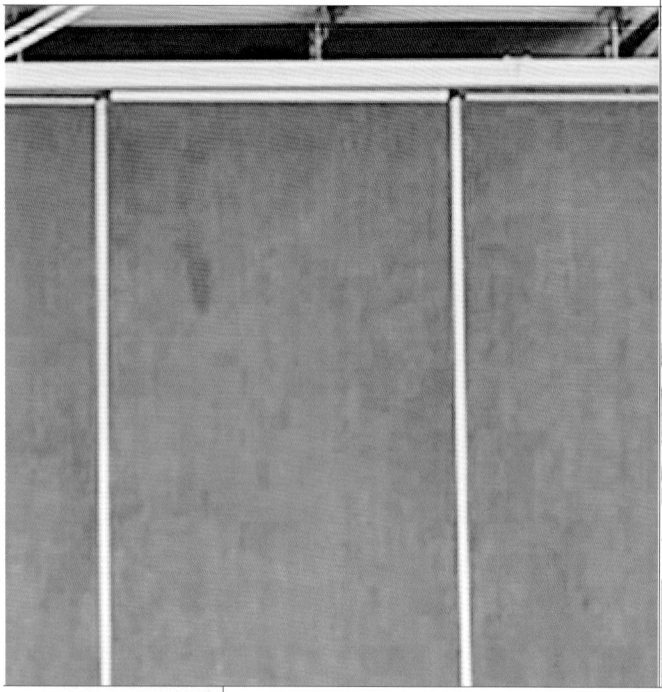	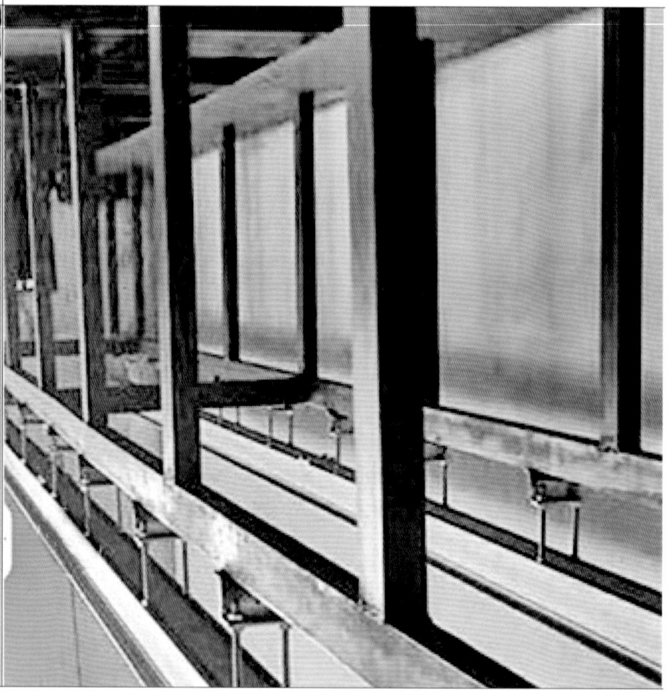
通病现象	活动隔墙吊轮滑动不顺畅
原因分析	（1）吊轨钢结构基座承载力不够，影响吊轨水平度； （2）吊轨调节螺杆安装不到位，局部位置未进行加强处理； （3）选用的吊轮型号规格不配套，承载力不够，不足以承受屏风自重及移动时加重； （4）未按顺序打开及收回屏风，或数只屏风一起移动
防治措施	（1）吊轨钢结构应符合设计要求，应进行隐蔽验收； （2）利用上部钢结构，安装调节螺杆，按照路轨设计高度，调节水平后进行紧固，每个转弯驳口处要求至少有2处有调节螺杆； （3）吊轮应根据屏风荷载以及推动力增加的荷载选用，保证屏风移动时的稳定与顺利； （4）屏风应沿导轨逐个展开，保持平衡移动，导轨均匀受力，吊轮滑动才顺畅

玻璃隔墙工程质量通病及防治措施一　　表 4.1.5-1

质量通病	玻璃嵌缝不平整
错误做法	正确做法

通病现象	玻璃嵌缝不平整、不美观
原因分析	(1) 嵌缝方法不正确，打胶力度不均匀； (2) 玻璃与凹槽直接接触，未预留嵌缝空隙； (3) 两块竖向玻璃之间缝隙过大，对接不平整
防治措施	(1) 使用密封材料嵌缝时，先将玻璃面板及缝隙清理干净，待缝隙内完全干燥后，沿缝隙边缘贴好分色胶带，然后使用胶枪均匀注胶，注胶完成后，清理多余的密封胶，撕去分色胶带，密封胶嵌缝表面应平整顺滑，玻璃表面干净无残留密封胶； (2) 玻璃面板与凹槽不应直接接触，预留一定空隙，每块玻璃下部应设置不少于两块弹性定位垫块；垫块的宽度与槽口宽度应相同，长度不应小于 100mm；玻璃两边嵌入量及空隙应符合设计要求； (3) 两块竖向玻璃之间无龙骨对接时，应留 2～3mm 缝隙，并使用板条双面压制，保持两块玻璃接缝平整，后续嵌缝牢固后再拆除板条

玻璃隔墙工程质量通病及防治措施二　表 4.1.5-2

<table>
<tr><td>质量通病</td><td colspan="2">玻璃隔墙刚度不足</td></tr>
<tr><td colspan="2">错误做法</td><td>正确做法</td></tr>
<tr><td colspan="3"></td></tr>
<tr><td>通病现象</td><td colspan="2">玻璃隔墙刚度不足，存在安全隐患</td></tr>
<tr><td>原因分析</td><td colspan="2">（1）玻璃隔墙板块过大或厚度不够，刚度不足；
（2）玻璃隔墙板块刚度不符合规范要求</td></tr>
<tr><td>防治措施</td><td colspan="2">（1）在玻璃隔墙的两块玻璃之间垂直方向增加玻璃肋，一般宽度为 150～300mm（视玻璃板块大小而定）；
（2）玻璃隔墙板块刚度应符合设计及规范要求</td></tr>
</table>

4.2 吊顶工程

4.2.1 整体面层吊顶工程

整体面层吊顶工程质量通病及防治措施一　　表 4.2.1-1

质量通病	吊顶石膏板连接处开裂
错误做法	正确做法

通病现象	吊顶石膏板连接处开裂
原因分析	(1) 转角部位石膏板直线拼接，容易开裂； (2) 石膏板阳角未做加固措施； (3) 石膏板与墙体接口处无收口； (4) 吊顶只用单层石膏板； (5) 超长吊顶未设置伸缩缝
防治措施	(1) 吊顶的转角部位需将整张石膏板切割成 L 形进行安装； (2) 吊顶的石膏板阳角处增加护角或粘贴网格布防止开裂； (3) 石膏板与墙体接口处设置 10mm 凹槽或角线收口； (4) 吊顶宜使用双层石膏板，安装时错开接缝，增强吊顶牢固性，防止开裂； (5) 吊顶单边距离超过 12m 应设置伸缩缝，伸缩缝在施工时左右两边应各加两根独立的主龙骨、次龙骨，龙骨应全部断开； (6) 进行骨架隐蔽验收合格后才能安装罩面板

质量通病	龙骨安装不规范	
错误做法		正确做法

通病现象	龙骨安装不符合规范，造成骨架变形
原因分析	（1）龙骨系列不符合设计及规范要求，影响吊顶的安全性； （2）安装设备时，随意切断主龙骨； （3）因安装机电末端设备、风口、检修口等，切断次龙骨后，未进行加固措施
防治措施	（1）选用符合设计及规范要求的龙骨系列； （2）吊顶主龙骨应按消防喷淋、空调风口、灯具、检修口、设备等机电末端位置排布，严禁吊顶施工完毕后切断主龙骨； （3）因安装机电末端设备、风口、检修口等，无法避免而切断次龙骨的，应在附近增加次龙骨加固骨架，并使用铆钉锚固； （4）进行骨架隐蔽验收

质量通病	吊杆超长无反支撑
错误做法	正确做法

通病现象	吊杆安装不符合规范，造成吊顶晃动、局部下沉
原因分析	（1）吊杆超过 1.5m 无反支撑，影响吊顶稳定性； （2）吊杆直径小，间距过大，无法承受吊顶荷载
防治措施	（1）吊杆长度大于 1500mm，应设置反向支撑进行加固，通常使用角钢，将主龙骨与结构楼板做斜拉结固定；吊杆长度大于 2500mm 时，应设置钢结构转换层； （2）吊杆规格应符合设计及规范要求，通常采用≥ M8 全牙热镀锌丝杆，上人吊顶应采用 M10 吊杆，吊杆上端与内膨胀螺栓固定在结构楼板，下端与主龙骨挂件连接；吊杆的固定点间距为 900～1000mm，吊杆距主龙骨端部距离不得大于 30mm，否则应增加吊杆

质量通病	吊顶检修口外观差
错误做法	正确做法

通病现象	吊顶检修口外观差，影响吊顶整体装饰效果
原因分析	（1）吊顶检修口收口参差不齐，打开关闭不顺畅； （2）吊顶检修口材质、颜色与吊顶饰面板不一致； （3）吊顶检修口随意开孔
防治措施	（1）吊顶检修口边缘及活动板应使用实木或金属收边，保持边缘平滑顺直、缝隙宽度一致，宜使用成品检修口； （2）吊顶检修口材质、颜色应符合设计要求，通常采用与吊顶饰面板一致的材料制作； （3）吊顶检修口开孔应综合考虑，开孔不宜过大、过多，相邻设备可使用同一个检修口，宜与吊顶灯具、喷淋、风口的中心线对齐布置

<table>
<tr><td>质量通病</td><td colspan="2">吊顶挡烟垂壁安装不规范</td></tr>
<tr><td colspan="2">错误做法</td><td>正确做法</td></tr>
<tr><td colspan="3">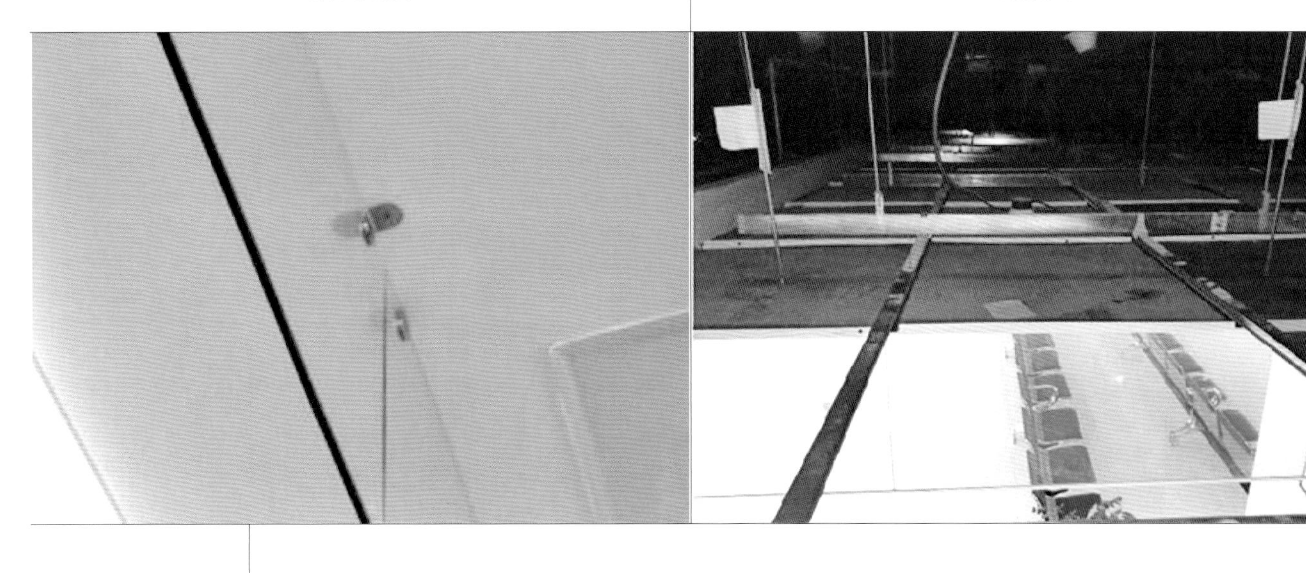</td></tr>
<tr><td>通病现象</td><td colspan="2">吊顶挡烟垂壁安装不规范</td></tr>
<tr><td>原因分析</td><td colspan="2">（1）挡烟垂壁未延伸到吊顶上部直至结构楼板底或梁底；
（2）挡烟垂壁玻璃之间、与墙体之间、吊顶内部上方的防火分隔有空隙，未达到防火要求；
（3）挡烟垂壁玻璃吊挂件安装不牢固，容易松动坠落</td></tr>
<tr><td>防治措施</td><td colspan="2">（1）挡烟垂壁应延伸到吊顶上方，吊顶上部分做防火分隔，防火分隔应做到结构楼板底或梁底，形成完整的防烟分区；
（2）挡烟垂壁玻璃竖向连接处留约 5mm 缝隙，使用透明防火密封胶粘结；吊顶内部的防火分隔与楼板、梁、墙、柱之间以及所有穿过分隔的设备管线的缝隙应采取防火封堵措施；
（3）挡烟垂壁玻璃应延伸到吊顶上部，使用金属吊挂件固定，玻璃孔与吊挂件孔对准后，使用螺栓紧固件对穿固定，安装后调整好每片玻璃板的垂直度，应对接平整、排列顺畅</td></tr>
</table>

4.2.2 板块面层吊顶工程

板块面层吊顶工程质量通病及防治措施一　　表 4.2.2-1

质量通病	活动面板吊顶表面不平整
错误做法	正确做法

通病现象	活动面板吊顶表面不平整
原因分析	（1）因 T 型龙骨与主承载龙骨连接不当，造成活动面板松动； （2）在活动面板上安装灯具； （3）边龙骨与墙体连接不牢固； （4）T 型龙骨没有对齐，角度歪斜
防治措施	（1）主承载龙骨调整好水平度，T 型龙骨使用专用连接件与主承载龙骨连接； （2）在活动面板上安装灯具，应采取吊装灯具的措施，避免面板因受力变形； （3）墙面钻孔插入膨胀胶塞，用自攻螺钉将边龙骨紧固在墙面，边龙骨的安装固定点间距一般为 300～400mm； （4）龙骨要拉通线检验，调整好平整度后才能安装活动面板

板块面层吊顶工程质量通病及防治措施二　　表 4.2.2-2

质量通病	石材面板吊顶承载力不足

错误做法	正确做法

通病现象	石材面板吊顶承载力不足，存在安全隐患
原因分析	（1）吊顶骨架结构承载力不足； （2）石材吊顶具有一定的重量，悬挂时按照普通墙面干挂工艺施工，未采取加固措施
防治措施	（1）石材面板安装应用型钢骨架，骨架受力点在结构楼板或梁上； （2）较大的石材面板应设置加强筋，安装应使用配套的吊挂件，与型钢骨架连接牢固；石材、吊挂件的接触面应使用专用粘接胶及背块加强牢固； （3）为减轻荷载、提高安全性，面板宜采用石材复合蜂窝铝板或石材转印铝板等材料替代

板块面层吊顶工程质量通病及防治措施三　　表 4.2.2-3

质量通病	镜面玻璃吊顶开裂

错误做法	正确做法

通病现象	镜面玻璃吊顶板块开裂，存在安全隐患
原因分析	（1）吊顶龙骨承载力不足，玻璃面板变形开裂； （2）镜面玻璃非安全玻璃，采用胶粘方法安装，无机械连接，存在安全隐患； （3）玻璃面板拼接未留缝，玻璃热胀冷缩后挤压爆裂
防治措施	（1）玻璃吊顶应按有关国家技术标准和规范进行设计，明确节点； （2）玻璃面板重量如超出龙骨承载力，应增加型钢龙骨加强措施； （3）为提高安全性，玻璃面板宜采用镜面不锈钢或有机玻璃等材料替代； （4）玻璃之间接缝宽度应留约 2mm 的间隙，以防止玻璃热胀冷缩后挤压爆裂

4.2.3 格栅吊顶工程

格栅吊顶工程质量通病及防治措施 表 4.2.3-1

质量通病	格栅线条不顺畅，接缝不平整

错误做法 	正确做法 

通病现象	格栅线条不顺畅，接缝不平整
原因分析	(1) 龙骨安装错误，格栅无法对齐，接缝对接不上； (2) 格栅装配方法不对，格栅安装时卡扣错位造成吊顶不平； (3) 格栅材料太薄，安装后产生变形、晃动
防治措施	(1) 格栅龙骨安装应符合设计要求，龙骨要拉通线检验，调整好平整度后才能安装格栅； (2) 格栅装配时，格栅主副龙骨连接要细致，安装时不得强制卡扣造成卡口变形； (3) 格栅材料厚度应符合设计及规范要求，材料检验合格后方准使用

4.2.4 软膜吊顶工程

软膜吊顶工程质量通病及防治措施　表 4.2.4-1

质量通病	软膜吊顶照明有阴影
错误做法	正确做法 

通病现象	软膜吊顶照明有阴影
原因分析	（1）底架高度过高或过低，灯管数量太少，安装间距太宽； （2）吊件的安装位置不合理，投影到软膜上； （3）部分管道或设施距离透光膜太近产生阴影； （4）灯具型号、规格、色温不统一
防治措施	（1）底架高度应符合设计及规范要求，灯管与软膜的距离应在 250～600mm，灯管数量及排布符合照度要求，灯距要相等； （2）安装底架时应注意吊件是否会对软膜造成阴影，必要时支撑材料可采用有机玻璃条； （3）若部分管道或设施距离透光膜太近产生阴影，应用反光纸将其包裹； （4）灯具应符合设计要求，安装完成后进行灯光效果检验

4.3 楼地面工程

4.3.1 天然石材地面工程

天然石材地面工程质量通病及防治措施一　　表 4.3.1-1

质量通病	楼梯踏步石材出现悬挑部位断裂、崩角现象
错误做法	正确做法

通病现象	楼梯踏步石材出现悬挑部位断裂、崩角现象
原因分析	(1) 踏步石材太薄或抗折强度低导致受力断裂; (2) 防滑槽开槽位置设置在踏步石材立板外口延伸部位，造成石材强度降低，出现断裂现象; (3) 延伸出立面的踏步石材较多且没有加固，石材承受力不够出现断裂; (4) 踏步石材没有采取倒角处理; (5) 铺贴后养护及成品不到位造成破坏
防治措施	(1) 踏步石材抗折强度不低于 7MPa，边缘厚度不小于 30mm，如石材厚度不足，可进行加强处理; (2) 石材踏步防滑槽设置在距边缘 30mm 以外; (3) 踏步石材悬挑不可超过 20mm; (4) 石材踏步边要进行 45° 倒角处理，避免使用 90° 尖角; (5) 踏步石材铺贴完工后，以多层板或木工板包角，并铺设模板保护，7 天内不准上人

质量通病	天然石材台阶设置不符合要求

错误做法	正确做法

通病现象	公共建筑室内外台阶设置不符合要求，踏步高宽差超标
原因分析	（1）前期图纸深化设计不到位，未根据公共建筑室内外台阶设置要求进行设计排板； （2）现场测量、放线工作不到位，管理人员未对放线尺寸复核
防治措施	（1）应根据公共建筑室内外台阶设置要求，加强前期图纸深化排板； （2）现场测量、放线需加强复核，避免踏步高宽差超标

质量通病	一级台阶
错误做法	正确做法

通病现象	一级台阶，存在安全隐患
原因分析	施工技术交底、深化设计未按规范要求执行
防治措施	（1）公共建筑室内外台阶踏步宽度不宜小于 0.3m，踏步高度不宜大于 0.15m，且不宜小于 0.1m； （2）踏步应采取防滑措施； （3）室内台阶踏步数不宜少于 2 级，当高差不足 2 级时，宜按坡度设置； （4）台阶总高度超过 0.7m 时，应在临空面采取防护设施

<table>
<tr><td>质量通病</td><td colspan="2">天然石材排板错误</td></tr>
<tr><td colspan="2">错误做法</td><td>正确做法</td></tr>
<tr><td colspan="3">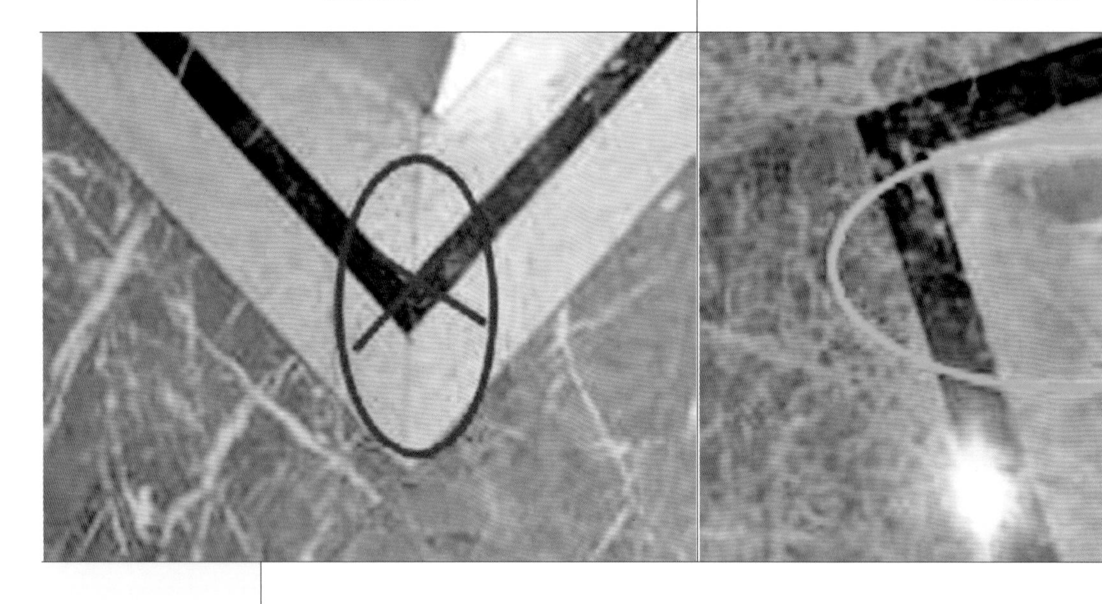</td></tr>
<tr><td>通病现象</td><td colspan="2">墙面石材与地面石材对角不通缝</td></tr>
<tr><td>原因分析</td><td colspan="2">（1）在工厂或现场切割，由于人或设备的原因，加工精度不够，导致 45° 角对不上；
（2）放线不到位，对墙面、地面完成面不能准确弹线到位</td></tr>
<tr><td>防治措施</td><td colspan="2">（1）排板下单时将围边的石材做成整块的，不用做斜切角；石材到场安装时，经过试拼后根据尺寸现场切割，以保证安装完成后各斜拼角能够准确对上去，从内到外成一条线，比较美观；
（2）驻场检查人员应严格控制两边的石材宽度</td></tr>
</table>

质量通病	大理石泛碱

错误做法　　

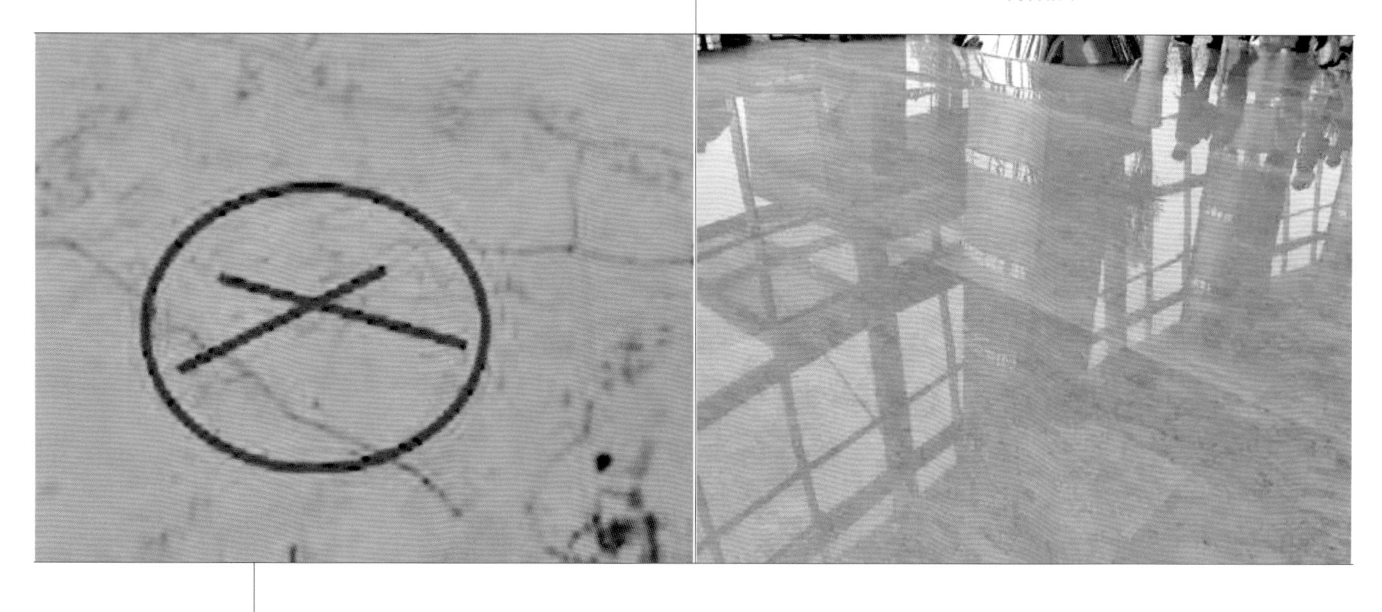

通病现象	地面大理石出现泛碱现象
原因分析	（1）质量验收不严格，未对进场石材进行严格检验，致使部分存在暗纹、断裂的石材进场； （2）施工方法出现操作不当，在铲除石材背面防潮网片时将石材防护层破坏，或石材出厂前本身的六面防护不到位； （3）地面基层水分过重，而未采用白色胶泥做粘结层，致使水分泛出
防治措施	（1）设计上考虑消除泛碱：可选用防水背胶，且在施工中不铲除其背部网片；考虑好结构的防水处理；选择吸水率及其他物理性能符合要求的石材板等； （2）使用防碱背涂剂：石板安装前在石材背面和侧面背涂专用处理剂，该溶剂将渗入石材堵塞毛细管，使水、$Ca(OH)_2$、盐等其他物质无法侵入，切断了泛碱现象的途径；若无背涂处理，泛碱不可避免，经背涂处理的石材的粘结性不受影响； （3）减少 $Ca(OH)_2$、盐等物质生成：镶贴用的水泥砂浆宜掺入减水剂，以减少 $Ca(OH)_2$ 析出，粘贴法砂浆稠度宜为 6～8cm，灌浆法砂浆稠度宜为 8～12cm； （4）防止水的浸入：作业前不可对石材和墙面大量淋水；地面墙根应设置防潮层；卫生间、浴室等用水房间的外壁如有石材，其内壁应进行防渗处理

质量通病	钢楼梯踏步天然石材空鼓
错误做法	正确做法

通病现象	钢楼梯石材踏步，石材铺贴完成后，出现空鼓
原因分析	（1）石材直接铺贴在钢板上，楼梯正常使用时，石材面受力不均，易使钢楼梯产生振动变形，导致石材空鼓； （2）因钢板厚度、支撑点和间距的不同而产生不同的反弹力，反弹力大于砂浆与钢板之间的黏结力，导致石材和钢板空鼓脱落
防治措施	石材铺贴前，应用胶混砂后喷满钢板基层表面，再用钢筋或钢丝网铺贴在钢板上，同时用水泥砂浆进行满铺，使钢板与基层形成整体，然后再铺贴石材

质量通病	天然地面现黑缝
错误做法	正确做法

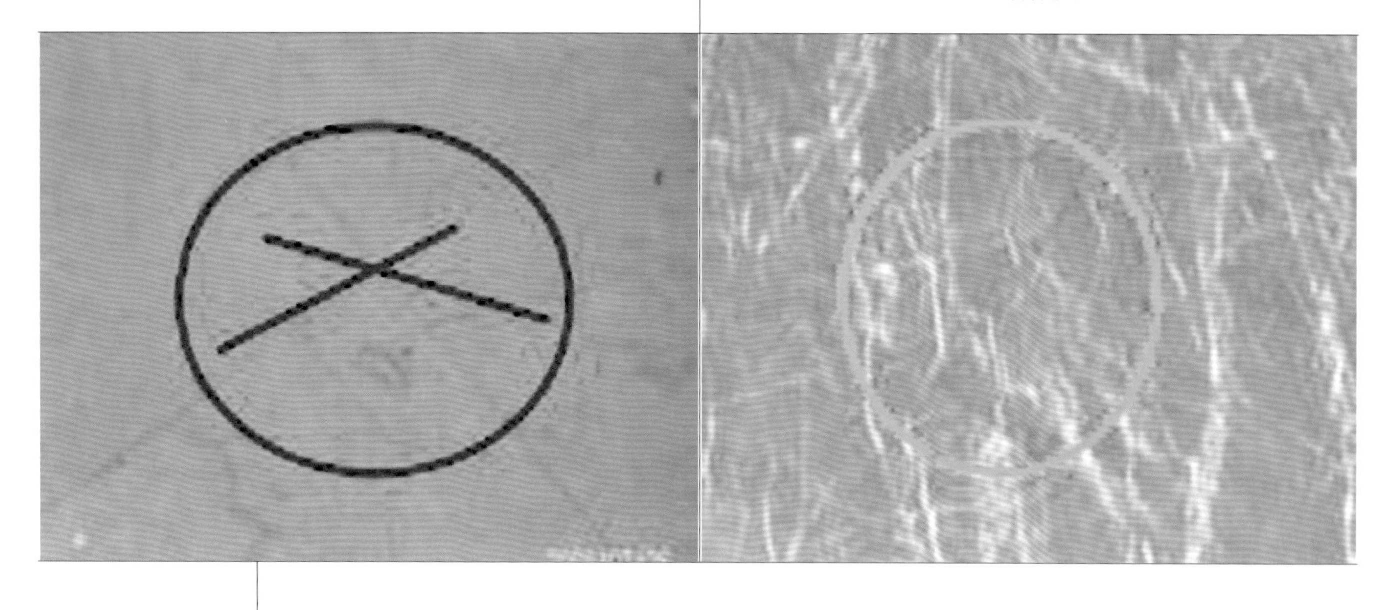

通病现象	石材打磨之后显示一条黑缝
原因分析	(1) 石材嵌缝前开缝处理不干净，石材铺贴之后未及时保护，缝间内掺入杂物； (2) 补胶不彻底、漏胶或胶没硬化就打磨，造成其他杂物在打磨时混在其中出现黑缝现象； (3) 填缝剂与石材存在色差
防治措施	(1) 技术交底要明确，石材铺贴后要有专人保护，同时要加强监控； (2) 石材铺贴之后缝隙要清理干净，及时贴纸胶带保护，待补缝时再将其撕掉； (3) 补胶的颜色尽量和石材颜色一致，宁浅勿深；需统一调色并经项目部确认，建议采用树脂胶调浅色补缝（不可掺水）；最好采用水晶胶，打磨后不变色且有光泽

质量通病	石材地面开裂

错误做法	正确做法

通病现象	地面石材出现开裂现象
原因分析	(1) 大理石本身石质较差，当镶贴不当、受到各种外力影响，在色纹暗缝或其他隐伤处产生不规则的裂缝； (2) 结构的沉降产生竖向压缩变形，在拉力作用下，因石材的弯曲强度不够，导致大理石板开裂； (3) 生产、搬运、安装、保护等环节导致开裂、损坏； (4) 有地暖的地面由于冷暖频繁交替，热胀冷缩，致使地面石材开裂； (5) 石材防护质量差，背面树脂胶未干透装箱运输，导致石材暗裂
防治措施	(1) 前期应与业主、设计沟通，质地较脆的石材尽量不宜铺贴于地面，或采用复合石材（采用质地坚硬的花岗石作背板）； (2) 石材进场时对所有材料进行检查，对有暗裂纹等缺陷的石材概不收货，安装时要求工人轻拿轻放，地面石材铺贴后严禁重压； (3) 铺设时最好把石材背面网格布铲除，嵌缝要严密； (4) 石材安装时尽量留有足够的伸缩缝隙，选取厚度足够、材质坚硬、牢固的大理石

天然石材地面工程质量通病及防治措施九　　表 4.3.1-9

质量通病	石材铺贴出现水斑

错误做法	正确做法

通病现象	白麻石材铺贴后出现水斑
原因分析	（1）石材防护一般都在工厂完成，防护剂质量差，干透时间不足即运至现场安装； （2）石材铺贴前地坪潮湿或没有做好防水处理，造成石材铺贴后产生水色斑现象，石材拼缝处水斑现象比较明显； （3）石材安装完成后没有等水分挥发即进行嵌缝处理或严密覆盖，导致水分从石材拼缝处渗出； （4）石材嵌缝时用水作为冷却液，锯片破坏原防护层，导致石材拼缝处水斑现象
防治措施	（1）加强工厂跟踪力度，石材出厂前做好六面防护，石材出厂前及进场后做好验收工作； （2）防护完毕及时充分放置、通风、晾干后再铺装； （3）石材铺贴前，特别是一层、地下层，或厨房间、阳台等易受潮部位，地坪要做好防水施工；铺贴后做镜面处理，以防止受潮； （4）石材铺贴后不能立即严密覆盖表面，须待水气挥发后进行保护；安装后应先保持石材缝空畅，让水分充分挥发，一周后再进行嵌缝及镜面打磨处理，地下室等湿度较大或通风不良部位可采用强制通风挥发水分； （5）石材嵌缝时，冷却液要用防护剂进行冷却，防护剂既起到冷却的作用又起到再次防护的作用，禁止用水冷却

质量通病	地面石材空鼓
错误做法	正确做法

通病现象	粘贴背网的石材地面铺贴完成后没有空鼓，在地面打磨后产生空鼓
原因分析	（1）粘背网的石材胶与铺贴的水泥不能粘结； （2）石材胶与石材未能形成一个整体，背网成为石材与水泥的隔膜； （3）在打磨震动的情况下石材胶与水泥分开
防治措施	（1）石材强度能够达到铺贴要求时，粘贴的背网需铲除后再进行施工； （2）对于较薄的石材，若石材强度达不到铺贴敲打要求时，可以在石材背面喷石材颗粒（喷砂），再进行施工，这样既能满足强度要求，又能使水泥和石材有一个良好的接触面

质量通病	石材返绿
错误做法	正确做法
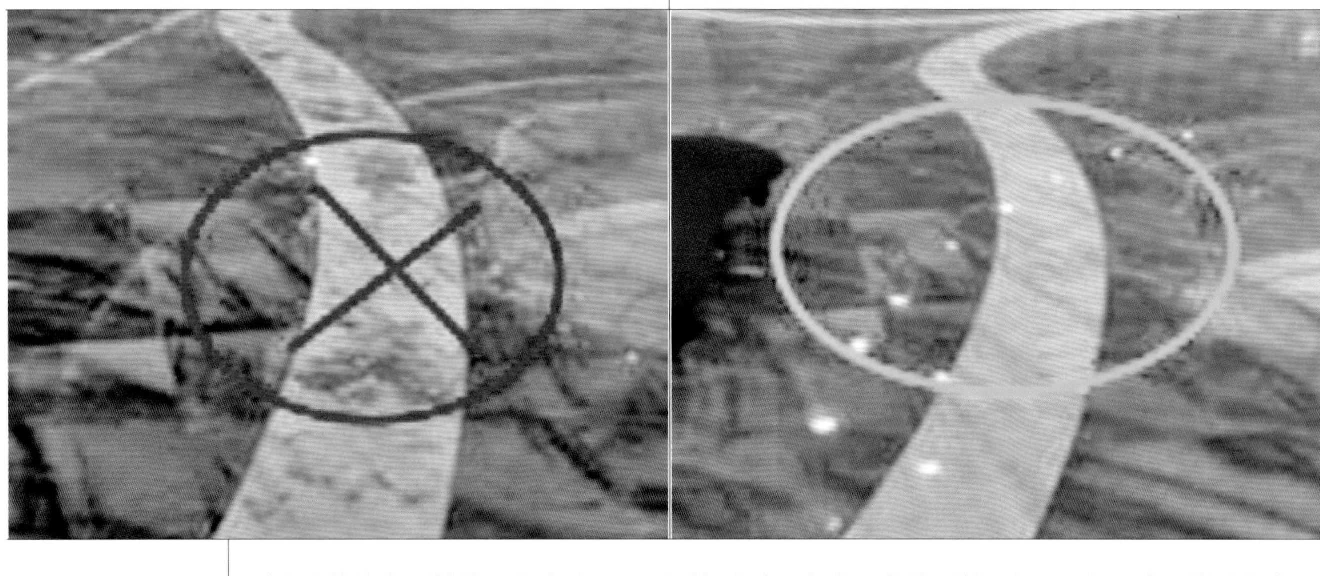	
通病现象	爵士白等浅色石材施工完成后1～2天时间内出现绿色，俗称石材返绿，一般只有一块地方有，其余地方没有
原因分析	（1）石材防碱背涂在切割时遭到破坏； （2）只有这一个区域内有返绿现象，是有人在此处进行钢材切割，铁制品加工时，地面留有残渣，与石材发生化学反应； （3）周边区域进行钢材加工等作业，交叉污染引起
防治措施	（1）水刀石在后场加工后做好防碱背涂处理，到场直接安装； （2）在一些地面将要施工浅色石材的区域，禁止设立半成品加工区，尤其是钢材、铁制品加工区； （3）返绿为地面铁屑等与石材发生化学反应，使用石材厂的专用药水反复擦拭可消除，待过几天绿色还会返出来，再用药水擦拭，如此反复，一般1～2周内可全部消除，以后不会再返绿

质量通病	地面石材有水渍、花斑
错误做法	正确做法

通病现象	石材地面有水渍、花斑、腐蚀等现象，色调不统一，影响美观
原因分析	（1）石材防护未到位； （2）石材铺贴前地坪潮湿或没有做好防水处理，造成石材铺贴后产生水斑现象，石材拼缝处水斑现象比较明显； （3）石材安装完成后没有等水分挥发即进行嵌缝处理或严密覆盖，导致水分从石材拼缝处渗出
防治措施	（1）石材出厂前做好六面防护，石材铺贴前做好验收工作； （2）石材铺贴前，特别是一层、地下层，或厨房间、阳台等易受潮部位，地坪要做好防水施工；铺贴后做镜面处理，以防止受潮； （3）防护完毕及时充分放置、通风、晾干后再铺装； （4）石材铺贴后不能立即严密覆盖表面，须待水气挥发后进行保护；安装后应先保持石材缝空畅，让水分充分挥发，一周后再进行嵌缝及镜面打磨处理

质量通病	石材地面伸缩缝设置不合理
错误做法	正确做法
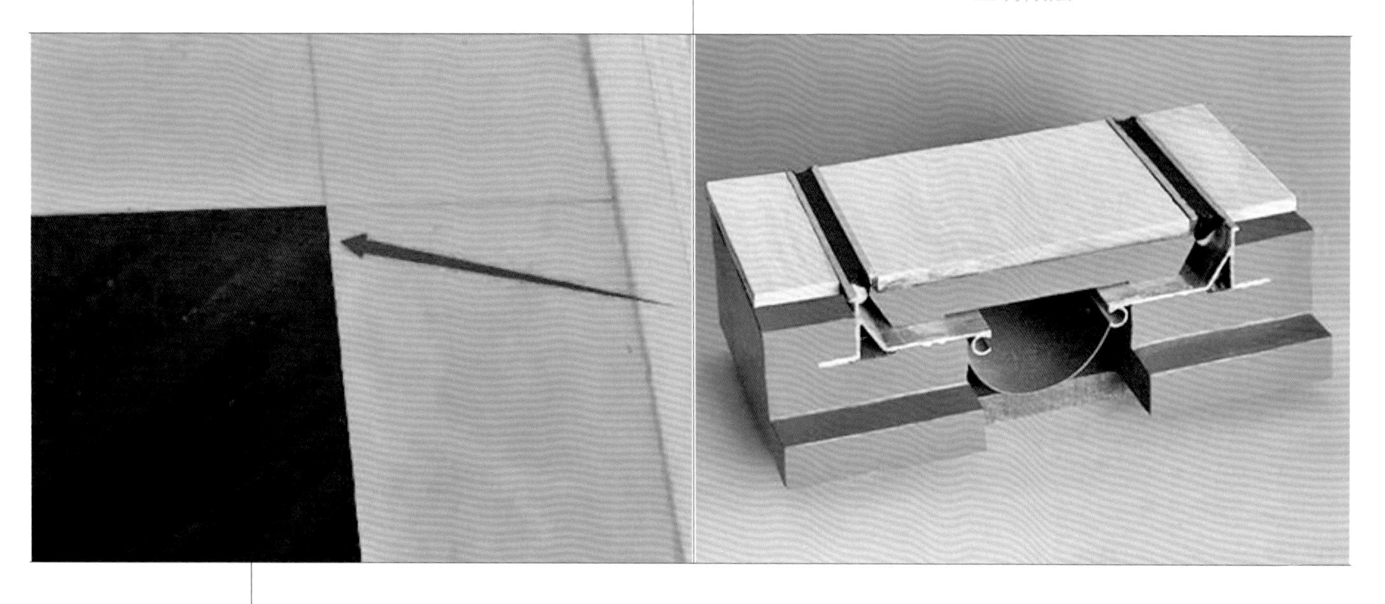	
通病现象	石材地面伸缩缝未设置或设置不合理
原因分析	大面积石材地面面层伸缩缝设置不符合设计要求
防治措施	（1）大面积石材板块面层的伸缩缝设置应符合设计要求； （2）地面伸缩缝的设置应与主体结构伸缩缝的设置相一致，根据现行国家标准《建筑地面工程施工质量验收规范》GB 50209—2010 第 3.0.16 条第 1 款："建筑地面的沉降缝、伸缝、缩缝和防震缝，应与结构相应缝的位置一致，且应贯通建筑地面的各构造层"； （3）伸缩缝的设置原则：从基面开始直通面层，填充伸缩缝材料应具有良好的伸缩性能，设置的距离和伸缩缝宽度应充分考虑应力的释放； （4）当地面垫层采用的是混凝土时，应沿纵向和横向设置伸缩缝；根据现行国家标准《建筑地面工程施工质量验收规范》GB 50209—2010 第 4.8.4 条："室内地面的水泥混凝土垫层和陶粒混凝土垫层，应设置纵向缩缝和横向缩缝；纵向缩缝、横向缩缝的间距均不得大于 6m"

人造石地面工程质量通病及防治措施 表 4.3.2-1

质量通病	人造石地面起拱、空鼓、开裂
错误做法	正确做法
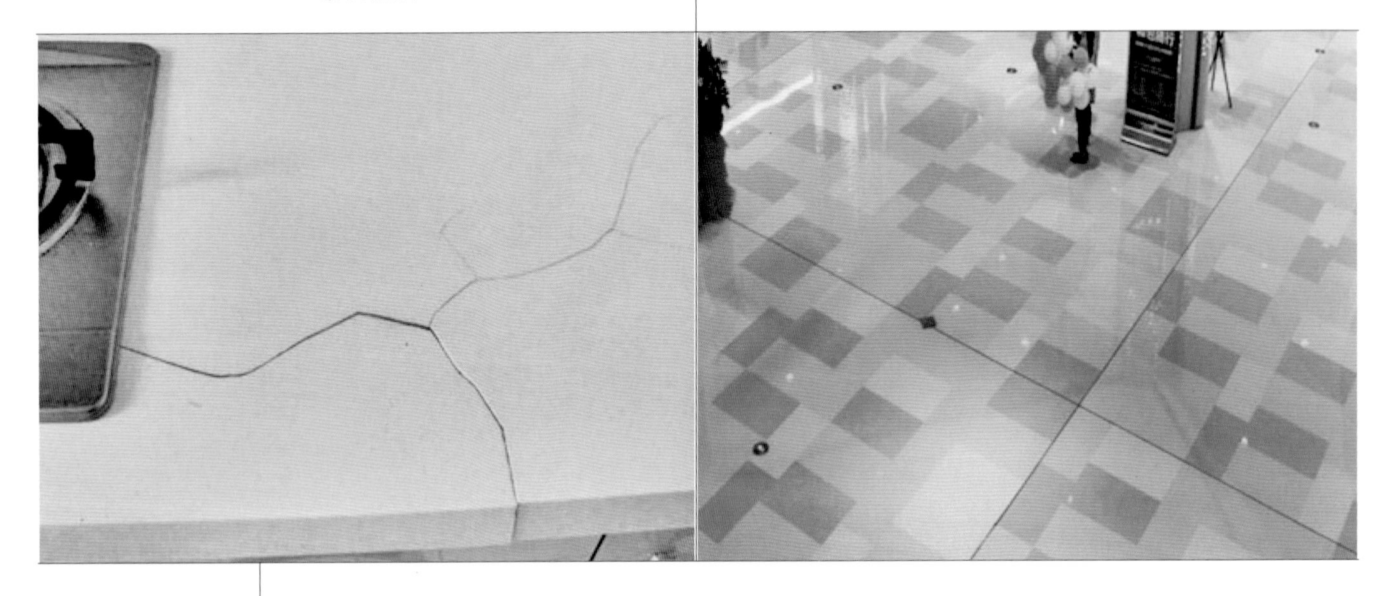	
通病现象	人造石翘起开裂
原因分析	（1）选用的人造石热膨胀系数与基层材料热膨胀系数相差较大； （2）未合理设置伸缩缝
防治措施	（1）通过选用热膨胀系数低的人造石，使其和基层的热膨胀系数尽可能接近，二者的收缩变形尽可能一致，从而可以减少由于二者收缩变形不一致而导致的空鼓； （2）选用优质的人造石专用胶粘剂；胶粘剂有很强的粘结强度，可以有效抵消人造石变形产生的应力，从而避免出现空鼓、开裂； （3）合理预留人造石地面的伸缩缝，从而避免因伸缩缝宽度不够地面彼此挤压而出现的变形、起拱和开裂现象； （4）清缝后选用柔性填缝剂，避免因人造石相互挤压而产生的变形、起拱和开裂

地面地毯工程质量通病及防治措施一 表 4.3.3-1

质量通病	地毯与石材平接处未做收口处理
错误做法	正确做法

通病现象	地毯与石材接口有落差，往往地毯面较低；采用地毯与石材间加嵌条做法，但在交接处产生一条朝天缝
原因分析	（1）对地毯的厚度不清楚，地面找平时没有控制好石材与地毯的高度关系； （2）不锈钢条采用L形，与石材直接平接；使用过程中因人走路产生松动，朝天缝会更明显
防治措施	（1）在施工前拿到地毯及垫层的小样，然后根据小样的厚度浇筑地面，地毯毛高要高于石材完成面3～4mm； （2）地毯与石材地面平接时做好绒高找坡，拼接处可以用一根不锈钢条收口；不锈钢条采用Z字形，底部用膨胀螺栓固定；地毯与石材交接处，Z字形头可盖住石材，避免朝天缝的产生； （3）石材倒边3mm或采用铝合金U形毛刺条进行安装，或考虑用T形不锈钢收口

质量通病	踢脚线未压地毯
错误做法	正确做法

通病现象	踢脚板安装较高，地毯铺后出现明显空隙
原因分析	（1）地坪高低不平，铺地毯前地坪没有做必要的找平层； （2）安装踢脚板前地毯厚度没有确定好，造成误差
防治措施	（1）地毯及胶垫的厚度要提前确定，施工前和班组做好交底； （2）铺地毯前检查地坪，复核地面水平标高，不平整的区域提前做好找平，确保达到找平高度及平整度； （3）安装踢脚线时以地面为基准（以标高线为辅），预留 8～10mm 地毯空间

质量通病	地毯起拱
错误做法	正确做法 

通病现象	地毯起拱
原因分析	（1）地毯在运输及上楼过程中有折、揉情况； （2）沿墙安装倒毛刺不牢固，地毯没有绷紧； （3）房间地面潮湿或地毯清洗时受潮，待干后造成起拱
防治措施	（1）地毯在铺设之前最好先展开平放 12h，让其有一个自然收缩的时间后再铺； （2）沿墙边安装倒毛刺，固定点间距不得超过 30cm，安装牢固后用专用地毯撑，进行两头绷紧拉直定位； （3）房间地坪湿度大时不得铺设地毯，清洗地毯时注意地毯不能过分潮湿，以防起拱； （4）对于已经出现皱褶的地毯，建议重新烫平，周边毛刺加固处理

PVC 地面工程质量通病及防治措施一　　表 4.3.4-1

质量通病	PVC 运动地胶空鼓
错误做法	正确做法

通病现象	地面运动地胶铺贴时为保证美观，地胶靠墙边缘只预留了 5mm 伸缩缝打玻璃胶，地胶边缘脱胶、起鼓，修补过后一个月又起鼓
原因分析	施工时气温较低，气温升高后地面地胶受热胀冷缩影响，靠墙边没有足够的伸缩缝，导致边缘脱胶、起鼓
防治措施	铺贴地胶时要预留足够的伸缩空间（离墙至少 1cm），为保证美观，可以先铺地胶，距墙边预留足够伸缩缝，踢脚线压地胶安装

PVC 地面工程质量通病及防治措施二 表 4.3.4-2

质量通病	PVC 地板踢脚线下口接缝处出现起鼓

错误做法 	正确做法 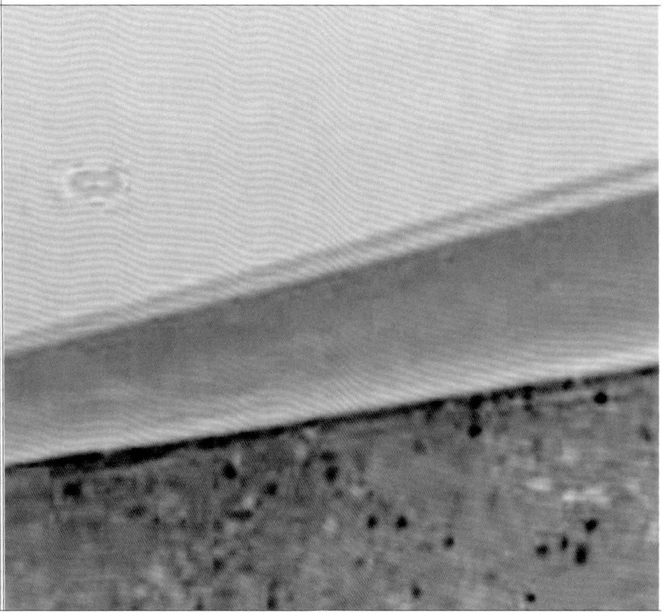

通病现象	PVC 地板铺贴时与踢脚线、玻璃隔断下口接缝处出现起鼓，影响美观
原因分析	（1）施工时，空气湿度过高，涂面干燥过程使用了过多的快干剂； （2）基层含水率过大造成起泡； （3）地面基层起砂开裂，从而导致面层开裂脱落
防治措施	（1）铺贴地胶时要预留足够的伸缩空间（离墙 3～5mm），地胶先铺，距墙边预留足够伸缩缝，踢脚线、隔断压地胶安装； （2）施工时管理人员应现场把关，指导工人把地胶刮平、铺匀，刮胶采用横、纵叠刷的方式，刮胶后不可立即铺贴，等待 15～20min（胶水呈半干状态）胶水水分挥发后方可铺贴，避免地胶起鼓； （3）铺贴气温不得低于 5℃，不得高于 30℃

PVC 地面工程质量通病及防治措施三　　表 4.3.4-3

质量通病	塑胶类地面不平
错误做法	正确做法

通病现象	塑胶类地面不平
原因分析	（1）施工时地面太湿，地胶与地面不能紧密地粘结在一起，发生起鼓现象； （2）基层表面局部强度不够； （3）基层平整度不够； （4）施工时温度不够导致脱水不干，无法使地胶和地面粘结
防治措施	（1）注意基层的防潮处理，含水率控制在 8% 以下； （2）采用水泥砂浆压实赶光，或增加水泥自流平层，提高基层平整度； （3）找平层应彻底干燥，含水率小于 6%，需要检测达标后再施工； （4）地面平整度需达到 2m 直尺范围内不平整度小于 2mm，地面应坚硬（不低于 1.2MPa）； （5）室内温度和地面温度以 15℃为宜，不建议在 5℃以下或 30℃以上条件下施工；相对湿度应保持在 20%～75%

木地板地面工程质量通病及防治措施一　　表 4.3.5-1

质量通病	实木地板起拱
错误做法	正确做法

通病现象	实木地板使用一段时间后出现起拱现象
原因分析	(1) 地板过干，含水率过低； (2) 铺设过紧：铺设时是干燥季节，榫槽拍得过紧，当环境湿度猛增时，地板随环境湿度增加胀宽，由于拼装紧，无处延伸，引起起拱； (3) 墙面与地板间未留伸缩缝或留得过小； (4) 地板被水泡：地板被水泡后，地板体积增大，会出现大面积起拱现象
防治措施	(1) 铺设前检查地坪是否平整，尤其是水泥找平面要干透； (2) 免漆实木地板打开包装后不能马上铺设，应让其适应外界湿度（适应时间两星期左右，地板应堆起，高度不超过 1m）； (3) 铺设地板过程中不要拼得过紧，应注意：① 相对潮湿环境下，地板之间留 0.1mm 拼缝；② 相对干燥环境下，地板之间留 0.2mm 拼缝； (4) 地板四周踢脚板下留 10～15mm 的伸缩缝，或预埋一同等宽度的 V 形弹簧卡件； (5) 地板与墙面（或隔断）无踢脚线处留 10～15mm 的间隙，用收口条收边； (6) 地板应注意日常养护，避免潮湿、遇水等现象

质量通病	地板边缘下沉
错误做法	正确做法

通病现象	地板与石材交界处地板被踩下去，出现高低差
原因分析	（1）门槛石处地板找平层处理不当； （2）门槛石处地板木龙骨没有铺设到位
防治措施	（1）门槛石处应充分考虑地板及加固木龙骨的厚度，做好水泥找平层，找平层干透才铺设木地板； （2）铺设地板时，在靠近门槛石处需对木龙骨进行加固

质量通病	实木地板和石材收口处出现高低差

错误做法	正确做法

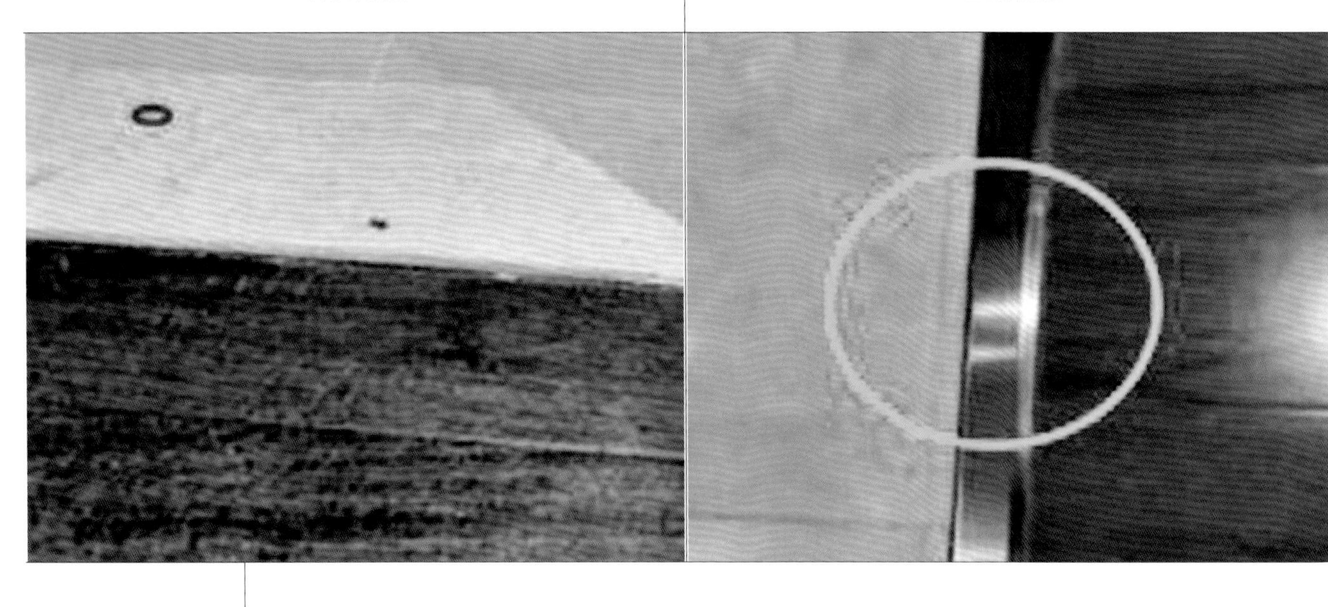

通病现象	实木地板与石材交界处地板下陷，出现高低差
原因分析	（1）地板基层不平整； （2）石材与实木地板收口间存在高低落差； （3）实木地板靠近石材收口处木格栅未采取加固处理
防治措施	（1）木、竹面层铺设在水泥类基层上，其基层表面应坚硬、平整、洁净、不起砂，表面含水率不应大于 8%； （2）铺设实木地板时，要预控好石材与实木地板间完成之间的尺寸； （3）紧贴石材部位设置木格栅； （4）木格栅需要稳固固定（可以采用角铁固定，角铁间距≤ 400mm，格栅两侧间隔排布）

质量通病	地板与地砖收口高低不平
错误做法	正确做法

通病现象	地面不同材质交接收口高低不平
原因分析	（1）地面及地板基层铺贴不平； （2）地板与地砖收口处未采取加固处理
防治措施	（1）铺设地板基层前，检查其基层表面，表面应坚硬、平整、洁净、不起砂； （2）铺设地板时，要控制好与地砖收口处的尺寸并在收口部位进行加固处理

质量通病	拼花木地板高低不平
错误做法	正确做法

通病现象	拼花木地板高低不平
原因分析	（1）现场放线没有认真落实，地板格栅高度没有根据水平标高调整； （2）现场检查不到位
防治措施	（1）前期策划及现场放线要认真落实，做好技术交底工作； （2）现场管理跟踪落实到人； （3）地板铺设应留缝处理，可采用免胶铺设方法

质量通病	在地板上走动时有响声
错误做法	正确做法
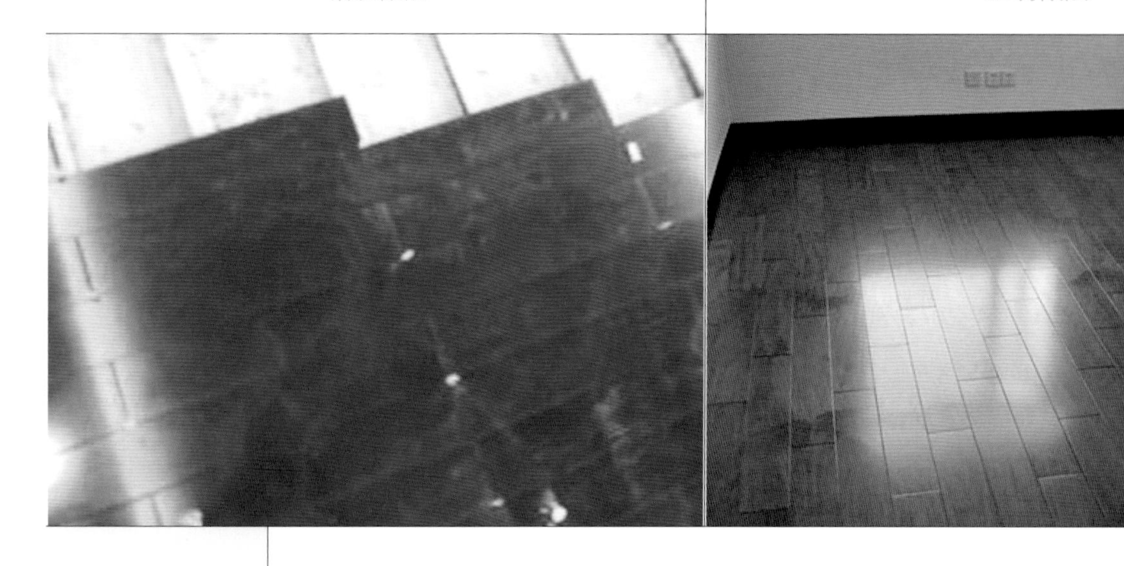	
通病现象	在地板上走动时有响声
原因分析	实木地板铺设时先打木塞，然后把木龙骨用钉子固定在木塞上，木地板使用一段时间之后容易出现松动，人在地板上走动时，地板出现响声
防治措施	（1）先打好木塞，利用聚氨酯胶固定木龙骨，然后用钉子固定； （2）宜采用环保聚氨酯胶直接粘贴木地板； （3）可采用带有塑料防震卡件的木地板

<table>
<tr><td>质量通病</td><td colspan="2">地板起拱断裂</td></tr>
<tr><td colspan="2">错误做法</td><td>正确做法</td></tr>
<tr><td colspan="3">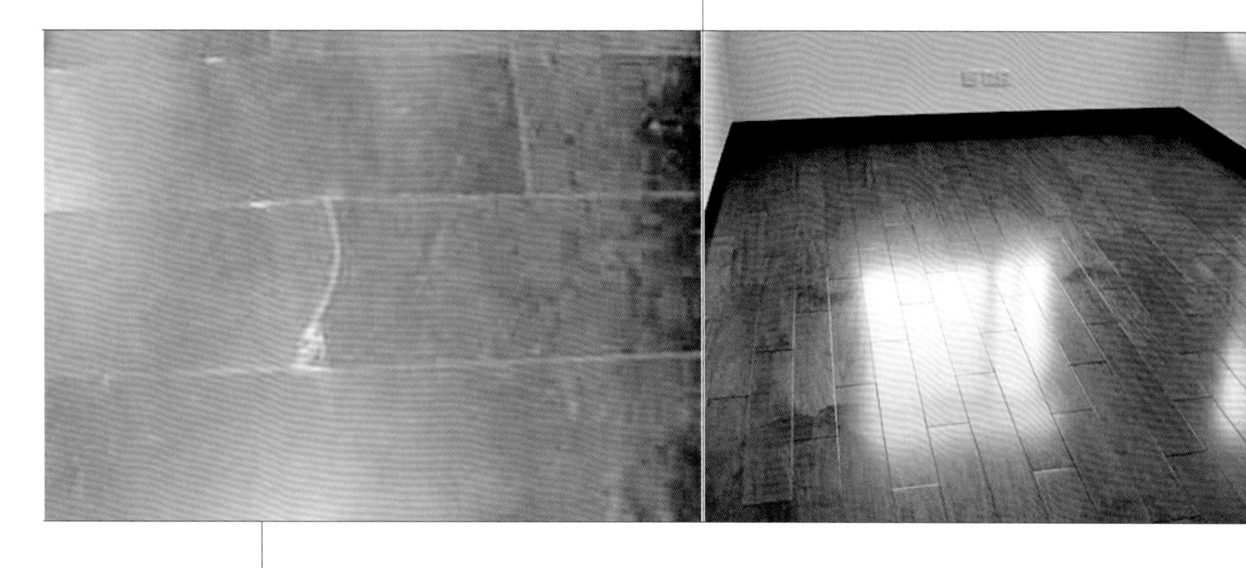</td></tr>
<tr><td>通病现象</td><td colspan="2">地板起拱断裂</td></tr>
<tr><td>原因分析</td><td colspan="2">（1）地面湿度大，时间一长造成膨胀起拱；
（2）铺设时四周与墙面没有预留空缝，造成起拱断裂</td></tr>
<tr><td>防治措施</td><td colspan="2">（1）铺设前检查地坪是否平整，水泥找平面要干透；
（2）免漆地板开包装后不能马上铺设，应让其适应外界湿度；
（3）铺设地板过程中不要拼得过紧（留 0.1～0.2mm 伸缩缝）；
（4）地板四周踢脚板下留 8～10mm 的伸缩缝，确保有收缩空间；
（5）地板与墙面（或隔断）无踢脚线处留 10mm 左右的间隙，用收口条收边；
（6）地板应注意日常养护，避免阳光暴晒或潮湿</td></tr>
</table>

质量通病	地板松动，收口处不平
错误做法	正确做法

通病现象	地板松动，收口处不平
原因分析	若地龙骨垂直于门槛石方向安装，地龙骨端头距门槛石间距过大，易出现地板与木龙骨的接触面小，受力不均，导致地板安装后悬空、不牢固
防治措施	（1）门槛石与地龙骨间应垫平垫实，以确保此部位地板与门槛石平齐且牢固； （2）地板铺设的方向与进门方向一致，可避免门口地板与门槛的收口松动问题

质量通病	地板与门套收口粗糙
错误做法	正确做法

通病现象	地板与门套收口粗糙
原因分析	（1）对施工班组技术交底不清，导致工人没能采取正确的工序； （2）项目部施工过程中对施工质量监督不到位
防治措施	（1）施工技术交底要全面充分，在施工过程中要加强监督； （2）安装成品木门套时，底部应控制好与地面的距离，铺设地板时把地板插进去

4.3.6 环氧水磨地面工程

环氧水磨地面工程质量通病及防治措施　表 4.3.6-1

质量通病	水磨石地面裂缝
错误做法	正确做法
通病现象	水磨石地面裂缝
原因分析	(1) 施工工期较紧，结构沉降不稳定；垫层与面层工序跟得过紧，垫层材料收缩不稳定，暗敷电缆管线过高，周围砂浆固定不好，造成面层裂缝。 (2) 在现制水磨石地面前，基层清理不干净、预制混凝土楼板缝及端头缝浇灌不密实将影响楼板的整体性和刚度，当地面荷载过于集中时会产生裂缝。 (3) 对现制水磨石地面的分格不当，形成狭长的分格带，容易在狭长的分格带上出现裂缝
防治措施	(1) 门口或门洞处做水磨石面层时，应在门口两边镶贴分格条，这样可避免该处出现裂缝。 (2) 现浇水磨石地面的混凝土垫层浇筑后应有一定的养护期，使其收缩基本完成后再进行面层的施工；较大的或荷载分布不均匀的地面，在混凝土垫层中要加配双向 $\phi6$ @ 150～200mm 的钢筋，以增加垫层的整体性和刚度。预制混凝土板的板缝和端头缝，应用细石混凝土浇筑密实。暗敷电缆管道的设置不要过于集中，在管线的顶部至少要有 20mm 厚混凝土保护层。如果电缆管道不可避免过于集中，应在垫层内采取加配钢筋网的做法。 (3) 做好基层表面的处理工作，确保基层表面平整、强度满足、沉降极小，保证表面清洁、没有杂物、粘结牢固。 (4) 现制水磨石的砂浆或混凝土，应尽可能采用干硬性的。 (5) 在对水磨石面层进行分格设计时，避免产生狭长的分格带，防止因面层收缩而产生裂缝

4.3.7 自流平地面工程

自流平地面工程质量通病及防治措施一　　表 4.3.7-1

质量通病	地坪有色差，色泽不一致
错误做法	正确做法

通病现象	地坪有色差，色泽不一致
原因分析	主要原因是涂料搅拌不够均匀，或者使用了不同批号的涂料
防治措施	（1）涂料应先充分搅拌均匀； （2）避免材料前后接触间隔过久，整个操作协调有序且一次性施工完成； （3）务必使用专用工具及合理组织足够的熟手施工人员； （4）应使用同一批号涂料

自流平地面工程质量通病及防治措施二　表 4.3.7-2

质量通病	环氧自流平地面表面不平整

错误做法	正确做法

通病现象	环氧自流平地面表面不平整
原因分析	基层不平整，石英砂颗粒不均匀
防治措施	（1）基层施工环境应清洁，石英砂颗粒应均匀； （2）材料前后涂布衔接时间不应超过材料规定时间

质量通病	环氧自流平地面表面发白	
错误做法		正确做法
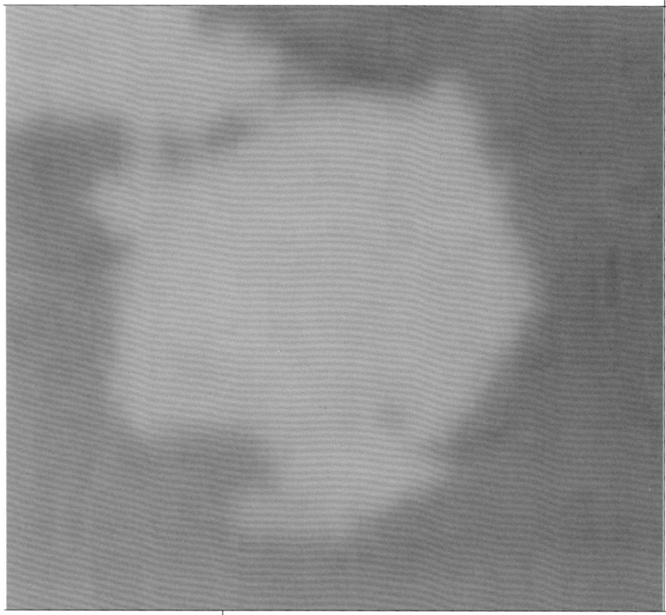		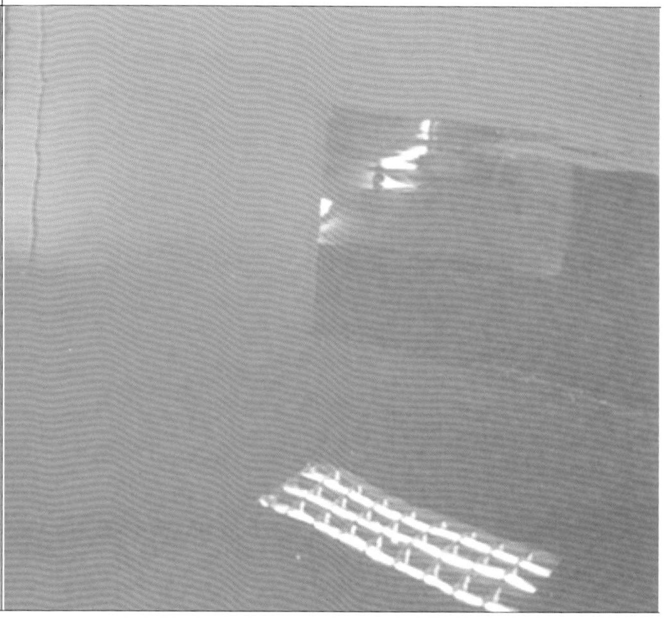
通病现象	环氧自流平地面表面发白	
原因分析	固化剂选择不合理，施工后养护不当	
防治措施	（1）选择配套固化剂； （2）避免低温多湿条件施工，不得已时应采取加温除湿措施，如空调加温降湿、暖风机加温； （3）避免施工后有水浸入	

质量通病	环氧地坪剥离、裂纹及破损
错误做法	 正确做法

通病现象	环氧地坪有剥离、裂纹及破损现象
原因分析	基层未具备施工条件，施工工序不合理等
防治措施	（1）基层应严格按照混凝土地面和水泥砂浆地面进行施工； （2）选择适当低黏度底漆； （3）每道涂层时间间隔为上一道涂层表干可进人后即需施工下一道涂层，避免交叉作业污染； （4）地下水压过高，应先施工防水层，基面含水率过大，应先烘干处理及选用亲水性底漆

质量通病	环氧地坪有气泡及针孔

错误做法	正确做法
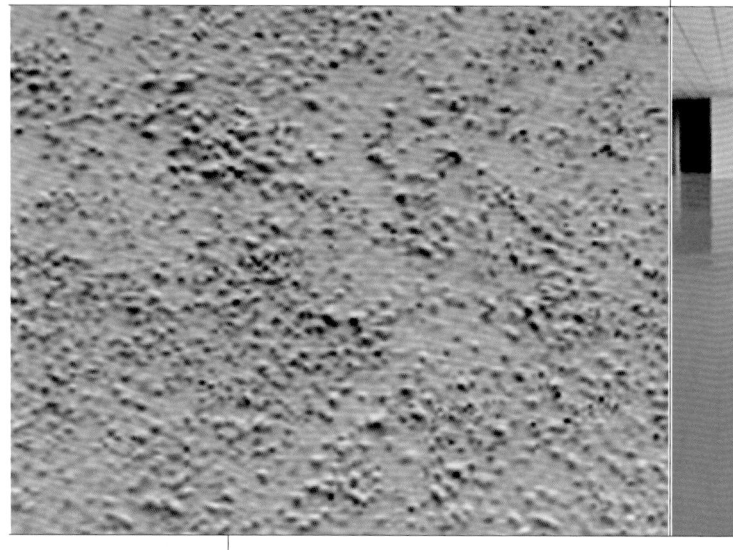	

通病现象	环氧地坪有气泡及针孔
原因分析	地坪漆未充分混合均匀等
防治措施	（1）充分混合均匀后，宜静置消泡 3～5min； （2）涂布抹平时，表面不允许有目视之气泡，用针刺或消泡滚筒消泡

4.4 墙面工程

4.4.1 天然石饰面工程

天然石饰面工程质量通病及防治措施一　　表 4.4.1-1

质量通病	石材饰面阴角黑洞
错误做法	正确做法 
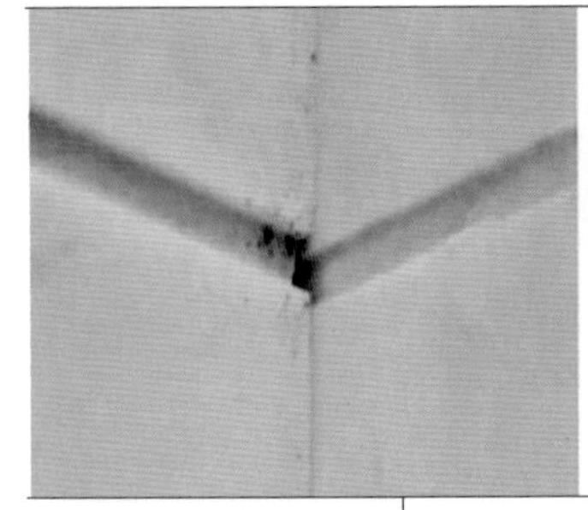 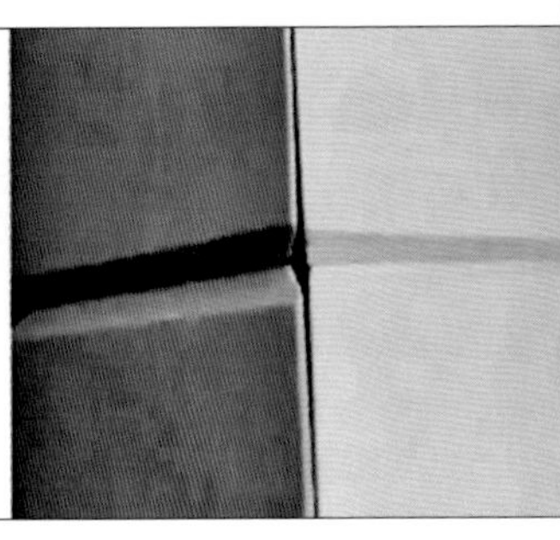	 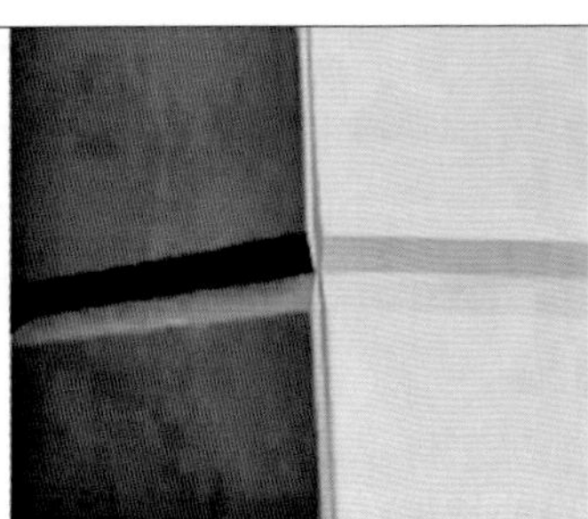
通病现象	石材（或墙砖）在拼接处出现小黑洞
原因分析	(1) 前期细部设计欠周全，加工图纸未做 45° 拼接或搭接构造处理； (2) 未及时修补到位； (3) 运输过程中石材边角破损
防治措施	(1) 细部设计应考虑全面、缜密、周全，图纸深化下单时应考虑到位（内切 45° 左右）；阴角采用搭接式，也可保证通缝； (2) 采用同色云石胶进行修补； (3) 材料进场收货时严把质量关，施工过程中要求工人轻拿轻放

天然石饰面工程质量通病及防治措施二 表 4.4.1-2

<table>
<tr><td>质量通病</td><td colspan="2">石材饰面接拼缝爆边</td></tr>
<tr><td colspan="2">错误做法</td><td>正确做法</td></tr>
<tr><td>通病现象</td><td colspan="2">石材墙面平接拼缝处平整度差，石材切割边存在爆边现象</td></tr>
<tr><td>原因分析</td><td colspan="2">（1）前期未对石材的性质做分析，未能根据石材的特性制定加工工艺方案；
（2）加工、运输、安装等环节导致爆边</td></tr>
<tr><td>防治措施</td><td colspan="2">（1）石材进场时严格检查，严禁劣质和有损坏的石材入场；
（2）石材拼缝在深化设计阶段就建议留 V 形缝，避免密拼方案；
（3）应对石材正面做倒边处理；
（4）安装石材平接拼缝时，对施工人员做好交底工作，如出现爆边现象，可采用同色云石胶进行修补</td></tr>
</table>

质量通病	石材饰面与吊顶收口错误

错误做法	正确做法

通病现象	石材墙面和吊顶面交接处收口处理方式不正确
原因分析	石材墙面与吊顶处硬接，由于是交叉施工作业，精度往往难以控制，导致部分阴角不顺直，两种材料或转角处的饰面容易开裂
防治措施	（1）留空设置：对高度较高（一般 6m 以上）和施工面积较大的石材墙面，在石材顶端与吊顶间留出 20mm 左右的间隙，同时石材顶端正面以 2mm×2mm 的 45° 内倒角，克服石材爆边缺陷，使交接面缺陷被隐藏； （2）对于高度较低的石材墙面正面以 8mm×8mm 的裁口，或做 5mm×5mm 的 45° 倒角，克服石材爆边缺陷，同时交接面缺陷被隐藏； （3）对于墙面不太高的石材，吊顶周边可设置跌级或凹槽，墙面石材直接置顶，同时墙面顶端石材正面做 2mm×2mm 的 45° 倒角； （4）对于在吊顶上留凹槽的处理方式，还可以定制成品石膏线，或定制铝合金型材的成品线条

<table>
<tr><td>质量通病</td><td colspan="2">透光云石出现阴影</td></tr>
<tr><td colspan="2">错误做法</td><td>正确做法</td></tr>
<tr><td colspan="3"></td></tr>
<tr><td>通病现象</td><td colspan="2">透光云石或其他透光材料安装后钢架或挂点部位阴影明显</td></tr>
<tr><td>原因分析</td><td colspan="2">（1）细部设计不周全；
（2）未做透光云石透光度试验</td></tr>
<tr><td>防治措施</td><td colspan="2">（1）重点部位应做样板确定具体施工做法，以保证透光造型的最终装饰效果；
（2）透光造型处做法应考虑：透光材料的透明度、是否有漏光，灯光的照度、基层材料的泛光效果、灯具密度、灯具与透光饰面材料的距离、灯具的检修难易程度、防火要求，以及背后支撑骨架（钢架或其他材料）、挂点处的阴影对透光造型效果的影响；对于透光造型的阴影重点需考虑简化支撑骨架及挂点</td></tr>
</table>

质量通病	石材与门框收口间隙过大

错误做法	正确做法

通病现象	墙面凹凸面（或毛面）石材与其他材料交接处产生孔隙
原因分析	（1）细部设计不周全，导致下单尺寸出现偏差； （2）未对班组进行正确的技术交底，安装顺序颠倒
防治措施	（1）图纸深化要到位，复核现场放线尺寸进行细部收口设计； （2）注意控制垂直度、平整度以及尺寸偏差，也可考虑凹凸面（或毛面）石材留工艺槽做裁口

质量通病	墙面大理石纹理杂乱
错误做法	正确做法

通病现象	有明显花纹或纹理的石材，纹理明显对接不上，整个墙面杂乱无章
原因分析	（1）项目部跟石材厂交底不到位； （2）项目部未进行后场加工的密切跟踪； （3）没有进行排板拼纹工序； （4）工人安装意识薄弱，没有按照排板编号施工
防治措施	（1）按照图纸深化设计的石材排板图，石材厂再根据石材纹理进行石材排板及编号； （2）大理石厂应根据编号排板切割石材（公司应设驻场人员督促）； （3）切好的大理石严格根据排板的编号，送至项目现场，工人严格按照编号进行安装

质量通病	墙面拉槽石材收口现黑缝
错误做法	正确做法

通病现象	石材拉槽板与不锈钢及其他相关材料收口时缝隙大，或者是存在其他材料压拉槽板导致收口有空洞现象
原因分析	（1）拉槽板下单尺寸不精确； （2）现场工人施工安装不到位，未切割好
防治措施	（1）下单时管理人员要进行现场复核，先进行精准放线，然后根据现场实际尺寸对石材进行准确下单，做到下单尺寸精准化； （2）不锈钢加工时长度可以适当地加长，在现场切角，避免石材施工时预留空格不方正造成不锈钢长度不够； （3）在深化设计时收口处留工艺槽，拉槽板收口处做成平面，尺寸要统一；不锈钢收边要高于石材 2～3mm，确保收口完美

质量通病	石材饰面垂直和平整度差

错误做法	正确做法

通病现象	石材饰面整体的垂直度、平整度超标，板缝不均匀
原因分析	石板安装过程控制不严，垂直度、平整度超标，接缝不平、不通畅，板缝不均匀
防治措施	（1）选择信誉好的专业花岗石板材厂家进行加工，从荒料开始就选择色泽一致的原料； （2）派质检人员监控加工质量，按安装顺序进行编码加工，依序进场； （3）板材现场机械开槽，使用专业的打孔设备，挑选技术熟练的人员操作，严格控制开槽位置、深度、垂直度及平直度，要保证槽内光滑洁净； （4）先进行试安装，进行石板平整度调整后再固定挂件的螺栓； （5）按控制线安装板材，板材之间应设缝，缝宽 8～10mm，采用小拉缝、大分格方法

质量通病	石材饰面色差大

错误做法	正确做法

通病现象	石材饰面颜色不均匀，相邻板块色差大
原因分析	（1）石材选材控制不严，板材表面有裂纹、质地颜色不均匀，缺棱掉角； （2）未按工艺要求进行排板施工，造成相邻板块色差大
防治措施	（1）采用样板先行方法对石材色泽标准进行控制； （2）选定三块以上石板材作样板，分别为标准色和深、浅色及备用板，确定色差范围； （3）在施工前要进行挑选、预排

质量通病	石材饰面胶缝观感质量差
错误做法 	正确做法 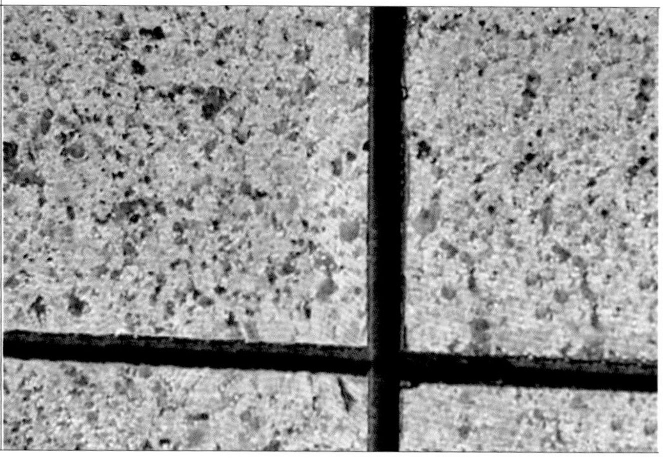
通病现象	石板材表面密封胶粗糙，胶缝均匀度大小不一，观感质量差
原因分析	（1）密封胶不均匀，粘结力差； （2）打胶造成板面污染，影响观感质量
防治措施	（1）密封胶在使用前做好相容性试验及石材抗污染检测报告； （2）将板材间缝隙清理干净后，方可进行密封； （3）打胶前，先在胶缝两侧石板上粘贴 25mm 的保护胶带，再将泡沫条均匀填入胶缝；将泡沫条表面与石板面距离控制在 5～7mm，用胶枪向同一方向将密封胶均匀饱满地注入缝内，并立即用刮刀刮平，对胶面进行整修保证胶缝表面光滑平整；清洁表面后，撕去保护胶带； （4）打胶时注意天气情况，避免 5℃气温以下或高温天气及雨天时作业施工

质量通病	石材胶粘连接
错误做法	正确做法

通病现象	干挂石（玻化砖）采用现场胶粘连接不可靠，尤其是应用在 3m 以上高度的建筑大堂或人流密集的出入口，存在安全隐患
原因分析	（1）深化设计图石材安装节点错误或不清晰； （2）石材施工未按图纸和规范要求施工，挂件未钩接在石板槽上实现机械连接，而是采用云石胶和连接件粘结； （3）采用薄板石材（玻化砖），板厚不足，无法进行开槽连接； （4）局部墙面石材挂件位置开裂
防治措施	（1）石材的镀锌挂码应钩接在石材铣槽内；加强现场管控，严禁采用云石胶代替挂码连接； （2）按设计图纸和规范要求施工； （3）严禁现场开槽，避免铣槽后石材剩余厚度过小

质量通病	干挂石材消防栓暗门开启角度不足
错误做法	正确做法
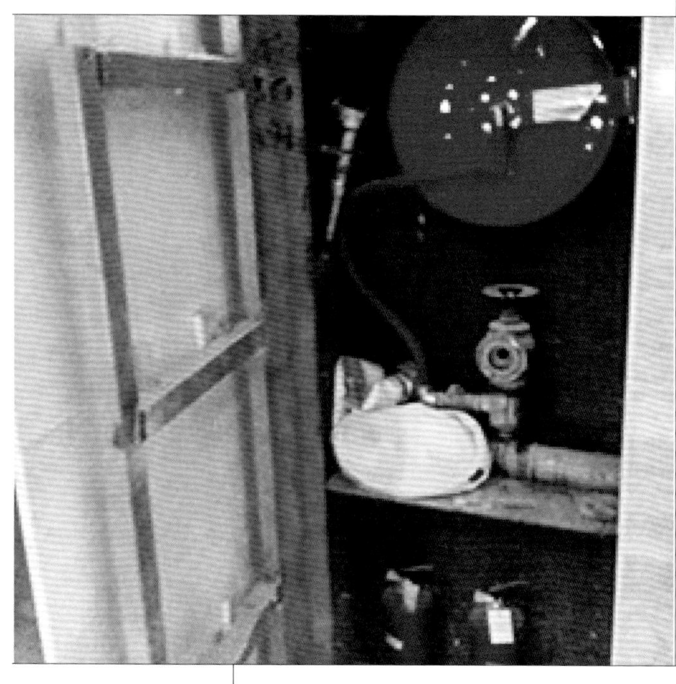	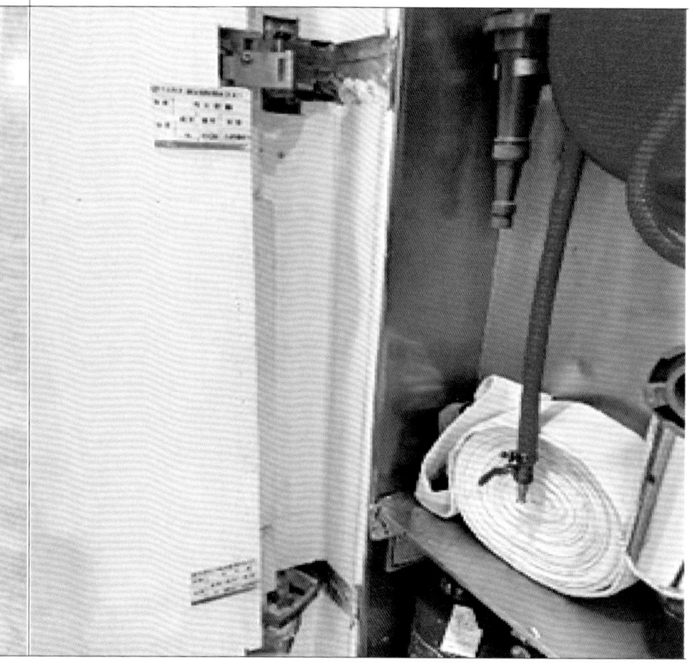
通病现象	干挂石材暗门开启角度不足，石材门边有碰撞损坏现象，石材门开启困难，门内间隙无封堵
原因分析	（1）设计图该部位设计缺失或不合理； （2）暗门开启角度只有 90°，达不到消防验收 120° 要求； （3）石材暗门竖向两侧留 45° 斜边开启，造成碰撞损坏石材饰板边、角、棱； （4）石材暗门变形下坠，开启困难
防治措施	（1）设计图要有正确的节点设计； （2）对石材消防门内间隙采取封堵措施； （3）采用新型大角度开启合页钢结构门扇安装工艺（参见图合页 -1、合页 -2），取缔传统天地轴铰及 45° 斜边门，避免因门扇边缘厚度不一造成碰撞破损   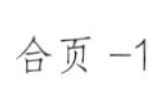 合页 -1　合页 -2

人造板饰面工程质量通病及防治措施一　表 4.4.2-1

质量通病	踢脚线与板面安装不紧密
错误做法	正确做法
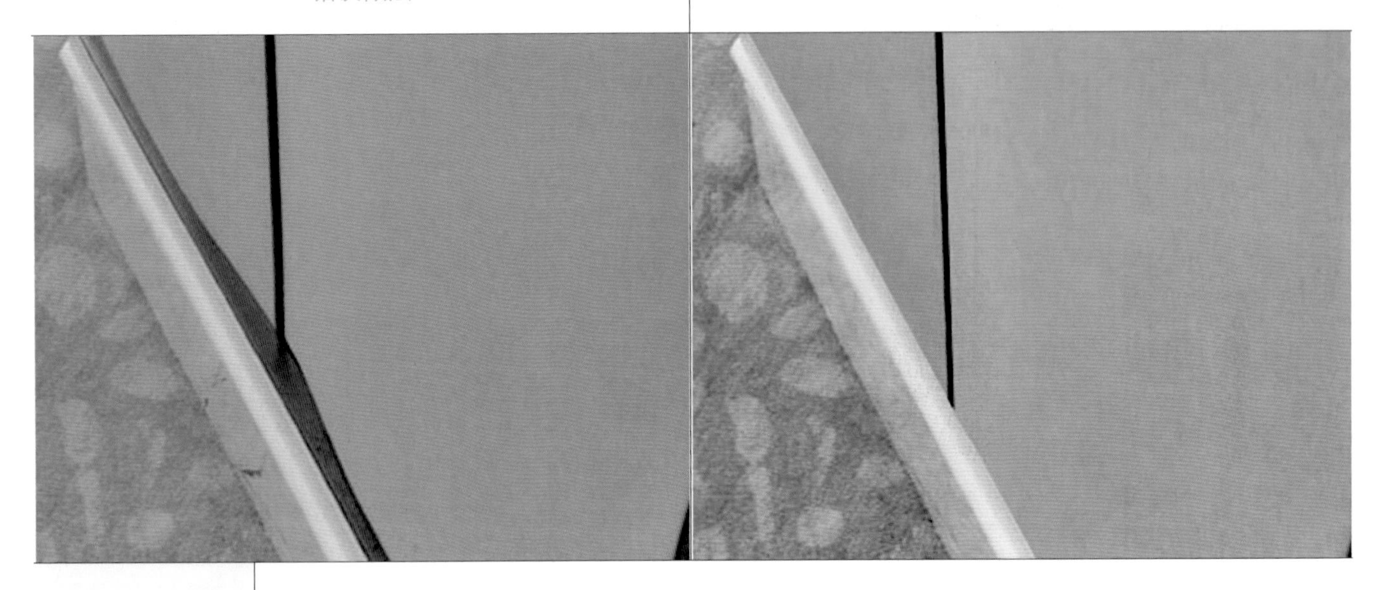	
通病现象	人造板面与踢脚线连接漏空、不紧密
原因分析	（1）连接件与基层、板材连接不牢固； （2）人造板材料变形
防治措施	（1）连接件与基层龙骨、板材卡件连接要牢固； （2）加强材料进场检验，禁止不合格产品进场； （3）人造板面必须平整，表面无污迹再进行踢脚线安装

人造板饰面工程质量通病及防治措施二 表 4.4.2-2

质量通病	人造板面起鼓变形
错误做法	正确做法

通病现象	人造板面起鼓变形
原因分析	（1）可调挂件、固定连接件与基层龙骨安装疏松不紧密，安装间距过大； （2）人造板材料变形
防治措施	（1）可调挂件、固定连接件与基层龙骨的螺钉固定要拧紧，安装间距 400mm； （2）加强材料进场检验，禁止不合格产品进场

质量通病	装饰面板间隔线条磨损、有色差
错误做法	正确做法
通病现象	人造板间隔线条磨损严重、有色差
原因分析	（1）线条质量不过关，漆膜变色或掉色； （2）线条运输过程产生破损； （3）线条安装不符合设计要求，边缘与人造板产生磨损
防治措施	（1）线条进场收货时严把质量关，严禁劣质和破损线条进场； （2）线条搬运及堆放时应轻拿轻放，应有专门放置的区域，严禁重压及踩踏； （3）线条安装时应避免与人造板产生较大摩擦，安装前应确定安装凹槽或线条扣件尺寸、位置符合设计要求

木板饰面工程质量通病及防治措施一　表 4.4.3-1

质量通病	木板饰面花纹不协调
错误做法	正确做法

通病现象	木板饰面花纹不协调，色泽不匀
原因分析	(1) 施工前未认真选择材料，未按饰面板的木纹、色泽进行预排； (2) 腻子调配不好，补缝、补眼、补色不合格； (3) 面漆质量不高，漆膜不均匀
防治措施	(1) 施工前应认真选择材料，按饰面板的木纹、色泽进行预排； (2) 调配好腻子，按要求进行补缝、补眼、补色； (3) 按工艺要求涂刷油漆，检查同一墙面、装饰面接口，漆膜应均匀平整

木板饰面工程质量通病及防治措施二 表 4.4.3-2

质量通病	木板饰面凹凸不平
错误做法	正确做法

通病现象	装饰板表面不平，在光的照射下可看到局部凹凸不平
原因分析	（1）施工前未认真选择材料，木纹、花色、色泽不一致，使人造成视觉差； （2）墙面潮湿，面板吸水膨胀； （3）木龙骨间距过大
防治措施	（1）施工前认真选择材料，按装饰板的色泽进行预排； （2）潮湿墙面做防潮处理，在与踢脚线连接处可每隔 1m 钻一个气孔； （3）金属龙骨的间距一般不超过 450mm，可根据面板厚度、进行调整； （4）使用薄板，木龙骨间距要小一些；使用厚板，木龙骨间距可大一些

4.4.4 金属板饰面工程

金属板饰面工程质量通病及防治措施一　　表 4.4.4-1

质量通病	金属板变形
错误做法 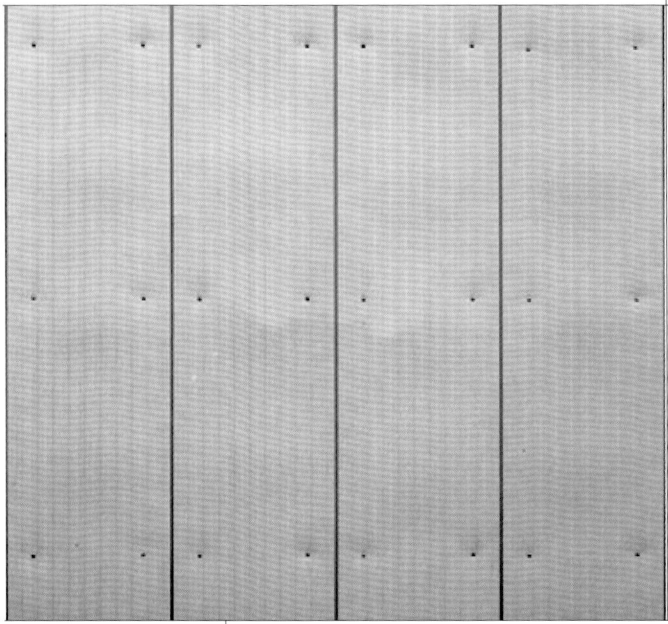	正确做法 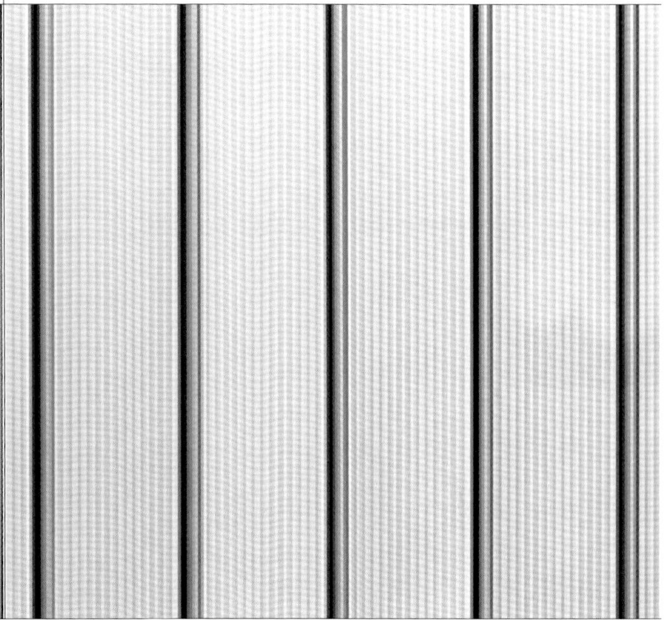
通病现象	板面不平整、变形
原因分析	（1）连接码件固定不牢，安装不平直，产生偏移； （2）金属板厚度不够、分格过大及无加背肋； （3）金属板本身质量差，不平整、变形
防治措施	（1）确保连接件的安装牢固，应在码件固定时放通线定位； （2）确保金属板厚度或增加背肋措施； （3）材料进场收货时严把质量关，运输时轻拿轻放，安装前检查板面平整度

<table>
<tr><td>质量通病</td><td colspan="2">金属板安装不平整、接缝有高差</td></tr>
<tr><td colspan="2">错误做法</td><td>正确做法</td></tr>
<tr><td colspan="2"></td><td></td></tr>
<tr><td>通病现象</td><td colspan="2">板面安装不平整、不竖直，接缝宽窄、高低不一致</td></tr>
<tr><td>原因分析</td><td colspan="2">（1）骨架的水平、垂直超差，立面不平；
（2）板面安装超差，孔眼错位</td></tr>
<tr><td>防治措施</td><td colspan="2">（1）从安装埋件和膨胀螺栓开始，应认真操作；骨架安装时水平、垂直拉线，平面要平，然后以红外线水准仪检查，进行工序验收；
（2）板和骨架定位、钻孔应准确；
（3）应按方案和弹线位置进行面板安装，在安装前应对板块尺寸、外形进行检查，检查无误方可安装</td></tr>
</table>

质量通病	金属板饰面污染
错误做法	正确做法
通病现象	金属板饰面表面污染，有凹痕
原因分析	（1）保护膜拆除过早，保护成品措施不当； （2）下道工序施工时对成品保护不当
防治措施	（1）不要过早拆保护膜，宜在拆脚手架时拆除保护膜； （2）制定可行的成品保护措施； （3）对于污染处及时采用专用清洁剂进行擦拭护理

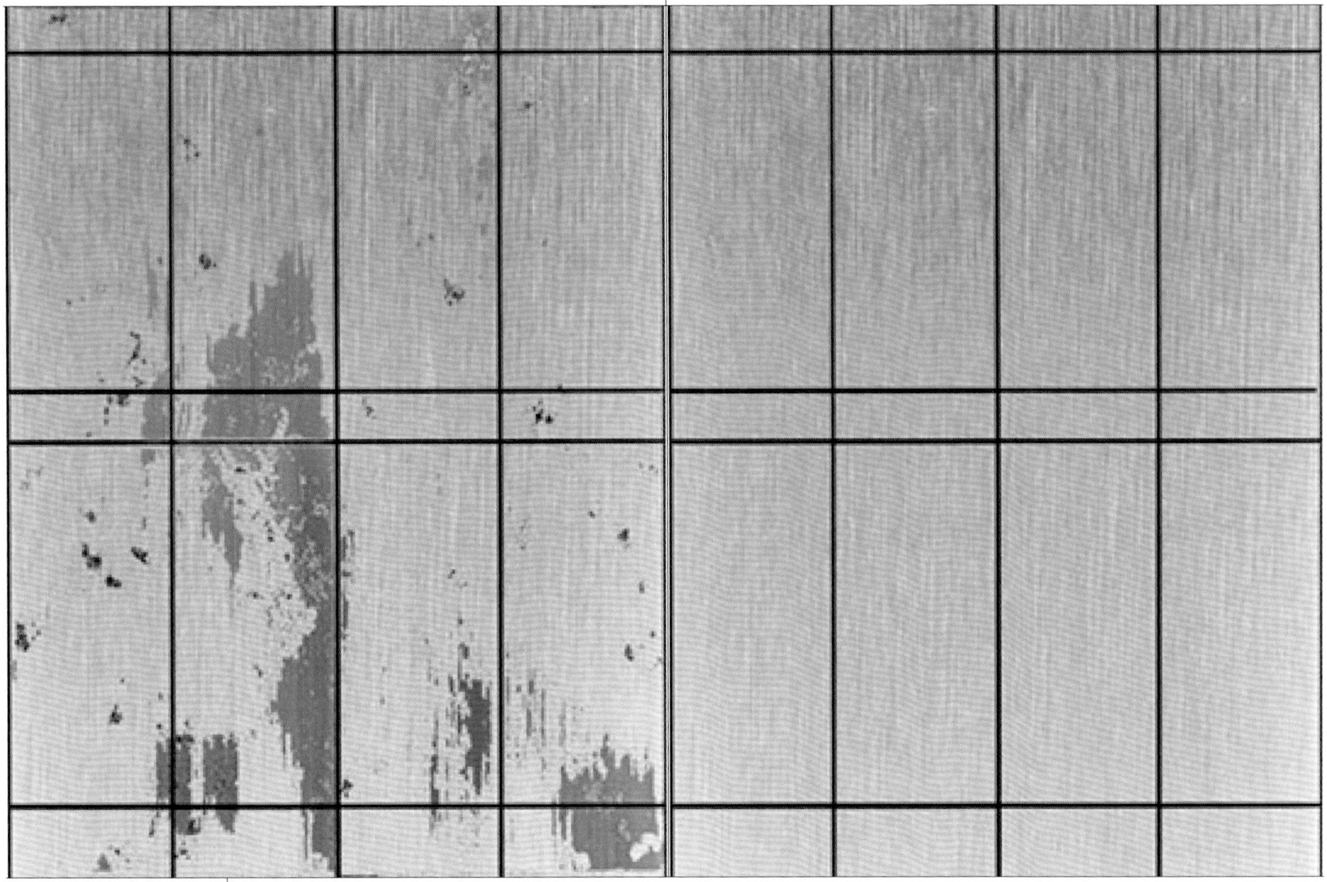

玻璃饰面工程质量通病及防治措施一　　表 4.4.5-1

质量通病	玻璃板底固定胶腐蚀
错误做法	正确做法

通病现象	使用玻璃固定胶不当，玻璃板边缘发黑，有腐蚀痕迹
原因分析	（1）固定玻璃板时，采用了有腐蚀性的万能胶或酸性玻璃结构胶； （2）玻璃饰面板安装在潮湿、有腐蚀性的环境中，且四周未密封防护
防治措施	（1）采用中性硅酮结构胶固定或将万能胶涂抹在玻璃板的背后涂膜层上； （2）对安装在潮湿、有腐蚀性环境中的玻璃板，应采取有效的防护措施，玻璃板四周应完全密封保护； （3）大板块及超重玻璃不应采用胶粘安装，应采用机械固定

玻璃饰面工程质量通病及防治措施二　　表 4.4.5-2

质量通病	玻璃板面接缝有高低差或直线度差
错误做法	正确做法

通病现象	玻璃板接缝出现高低差、变形翘边，胶缝宽窄不一、直线度差
原因分析	（1）基层金属底架不平，水平高低不一致； （2）金属挂件安装不均匀，施工考虑不周全； （3）玻璃板尺寸加工误差，分格过大或板厚不足
防治措施	（1）基层金属底架采用激光水准仪统一调整高度，验收合格后方可开始玻璃板施工； （2）应保持金属挂件间距一致； （3）控制玻璃板尺寸加工精度，合理设计板块分格及板厚

玻璃饰面工程质量通病及防治措施三　　表 4.4.5-3

质量通病	大规格玻璃板胶粘安装	
错误做法		正确做法

通病现象	大板块玻璃在现场直接采用玻璃胶粘贴，有的粘贴安装在大堂主入口上方高度超 5m 处，无相关技术保障措施，存在安全隐患	
原因分析	（1）设计图没有相关节点及做法； （2）采用玻璃胶而非结构胶，布点不合理； （3）无机械固定； （4）无施工质量技术交底	
防治措施	（1）设计图应有相关节点及做法； （2）玻璃板上下收口应采取压条或采用不锈钢玻璃钉固定； （3）施工前应对安装班组进行施工质量技术交底	

4.5 裱糊与软包饰面工程

4.5.1 裱糊工程

裱糊工程质量通病及防治措施一　　表 4.5.1-1

<table>
<tr><td>质量通病</td><td colspan="2">墙面裱糊边缘翘裂</td></tr>
<tr><td colspan="2">错误做法</td><td>正确做法</td></tr>
<tr><td colspan="3">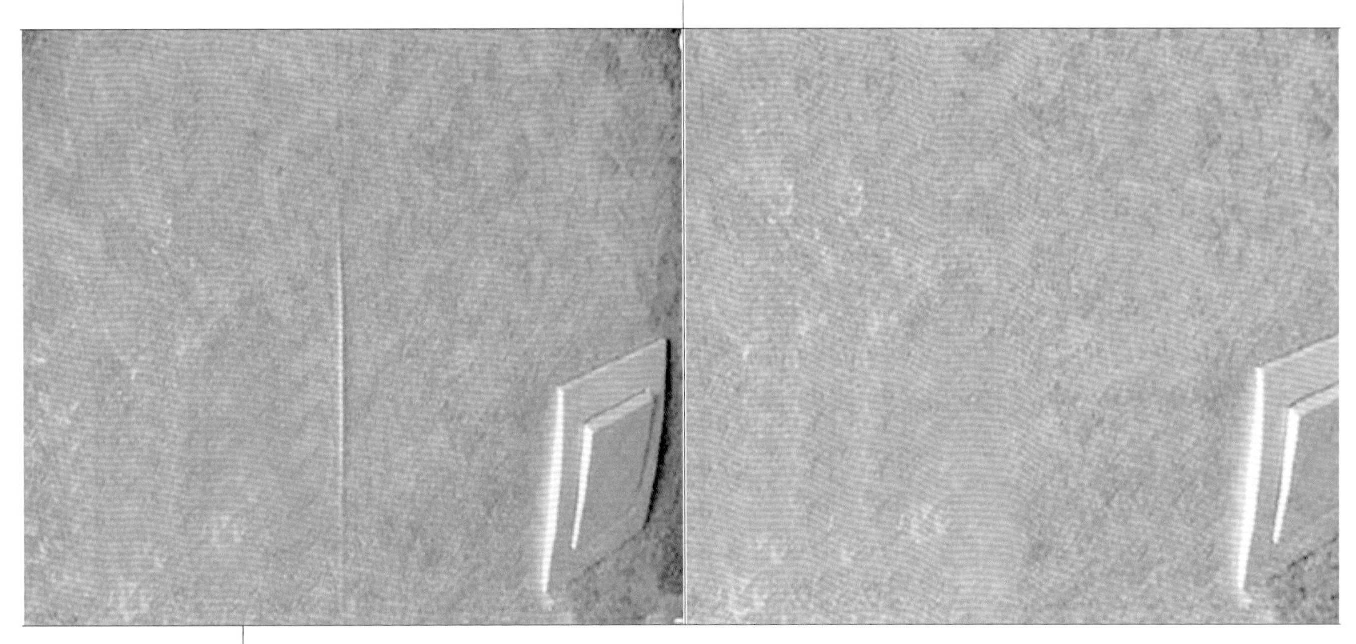</td></tr>
<tr><td>通病现象</td><td colspan="2">墙面裱糊边缘翘起裂缝</td></tr>
<tr><td>原因分析</td><td colspan="2">（1）过程管理不到位，拼缝处出现露底现象未及时引起关注，导致大面积出现拼缝缝隙过大现象；
（2）壁纸粘贴过程中开窗，表面干燥太快</td></tr>
<tr><td>防治措施</td><td colspan="2">（1）制作样板间或裱糊一个墙面，观察墙纸收缩性，待掌握其特性后再进行大面积施工；
（2）采用喷胶粘贴；
（3）在施工过程中，关闭窗户 48h，待墙纸慢慢干透；
（4）接缝位置挤出的墙纸胶应清理干净，用湿布多擦洗几次</td></tr>
</table>

<table>
<tr><td>质量通病</td><td colspan="2">墙面裱糊拼接花纹不齐</td></tr>
<tr><td colspan="2">错误做法</td><td>正确做法</td></tr>
<tr><td colspan="3">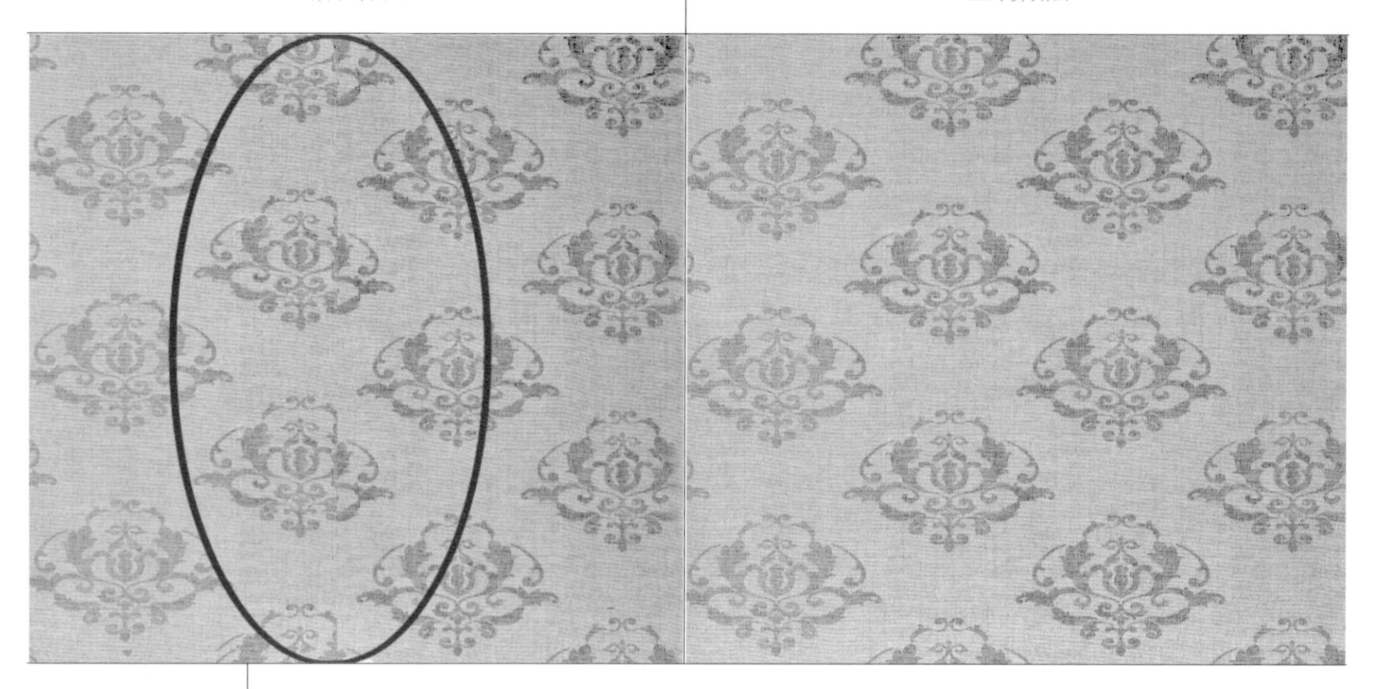</td></tr>
<tr><td>通病现象</td><td colspan="2">纸边不平行、花纹对齐不准确</td></tr>
<tr><td>原因分析</td><td colspan="2">（1）裱糊墙纸前未吊线，第一张贴得不垂直，依次继续裱糊多张后，偏离更厉害；
（2）墙纸本身的花饰与纸边不平行，未经处理就进行裱贴；
（3）基层表面阴阳角抹平灰垂直偏差较大，影响墙纸、墙布裱糊的接缝和花饰的垂直；
（4）搭接裱糊的花饰墙纸对花不准确，重叠对裁后，花饰与纸边不平行</td></tr>
<tr><td>防治措施</td><td colspan="2">（1）墙纸裱糊前，使用激光水准仪将垂直线投射于墙面上，并弹上粉线，裱糊的第一张墙纸纸边应紧靠此线边缘，检查垂直无偏差后方可裱糊第二张墙纸；
（2）采用接缝法裱糊墙纸时，应先检查墙纸的花饰与纸边是否平行，如不平行，应将斜移的多余纸边裁割平整，然后才裱糊；
（3）采用搭接法裱糊第二张墙纸、墙布时，对一般无花饰的墙纸、墙布，拼缝处只需重叠 2～3cm；对花准确后，在拉缝处用钢直尺将重叠处压实，由上而下一刀裁割到底，将切断的余纸撕掉，然后将拼缝敷平压实；
（4）裱糊墙纸、墙布的基层裱糊前应先做检查，阴阳角应垂直、平整、无凹凸；对不符合要求之处，应修整后才能施工；
（5）裱糊墙纸、墙布的每一墙面都应弹出垂直线，越细越好，防止贴斜；宜裱糊 2～3 张墙纸后，就用激光水准仪在接缝处检查垂直度，及时纠正偏差；
（6）对于裱糊不垂直的墙纸、墙布，应撕掉，把基层处理平整后，再重新裱糊墙纸、墙布</td></tr>
</table>

质量通病	墙面裱糊张嘴

错误做法	正确做法

通病现象	纸边翘边（张嘴）
原因分析	（1）基层有灰尘、油污等，基层表面粗糙、干燥或潮湿，使胶液与基层粘贴不牢，墙纸、墙布卷翘起来； （2）胶粘剂粘性小，造成纸边翘起，特别是阴角处，第二张墙纸、墙布裱糊在第一张墙纸、墙布的面上，更易出现翘起； （3）阳角处裹过阳角的墙纸、墙布少于 2cm，未能克服墙纸、墙布的表面张力，也易翘起； （4）涂胶不均匀，或胶液过早干燥
防治措施	（1）基层表面的灰尘、油污等应清除干净，含水率不得超过 20%；若表面凹凸不平，应用腻子刮抹平整；根据不同的墙纸、墙布选择不同的粘结胶液； （2）阴角墙纸搭接时，应先裱糊压在里面的墙纸、墙布，再用粘性较大的胶液粘贴面层墙纸、墙布；搭接宽度一般不大于 3mm，纸边搭在阴角处，并且保持垂直无毛边； （3）严禁在阴角处甩缝，墙纸、墙布裹过阳角应不小于 2cm，包角墙纸、墙布应使用粘性较强的胶液，要压实，不能有空鼓和气泡，上、下应垂直，不能倾斜；有花饰的墙纸、墙布更应注意花纹与阳角直线的关系； （4）将翘边墙纸、墙布翻起来，检查产生原因，属于基层有污物的，待清理后，补刷胶液粘牢；属于胶粘剂粘性小的，应用粘性大的胶粘剂贴；如果墙纸、墙布翘边已坚硬，除了应使用较强的胶粘剂粘贴外，应加压，待粘牢平整后，才能去掉压力

质量通病	墙面裱糊空鼓（气泡）

错误做法	正确做法

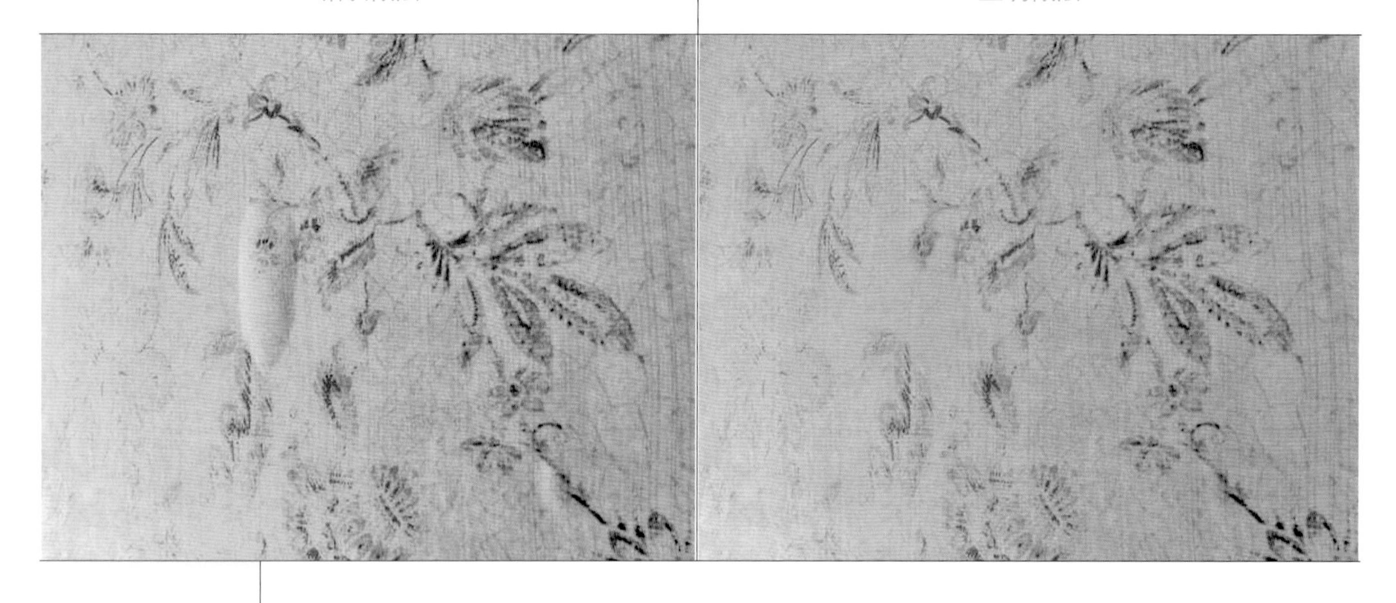

通病现象	墙纸、墙布粘贴后表面产生空鼓（气泡）现象
原因分析	（1）裱糊墙纸、墙布时，赶压不当，往返挤压胶液次数过多，使胶液干结失去粘结作用； （2）基层或墙纸、墙布底面，涂刷胶液厚薄不匀或漏刷； （3）基层潮湿，含水率超过 8%，或表面的灰尘、油污未清除干净； （4）石膏板表面的纸基起泡或脱落； （5）白灰或其他基层松软、强度低，裂纹空鼓，或孔洞、凹陷处未用腻子刮平、填补坚实
防治措施	（1）严格按墙纸裱糊工艺，应用刮板由里向外刮抹，将气泡或多余的胶液赶出； （2）裱糊墙纸的基层应干燥，含水率不超过 8%，有洞孔或凹陷处，应用石膏腻子刮平，油污、灰尘应清除干净； （3）若石膏板表面纸基起泡、脱落，应清除干净，重新修补好纸基； （4）涂刷胶液应厚薄一致，应避免漏刷；为了防止胶液不匀，涂刷胶液后，可用刮板刮一遍，将多余的胶液回收再用； （5）由于基层含有潮气或空气造成的空鼓，需用刀子割开墙纸，将潮气或空气放出，待基层完全干燥或把鼓包内空气排出后，用医用注射针将胶液打入鼓包内压实，使粘贴牢固；墙纸、墙布内含有胶液过多时，可使用医用注射针穿透墙纸层，将胶液吸收后再压实即可

质量通病	墙面裱糊色差

错误做法	正确做法

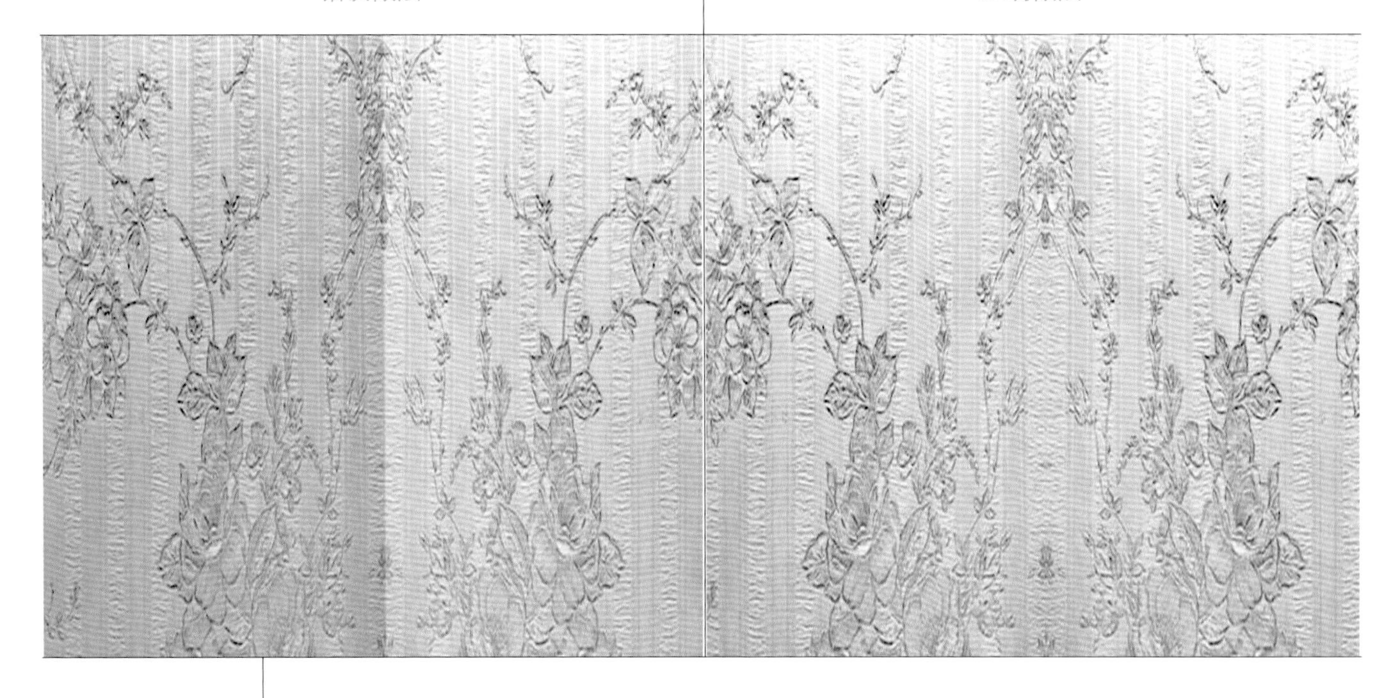

通病现象	墙纸、墙布粘贴后表面呈现色差现象
原因分析	(1)墙纸或墙布型号和批号不一致； (2)墙体未干透，墙纸、墙布基层含水率超过 8%，变形膨胀
防治措施	(1)下单时应注明墙纸铺贴位置及数量、型号，要求厂家货量充足，保留一定余量备用，避免补货或维修时的色差； (2)裱糊时使用同型号和同批次的墙纸、墙布； (3)砌体墙应干透，墙纸、墙布其基层抹灰含水率需控制在 6%～7%，以免墙纸、墙布吸收水分不一致，造成膨胀和反差

祾糊工程质量通病及防治措施六　表 4.5.1-6

质量通病	墙面祾糊与木饰面收口错误	
错误做法		正确做法
通病现象	壁纸与木饰面收口处开裂	
原因分析	（1）前期深化部位无收口节点图； （2）墙面平整度未控制好，墙纸祾糊质量无法保证	
防治措施	（1）铺贴壁纸之前一定要控制好墙面的平整度； （2）宜先贴墙纸，待墙纸干燥后安装木饰面； （3）木饰面底部靠墙面处预留 5mm×5mm 收口凹槽，墙纸祾糊时边缘延伸至凹槽内收口	

4.5.2 软包饰面工程

软包饰面工程质量通病及防治措施一 表 4.5.2-1

质量通病	软包饰面起皱
错误做法	正确做法

通病现象	软包布面出现起皱现象
原因分析	(1)基层、垫层材料热胀冷缩，导致布面松弛； (2)布料本身有弹性、会收缩，经过防火处理的布料容易出现此类问题； (3)制作过程中没有把布料拉直，做工不精细
防治措施	(1)龙骨用白松烘干料，含水率不大于 12%； (2)选材时注意布面材料的收缩性能，制作过程中把布料尽量拉紧； (3)在布料背面刷一层薄胶，以不渗透布面为标准，然后再进行下道工序施工，或用木胶和水 1∶1 调均，用喷壶（浇花用喷壶）均匀地喷洒在布面上，待干后布面会比较平整； (4)衬板可用油漆封闭，以防水汽进入使基层板变形

质量通病	软包饰面松弛
错误做法	正确做法

通病现象	软包布面出现松弛、蓬松现象
原因分析	(1) 布料弹性不够，满足不了拉紧、收缩性能； (2) 制作过程中没有把布料拉直，做工不精细
防治措施	(1) 选材时注意材料的收缩率，不要选用双层布，有要求的可以定制具有双层效果的单层布； (2) 制作过程中要把布料拉直，块料边缘要垂直、分明

质量通病	软包饰面收缩变形
错误做法	正确做法

通病现象	软包布面出现收缩变形现象
原因分析	(1) 布料加工未按工艺要求绷紧; (2) 基层疏松，结构不牢固; (3) 硬包基层热胀冷缩，导致布面松弛
防治措施	(1) 加工时布料应绷紧，造型块料独立制作; (2) 基础墙面平整，无起鼓、干裂现象; (3) 块料底板应平整不变形、不起翘，粘结剂涂抹均匀、粘结牢固

质量通病	软包饰面钉眼外露
错误做法	正确做法

通病现象	软硬包周边出现明显钉眼现象
原因分析	（1）未按工艺要求加工，底板材料过硬； （2）钉眼应在软包的隐蔽处
防治措施	（1）所有软硬包安装应采用非可见固定方式； （2）软硬包应尽量进行工厂化压制加工

质量通病	软包基材未做防火处理
错误做法	正确做法

通病现象	软硬包基础材料未做防火处理
原因分析	（1）施工图标注不清； （2）未按技术交底和图纸施工
防治措施	（1）软包、硬包基层底架应满足规范要求涂刷防火涂料； （2）软包、硬包基层板选用玻纤板、防火棉等具有防火防潮效果的板材

4.6 涂饰工程

涂饰工程质量通病及防治措施一 表 4.6-1

质量通病	涂料饰面颜色不均匀
错误做法	正确做法
通病现象	涂料饰面颜色不均匀
原因分析	（1）滚涂施工时，滚筒上的涂料沾得不均匀； （2）基层材料不一样，渗吸不均匀； （3）涂料中颜料分散不均匀； （4）不同批号的涂料之间有色差
防治措施	（1）滚涂施工时，滚筒上的涂料应沾均匀； （2）所用的涂料应一次备齐； （3）涂料中的颜料要搅拌均匀； （4）用同型号、同一批次的涂料

涂饰工程质量通病及防治措施二　　表 4.6-2

质量通病	涂料饰面接槎明显
错误做法	正确做法

通病现象	涂料饰面有明显接槎
原因分析	（1）涂料的稠度变化大，涂层厚度不同； （2）滚拉时手劲大小不一样，基层的吸水率不同； （3）未按照分格缝或工作段施工，造成接槎
防治措施	（1）涂料的稠度应按照规定进行调配； （2）操作时滚筒运行要轻缓平稳，直上直下； （3）为避免接槎，操作时应按照分格缝或工作段成活，不得任意甩槎

质量通病	涂料饰面流挂
错误做法	正确做法
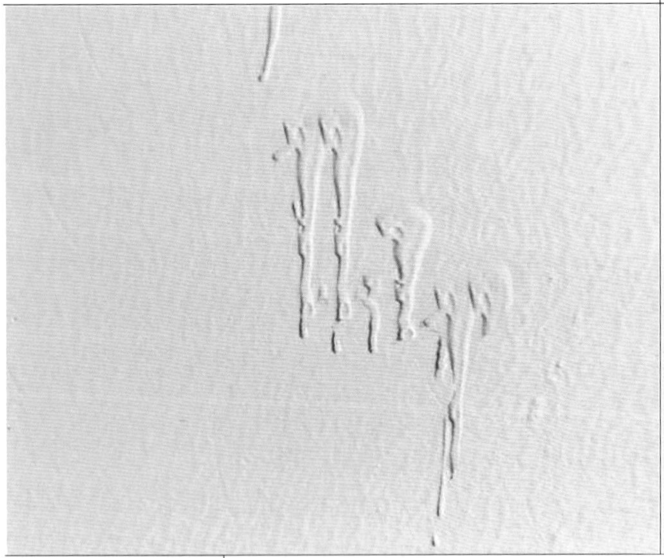	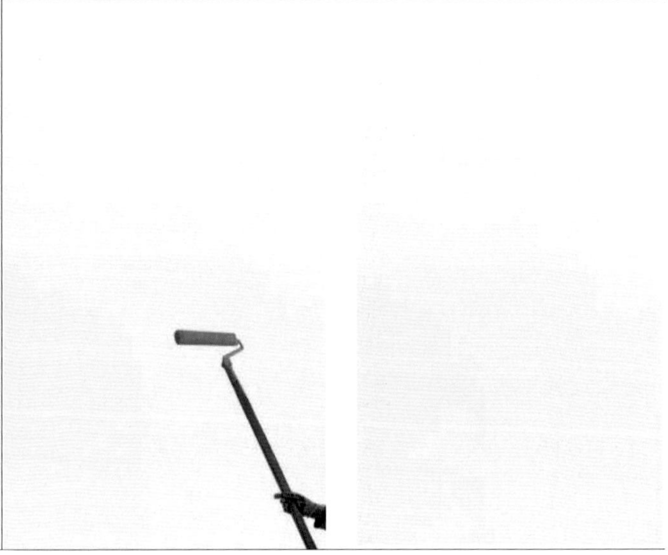
通病现象	涂料饰面有明显流挂、滴坠
原因分析	(1) 涂料稀释过度，稠度降低； (2) 滚涂饰面层的涂料时，凹陷部位发生滞留现象； (3) 面层涂料涂布过厚且不均匀
防治措施	(1) 保持涂料的稠度适中； (2) 滚涂饰面层时，保持连续不中断； (3) 面层的涂料涂一遍，且不要太厚

<table>
<tr><td>质量通病</td><td colspan="2">涂料饰面污染</td></tr>
<tr><td colspan="2">错误做法</td><td>正确做法</td></tr>
<tr><td colspan="2"></td><td></td></tr>
<tr><td>通病现象</td><td colspan="2">涂料饰面有明显污染痕迹</td></tr>
<tr><td>原因分析</td><td colspan="2">（1）滚涂层表面凹凸不平，容易挂灰积尘；
（2）建筑物立面凸出部分表面落灰积尘，经雨水冲刷则成为污水挂流的污染源；
（3）粒状涂料滚涂时，涂料稠度小，饰面层成为细碎颗粒，很快脱水、粉化，极易污染</td></tr>
<tr><td>防治措施</td><td colspan="2">（1）采用直滚花纹，不宜采用横滚花纹；
（2）阳台板、挑檐、窗台要做好泛水；
（3）涂料的稠度应适中</td></tr>
</table>

质量通病	涂料饰面有疙瘩

错误做法	正确做法

通病现象	涂料饰面表面粗糙、有疙瘩
原因分析	(1) 由于滚涂层表面凹凸不平，混凝土或抹灰基层表面的污物未清除干净，凸起部分未处理平整，砂纸打磨不够或漏磨； (2) 使用的工具未清理干净，有杂物混入涂料中； (3) 操作现场周围有灰尘或污物落在刚涂刷了涂料的表面上
防治措施	(1) 基层表面的污物应清理干净，特别是混凝土或抹灰的基层处理平整； (2) 使用的材料要过筛保证材料洁净，所用的工具和操作现场也应保证洁净，以防污物混入； (3) 当基层表面太干燥、施工的环境温度高时，可使用较稀的涂料涂刷

质量通病	涂料饰面起皮
错误做法	正确做法
通病现象	涂料饰面表面破裂、起皮脱落
原因分析	（1）混凝土或抹灰基层表面太光滑，或有油污、尘土、隔离剂等未清理干净，涂膜附着不牢固，涂料粘性太小，涂膜表层太厚； （2）基层腻子粘性太小，而涂膜表面的粘性太大，形成“外焦里嫩的”状态，涂膜遇潮湿，表面开裂卷皮
防治措施	（1）混凝土的基层如有灰尘，应清扫干净，如有隔离剂油污等，应用 5%～10% 的烧碱溶液涂刷 1～2 遍，再用清水洗净； （2）如基层表面较光滑，可用钢丝刷适当锉毛，然后清扫干净，再均匀刷一遍； （3）刷涂膜层不宜太厚，达到覆盖基层、涂膜丰满即可； （4）基层聚合物浆的粘性不能过小，表面涂料的粘性也不宜过大，应以聚合物有较强的附着力，涂膜又不掉粉为原则

质量通病	涂料饰面粉化
错误做法	正确做法

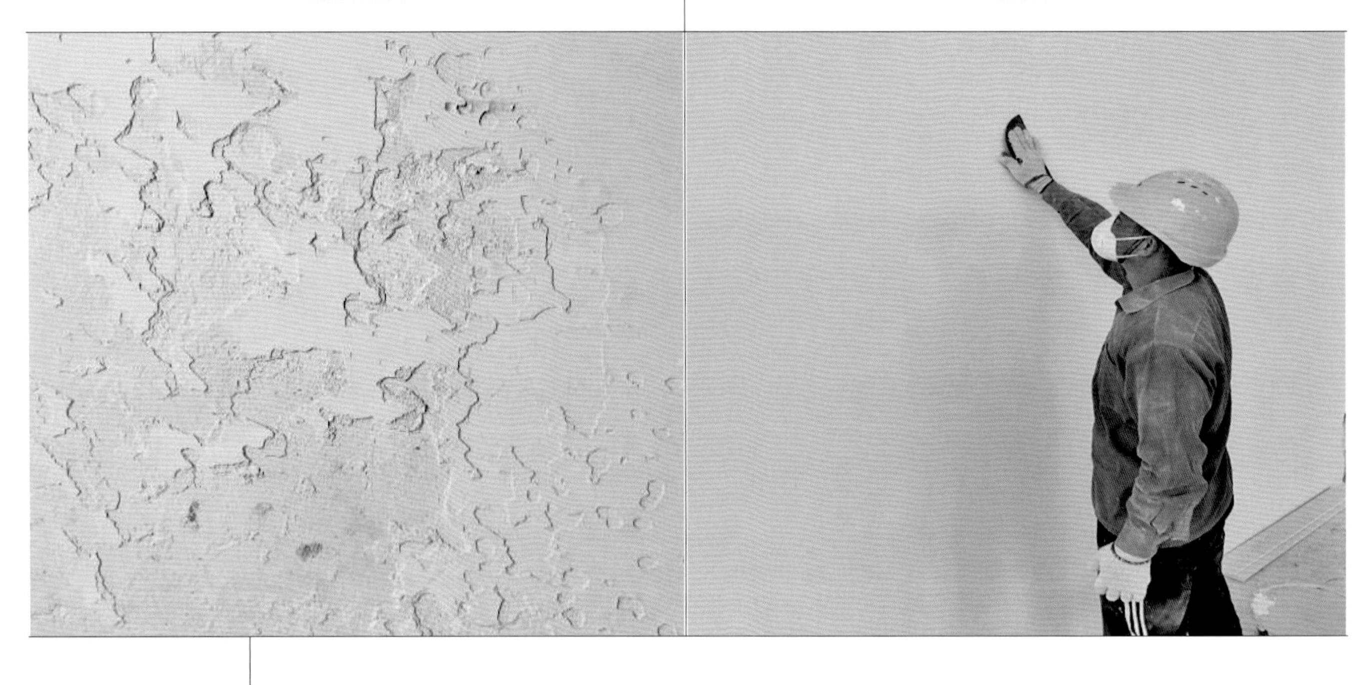

通病现象	涂料饰面表面粉化脱落
原因分析	（1）水泥砂浆层有粉化现象，油污、浮尘等未清理干净； （2）涂刷涂料时温度过低，涂层成膜不好； （3）涂层有渗水现象发生，涂料耐候性差； （4）墙体表面没有涂刷界面剂
防治措施	（1）刷漆前应将表面松脱的旧漆面层、浮尘、油污、空鼓部位等彻底清理干净，修补到位； （2）施工时气温应在 5℃以上； （3）墙面基层要彻底养护至干燥，需要做防水的部位要做防水，确保墙体无水分，没有渗水现象发生； （4）使用耐候性好的涂料

质量通病	涂料饰面裂缝
错误做法	正确做法

通病现象	涂料饰面墙有明显裂缝
原因分析	（1）轻质隔墙未挂网批荡，造成墙体基础层开裂； （2）施工腻子太厚或间隔时间短，腻子未干
防治措施	（1）以裂缝为中心线凿去墙壁粉刷层，宽度为 20～25cm，覆以细钢丝网，用铁钉固定，洒水，再用正确的砂浆配比（1∶3）重新进行粉刷，确保墙面不开裂； （2）采用抗裂网满贴

涂饰工程质量通病及防治措施九　　表 4.6-9

质量通病	涂料饰面脱落
错误做法	 正确做法
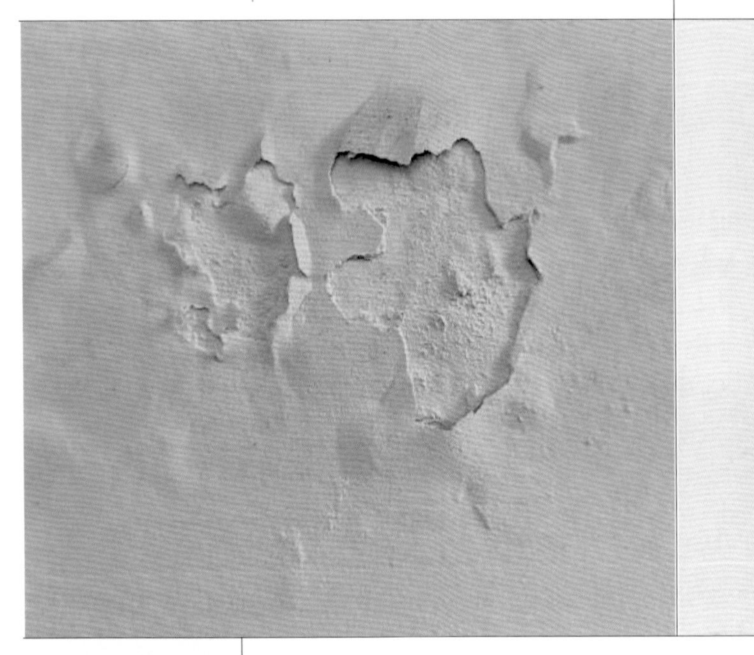	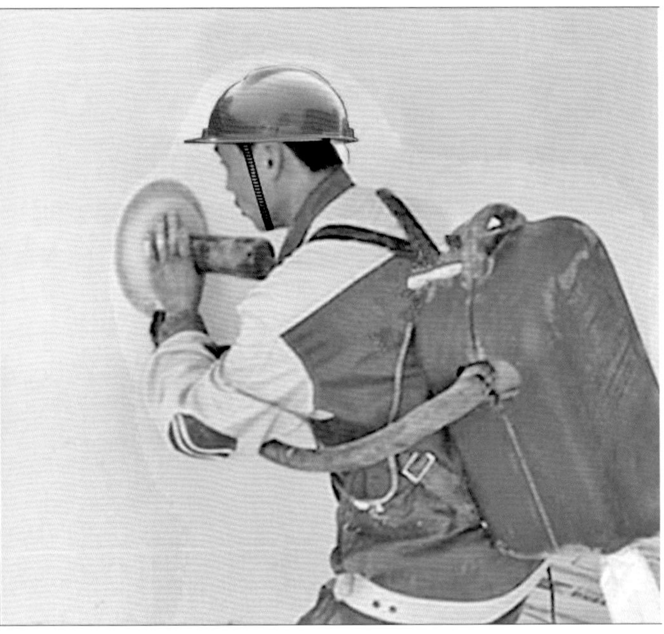
通病现象	涂料饰面明显粘结差、出现脱落
原因分析	（1）基层处理不净，有潮湿、霉染、灰尘等，涂料与基层粘结不牢； （2）面层涂料硬度过高，涂料含胶量太高，柔韧性差或涂料中挥发成分太多，影响成膜的结合力； （3）涂层过厚，表干里不干，涂饰层出现开裂、空鼓和脱落等
防治措施	（1）基础层底灰刮除，重新批灰；基体表面尘埃、疏松物、油渍等采用机械吸附打磨代替传统的人工打磨； （2）涂料使用电脑进行配比调和，使其含胶量配比和柔韧性合理； （3）按规范要求进行施工，保持涂装层厚度的均匀一致

4.7 厨卫工程

4.7.1 传统厨卫工程

传统厨卫工程质量通病及防治措施一　　表 4.7.1-1

质量通病	墙、地面防水层渗漏
错误做法	正确做法
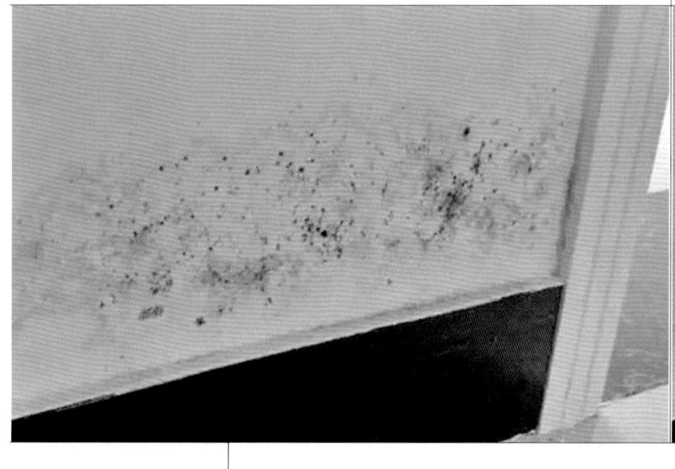	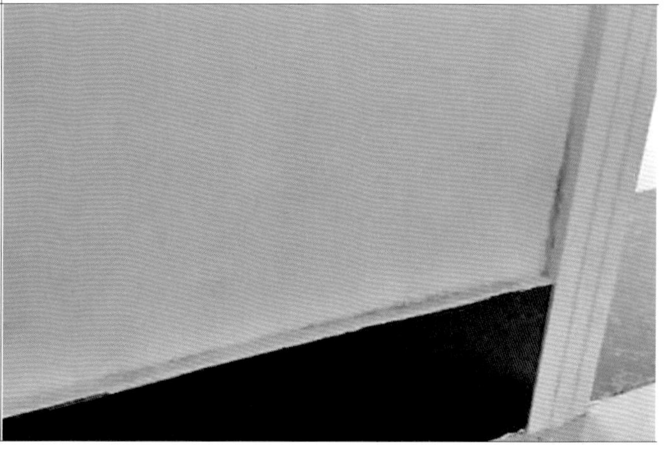
通病现象	墙、地面防水层渗漏，墙面发霉
原因分析	墙体长期在潮湿的环境，防水层高度不够、厚度不足，导致墙面渗水发霉
防治措施	（1）基层清理，进行防水涂料层施工，涂刷防水涂膜，涂料施工总厚度宜为 2mm，平面部位一般分 2～3 遍完成，且应垂直交叉涂刷，立面部位应适当增加遍数； （2）淋浴空间防水层的高度应做到 1800mm，其他空间防水层的高度应做到 300mm

质量通病	穿楼板管渗漏	
	错误做法	正确做法

通病现象	厨、卫楼板排水立管存在渗水隐患	
原因分析	（1）装修时过分敲打、穿凿，使楼板受到震动，破坏了楼板原有的防水层，出现裂缝； （2）穿楼板管根处防水层与管道连接处理不好造成渗水、漏水	
防治措施	（1）施工前要向施工班组做好技术交底，避免不必要的过度打凿； （2）为解决管根渗水问题，在排水立管上加设止水环，在给水立管加装套管，管道四周用密封材料填实	

质量通病	排水管返味
错误做法	正确做法
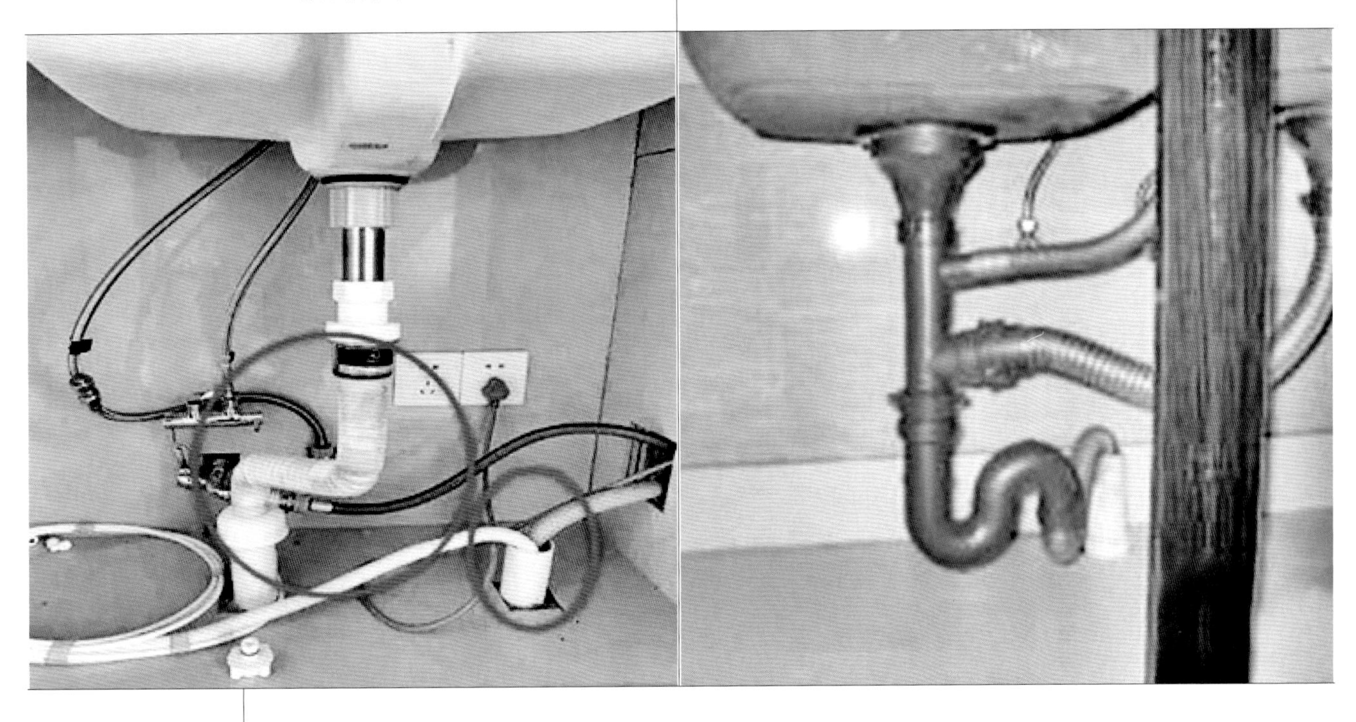	
通病现象	厨、卫穿排水软管存在返臭现象
原因分析	(1) 排水和下水管软管连接处密封不严； (2) 排水软管长度过短，根本没形成 S 弯
防治措施	(1) 制作 S 弯，S 弯起到了“水封”的作用，阻挡返臭； (2) 排水软管和下水管的插接处，需要用胶圈进行缝隙密封

质量通病	墙面砖阳角开裂
错误做法	正确做法
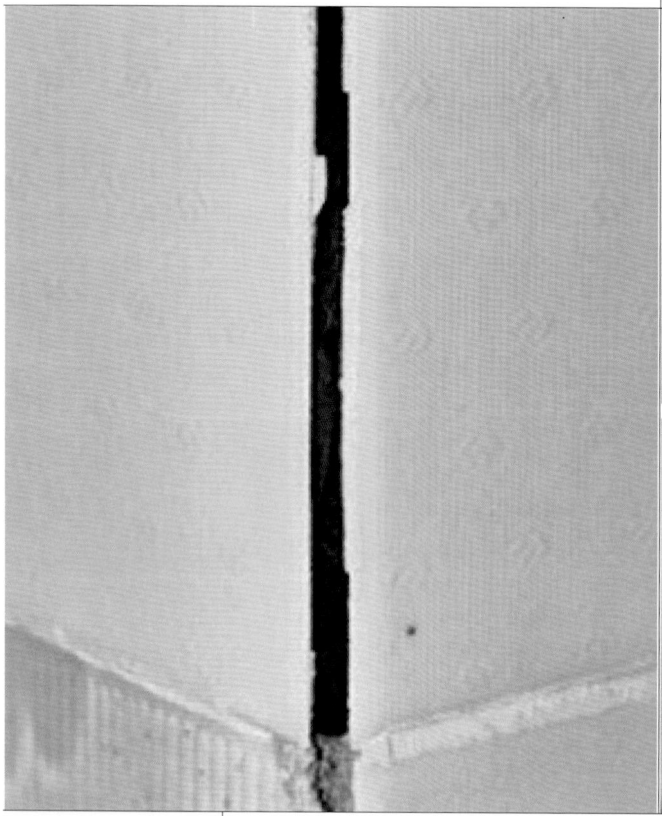	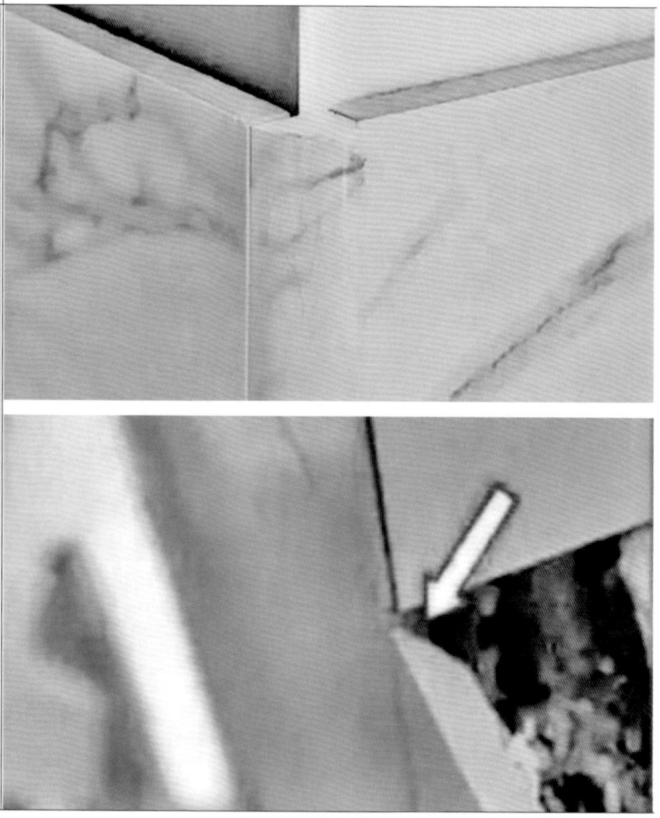
通病现象	厨、卫墙面瓷砖阳角开裂
原因分析	(1) 厨、卫墙面瓷砖由于受潮或空鼓严重，造成开裂； (2) 两面墙形成阴阳角瓷砖施工方法不当，导致阳角出现崩坏破损
防治措施	(1) 用塑料、金属、瓷砖材质护角线，无需磨削瓷砖边缘，直接铺贴； (2) 倒角、碰角：瓷砖的边缘磨出 45° 角，切角时不可直接切到瓷砖边缘，要留有一段距离然后将两片瓷砖的边缘贴在一起，刚好可以形成直角将阳角包裹起来； (3) 采用瓷砖胶进行瓷砖粘贴

质量通病	干湿区分隔防水措施不到位

错误做法	正确做法

通病现象	卫生间未设置止水坎防渗漏
原因分析	（1）卫生间结构层未设置止水坎； （2）设置的止水坎未做迎水面防水
防治措施	（1）按要求在结构层设计卫生间干湿分隔止水坎，止水坎所处地面应预先凿毛，浇筑止水带前应进行基层清理并刷素水泥浆一道； （2）止水带完成高度应超出淋浴房地面结合层 20mm 以上，止水坎与墙、地面交接处应伸入 20mm

质量通病	淋浴间挡水条渗水
错误做法	正确做法

通病现象	淋浴间挡水条安装不当，出现渗水现象
原因分析	（1）施工时没有内嵌不锈钢止水带或 U 形金属槽； （2）挡水条粘结层及密封胶使用玻璃胶，打胶不严密或密封胶脱落
防治措施	（1）挡水条基座内嵌入不锈钢止水带，防止水渗漏至淋浴房外； （2）密封胶应采用防水胶，避免在挡水条及地面潮湿时进行粘结施工，检查所有缝隙都已进行注胶密封

<table>
<tr><td>质量通病</td><td colspan="2">淋浴间挡水条水外溢</td></tr>
<tr><td colspan="2">错误做法</td><td>正确做法</td></tr>
<tr><td colspan="3"></td></tr>
<tr><td>通病现象</td><td colspan="2">淋浴间挡水条安装不当，出现溢水现象</td></tr>
<tr><td>原因分析</td><td colspan="2">（1）挡水条设置过低；
（2）挡水条平面设置不当</td></tr>
<tr><td>防治措施</td><td colspan="2">（1）淋浴房挡水条常用高度应为 40～50mm，不宜小于 30mm；
（2）挡水条平面宜加工为向淋浴间内稍微倾斜的斜面，可让滴落在挡水条的水自然流入淋浴间内，尤其适用于淋浴玻璃门下方的挡水条</td></tr>
</table>

质量通病	门套脚腐烂
错误做法	正确做法

通病现象	门套脚受潮发霉
原因分析	（1）门套与墙面的结合面未做防潮处理； （2）墙面基层没有做防潮处理； （3）门套直接接触地面，水汽长期渗透导致门套脚受潮发霉
防治措施	（1）门套施工前要确保墙面地面干燥，做好基层防潮、防腐工作； （2）防水区域门套基层板根部应与槛石面留缝 20mm，缝隙用柔性防水胶泥填实，木饰面板根部应与门槛石面留缝 2～3mm； （3）卫生间门套基层下部与地面悬空，底部门脚做天然或人造石材门套脚，离地面距离为 150mm，门套安装时预留石材位置

传统厨卫工程质量通病及防治措施九　表 4.7.1-9

<table>
<tr><td>质量通病</td><td colspan="2">卫浴墙面砖空鼓</td></tr>
<tr><td colspan="2">错误做法</td><td>正确做法</td></tr>
<tr><td colspan="2">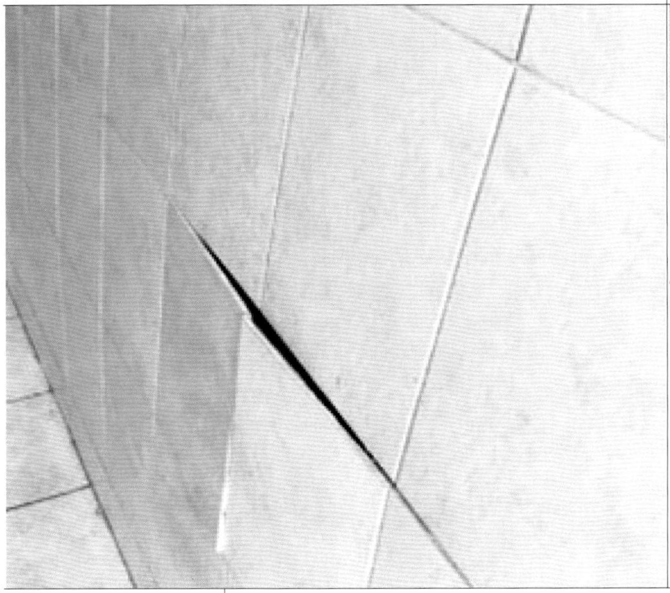</td><td>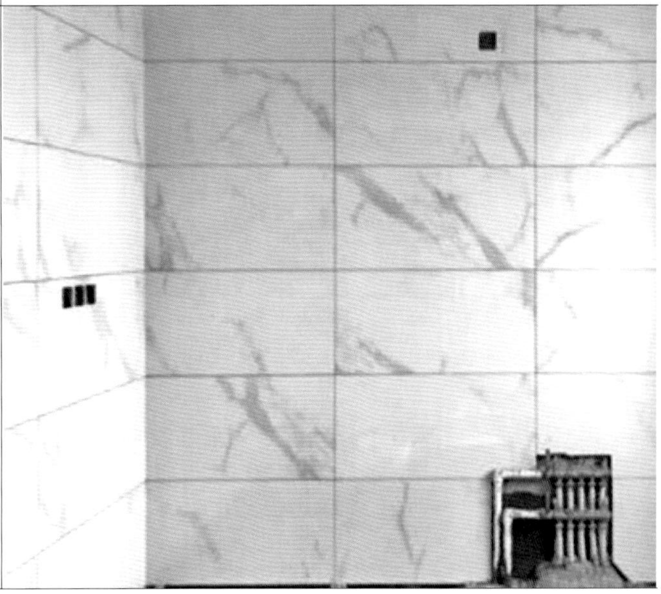</td></tr>
<tr><td>通病现象</td><td colspan="2">卫浴墙面瓷砖出现开裂、空鼓</td></tr>
<tr><td>原因分析</td><td colspan="2">（1）墙面基层强度不合格；
（2）部分地区温差较大，墙面瓷砖预留的伸缩缝隙太窄，当室温剧烈变化时，地板、水泥层和瓷砖都会出现热胀冷缩的现象；
（3）瓷砖粘结材料选择错误</td></tr>
<tr><td>防治措施</td><td colspan="2">（1）卫浴墙面基层按照规范验收合格后，再进行瓷砖铺贴；
（2）墙面留缝应为 1～1.5mm，且不低于 1mm，不允许采用无缝铺贴方式铺贴墙面瓷砖；
（3）需要泡水的瓷砖应浸泡 30min，在阴凉处放置，不再滴水后，涂刷背胶及胶粘剂，再进行铺贴，瓷砖空鼓率应在 3% 以内；
（4）应选用专用瓷砖胶作粘结材料</td></tr>
</table>

质量通病	地漏过高造成积水

错误做法	正确做法

通病现象	地漏偏高，地面积水不能排出，导致地漏周围积水、渗漏
原因分析	（1）安装地漏时，对地坪标高掌握不准，地漏高出地面； （2）地漏安装后的周围空隙，未用防水性砂浆灌实严密
防治措施	（1）找准地面标高，降低地漏高度，重新找坡，使地漏周围地面坡向地漏，并做好防水层； （2）地面找坡时，严格按基准线和地面设计坡度施工，使地面泛水坡向地漏，严禁倒坡； （3）地漏安装后，用水平尺找平地漏上沿，临时稳固好地漏，在地漏和楼板下支设托板，并用防水性砂浆均匀灌入周围孔隙并捣实，再做好地面防水层

<table>
<tr><td>质量通病</td><td colspan="2">马桶管道口密封不严</td></tr>
<tr><td colspan="2">错误做法</td><td>正确做法</td></tr>
<tr><td colspan="3">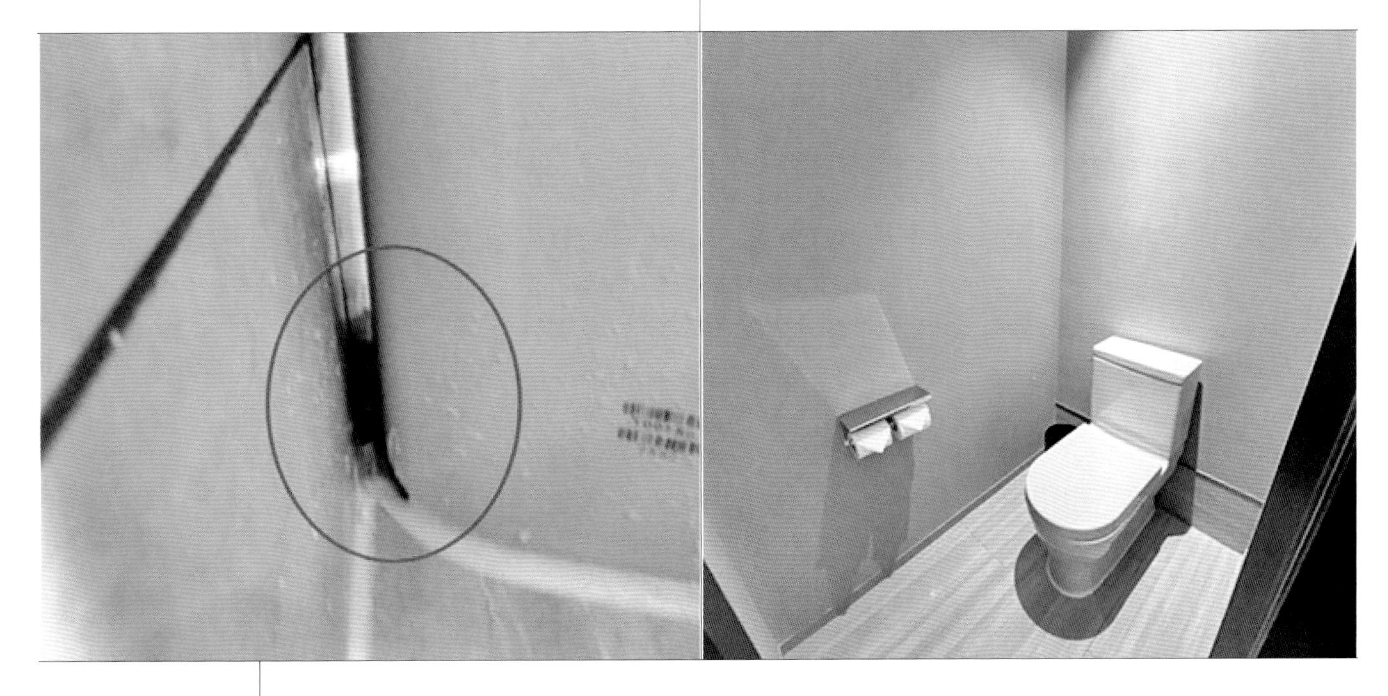</td></tr>
<tr><td>通病现象</td><td colspan="2">马桶的管道口密封不严，有异味产生</td></tr>
<tr><td>原因分析</td><td colspan="2">（1）马桶的法兰盘松动，造成气味外返；
（2）排污管道与马桶出水口密封没有对接好</td></tr>
<tr><td>防治措施</td><td colspan="2">（1）坐便器周围擦拭干净，将马桶排污口打密封胶，将法兰盘粘结，移动马桶把法兰盘凸起面向下放在排水口的中心并压紧；
（2）坐便器安装好后，其底部间隙用中性硅酮结构胶密封，或底部使用橡胶垫，并将排出口堵好</td></tr>
</table>

质量通病	台盆支撑不稳固
错误做法	正确做法
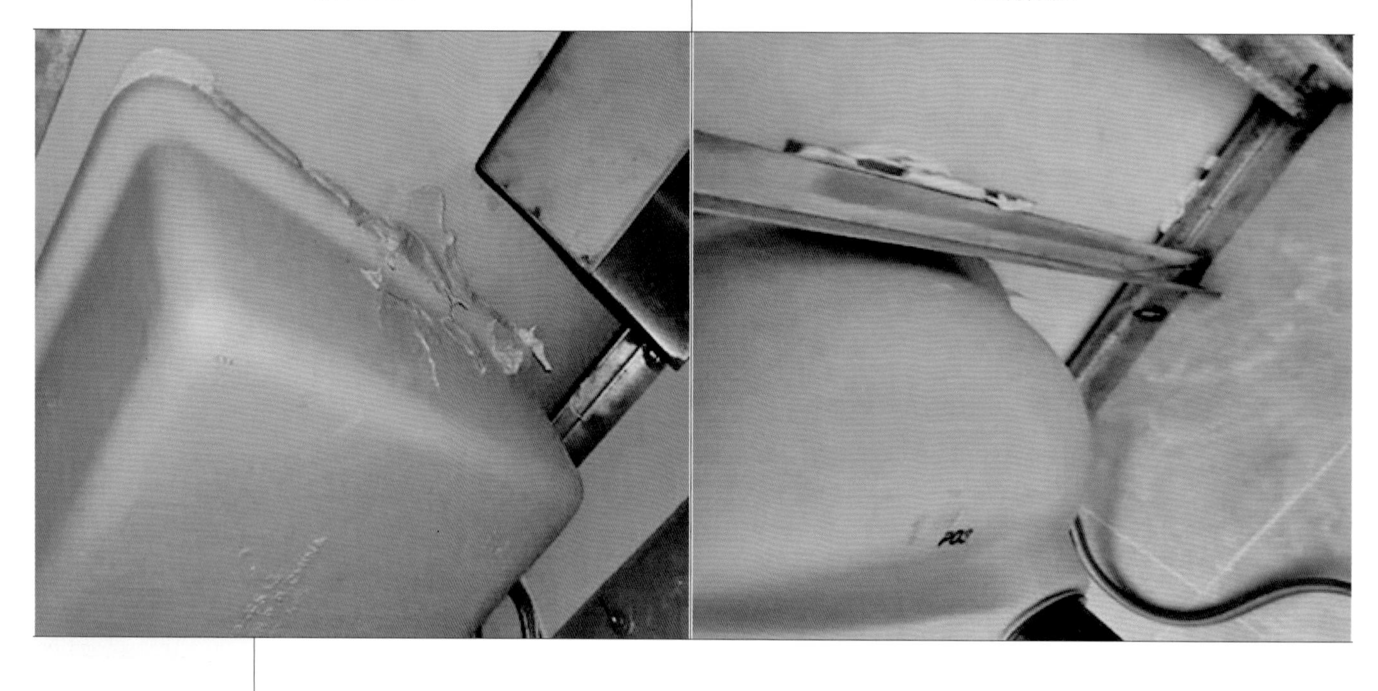	
通病现象	台盆使用云石胶粘合导致不稳固，存在安全隐患
原因分析	（1）图纸台盆节点不详； （2）台盆粘合胶老化松动，导致台盆脱落； （3）洗手台安装过程震动导致水槽同台面粘结处松动
防治措施	（1）深化设计时应明确台盆的节点和做法； （2）用金属支架固定在台面下，将金属支架直接固定到墙上； （3）用符合台盆长宽的铁圈将其固定，对台盆形成固定支撑结构

<table>
<tr><td>质量通病</td><td colspan="2">玻璃隔断不牢固</td></tr>
<tr><td colspan="2">错误做法</td><td>正确做法</td></tr>
<tr><td colspan="3">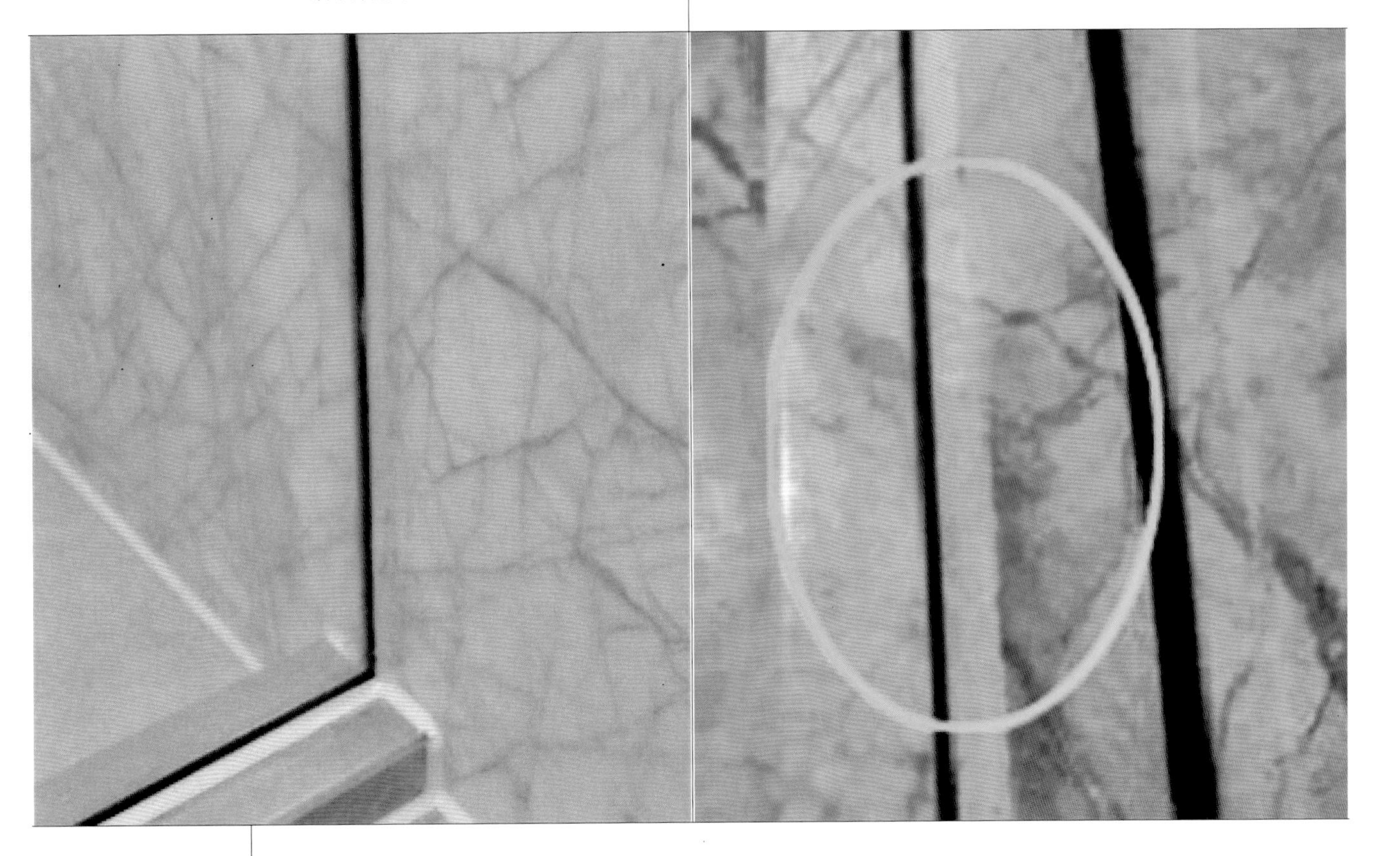</td></tr>
<tr><td>通病现象</td><td colspan="2">玻璃隔断未采用机械固定方式，仅用玻璃胶固定，玻璃隔断松动，存在安全隐患</td></tr>
<tr><td>原因分析</td><td colspan="2">玻璃安装固定不稳固，仅用中性硅酮结构胶固定，尤其是装有玻璃门夹的玻璃隔断</td></tr>
<tr><td>防治措施</td><td colspan="2">（1）玻璃隔断下方应开槽固定玻璃，玻璃下方两端分别用两块 PVC 垫块或橡胶垫做弹性连接，再打中性硅酮结构胶收口；
（2）玻璃与墙面、吊顶接触处可用 U 形成品铝型材收口；
（3）不上顶玻璃隔断除了执行（1）（2）项地面及墙面固定方式，还应在玻璃隔断上方安装吊装式玻璃夹或墙面支撑式玻璃夹</td></tr>
</table>

质量通病	镜面玻璃与不锈钢收口不到位
错误做法	正确做法
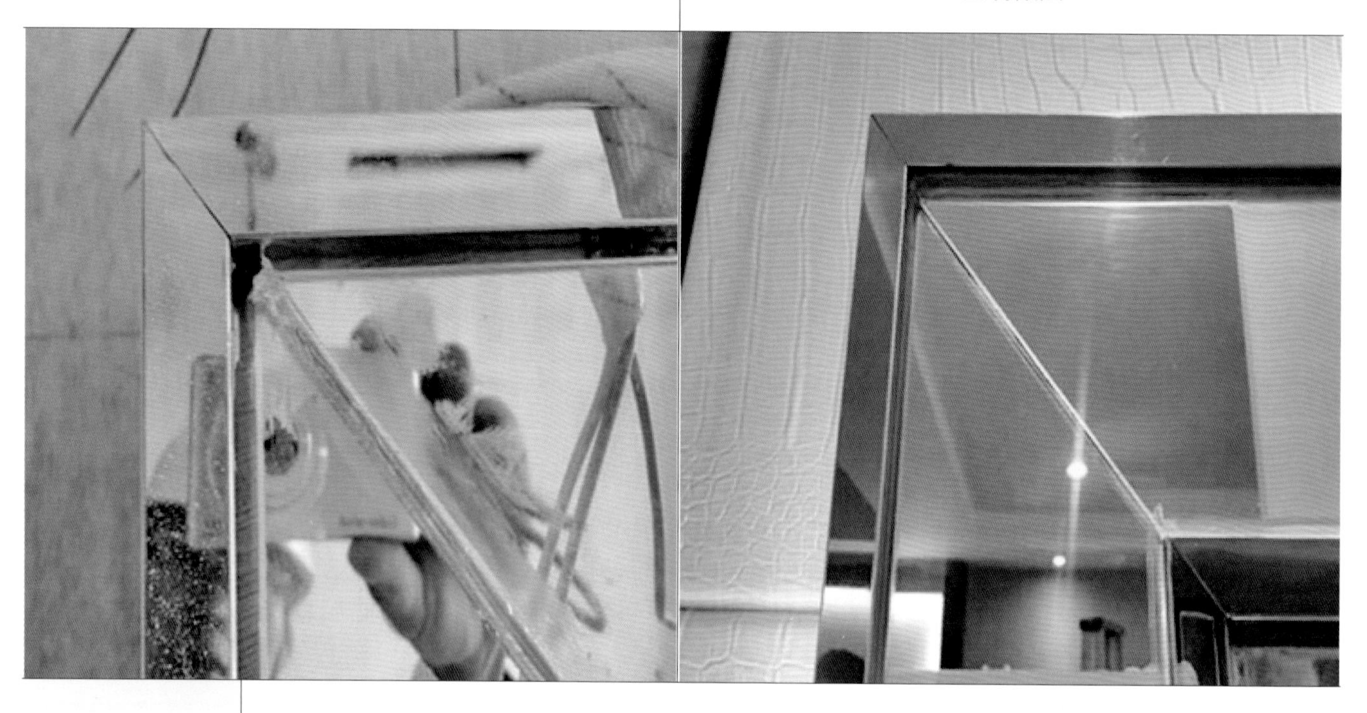	
通病现象	银镜与不锈钢收口条留置缝隙过大，出现露底现象，存在安全隐患
原因分析	（1）银镜生产时尺寸存在偏差； （2）银镜尺寸控制不统一，基层不平整，银镜现场切割安装爆边
防治措施	（1）图纸深化要到位，下单前复核现场尺寸； （2）银镜先行安装，四周不锈钢收口条待银镜安装完成后下单，调整不锈钢收口条的宽度，将不锈钢收口条压在银镜上，防止脱落

质量通病	镜面玻璃出现花斑
错误做法	正确做法

通病现象	使用了酸性玻璃胶，潮湿环境水汽从镜侧进入银镜内部，导致镜面出现花斑
原因分析	（1）镜面玻璃粘结材料选择错误，酸性玻璃胶会腐蚀金属材料并与碱性材料产生化学反应，造成镜面出现花斑现象； （2）裁切的银镜周边未进行密封，潮湿水汽进入内部，产生霉斑； （3）银镜运输过程中，镜背面涂层有损伤
防治措施	（1）镜面玻璃背面应使用中性防霉结构胶进行粘结； （2）安装无装饰框银镜应使用中性防霉结构胶进行封边处理； （3）安装前检查银镜背面是否损伤，搬运时应做好保护，小心轻放； （4）大块银镜应采用边框或玻璃钉进行固定，不宜采用胶粘固定

质量通病	浴缸收边不到位
错误做法	正确做法 

通病现象	浴缸收头、收边不到位，造成渗水现象
原因分析	（1）放线失误，浴缸收头不正确； （2）未完成图纸深化工作
防治措施	（1）做好图纸深化工作，重新进行放线定位安装； （2）浴缸应与墙面石材收头，圆角和墙面的缝隙应选用中性密封胶封堵，要做隔热处理，并留出伸缩间距

质量通病	检修口与橱柜交叉

错误做法	正确做法

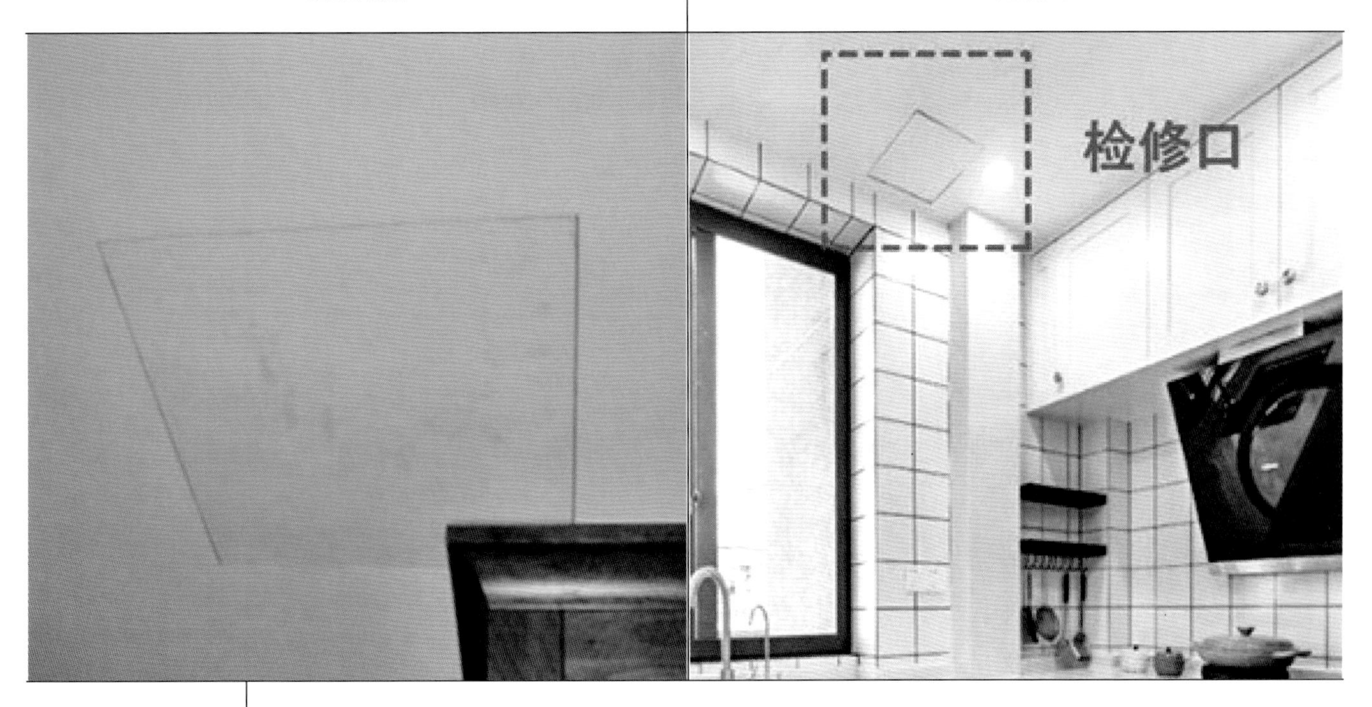

通病现象	橱柜阻挡检修口
原因分析	（1）未完成图纸深化工作，检修口与橱柜交叉重叠； （2）未进行技术交底，工人质量意识淡薄，没有反映问题
防治措施	（1）完成图纸深化后，重新进行放线定位安装，确保橱柜与检修口不会交叉重叠； （2）管理人员做好技术交底工作，及时处理工人反映问题，以免返工

4.7.2 装配式厨卫工程

装配式厨卫工程质量通病及防治措施　表 4.7.2-1

<table>
<tr><td>质量通病</td><td colspan="2">整体浴室安装后产生空间浪费</td></tr>
<tr><td colspan="2">错误做法</td><td>正确做法</td></tr>
<tr><td colspan="3"></td></tr>
<tr><td>通病现象</td><td colspan="2">安装后，整体浴室墙板与土建墙之间产生部分空间浪费</td></tr>
<tr><td>原因分析</td><td colspan="2">装配式整体浴室是独立于土建的一个卫生单元，给水及电路在墙板背后集成，需要 5～10cm 安装空间</td></tr>
<tr><td>防治措施</td><td colspan="2">（1）在前期设计阶段，需针对户型进行严谨的方案设计，避免因图纸设计而产生空间浪费；
（2）在土建阶段，需严格按照设计图纸进行卫生间的土建施工；避免出现墙面不平等情况而影响整体浴室的安装</td></tr>
</table>

4.8 门窗工程

4.8.1 木门窗工程

木门窗工程质量通病及防治措施一　　表 4.8.1-1

质量通病	门套线安装不牢固
错误做法	正确做法

通病现象	门套线安装不牢固，起翘
原因分析	（1）墙体垂直度偏差过大； （2）技术要求不明确，木砖数量少，间距大或木砖本身松动；门窗框与木砖固定用的钉子小，钉嵌不牢，门扇安装后松动； （3）门套线条用了含水量过高的木材，随着使用过程中含水率降低，门套线翘曲变形
防治措施	（1）墙体的垂直度和平面度验收合格后，方可进行门框的安装； （2）预埋木砖或连接件的数量及间距应符合设计要求，木螺钉长度、直径应符合设计要求，门框与墙体之间缝隙过大的，应采用加长螺钉固定，缝隙应填嵌饱满； （3）门套线应采用烘干的木材，含水率及饰面质量应符合国家现行标准的有关规定； （4）应加强过程质量检查，严格执行门框隐蔽前验收

质量通病	门窗扇关闭不严密	
错误做法		正确做法

通病现象	（1）门扇翘曲、变形； （2）门扇关闭不严密	
原因分析	木门木材材质含水率过高，随着使用过程中含水率的降低，木材慢慢收缩产生内应力，最终导致变形、开裂	
防治措施	（1）木门应采用烘干的木材，宜采用复合门，其填充材质应选用不容易变形的实木材料； （2）产品进场检查产品合格证，查看门料的含水率是否符合国家现行标准的有关规定； （3）门料或成品门现场存放地应平整、干燥，码放合理，排放整齐； （4）木门饰面质量应符合国家现行标准的有关规定，木门宜涂刷防潮底漆，面漆应涂饰均匀	

木门窗工程质量通病及防治措施三

质量通病	合页安装不正确

错误做法	正确做法

通病现象	（1）合页及固定螺钉表面出现锈蚀； （2）门框、扇单面开槽； （3）合页的承重轴和副轴安装位置不正确
原因分析	（1）不锈钢合页及螺钉质量不合格； （2）安装工艺不符合标准要求
防治措施	（1）门框、扇不得单面开槽，应两面开槽（隐形合页除外），槽深浅应与合页适宜、吻合； （2）合页的承重轴（3 轴）应安装在门框上，副轴（2 轴）应安装在门扇上； （3）产品进场应检查生产许可证、产品合格证、检测报告、质量保证书，检查外观质量； （4）应加强过程质量检查，可送具有检测资格的单位进行检测

质量通病	木门扇与门侧框间留缝限值超标
错误做法	正确做法

通病现象	木门扇与门侧框间留缝限值超标
原因分析	（1）管理人员对班组技术交底不清，施工班组不熟悉规范要求； （2）现场安装比较随意，质量意识淡薄； （3）过程管理不到位，留缝限值超标现象未及时引起关注
防治措施	（1）严格技术交底，明确工艺要求； （2）木门的造型、规格、尺寸、安装位置和固定方法应符合设计要求； （3）木门表面应平整洁净、线条顺直、接缝严密、色泽一致，不得有裂缝、翘曲及损坏，安装过程注意产品保护

质量通病	木门留缝限值超标	
错误做法		正确做法

通病现象	木门无下框时门扇与地面间留缝限值超标
原因分析	（1）未密切跟踪生产质量，木门加工工艺水平低； （2）项目部管理人员对班组技术交底不清，施工班组不熟悉规范要求； （3）过程管理不到位，留缝限值超标现象未及时引起关注
防治措施	（1）木门的造型、规格、尺寸、安装位置和固定方法应符合设计要求； （2）木门应安装牢固、开关灵活、关闭严密、无倒翘，功能应满足使用要求，安装过程注意产品保护

木门窗工程质量通病及防治措施六 表 4.8.1-6

质量通病	木门防腐处理不到位
错误做法	正确做法

通病现象	木门上下冒头防腐、防潮处理不到位
原因分析	（1）未密切跟踪生产质量，木门加工工艺水平低； （2）项目部管理人员对班组技术交底不清，施工班组不熟悉规范要求； （3）过程管理不到位，防腐、防潮处理未及时引起关注
防治措施	（1）木门应采用烘干的木材，含水率及饰面质量应符合现行国家标准的有关规定； （2）木门窗的防火、防腐、防虫处理应符合设计要求，安装过程注意产品保护

金属门窗工程质量通病及防治措施一 表 4.8.2-1

质量通病	门窗产品存放不当
错误做法	正确做法

通病现象	（1）玻璃发霉、损坏，堆放数量过多； （2）窗框放置不当，容易变形
原因分析	（1）玻璃放置无遮挡，未使用专用摆架； （2）未配备合适的成品保护设施及材料
防治措施	（1）构件进场应堆放整齐，防止变形和损坏，堆放需用木方垫起 100mm；材料与墙身接触处应用木板、纸皮等软接触隔开，并不得堆放挤压； （2）构件材料不应与酸、碱性材料一起存放；构件堆放场地应做好排水，防止积水对构件的腐蚀； （3）所有面材应用保护膜贴紧，保护膜不得脱胶，并保证竣工清洗前易撕落； （4）注胶时应用手将保护膜揭开，而不允许用小刀直接在玻璃上将保护膜划开，以免利器损伤玻璃镀膜

质量通病	门窗框与洞口连接固定存在偏差
错误做法	正确做法

通病现象	（1）门窗框固定片数量过少、间距过大，超过规范要求； （2）使用的固定片厚度不符合设计要求
原因分析	（1）未按设计要求安装固定片； （2）未严格执行门窗框隐蔽前工程验收检查
防治措施	（1）门窗框与墙体固定片应采用 1.5mm 厚的镀锌板，固定片宽度不小于 20mm； （2）固定片距门窗框角部的距离不应大于 150mm，其余部位的固定片应均匀分布，且中心距不应大于 400mm； （3）建筑外门窗的安装应牢固，在砌体上安装门窗严禁用射钉固定； （4）组合门窗拼樘框必须直接固定在洞口墙基体上

质量通病	门窗部位防水涂料施工不合格
错误做法	正确做法

通病现象	（1）窗框四周墙面有渗漏现象； （2）防水涂刷观感质量差，存在漏涂现象
原因分析	（1）防水涂料涂刷不饱满，涂刷次数及厚度不足； （2）未对上道工序进行验收即进行下一道工序施工
防治措施	（1）防水涂料涂刷应在塞缝砂浆干燥后或发泡胶固化后进行，应在洞口外侧四周分三遍涂刷防水涂料，其最终厚度应不小于 2.0mm； （2）清除基层表面杂物、油污、砂子，凸出表面的石子、砂浆疙瘩等应清理干净； （3）为保证涂膜牢固粘结于基层表面，要求找平层应有足够的强度，表面光滑，不起砂，不起皮； （4）防水涂料应搭接门窗框不小于 10mm，且应涂刷到超过门窗洞阳角不小于 100mm

质量通病	窗框与洞口有间隙
错误做法	正确做法

通病现象	窗框与洞口之间间隙过大产生渗漏
原因分析	（1）门窗洞口复核后，未对间隙大于 30mm 的部分进行加固处理，直接安装门窗； （2）窗框与洞口之间间隙过大，直接用轻质砖填塞，与原墙体连接强度不足
防治措施	（1）门窗洞口尺寸偏差大于 30mm 时，对于洞口留缝小于 20mm 的部位应剔凿到位，使留缝大小一致； （2）窗框与洞孔缝隙应采用 1：2 干硬性水泥砂浆塞缝，门窗框水泥砂浆嵌填应饱满； （3）水泥砂浆塞缝表面应压实、压平，并且不能使门窗框胀突变形

质量通病	防水砂浆塞缝不正确
错误做法	正确做法

通病现象	（1）塞缝砂浆不饱满，漏光； （2）窗框与洞口之间产生渗漏
原因分析	（1）塞缝未使用防水砂浆； （2）塞缝砂浆配比不正确； （3）防水砂浆填缝工人技术不合格
防治措施	（1）采用防水砂浆填塞缝隙，防水砂浆水泥与细砂的体积比例一般为 2∶3，拌和 5%～10% 的防水粉； （2）门窗框（或边框饰盖）与窗户外墙饰面之间预留 5～8mm 缝隙，深槽口填嵌缝油膏或密封胶； （3）临时固定用的木楔、垫块等不得遗留在洞口缝隙内； （4）应加强过程质量检查，对防水砂浆嵌填不饱满部位应及时调整

质量通病	门窗框发泡胶塞缝密封失效
错误做法	正确做法

通病现象	门窗框与洞口发泡剂塞缝有渗漏
原因分析	（1）发泡剂填缝质量不合格； （2）发泡剂固化后切割发泡剂，破坏防水界面，造成渗漏隐患
防治措施	（1）发泡剂固发前将多余的发泡剂塞入缝隙，保证发泡剂与窗框平齐； （2）超出门窗框外的发泡胶应在其固化前用手或专用工具压入缝隙中； （3）发泡剂固化后严禁切割修整发泡剂； （4）表面应采用密封胶密封，密封胶应粘结牢固，表面应光滑、顺直、无裂纹

质量通病	窗、扇胶条不交圈

错误做法	正确做法 
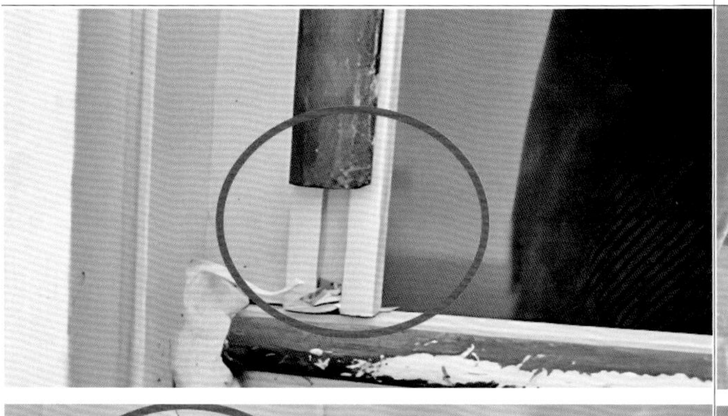	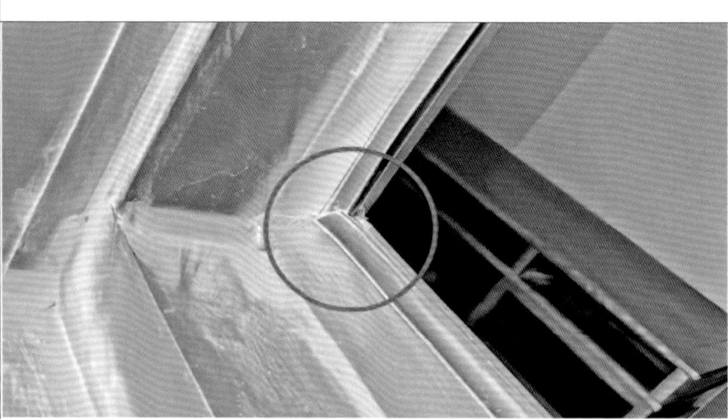

通病现象	窗、扇框穿入式密封胶条不交圈，交接处未使用粘结剂可靠粘结，降低了整窗的气密、水密性能
原因分析	（1）密封胶条穿入槽口时绷张过度，预留长度过少，粘结后弹性收缩； （2）窗、扇框料与胶条间接触不紧密，粘结力不够，造成密封胶条滑动移位或脱槽； （3）窗、扇框料组角错位，造成密封胶条不交圈； （4）橡胶封条转角断开处没有用密封胶密封； （5）粘结技术、工艺不可靠，质量检查不到位
防治措施	（1）严格落实技术交底，胶条选用不应过紧，胶条入槽穿拉力度不宜过大，胶条松紧程度应处于自然状态下，密封条安装时应留有比门窗的装配边长 20～30mm 的余量 ； （2）胶条槽榫与窗、扇框卡槽应匹配紧密，无窜动、脱落现象； （3）窗、扇框组装尺寸偏差应符合现行国家标准的有关规定，不应对存在质量缺陷的窗、扇框进行胶条穿装及后续工作； （4）橡胶封条应在转角处断开，并用密封胶密封粘贴牢固或采用专用转角组件粘结；胶条对接后应平整、不扭曲

质量通病	窗扇安装螺钉生锈

错误做法	正确做法

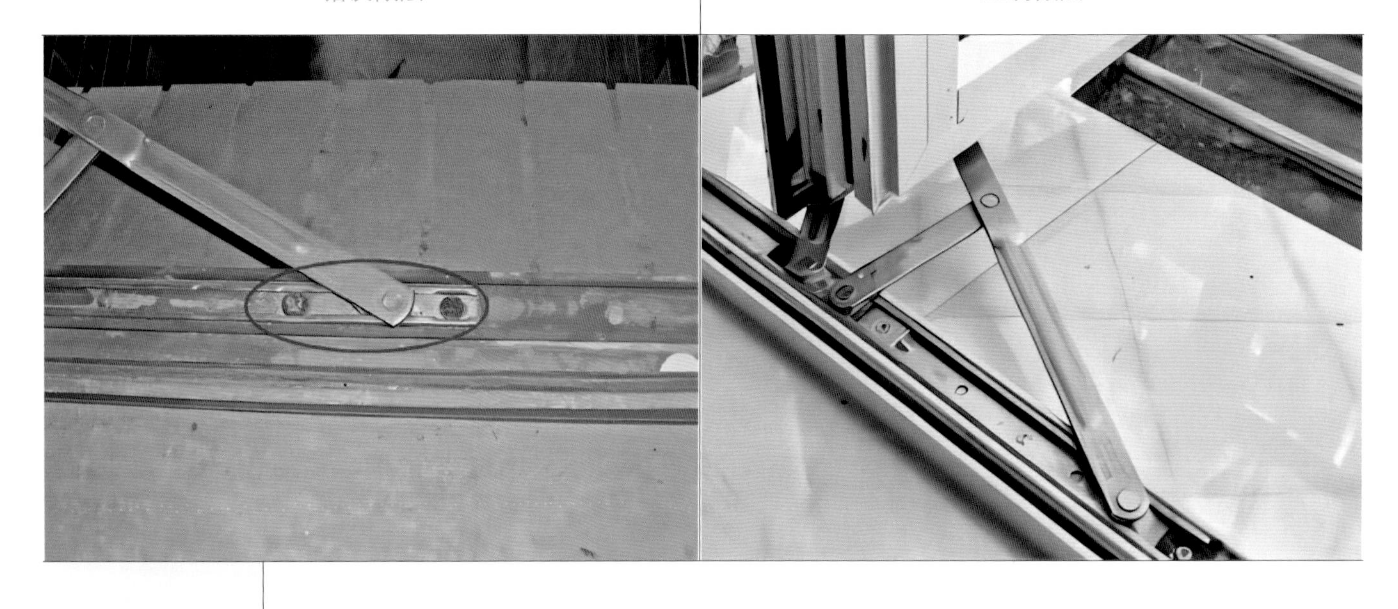

通病现象	滑撑与窗框的固定螺钉生锈严重，存在安全隐患
原因分析	（1）不锈钢合页及螺钉质量不合格； （2）螺钉尺寸选用不正确，不锈钢滑撑铰链的悬臂与螺钉干涩，不锈钢镀铬层受损后生锈； （3）材料进场检验把关不严，成品质量检查不到位
防治措施	（1）技术交底应明确技术要求，应采用符合设计要求的不锈钢螺钉； （2）当采用沉头螺钉时，滑轨的沉头孔应加工到位；当采用盘头螺钉时，盘头螺钉与滑轨应连接紧密，安装位置正确； （3）材料采购应合格，严格进场质量验收、发放材料； （4）落实质量检查，严格执行奖罚制度，强化质量意识

质量通病	滑撑与窗框紧固螺钉工艺和材料不正确
错误做法	正确做法

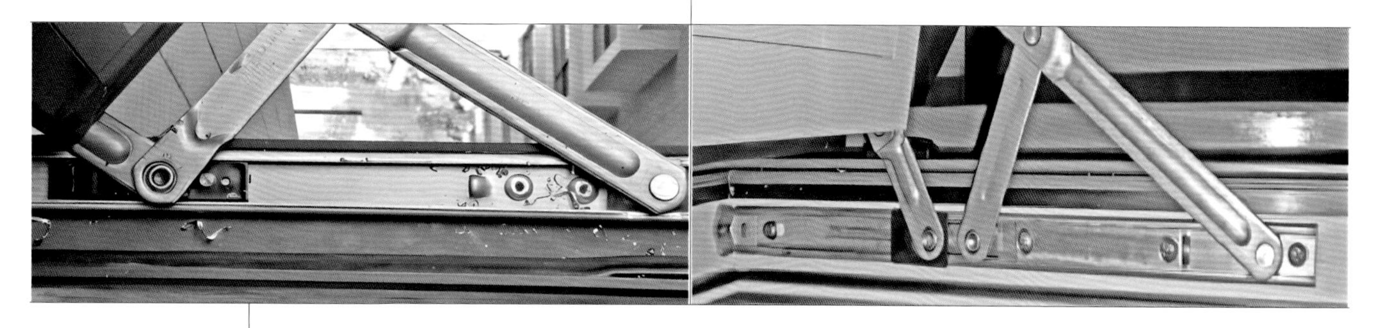

通病现象	滑撑与窗框固定不牢固
原因分析	（1）滑撑采用铆钉与窗框固定，不牢固，存在安全隐患； （2）质量检查不到位，未能发现不合格工艺
防治措施	（1）门窗组装机械连接应采用不锈钢紧固件，不得使用铝及铝合金抽芯铆钉做门窗受力连接用紧固件，应采用机制螺钉与窗框可靠固定； （2）五金附件的安装应保证各种配件和零件齐全，装配牢固，安全可靠； （3）落实质量检查，严格执行奖罚制度，强化质量意识

质量通病	窗框室外墙体注胶密封不规范

错误做法	正确做法

通病现象	窗框与窗洞连接处发生渗漏
原因分析	（1）外墙密封胶直接打在面砖上，没有留注胶槽口； （2）墙边胶注胶厚度不足，容易产生渗水
防治措施	（1）外墙饰面施工时应预留墙边角槽，墙边角嵌入饰面层 5～8mm； （2）多工种交叉作业时，应合理安排施工先后顺序； （3）严格执行样板引路及隐蔽验收制度，加强执行现场巡查制度

质量通病	门窗饰面缺少防护措施
错误做法	正确做法

通病现象	铝合金表面污染、腐蚀、刮花，无法修复
原因分析	(1) 铝合金门窗框无保护胶纸和防护措施； (2) 成品保护不严格，未能及时发现保护措施的缺失及损坏现象
防治措施	(1) 应严格落实技术交底，明确成品保护要求，外墙砖墙等饰面完工前不得拆除门窗饰面保护膜； (2) 成品铝合金门窗框装饰面粘贴保护膜应完整，应重点加强拼樘和转角位置保护； (3) 应加强执行现场巡查制度，发现问题及时修复处理和记录

金属门窗工程质量通病及防治措施十二　　表 4.8.2-12

质量通病	玻璃压条安装拼缝间隙过大

错误做法	正确做法 

通病现象	（1）玻璃压条拼缝间隙过大，有漏水隐患，影响美观； （2）带密封条的玻璃压条，其密封条与玻璃不贴紧
原因分析	（1）玻璃压条开料尺寸错误； （2）玻璃压条开料误差过大； （3）选用的密封条高度不足； （4）压条尺寸设计不合理，与窗、扇框型材槽口卡扣不牢固
防治措施	（1）门窗铝型材加工开料应以审核合格的加工图为依据，玻璃压条应与窗、扇框型材匹配； （2）应根据不同的玻璃厚度选用高度合适且与玻璃压条匹配的密封胶条； （3）玻璃压条拼缝应平齐，宜用与型材颜色相近的耐候胶密封； （4）加强加工环节的质量管理和控制，严格控制加工精度

塑料门窗工程质量通病及防治措施一　表 4.8.3-1

质量通病	塑料门窗焊角开裂
错误做法 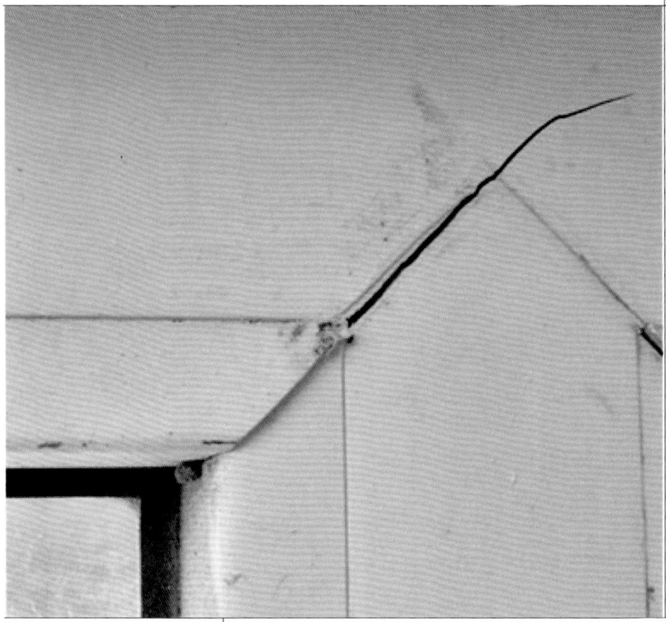	正确做法 
通病现象	塑料门窗焊角开裂
原因分析	（1）在冬季寒冷区域进行焊接，门窗型材出现冷脆现象，焊接处产生裂缝； （2）焊接加工未使用专业工具，焊接工艺不规范； （3）焊接完成后搬运及堆放过程中产生损伤
防治措施	（1）冬季焊接尽量安排在室内进行，加工环境温度不应低于 15℃； （2）应使用专业的设备进行焊接，严格控制焊接工艺及参数； （3）门窗焊角应避免剧烈冲击，错开焊角水平码放；焊接时应在地面放置垫块支撑，不得直接放置在地面上； （4）进行焊接作业时，应采取有效措施，防止电焊火花损坏门窗

塑料门窗工程质量通病及防治措施二　　表 4.8.3-2

质量通病	塑料门窗密封不严
错误做法	正确做法

通病现象	（1）窗框密封不严，漏风现象严重； （2）推拉门窗扇松动
原因分析	（1）使用的不标准的密封毛条影响密封度； （2）推拉窗的上下都存在缝隙，未采取密封措施； （3）未采取防坠落构造措施
防治措施	（1）推拉门窗框扇采用摩擦式密封时，应使用密度较高的硅化密封毛条或采用中间加胶片的硅化密封毛条，推拉轨道上部及下部两扇重叠处应设有密封条，确保密封效果； （2）门窗框的上下轨道中间增加防风块，起到减少轨道漏风的作用； （3）密封胶条和密封毛条应保证在门窗四周的连续性，形成封闭的密封构造； （4）推拉门窗应加装防坠落限位卡片，外平开窗应加装限位器、防坠绳等防坠落装置

4.9 细部工程

4.9.1 固定家具工程

固定家具工程质量通病及防治措施一　　表 4.9.1-1

质量通病	固定家具关闭不严密、不平整
错误做法	正确做法

通病现象	固定家具门关闭不严密、不平整，内表面和外部可视表面光洁平整不足，颜色不均匀，有裂纹、毛刺、划痕和碰伤等缺陷
原因分析	（1）未密切跟踪生产质量，固定家具加工工艺不精； （2）成品、半成品运输过程中有损坏； （3）家具安装时未调整好，施工班组图快赶工
防治措施	（1）跟踪家具生产过程质量，家具进场前验收合格； （2）固定家具的造型、尺寸、安装位置、制作和固定方法应符合设计要求； （3）抽屉和柜门应开关灵活、回位正确

固定家具工程质量通病及防治措施二　　表 4.9.1-2

质量通病	固定家具与周边界面交接收口不精细
错误做法	正确做法

通病现象	固定家具与其他界面交接收口不精细；固定家具与墙面连接不牢固，有松动、脱落现象
原因分析	（1）未密切跟踪生产质量，固定家具制作尺寸不准确； （2）安装时未调整好，施工班组图快赶工； （3）密封胶施工工艺不精
防治措施	（1）跟踪家具生产过程质量，家具进场前验收合格； （2）固定家具安装应牢固，预埋件或后置埋件的数量、规格、位置应符合设计要求； （3）选用注胶技能合格工人，采用专用刮胶工具

4.9.2 窗帘盒工程

窗帘盒工程质量通病及防治措施　　表 4.9.2-1

质量通病	窗帘盒与墙身、吊顶衔接不严密
错误做法	正确做法 

通病现象	窗帘盒与墙、吊顶衔接不严密，表面不平整、线条不顺直，有松动、脱落现象
原因分析	（1）未密切跟踪生产质量，窗帘盒制作尺寸有偏差； （2）安装不牢固或不精细，施工班组图快赶工
防治措施	（1）窗帘盒的造型、规格、尺寸、安装位置和固定方法应符合设计要求； （2）窗帘盒配件的品种、规格应符合设计要求，安装应牢固

窗台工程质量通病及防治措施一 表 4.9.3-1

质量通病	窗台板与外窗框之间的缝隙未处理
错误做法	正确做法

通病现象	窗台板与外窗框之间的缝隙未处理
原因分析	(1)项目部管理人员对班组施工工艺交底不清晰; (2)加工环节质量跟踪不到位,窗台板生产环节工艺粗糙
防治措施	(1)窗台板与外窗框之间的缝隙应小于 5mm,并用中性耐候密封胶密封,台面低于或对齐外窗上口; (2)窗台板安装前先对外窗框边缘进行检查,必要时使用防水砂浆对窗边进行处理

窗台工程质量通病及防治措施二　　　表 4.9.3-2

质量通病	窗台板拼接质量不佳
错误做法	正确做法 

通病现象	窗台板拼接处高低不平、缝隙宽度大小头、接缝打磨痕迹明显；窗台板表面有返碱（石材）、裂纹（石材、瓷砖、木材）、颜色和纹理不统一现象
原因分析	（1）未进行准确的放线定位以及复核确认； （2）过程管理不到位，窗台板排板随意
防治措施	（1）窗台板的造型、规格、尺寸、安装位置和固定方法应符合设计要求； （2）安装位置浮尘油污等基层杂物清理干净，金属门窗防雷接地连接完毕，窗台板石材进行六面防水处理

门窗套工程质量通病及防治措施一　　表 4.9.4-1

质量通病	门窗套收口不严密
错误做法	正确做法 

通病现象	门窗套松动不牢固，线条不顺直、收口不严密，与不同材质交接欠佳，影响美观
原因分析	（1）门窗套安装深度不准确； （2）项目部管理人员对班组交底不清； （3）门窗边口处理不到位，施工班组图快赶工
防治措施	（1）严格落实技术交底，明确安装要求； （2）门窗套的造型、尺寸和固定方法应符合设计要求，安装应牢固； （3）门窗套表面应平整、洁净、线条顺直、接缝严密、色泽一致，不得有裂缝、翘曲及损坏

门窗套工程质量通病及防治措施二　　表 4.9.4-2

<table>
<tr><td>质量通病</td><td colspan="2">门窗套拼接质量不佳</td></tr>
<tr><td colspan="2">错误做法</td><td>正确做法</td></tr>
<tr><td colspan="3">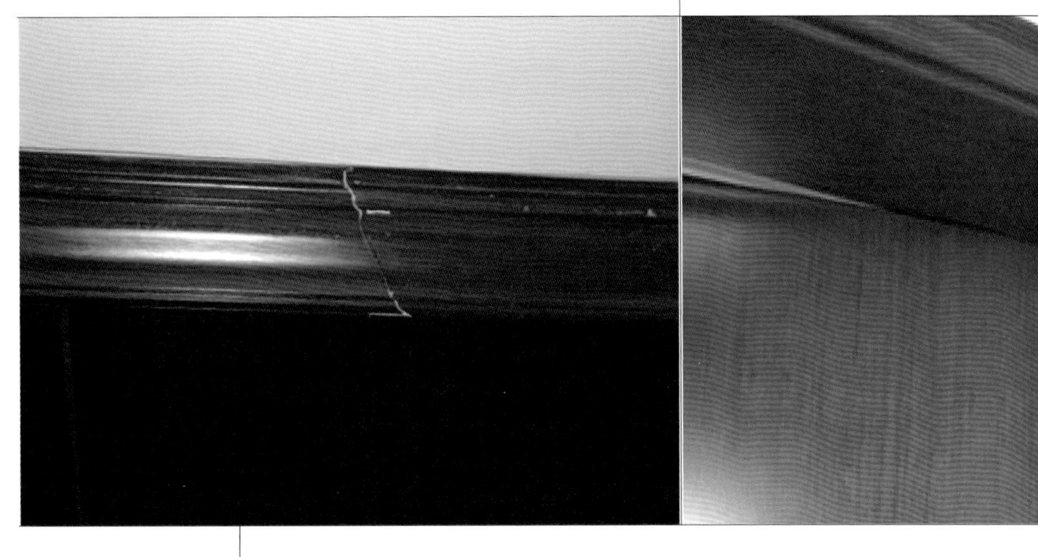</td></tr>
<tr><td>通病现象</td><td colspan="2">门窗套拼接处接缝痕迹明显，有高低不平、缝隙宽度大等现象；门窗套表面有返碱（石材）、裂纹（石材、瓷砖、木材）、颜色和纹理不统一现象</td></tr>
<tr><td>原因分析</td><td colspan="2">（1）门窗套加工生产工艺粗糙、拼接随意；
（2）过程管理不到位，项目部未进行后场加工的密切跟踪</td></tr>
<tr><td>防治措施</td><td colspan="2">（1）门窗套的造型、规格、尺寸、安装位置和固定方法应符合设计要求；
（2）门窗套安装位置的基层杂物要清理干净，安装过程注意产品保护</td></tr>
</table>

护栏及扶手工程质量通病及防治措施一　　表 4.9.5-1

<table>
<tr><td>质量通病</td><td colspan="2">临空落地玻璃窗（幕墙）边未设防撞设施</td></tr>
<tr><td colspan="2">错误做法</td><td>正确做法</td></tr>
<tr><td colspan="2"></td><td></td></tr>
<tr><td>通病现象</td><td colspan="2">临空落地玻璃窗（幕墙）边未设防撞设施</td></tr>
<tr><td>原因分析</td><td colspan="2">（1）前期策划及图纸深化不到位；
（2）没有掌握规范关于设置防撞设施的要求</td></tr>
<tr><td>防治措施</td><td colspan="2">（1）临空落地玻璃窗（幕墙）边护栏和扶手的造型、尺寸及安装位置应符合设计要求；
（2）当临空落地玻璃窗（幕墙）进行耐撞击性能试验，达到设计防撞击、防坠落等要求，且《不设置防撞设施专项方案》经专家论证通过，可以视同已设置防撞设施</td></tr>
</table>

护栏及扶手工程质量通病及防治措施二　　表 4.9.5-2

质量通病	特殊场所未采用保护少年儿童的措施

错误做法	正确做法

通病现象	住宅、托儿所、幼儿园、中小学及供少年儿童独自活动的场所，防护栏杆未采用保护少年儿童的措施
原因分析	（1）前期策划及图纸深化不到位； （2）没有掌握国家标准中关于建筑防护栏杆的构造要求
防治措施	（1）直接临空的通透防护栏杆垂直杆件的净间距不应大于 110mm 且不宜小于 30mm，应采用防止少年儿童攀登的构造； （2）当采用双层扶手时，下层扶手的高度不应低于 700mm，且扶手到可踏面之间不应设置少年儿童可登援的水平构件； （3）楼梯井净宽大于 110mm 时，栏杆扶手应设置防止少年儿童攀滑的措施

质量通病	扶手接缝、接头处理不到位
错误做法	正确做法

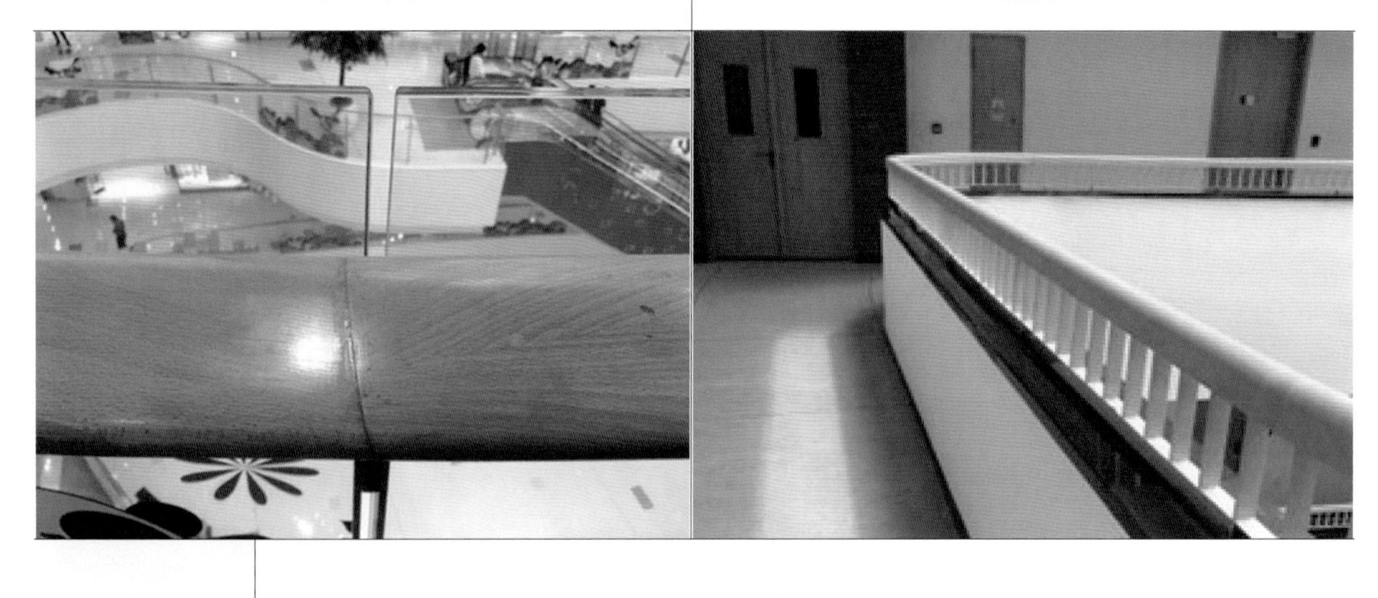

通病现象	扶手接缝、接头处理不到位，工艺不精；玻璃栏板边口处理不精
原因分析	（1）对班组施工工艺交底不清晰； （2）扶手加工、安装工艺粗糙，施工班组图快赶工
防治措施	（1）严格落实技术交底，明确施工工艺要点； （2）护栏和扶手安装预埋件的数量、规格、位置以及护栏与预埋件的连接节点应符合设计要求； （3）护栏安装应牢固，护栏和扶手转角弧度接缝要精致、均匀，焊缝顺直、光滑

护栏及扶手工程质量通病及防治措施四　　表 4.9.5-4

质量通病	未正确使用承受水平荷载的玻璃栏板
错误做法	正确做法

通病现象	未正确使用承受水平荷载的玻璃栏板
原因分析	（1）前期策划及图纸深化不到位； （2）没有掌握国家规范、标准中的相关要求
防治措施	（1）承受水平荷载的玻璃栏板，位置在 3m 以下应采用公称厚度不小于 12mm 的钢化玻璃或公称厚度不小于 16.76mm 的钢化夹层玻璃； （2）当玻璃栏板最低点离一侧楼地面高度在 3m 以上至 5m 以下时，应使用公称厚度不小于 16.76mm 的钢化夹层玻璃； （3）当玻璃栏板最低点离一侧楼地面高度大于 5m 时，不得使用承受水平荷载的玻璃栏板

<table>
<tr><td>质量通病</td><td colspan="2">栏杆不牢固</td></tr>
<tr><td colspan="2">错误做法</td><td>正确做法</td></tr>
<tr><td colspan="3"></td></tr>
<tr><td>通病现象</td><td colspan="2">栏杆立柱不牢固、接头处理不到位，影响使用功能，有安全隐患</td></tr>
<tr><td>原因分析</td><td colspan="2">（1）策划及图纸深化不到位，栏杆立柱直接安装在装饰材料面层上；
（2）项目部管理人员对班组技术交底不清晰；
（3）隐蔽验收不严格</td></tr>
<tr><td>防治措施</td><td colspan="2">（1）栏杆立柱安装预埋件的数量、规格、位置应符合设计要求；
（2）栏杆立柱安装应牢固，立柱与基层接合处要装饰美观</td></tr>
</table>

护栏及扶手工程质量通病及防治措施六　　表 4.9.5-6

质量通病	栏杆高度不够

错误做法	正确做法

通病现象	栏杆高度未按扶手顶面高度计算，而是按玻璃高度计算，导致栏杆高度不够
原因分析	（1）前期策划及图纸深化不到位； （2）没有掌握国家标准中的相关要求
防治措施	栏杆高度应满足《民用建筑通用规范》GB 55031 要求，栏杆垂直高度不应小于 1.10m。栏杆高度应按所在楼地面或屋面至扶手顶面的垂直高度计算，如底面有宽度大于或等于 0.22m，且高度不大于 0.45m 的可踏部位，应按可踏部位顶面至扶手顶面的垂直高度计算

4.9.6 花饰工程

花饰工程质量通病及防治措施　　表 4.9.6-1

<table>
<tr><td>质量通病</td><td colspan="2">花饰造型不够精致</td></tr>
<tr><td colspan="2">错误做法</td><td>正确做法</td></tr>
<tr><td colspan="3"></td></tr>
<tr><td>通病现象</td><td colspan="2">花饰造型较粗糙，表面有毛刺、不够精致</td></tr>
<tr><td>原因分析</td><td colspan="2">（1）未密切跟踪生产质量，花饰加工工艺粗糙；
（2）现场安装拼接比较随意，质量意识淡薄；
（3）项目部管理人员对班组技术交底不清</td></tr>
<tr><td>防治措施</td><td colspan="2">（1）花饰的造型、规格、尺寸、安装位置和固定方法应符合设计要求；
（2）花饰造型安装完成后要清理表面，并注意产品保护</td></tr>
</table>

4.10　幕墙工程

4.10.1　玻璃幕墙工程

玻璃幕墙工程质量通病及防治措施一　表 4.10.1-1

质量通病	玻璃自爆
错误做法	正确做法

通病现象	玻璃自爆，颗粒高空坠落伤人，影响公众正常工作和生活
原因分析	（1）玻璃中含有硫化镍及异质相颗粒杂质，局部的应力集中，容易发生玻璃自爆； （2）玻璃设计、安装不当； （3）玻璃加工过程存在隐伤，钢化质量不稳定等
防治措施	（1）采用优质平板玻璃原片，选用超白玻璃，玻璃应进行均质钢化处理； （2）推荐采用半钢化玻璃复合玻璃（夹胶），有效防止玻璃坠落伤人； （3）适度钢化，控制玻璃设计尺寸，玻璃与金属接触点采用塑料垫片完全隔离

质量通病	预埋板位置偏差
错误做法	正确做法

通病现象	预埋件竖向垂直度、水平度偏差较大，不符合规范精度要求
原因分析	（1）技术交底不到位； （2）加固、定位措施针对性不够
防治措施	（1）严格落实技术交底，明确针对性的技术措施； （2）预埋钢板应按工艺要求精确定位； （3）侧木模施工完后，用钢筋条与锚筋焊接加固

质量通病	后锚埋板固定无效
错误做法	正确做法

通病现象	锚栓、锚板与主体混凝土结构无有效固定，混凝土梁崩边脱落，无法满足规范要求
原因分析	设计不合理，建筑结构梁断面尺寸不满足锚栓与梁边部构造要求
防治措施	（1）优化设计，在梁底增加固定支撑钢板； （2）将立柱上端支点设置在结构飘板底部； （3）化学锚栓离柱墙最小边距值 $c \geqslant 6d_{nom}$（d_{nom} 为锚栓外径）

质量通病	锚栓钢垫片生锈
错误做法	正确做法

通病现象	使用的镀锌钢垫片生锈
原因分析	（1）材料采购及进场验收不严格； （2）垫片采用油漆或冷镀锌，不符合验收规范要求
防治措施	（1）材料表面处理方式应采用热镀锌； （2）应把好材料进场的检验关

质量通病	转接件孔位非机械加工
错误做法	正确做法

通病现象	连接件孔位偏差，现场用氧割、电焊扩孔打眼，质量差，不符合要求
原因分析	（1）安装工未严格按图施工，质量意识不到位； （2）管理不严格，未认真落实检查
防治措施	（1）严格技术交底，明确材料要求，加强管理，增强质量意识； （2）连接件的钻、扩孔措施应按规范与施工图要求进行机械加工，严禁现场氧割、电焊扩孔打眼； （3）严格按图施工，安排专人落实 100% 检查

质量通病	单元式水槽盖板密封不严密、不平顺

错误做法	正确做法

通病现象	单元式水槽盖板注胶密封不严密、不平顺
原因分析	（1）注胶工人技能不合格； （2）质量检查、旁站不到位
防治措施	（1）选用注胶技能合格工人，施工前严格做好技术交底与样板引路； （2）加强施工过程检查，执行奖罚制度

玻璃幕墙工程质量通病及防治措施七 表 4.10.1-7

质量通病	立柱底部连接防腐处理不正确
错误做法	正确做法

通病现象	（1）底部钢套芯与埋板焊接部位焊渣未完全清除干净，未涂刷防锈漆； （2）钢套芯与铝立柱接触部位未采用橡胶垫片隔离，容易发生金属腐蚀
原因分析	（1）技术交底不明确，工人质量意识不强； （2）未严格执行样板引路制度； （3）质量检查不认真、不全面
防治措施	（1）提前做好工艺与质量技术交底，强化质量意识； （2）幕墙立柱底部钢套芯与埋板焊接后，焊缝应清除焊渣，经隐蔽验收合格后，方可涂防锈漆面； （3）不同金属间的接触面应采用橡胶垫片隔离； （4）认真执行样板引路，全面落实质量旁站、巡查、抽查检查，及时发现与纠正问题

质量通病	挂件与支座调节失效

错误做法	正确做法

通病现象	单元板块挂件调节螺栓未与连接支座有效接触，起不到调节作用，不符合设计要求
原因分析	（1）技术交底不到位，质量意识不强； （2）构件制作有误差
防治措施	（1）明确技术交底要求，增强质量意识； （2）提高构件制作精度，落实样板引路制度，加强质量检查

质量通病	玻璃压板未采用通长式
错误做法	正确做法

通病现象	明框幕墙玻璃压板采用分断点压式安装方式，容易造成漏水隐患和无法满足承受负风压荷载强度要求，存在安全隐患
原因分析	(1) 设计图纸中未明确通长设计，压板加工图设计错误； (2) 对工人的技术交底不明确； (3) 未落实样板引路和质量检查不到位
防治措施	(1) 设计图纸节点中应标明压板采用通长安装，保证玻璃板块安全、牢固可靠、外观平整、不渗水； (2) 对工人的技术交底要明确设计要求； (3) 落实样板引路，严格质量检查

质量通病	压板采用双面贴替代胶条
错误做法	正确做法

通病现象	明框玻璃幕墙压板采用双面贴替代胶条，容易造成漏水隐患
原因分析	（1）双面贴用于结构胶的注胶尺寸定位用，不应用于替代密封胶条，当压板受到风荷载与雨水共同作用时双面贴被压缩，起不到支撑作用，且容易产生渗漏；而胶条设计是用于密封防水与控制玻璃和型材间隙定位支撑用，不得随意替换； （2）技术交底不到位，质量意识不够
防治措施	（1）应按图施工，做好技术交底； （2）明框玻璃压板应采用三元乙丙胶条，不得采用双面贴； （3）强化质量意识，加强过程质量检查

质量通病	隐框玻璃板块安装压块间距过大
错误做法	正确做法
> 350mm > 350mm	 100 ~ 350mm 350mm 350mm
通病现象	隐框玻璃幕墙玻璃组件压块固定点间距过大
原因分析	(1) 未按玻璃固定间距尺寸位置细化横梁、立柱加工图的螺钉定位; (2) 技术交底不到位，质量意识不够
防治措施	(1) 应按图施工，做好技术交底，压块距离端部≤ 150mm，压块间距≤ 350mm; (2) 强化质量意识，加强隐蔽验收 100% 检查，严格执行奖罚制度

质量通病	开启扇胶条连接不交圈
错误做法	正确做法

通病现象	窗框密封胶条不交圈，交接处胶条断开未连续，降低了整窗的气密、水密性能
原因分析	（1）窗生产车间中框密封胶条入玻璃槽口时拉得过紧，预留长度过少，粘结力不够，粘结后弹性收缩，密封不交圈； （2）粘结技术、工艺不可靠，质量检查不到位
防治措施	（1）严格落实技术交底，明确施工工艺； （2）胶条选用不应拉得过紧，穿胶遇转角处应连续或采用专用转角组件粘结； （3）严格落实三检制度，组装质量检验 100%，增强质量意识

<table>
<tr><td>质量通病</td><td colspan="2">开启扇下部无设托条</td></tr>
<tr><td colspan="2">错误做法</td><td>正确做法</td></tr>
<tr><td colspan="3"></td></tr>
<tr><td>通病现象</td><td colspan="2">（1）隐形开启扇玻璃底部无托块，结构胶与型材粘结长期受剪；
（2）玻璃托板宽度规格偏小，托块未有效托起中空外层玻璃</td></tr>
<tr><td>原因分析</td><td colspan="2">（1）施工图未按规范要求设置玻璃托条，隐框玻璃全部依靠结构胶来承受玻璃自重，长期受剪，结构胶与型材粘结失效，存在安全隐患；
（2）技术交底不到位，质量意识薄弱，偷工减料</td></tr>
<tr><td>防治措施</td><td colspan="2">（1）规范规定：每块玻璃下部两端设置金属托条，托条应能承受玻璃重力荷载作用，且其长度≥ 100mm，厚度≥ 2mm，高度不应超出玻璃表面，托条与窗扇型材应可靠连接固定；
（2）严格执行技术交底，明确安装要求；
（3）落实样板引路，加强质量验收</td></tr>
</table>

质量通病	防火层安装与密封不正确
错误做法	正确做法

通病现象	（1）防火层镀锌钢板与主体结构梁未全部有效固定； （2）防火层镀锌钢板固定处与结构间的缝隙未采用阻燃密封胶封闭，存在安全隐患
原因分析	（1）施工图标注螺钉间距不明确，技术交底不到位，质量意识不够； （2）未落实样板引路制度和质量检查不到位
防治措施	（1）施工图应明确定位螺钉间距不大于 150mm； （2）先在镀锌钢板固定螺钉位内侧处注胶，然后沿钢板边缘缝隙用胶密封，不得漏光，胶缝应整洁； （3）明确技术交底要求，实行奖罚制度，增强质量意识； （4）落实样板引路制度，加强质量检查

金属幕墙工程质量通病及防治措施一 表 4.10.2-1

质量通病	金属板饰面划伤

错误做法	正确做法

通病现象	金属板被划伤，影响外观验收质量
原因分析	（1）保护措施不到位，过早拆保护膜； （2）拆脚手架、吊篮运动及搬运材料等过程中，对金属板成品保护不重视，损伤墙面； （3）对于脚手架、灯光等配合单位安装、拆卸工作前未对其进行成品防护交底
防治措施	（1）金属板安装前应对安装工人、外单位进行成品防护的技术交底或签订好协议，明确防护要求与责任； （2）保护胶纸，应随主体结构及外单位工序流程，从上到下逐层将保护胶纸撕掉，同时逐层同步拆架，拆架时注意保护金属板，避免碰伤、划伤； （3）完工区域设置视觉标识与警告标志，加强日常管理，发现后拍照，及时追究责任人及单位责任

质量通病	密封胶注胶质量差

错误做法	正确做法

通病现象	密封胶不平顺，有流淌现象，边部粘结开裂，雨水渗漏及密封性失效
原因分析	（1）注胶工施工技能不合格，未采用专用刮胶工具； （2）板块粘结边部粉尘等污迹未清洁干净便注胶，产生粘结开裂； （3）技术交底不到位，质量意识不够； （4）未落实样板引路和质量检查不到位
防治措施	（1）注胶工施工技能应考核合格上岗，采用专用刮胶工具； （2）板块粘结边部应采用专用清洁剂将粉尘等污迹清洁干净，方可注胶； （3）技术交底明确，实行奖罚制度，增强质量意识； （4）落实样板引路，严格执行注胶部位的隐蔽质量验收，过程加强质量检查

质量通病	金属板饰面垂流污染
错误做法	正确做法
通病现象	铝板使用一段时间下雨产生垂流污迹现象，影响外观
原因分析	金属板饰面采用普通硅酮耐候密封胶，胶缝容易挂尘集聚在胶的表面，下雨后产生垂流污迹
防治措施	（1）选用防污染硅酮密封胶； （2）实行样板引路

天然石幕墙工程质量通病及防治措施一 表 4.10.3-1

质量通病	支承骨架焊接防腐不到位
错误做法	正确做法

通病现象	次龙骨焊缝未按规定敲除焊渣、涂刷防腐油漆
原因分析	（1）施工不规范，技术交底不到位； （2）过程质量检查不到位
防治措施	（1）明确焊接工序技术交底要求，加强管理，增强质量意识； （2）连接件的钻、扩孔措施应按规范与施工图要求进行机械加工，严禁现场氧割、电焊扩孔打眼； （3）严格按规范和施工技术文件施工，焊接完毕后应敲除焊渣，经专人检查合格，方可涂刷防腐油漆

天然石幕墙工程质量通病及防治措施二　表 4.10.3-2

质量通病	沉降缝幕墙骨架、面板未断开

错误做法	正确做法

通病现象	建筑物结构之间的伸缩缝，幕墙龙骨未断开，不均匀沉降将破坏幕墙结构，发生坠落事故
原因分析	（1）技术交底不到位； （2）安装工未严格按图施工，样板引路制度未严格落实，质量意识不到位； （3）管理不严格，未认真落实检查
防治措施	（1）按规定认真对工人进行技术交底，明确节点与要求； （2）按图纸施工，建筑物结构之间的伸缩缝、幕墙龙骨、面板应断开； （3）认真落实工序检查和隐蔽验收

质量通病	石材面板采用 T 型、背挑挂件

错误做法	
 	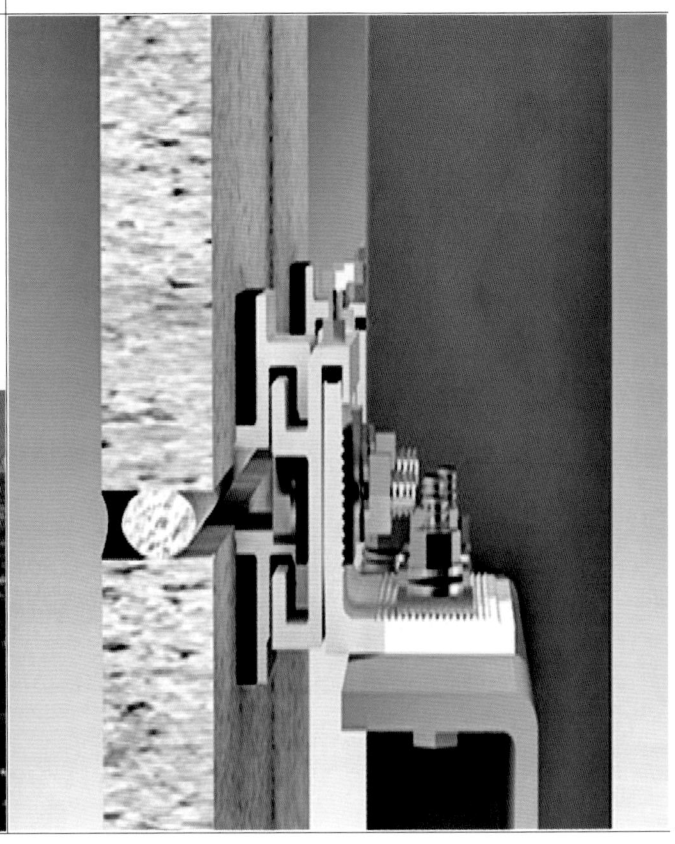

通病现象	（1）石材幕墙采用 T 型挂件，石材板块无法拆换、自重层层叠加； （2）石材板采用背挑挂件，存在安全隐患
原因分析	（1）违反严禁采用淘汰落后技术与产品的规定； （2）石材幕墙采用 T 型挂件，石材板块荷载逐层叠加，非独立将板块自重通过挂件传至横梁骨架，与设计计算不符； （3）采用背挑挂件石材开槽难，由于粘结面积承受自重产生剪力，受风荷载、地震荷载时容易崩边造成坠落事故
防治措施	（1）宜采用 SE 挂件或背栓式等连接方式，石材开孔、槽应在工厂进行加工，挂件与相应位置横梁螺栓孔要满足调整偏差要求； （2）挂件与石材边部端部距离一般为 120～180mm，横向两个挂件位置应不大于 700mm； （3）强化质量意识和认真执行技术交底，明确工艺与安装质量技术要求； （4）严把材料进场检验、材料复验关，杜绝使用不合格产品； （5）严格落实样板引路制度，施工过程强化旁站、抽查检查

质量通病	挂件部位石材崩裂
错误做法	正确做法
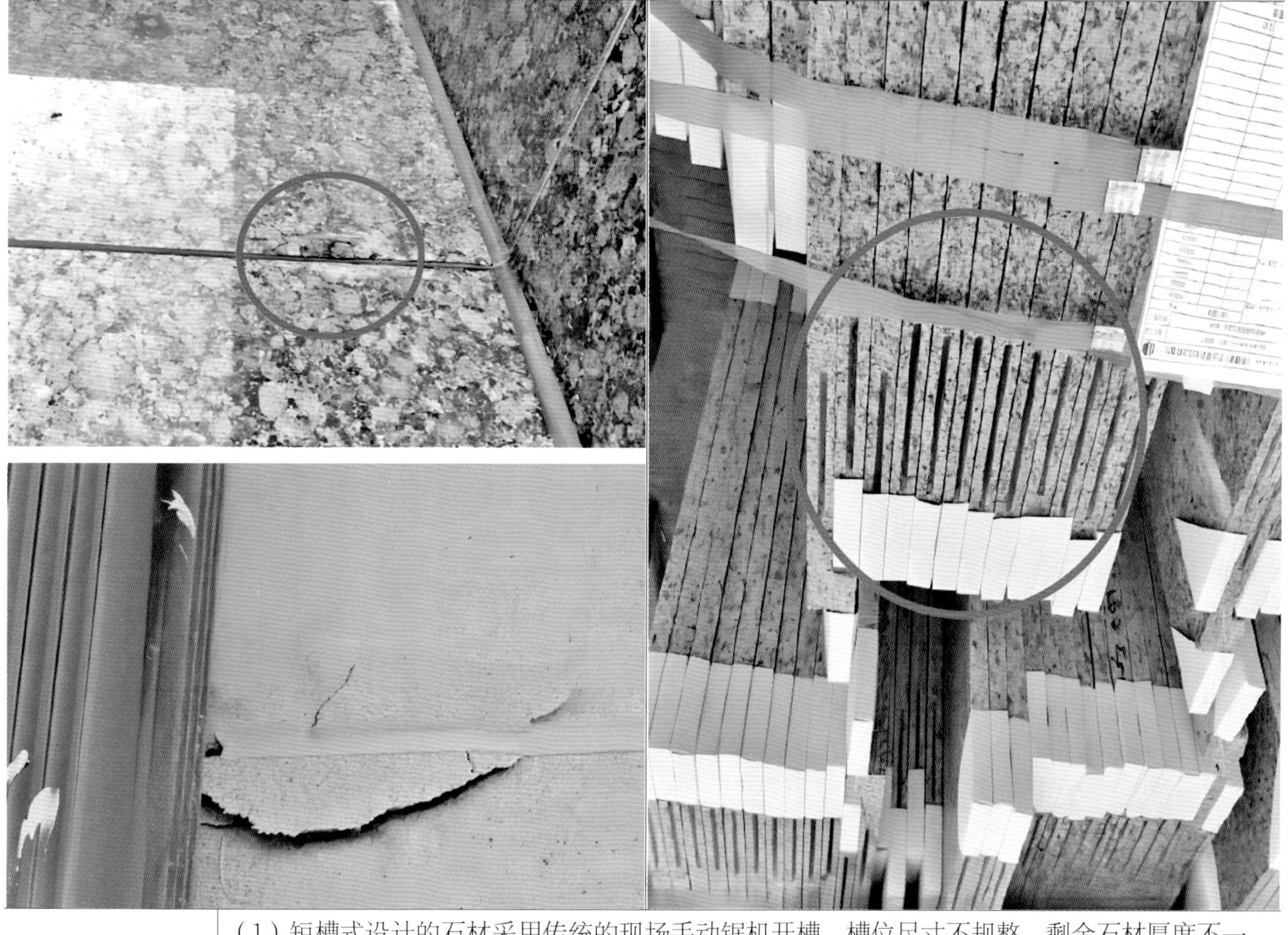	
通病现象	(1) 短槽式设计的石材采用传统的现场手动锯机开槽，槽位尺寸不规整，剩余石材厚度不一，强度降低； (2) 挂件安装位置不准确，受力不均匀容易产生破裂，甚至有脱落风险
原因分析	(1) 石材开槽未按规定在工厂进行加工，现场手工加工质量难以满足设计要求； (2) 技术要求交底不明确，质量意识较差，质量管理未到位
防治措施	(1) 石材开槽应在工厂进行加工，现场不得使用便携式手动锯机； (2) 强化质量意识和认真执行技术交底，明确工艺与安装质量技术要求； (3) 严把材料进场检验、材料复验关，杜绝使用不合格产品； (4) 严格落实样板引路制度，施工过程强化旁站、抽查检查

质量通病	面板缺棱掉角

错误做法	正确做法

通病现象	石材缺棱掉角
原因分析	(1) 石材进场验收不严格、不认真; (2) 石材在搬运、存储过程中受到硬物的磕碰，未采取保护措施; (3) 石材缝中采用金属螺母定位，自重或使用期间容易破坏石材边角
防治措施	(1) 把好材料进场验收关，严格验收合格后使用制度; (2) 石材在搬运、存储过程中应采用木板进行成品防护，防止碰撞破损; (3) 在开槽加工时加软垫以防止磕碰; (4) 采用硬质塑料块做垫块和分缝间隙控制，石材密封胶固化后及时取出

质量通病	面板色差控制不当
错误做法	正确做法

通病现象	石材存在明显色差、暗裂、色斑、色线等缺陷
原因分析	(1)石材在场内加工未进行预排板； (2)技术交底要求不明确； (3)石材质量管理控制不严格
防治措施	(1)石材在场内加工应进行预排板，并进行图纸标示和编号； (2)认真执行安装技术交底，明确石材缺陷控制要求； (3)加强石材进场材料验收工作，剔除超过规范要求的板材； (4)石材安装前应进行质量检查和样板的确认

天然石幕墙工程质量通病及防治措施七　　表 4.10.3-7

质量通病	胶缝宽窄及平整度控制不当

错误做法	正确做法

通病现象	石材板缝宽窄不一，平整度差，不符合验收标准
原因分析	(1) 技术交底不到位，安装时未挂线，工人质量意识薄弱； (2) 石材加工尺寸误差较大，材料进场未严格检验； (3) 质量管理制度不严格，未认真落实样板引路及质量检查
防治措施	(1) 安装前应进行挑选，并做好编号； (2) 严格执行安装技术交底，明确石材质量控制要求； (3) 加强石材进场材料外观尺寸、对角线、角度的验收工作，剔除不合格的板材； (4) 石材安装前应进行质量检查和样板的确认，随时用塞尺检验； (5) 石材要挂水平、垂直线进行安装，安装过程中采用硬塑料进行板缝控制

<table>
<tr><td>质量通病</td><td colspan="2">石材缝隙留存金属垫片</td></tr>
<tr><td colspan="2">错误做法</td><td>正确做法</td></tr>
<tr><td colspan="3">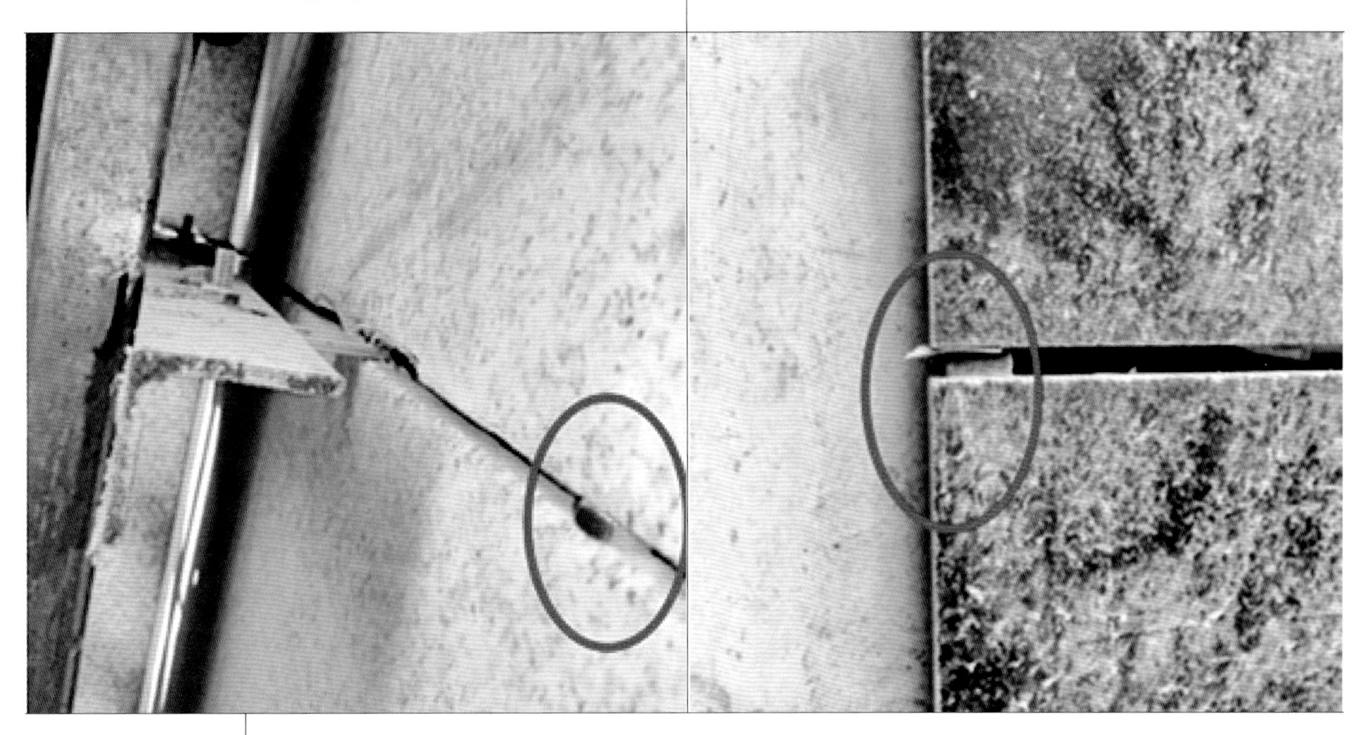</td></tr>
<tr><td>通病现象</td><td colspan="2">石材缝隙留存金属垫片未取出，地震荷载容易挤压石材，导致石材坠落</td></tr>
<tr><td>原因分析</td><td colspan="2">（1）技术交底不明确；工人质量意识不强，随意采用金属垫片，安装完成未及时取出；
（2）密封胶施工前未严格进行隐蔽验收手续，未认真落实样板引路；
（3）质量检查不认真、不全面</td></tr>
<tr><td>防治措施</td><td colspan="2">（1）提前做好工艺与质量技术交底，强化质量意识；
（2）石材缝隙宽度应采用不少于两块橡胶垫做临时支撑，注胶前取出；
（3）密封胶施工前应严格进行隐蔽验收手续，认真落实样板引路；
（4）全面落实质量旁站、巡查、抽查检查，及时发现与纠正问题</td></tr>
</table>

天然石幕墙工程质量通病及防治措施九　　表 4.10.3-9

质量通病	石材结构胶混合不均匀

错误做法	正确做法

通病现象	A、B 双组分环氧结构胶比例及混合不均匀，出现白色胶体，影响挂件与石材槽口可靠固定
原因分析	（1）A、B 双组分胶未按生产厂家的产品说明书要求进行均匀搅拌； （2）技术交底不到位，质量意识薄弱； （3）未落实样板引路和质量检查不到位
防治措施	（1）A、B 双组分胶应按生产厂家的产品说明书要求的比例有效均匀搅拌至黄色胶体方可使用； （2）技术交底明确，增强质量意识； （3）落实样板引路，施工过程加强质量检查

人造板石材幕墙工程质量通病及防治措施一　　表 4.10.4-1

质量通病	GRC 厚度不符合要求
错误做法	正确做法

通病现象	GRC 板厚度不符合要求，中间与周边的厚度差别大，甚至钢筋裸露，达不到强度要求
原因分析	（1）材料进场验收、样板引路制度执行不严格； （2）工序过程质量检查不到位
防治措施	（1）明确 GRC 构件、板材采购技术要求； （2）技术交底明确，增强质量意识； （3）落实材料检验责任，施工过程加强质量检查

质量通病	陶板挂钩插接不符合要求

错误做法	正确做法

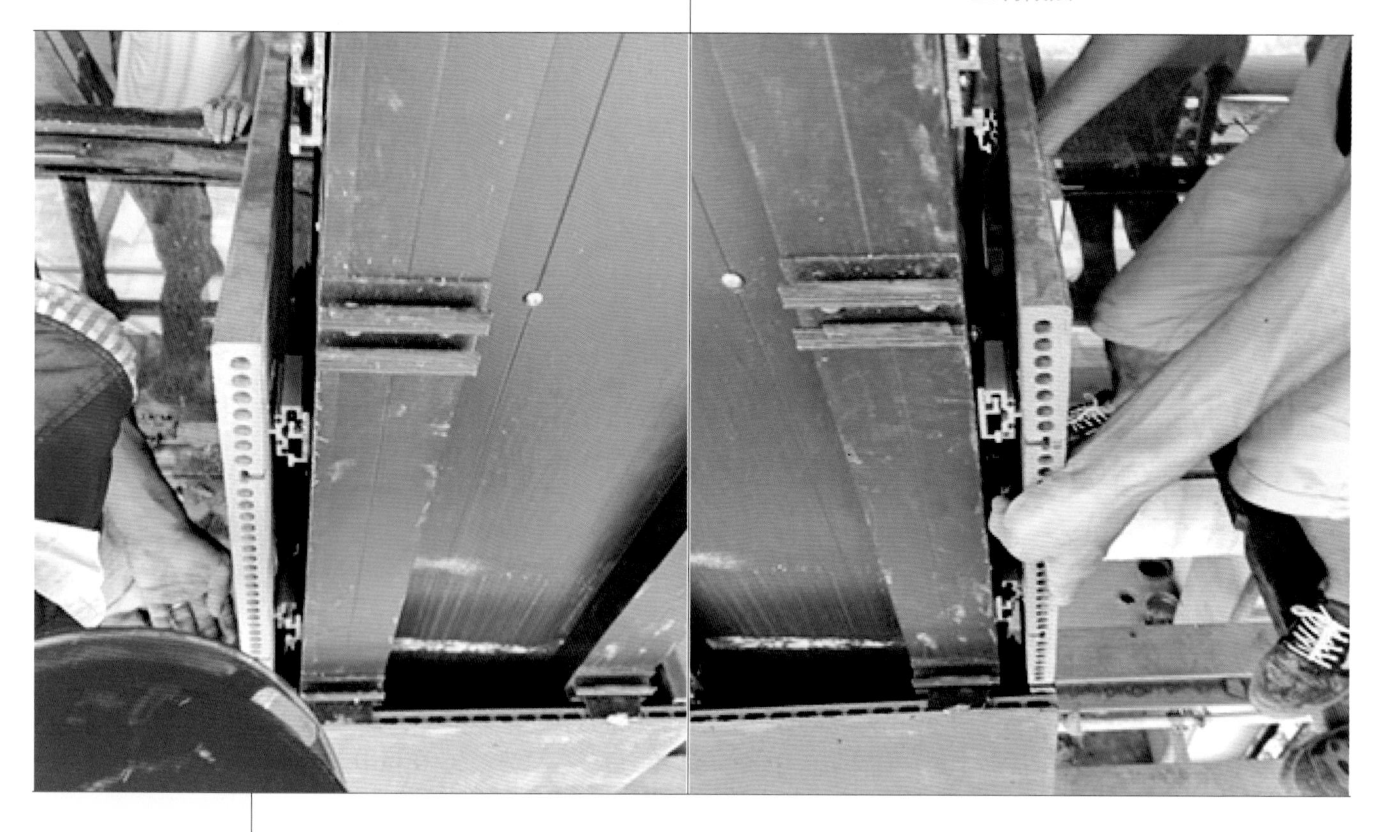

通病现象	挂码与底座插接量不符合要求，影响陶板安全可靠性
原因分析	（1）陶板的底座安装水平标高偏差过大，挂码钩与调节不到位； （2）陶板挂槽加工精度超差； （3）未落实样板引路和质量检查不到位
防治措施	（1）陶板的骨架、挂钩与底座等每一步都调节到位方可使用； （2）采用专用开槽设备，提高加工精度，落实工序质量检查与成品检验； （3）落实样板引路，施工过程加强质量检查

质量通病	陶板侧板分缝不均
错误做法	正确做法

通病现象	收口陶板板缝宽窄不一，不符合验收标准
原因分析	（1）工人质量意识差，过程质量管理制度不严格，未认真落实质量检查； （2）收口陶板加工尺寸偏差较大，材料安装前未严格复核尺寸； （3）工序技术交底与样板引路制度执行不严格
防治措施	（1）安装前应复核安装挂座与挂码定位尺寸，确认板的安装位置及编号； （2）严格执行安装技术交底与样板引路制度，明确质量控制要求； （3）加强陶板材料进场外观尺寸、对角线、角度的验收，杜绝使用不合格产品

4.11 屋面工程

4.11.1 板块屋面工程

板块屋面工程质量通病及防治措施一　　表 4.11.1-1

质量通病	屋面女儿墙泛水开裂
错误做法	正确做法
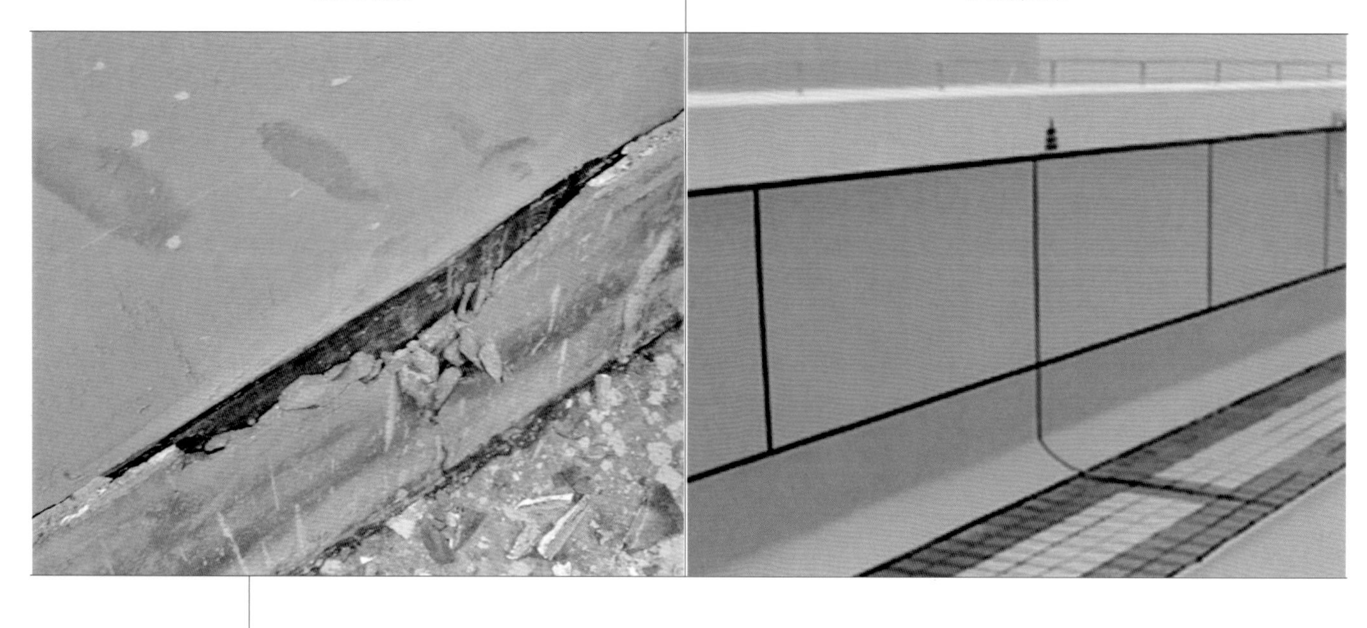	
通病现象	屋面女儿墙泛水开裂、空鼓、脱离
原因分析	（1）泛水收头做法不符合设计规范，雨水从上方渗入； （2）地面排水不畅，积水从女儿墙根部渗入； （3）水泥砂浆保护层没有分格缝，在温差作用下产生裂缝
防治措施	（1）在女儿墙面距离屋面高度不小于 250mm 处，切割出 20～30mm 宽的通长凹槽，清扫干净，将防水卷材收头压入凹槽内，用防水压条钉压后，槽内嵌填柔性密封膏，外抹水泥砂浆保护层； （2）在屋面距离女儿墙面 200mm 处留通长伸缩缝与板块屋面连接，缝宽度宜为 20mm，缝内嵌填柔性密封膏，水泥砂浆保护层抹成圆弧形或 45° 斜面，有利于排水； （3）水泥砂浆保护层分格缝通长间距不应大于 3m，分格缝宽度宜为 10～20mm，缝内嵌填柔性密封膏

板块屋面工程质量通病及防治措施二　　表 4.11.1-2

质量通病	屋面落水管排水不畅
错误做法	正确做法

通病现象	屋面落水管排水不畅，上层屋面往下层屋面排水时水流冲刷损坏屋面
原因分析	(1) 落水管尺寸及安装不符合设计规范； (2) 外露落水管没有固定，水管受外力作用松动、移位、破损； (3) 落水管下部没有设置水簸箕进行有组织排水，水流长期冲刷造成屋面损坏
防治措施	(1) 水管管径不小于 100mm，落水管距墙面的距离宜为 100mm，管外径距墙面不小于 30mm，排水口距屋面不大于 200mm； (2) 外露落水管支架采用管卡，管卡应设在靠近管接头、弯头处，墙身钻孔内要清扫干净，管卡安装牢固后，钻孔周边缝隙用水泥砂浆及密封胶填塞严密； (3) 为防止水流冲刷破坏屋面，排水口下部应设置水簸箕，水簸箕应采用坚固、耐用的材料

质量通病	屋面天沟积水

错误做法	正确做法

通病现象	屋面天沟积水、漏水、排水不畅
原因分析	（1）天沟放坡坡度不符合设计要求，水落口未设置在天沟最低处； （2）水泥砂浆保护层在温差作用下产生裂缝、下陷； （3）屋面与天沟交接处有裂缝，沟底渗漏水； （4）水落口口径太小，容易堵塞
防治措施	（1）天沟坡度应符合设计要求，纵向坡度不应小于 1%，沟底水落差不宜超过 200mm；水落口杯应设置在沟底最低处，周围直径 500mm 范围内坡度不应小于 5%； （2）天沟水泥砂浆保护层厚度和配合比应符合设计要求，硅酸盐水泥强度等级不应小于 32.5 级，砂子宜采用粗、中砂，含泥量不应大于 3%，细石或碎石粒径不应大于 15mm，也不应大于保护层厚度的 2/3，含泥量不应大于 2%； （3）天沟与屋面连接处，水泥砂浆应批荡严密、顺直，沟底阴角要抹成圆弧，转角处阳角要抹成钝角； （4）水落口内径不应小于 50mm，上方应安装立式防堵水箅子，水箅子应可拆卸清理； （5）施工完成后进行淋水、蓄水试验

表 4.11.1-4

质量通病	屋面面层积水
错误做法	正确做法

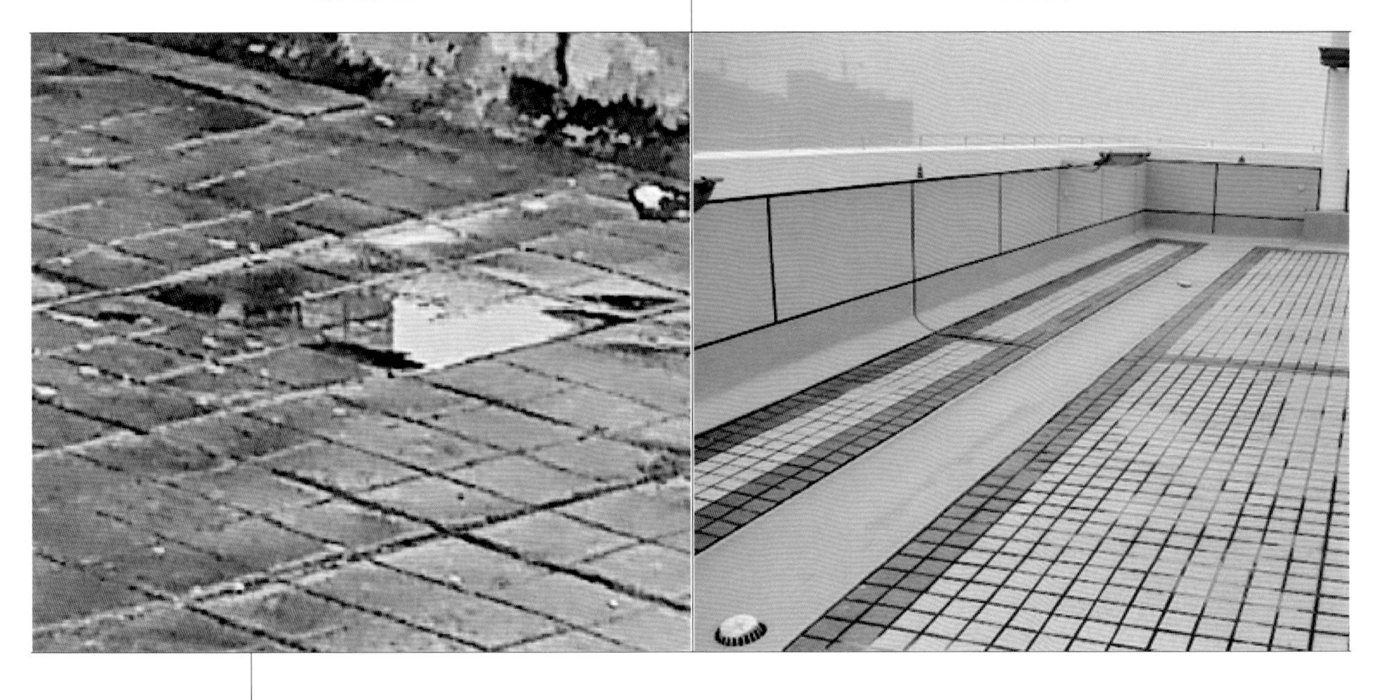

通病现象	屋面面层积水、排水不畅
原因分析	(1)屋面放坡坡度不符合设计要求，面层铺贴不平整； (2)板块面层厚度不一，接缝存在高低差； (3)刚铺贴好的面层未做好成品保护措施，踩踏或运输造成松动变形
防治措施	(1)按设计要求放坡，施工中应拉线检查平整度，调整坡度误差； (2)应根据板块面层的规格、颜色、批号，挑选出厚度一致，无大小边、边角翘曲的板块进行施工，铺贴时应拉线检查平整度； (3)刚铺好的板块面层，应采取措施进行成品保护，严禁在上面进行施工作业和运输； (4)施工完成后进行淋水、蓄水试验

质量通病	屋面水落口积水
错误做法	正确做法

通病现象	水落口积水、漏水、排水不畅
原因分析	（1）防水层没有翻入水落口杯内，水落口外侧接缝位置渗漏水； （2）水落口杯与找平层连接处没有嵌填密封材料； （3）水落口比面层高，周围坡度不符合设计规范； （4）不应采用平面式水箅子
防治措施	（1）防水层伸入水落口杯内不应小于 50mm，并粘结牢固； （2）水落口杯与找平层之间应预留 20mm 宽、20mm 深的凹槽，并嵌填密封材料； （3）水落口应低于屋面面层，周围半径 500mm 范围内坡度不应小于 5%； （4）水落口应采用屋面专用的立式防堵水箅子，水箅子可以拆卸清理，不应固定

质量通病	屋面构筑物漏水
错误做法	正确做法
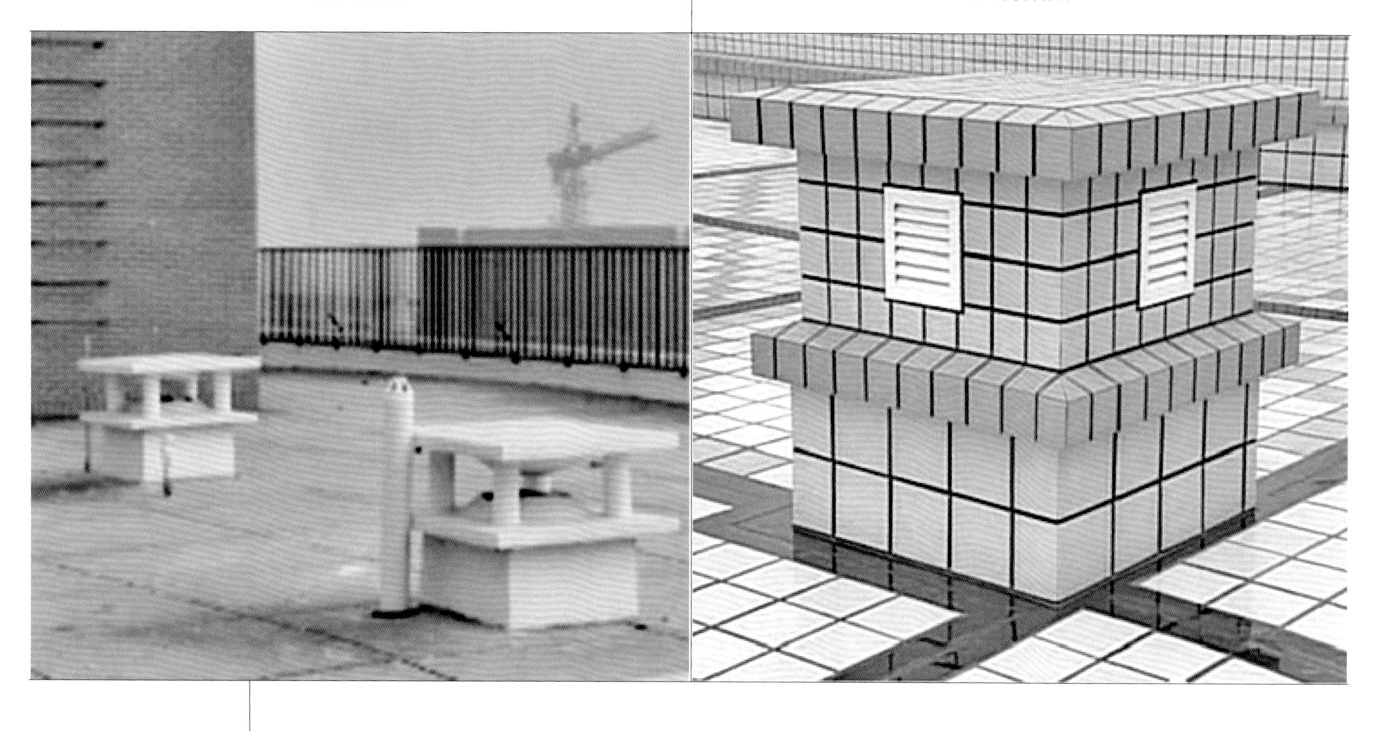	
通病现象	屋面构筑物（烟道、通风孔、风帽）漏水、渗水
原因分析	（1）构筑物顶部没有向外找坡； （2）构筑物通风孔洞没有采取防水措施； （3）构筑物与屋面连接处泛水做法不符合设计规范； （4）构筑物周边排水坡度不符合设计要求
防治措施	（1）构筑物顶部向外找坡，防止积水； （2）构筑物通风孔洞采取金属百叶等通风防雨措施； （3）在构筑物距离屋面高度不小于 250mm 处，切割出 20～30mm 宽的通长凹槽，清扫干净，将防水卷材收头压入凹槽内，用防水压条钉压后，槽内嵌填柔性密封膏，外抹水泥砂浆保护； （4）从构筑物根部位置向外找坡，防止积水

质量通病	屋面面层空鼓
错误做法 	正确做法 
通病现象	屋面面层空鼓、开裂
原因分析	(1) 基层清理不干净，洒水湿度不够，范围不均匀； (2) 砖材未预先浸水，石材背面的纤维网、粘胶等未清理干净； (3) 水泥砂浆粘结层配比不当，铺贴前过早干结； (4) 板块面层铺贴没有预留分格缝，在温差作用下产生裂缝； (5) 刚铺贴好的面层未做好成品保护措施，踩踏或运输造成松动变形
防治措施	(1) 将基层表面尘土、杂物清理干净，基层表面洒水要均匀，保持一定湿度，避免砂浆过快干结，宜采用专用胶泥铺贴； (2) 砖材使用前浸水 2h，晾干无明水后再施工铺贴，石材背面清洁干净，去除纤维网、粘胶等附着物； (3) 水泥砂浆粘结层配合比应按设计规范要求，铺贴时应以粘结层干结情况为准，合理安排时间分段铺贴； (4) 板块面层分格缝设置纵横间距不宜大于 6m，分格面积不宜大于 $36m^2$，缝宽不宜小于 20mm，分格缝应顺直、缝宽一致； (5) 刚铺贴好的面层应设置栏杆标志，严禁在上面施工、摆放杂物

<table>
<tr><td>质量通病</td><td colspan="2">屋面出入口踏步漏水</td></tr>
<tr><td colspan="2">错误做法</td><td>正确做法</td></tr>
<tr><td colspan="3"></td></tr>
<tr><td>通病现象</td><td colspan="2">屋面出入口漏水、渗水、不平整、外观差</td></tr>
<tr><td>原因分析</td><td colspan="2">（1）屋面出入口踏步高度不够，雨水从上方漫入室内；
（2）屋面出入口踏步防水未做好，雨水从底部渗入室内；
（3）屋面找坡不准，踏步根部位置积水；
（4）入口上方没有雨篷，雨水渗入室内</td></tr>
<tr><td>防治措施</td><td colspan="2">（1）屋面出入口踏步完成面与屋面完成面高差不宜小于 200mm；
（2）屋面出入口踏步平面及外侧面泛水防水层下应增加附加层，防水收头用防水压条钉压后，柔性密封膏填缝，外抹水泥砂浆保护；
（3）屋面面层铺贴到踏步外侧，从踏步根部位置向外找坡，防止积水；
（4）踏步平面铺贴应平整美观，宜采用整块面层；
（5）入口上方应设置雨篷</td></tr>
</table>

质量通病	屋面密封材料开裂
错误做法	正确做法

通病现象	屋面密封材料开裂、脱落、翘起
原因分析	（1）密封胶施工时环境温度过高，密封材料本身弹性较差； （2）缝隙宽度和形状不符合位移量要求，缝隙底部粘结约束，使密封胶无法自由拉伸，造成开裂； （3）缝隙未清理干净
防治措施	（1）应根据当地历年最高气温、最低气温、屋面构造形式、屋面接缝位移的大小和特征等因素，选择耐热度、延伸性和拉伸—压缩循环性能相适应的密封材料，并使用专业工具注胶； （2）屋面接缝密封应符合设计要求，接缝宽度不应大于 40mm，且不应小于 10mm，接缝深度可取接缝宽度的 0.5～0.7 倍，在密封施工时，应先在接缝的底部位置设背衬材料，防止密封材料与底部粘结，使密封材料能够自由拉伸； （3）缝隙应清洗干净，两侧达到完全干燥状态，确保密封材料在和基面脱开情况下，与两侧混凝土粘结牢固，防水可靠

<table>
<tr><td>质量通病</td><td colspan="2">屋面分格缝漏水</td></tr>
<tr><td colspan="2">错误做法</td><td>正确做法</td></tr>
<tr><td colspan="2"></td><td></td></tr>
<tr><td>通病现象</td><td colspan="2">屋面分格缝漏水，排气管位置不当</td></tr>
<tr><td>原因分析</td><td colspan="2">（1）分格缝周边板块面层空鼓，水泥砂浆开裂；
（2）缝隙未清理干净；
（3）分格缝宽度及深度不符合设计要求；
（4）排气管没有设置在屋面分格缝中间</td></tr>
<tr><td>防治措施</td><td colspan="2">（1）应对分格缝周边板块面层进行详细检查，及时发现空鼓、开裂位置，彻底铲掉松动部分，进行重新铺贴；
（2）分格缝内干净、干燥，方可进行密封处理；
（3）屋面分格缝的宽度宜为 5～20mm，排气管所在位置的分格缝可适当放宽至 40mm；
（4）排气管应设置在屋面分格缝中间</td></tr>
</table>

质量通病	屋面变形缝漏水

错误做法	正确做法

通病现象	屋面沿变形缝根部裂缝及缝上封盖处漏水
原因分析	（1）变形缝铝合金或不锈钢面板安装不符合设计要求； （2）变形缝根部没有防水措施，缝隙过大造成雨水渗透； （3）缝隙未清理干净，表面有残留物； （4）变形缝细部构造不符合设计要求，顶面封盖没有做缓冲层，封盖拉裂后致使防水层受损，出现渗漏水
防治措施	（1）铝合金或不锈钢面板应在基层找平后一侧用胀管螺栓固定，固定搁置长度不小于 50mm，面板厚度 4～6mm，与地面间隙留 5～8mm，打硅酮耐候密封胶； （2）变形缝的泛水高度不应小于 250mm，防水层应铺贴到变形缝两侧砌体的上部； （3）变形缝内严禁掉入砌筑砂浆和其他杂物，缝内应保持洁净、贯通； （4）密闭金属盖板的表面宜制作成倒 V 形以满足变形缝工作构造要求，确保沉降、伸缩的正常性，安装盖板应整齐、牢固，接头处应是顺水方向，压接严密

板块屋面工程质量通病及防治措施十二　　表 4.11.1-12

质量通病	出屋面管道的根部构造问题
错误做法	正确做法

通病现象	出屋面管道的根部没有防水、防雷措施，外观差
原因分析	（1）出屋面管道根部没有采取防水措施； （2）出屋面管道与屋面之间没有分格缝； （3）出屋面金属管道没有防雷措施
防治措施	（1）出屋面管道防水附加层平面宽度和高度不应小于 250mm； （2）出屋面管道应固定牢固，管道根部砌筑的防水台基高度不宜小于 250mm； （3）管道防水台基与屋面之间，应预留 20mm 分格缝，并用密封材料嵌填严密； （4）出屋面的管道若采用金属材料，应设置避雷措施； （5）出屋面的管道、设备基础、构筑物做法应美观规范，整齐划一

金属屋面工程质量通病及防治措施一 表 4.11.2-1

质量通病	屋面设施与屋面板连接处不平整
错误做法	正确做法

通病现象	屋面设施与屋面板连接处不平整、有缝隙、外观差
原因分析	（1）屋面设施四周泛水高度不够； （2）屋面设施及屋面表面有施工残留物，凹凸不平； （3）屋面设施与屋面板连接处缝隙大，没有密封
防治措施	（1）屋面设施与屋面板搭接处的泛水高度应大于 250mm； （2）所有需要密封的部位，应清理干净，保持干燥，增强密封材料附着力； （3）屋面设施应与檩条牢固连接，根部与屋面连接处装饰板表面应平整、顺滑，不应有起伏不平现象，板材之间留缝宽度应整齐一致，不宜大于 20mm，应使用硅酮耐候密封胶进行防水密封

质量通病	金属面板变形

错误做法	正确做法
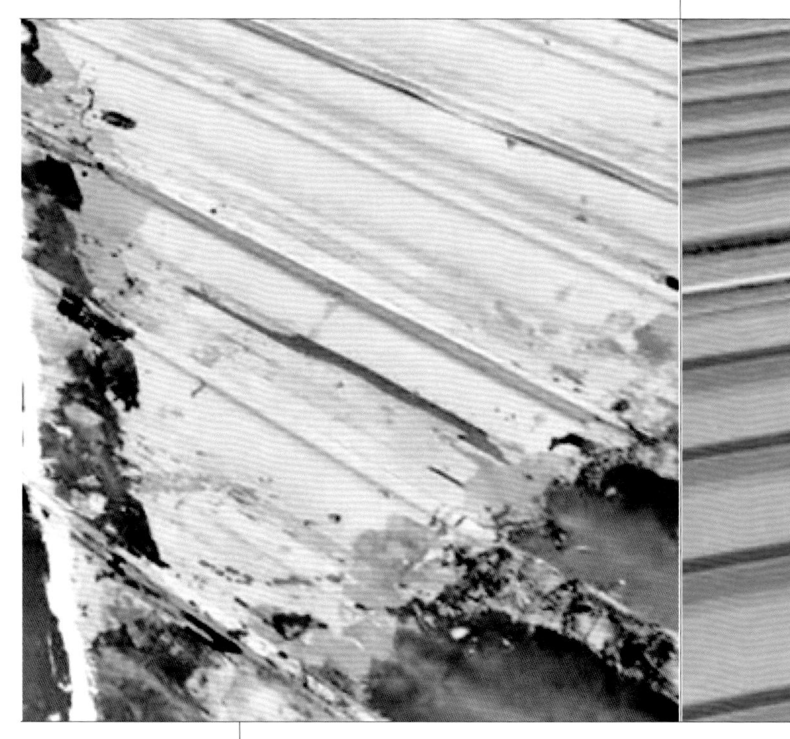	

通病现象	金属面板变形
原因分析	（1）屋面增加的荷载，使面板变形； （2）屋面完工后再次进行焊接、开孔等作业，使面板变形； （3）连接件、紧固件安装角度偏差大，安装不牢固，导致屋面板发生位移
防治措施	（1）金属屋面完工后，严禁任意上人或堆放物件； （2）金属屋面完工后应做好防护措施，设置围蔽标志，避免屋面受物体冲击； （3）金属面板安装时严格控制连接件、紧固件的水平位置、倾斜角度、平面角度，应检查确定其与檩条牢固连接

质量通病	金属面板腐蚀

错误做法	正确做法

通病现象	金属面板腐蚀，涂层损伤
原因分析	（1）金属面板涂层不符合规范要求； （2）屋面完工后未做防护，随意上人，放置杂物，焊接、开孔等； （3）金属面板运输和吊装过程中产生涂层损伤
防治措施	（1）金属面板除不锈钢材料以外，其他金属材料应采取防腐、防锈措施，表面应采用耐候氟碳涂层或粉末涂层； （2）金属屋面完工后应做好防护措施，设置围蔽标志，避免磨损面板涂层； （3）金属面板运输和吊装应使用专用夹具，钢丝绳做好保护，不应直接接触面板

质量通病	天沟漏水
错误做法	 正确做法
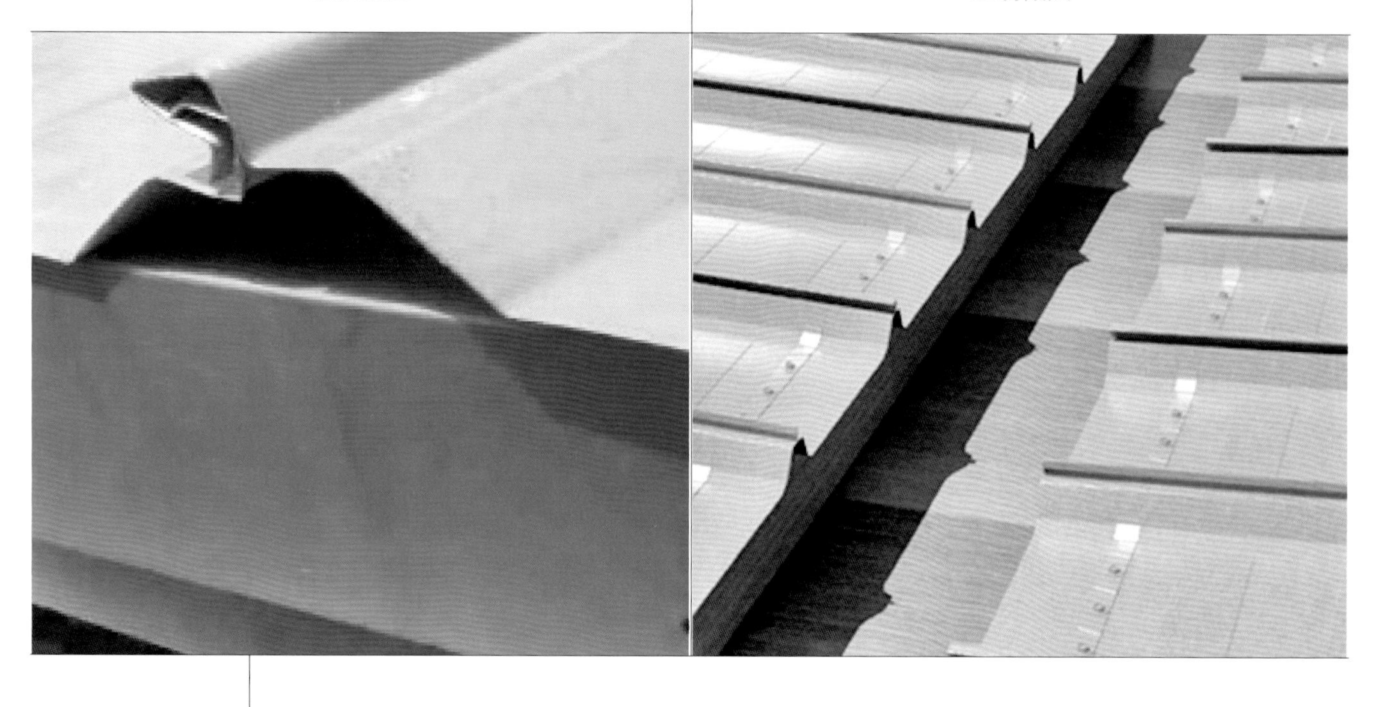	
通病现象	天沟漏水、倒灌、渗漏
原因分析	（1）天沟过长，坡度太小，排水设施设置不当，排水口堵塞等，造成排水不畅引起积水及倒灌； （2）天沟与屋面板连接不规范，雨水从缝隙渗入室内； （3）不锈钢天沟与支撑结构直接焊接在一起，因材质的不同产生很大的应力，导致天沟变形渗漏； （4）天沟板材锈蚀引起渗漏； （5）落水口与落水管之间密封不严密，焊接缝处理不当
防治措施	（1）天沟长度、坡度应符合设计要求，大坡度天沟应考虑雨水的流速设置雨水斗及阻水板，应根据排水量计算，合理设置排水口的位置、标高、尺寸、数量，排水口应安装防堵水箅子； （2）屋面板伸入天沟不应少于 100mm； （3）不锈钢天沟与支撑结构之间应设置能够相对位移的连接构件； （4）天沟应采用不锈钢板材，或采用防腐蚀金属材料，室外沟槽应增加防腐、防锈措施； （5）天沟应进行淋水和蓄水试验，对渗漏缝隙重新进行密封处理

<table>
<tr><td>质量通病</td><td colspan="2">金属屋面漏水</td></tr>
<tr><td colspan="2">错误做法</td><td>正确做法</td></tr>
<tr><td colspan="3"></td></tr>
<tr><td>通病现象</td><td colspan="2">金属屋面漏水</td></tr>
<tr><td>原因分析</td><td colspan="2">（1）屋面螺钉松动、数量不足，导致屋面变形漏水；
（2）屋面及表面有施工残留物，影响密封效果；
（3）密封材料老化或过期</td></tr>
<tr><td>防治措施</td><td colspan="2">（1）屋面螺钉应垂直打在檩条上，严禁少打及漏钉，螺钉应加防水垫片，外露部分周边用密封材料保护；
（2）所有需要密封的部位，应清理干净，保持干燥，增强密封材料附着力；
（3）金属屋面使用的密封材料（硅酮密封胶、双面密封胶带、密封胶垫等）应在有效期内使用，应具有耐老化、富有弹性、变形小、耐污染等性能</td></tr>
</table>

质量通病	金属面板防风揭能力差

错误做法	正确做法

通病现象	金属面板防风揭能力差
原因分析	(1) 屋面面板咬合不牢，连接件、紧固件数量不足，大风产生向外拉力，面板拱起变形，螺栓被拔出或拉断； (2) 金属面板四周边缘区，屋脊、檐口迎风面被大风揭起、折断； (3) 金属面板厚度不够，薄弱位置无法抵抗正负风压
防治措施	(1) 屋面面板锁边咬合应牢固，检验不合格的应重新锁边；增加连接件、紧固件数量； (2) 金属面板四周边缘区、屋脊、檐口增设抗风夹，加强抗风能力； (3) 金属面板厚度应符合设计规范，抵抗当地最大正负风压

玻璃屋面工程质量通病及防治措施一　　表 4.11.3-1

质量通病	钢化玻璃自爆
错误做法	正确做法

通病现象	钢化玻璃爆裂（自爆、破裂）
原因分析	（1）玻璃尺寸过大，挠度变形过大产生爆裂； （2）面板钢架安装平整度允许偏差过大，玻璃面板固定受力不均匀，产生破裂； （3）玻璃边部因加工缺陷，受温度、荷载影响产生应力集中破裂； （4）玻璃中含有硫化镍及异质相颗粒杂质，局部的应力集中，发生玻璃自爆
防治措施	（1）控制玻璃尺寸，玻璃挠度按《建筑玻璃应用技术规程》JGJ 113 进行计算，满足规定要求； （2）严格控制钢架安装质量； （3）玻璃磨边应采用精磨，玻璃与金属接触点采用塑料垫片完全隔离； （4）采用超白玻璃，并均质钢化处理

玻璃屋面工程质量通病及防治措施二　　表 4.11.3-2

质量通病	玻璃面板不平整	
错误做法		正确做法
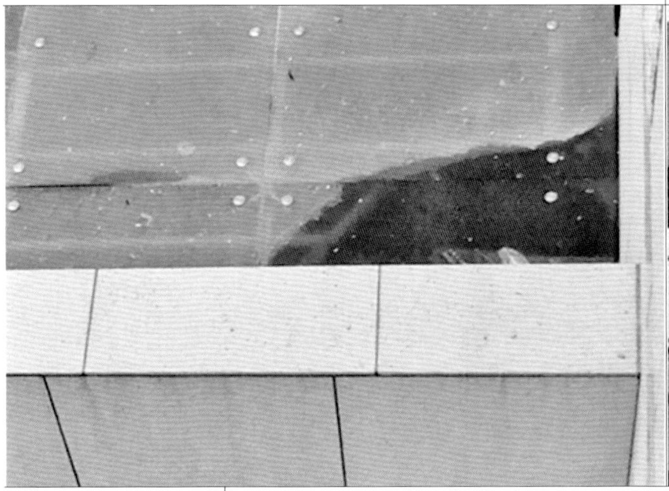		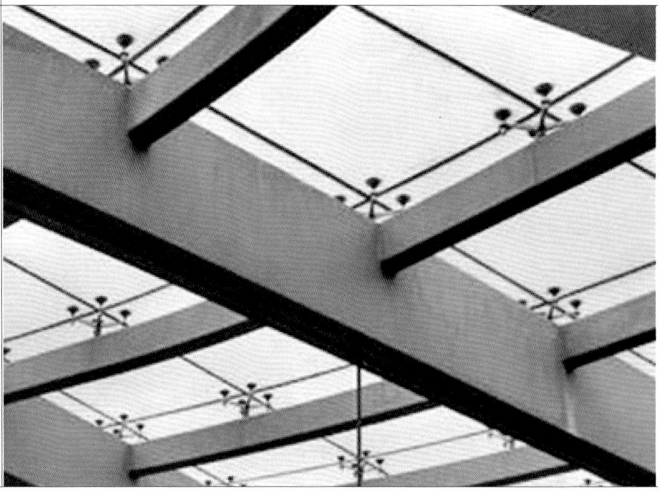
通病现象	玻璃面板不平整，造成积水	
原因分析	（1）框架结构控制线不准，安装有误差，直接影响玻璃面板安装的平整度； （2）玻璃面板的加工不符合规范，产生变形； （3）玻璃面板尺寸偏差，面板与面板之间有高低差	
防治措施	（1）框架结构安装应符合设计要求，按结构控制线校核调整偏差，检查合格后才进行玻璃面板安装； （2）玻璃面板应采取耐热、防辐射、防变形的安全玻璃； （3）玻璃面板尺寸应符合设计要求，厚度一致，无大小边，无翘边； （4）施工完成后进行淋水、蓄水试验	

质量通病	玻璃屋顶积水、排水不畅
错误做法	正确做法

通病现象	玻璃屋顶积水、排水不畅，灰尘、树叶等杂物积在玻璃板的中心部位，影响美观
原因分析	(1) 玻璃允许挠度为 1/60，单件玻璃面积过大，产生中心凹陷； (2) 水平采光顶的坡度小于 3%，造成排水不畅
防治措施	(1) 应选用夹胶玻璃，单件玻璃尺寸应符合设计规范，并在钢结构支撑体系受力的范围内； (2) 采光顶的坡度不宜小于 3%； (3) 做好施工前质量技术交底，明确工艺、技术指标要求； (4) 施工完成后进行淋水、蓄水试验

质量通病	玻璃屋面漏水
错误做法	正确做法

通病现象	玻璃屋面漏水
原因分析	(1) 密封胶老化、起鼓、收缩变形； (2) 玻璃屋面密封胶缝宽度留缝过大，宽窄不一，造成密封失效； (3) 框架结构因连接缺陷、荷载过重变形，造成玻璃面板位移，密封胶撕裂； (4) 玻璃屋面由于室内外温差等因素影响，室内产生的冷凝水汇聚滴落
防治措施	(1) 应采用中性硅酮结构密封胶、903 抗紫外线防水专用胶及其他配套材料，材料抗低温、耐高温、防紫外线、粘结度等各项技术指标应符合国家质量标准； (2) 玻璃屋面的密封胶缝宽度应顺直一致，控制在 10～15mm； (3) 框架结构与主体结构的连接方式应符合设计要求，主体结构、框架结构、连接点的预埋件、后置埋件验收合格后再进行玻璃面板安装； (4) 玻璃屋面的冷凝水收集及排除构造应符合设计要求，检查所有冷凝水集水槽已连接，密封严密，排水顺畅； (5) 施工完成后进行淋水、蓄水试验

<table>
<tr><td>质量通病</td><td colspan="2">框架结构腐蚀</td></tr>
<tr><td colspan="2">错误做法</td><td>正确做法</td></tr>
<tr><td colspan="3"></td></tr>
<tr><td>通病现象</td><td colspan="2">框架材料腐蚀</td></tr>
<tr><td>原因分析</td><td colspan="2">（1）密封材料过期、老化失去密封作用，雨水渗漏腐蚀框架材料，酸性玻璃密封胶腐蚀框架材料；
（2）玻璃屋面框架材料运输及吊装过程中，表面涂层碰伤后未作处理；
（3）玻璃屋面框架材料涂层及厚度不符合规范要求；
（4）玻璃屋面由于室内外温差等因素影响，室内产生的冷凝水不能及时排走，腐蚀框架材料</td></tr>
<tr><td>防治措施</td><td colspan="2">（1）玻璃屋面密封材料不得使用过期材料，硅酮耐候密封胶应采用高模数中性胶；
（2）框架材料应使用专业吊具安装，吊装及运输过程中做好防护；涂层碰伤处应彻底除锈，然后进行防锈、防腐处理，面漆颜色应一致；
（3）玻璃屋面框架结构材料及紧固件、连接件，采用的不锈钢材料应为 304 以上级别；采用铝合金型材及其他金属材料应采取防腐、防锈措施，表面应采用耐候氟碳涂层或粉末涂层；
（4）玻璃屋面的冷凝水收集及排除构造应符合设计要求，检查所有冷凝水集水槽已连接，密封严密，排水顺畅</td></tr>
</table>

4.12 电气工程

4.12.1 管线敷设工程

管线敷设工程质量通病及防治措施一　　表 4.12.1-1

<table>
<tr><td>质量通病</td><td colspan="2">金属软管设置超长</td></tr>
<tr><td colspan="2">错误做法</td><td>正确做法</td></tr>
<tr><td colspan="3"></td></tr>
<tr><td>通病现象</td><td colspan="2">金属软管超长、敷设凌乱</td></tr>
<tr><td>原因分析</td><td colspan="2">接线盒定点位置不正确，与灯具、器具、设备的距离过大，导致柔性导管长度超过规范要求，特别是吊顶上安装的灯具电源线导管</td></tr>
<tr><td>防治措施</td><td colspan="2">（1）金属软管接线盒定位应准确，使用的长度不大于 1.2m，与嵌入式灯具或者类似器具连接的金属软管，其末端的固定管卡宜安装在自灯具、器具边缘起沿软管长度的 1m 处，弯曲半径不应小于软管外径的 6 倍；
（2）软管与钢性导管、电气设备、器具的连接应用专用接头，并紧固连接</td></tr>
</table>

<table>
<tr><td>质量通病</td><td colspan="2">桥架穿墙处没有进行防火封堵</td></tr>
<tr><td colspan="2">错误做法</td><td>正确做法</td></tr>
<tr><td colspan="2"></td><td></td></tr>
<tr><td>通病现象</td><td colspan="2">桥架穿墙或楼板处未进行防火封堵</td></tr>
<tr><td>原因分析</td><td colspan="2">金属线槽、电缆桥架贯穿混凝土楼板或混凝土、砌块墙体时，未采用防火材料进行防火封堵，或封堵材料和工艺不符合要求</td></tr>
<tr><td>防治措施</td><td colspan="2">（1）敷设在竖井内和穿越不同防火分区的桥架，按设计要求位置，有防火隔堵措施；
（2）敷设在竖井内和穿越不同防火分区的电缆桥架，安装完毕后应采用防火材料对穿越墙壁和楼板的孔洞和间隙填塞密实，孔间间隙空间应采用无机堵料防火灰泥、有机堵料防火泥、防火泡沫等封堵，孔间间隙空间大时应采用防火涂层矿棉板、防火板、阻火包、无机堵料防火灰泥等封堵，电缆桥架、封闭式母线水平穿越防火隔墙或垂直穿越楼板（电气竖井内）的所有孔洞应做防火密封封堵和隔离；先固定一块防火隔板，用防火泥或防火棉塞填满电缆桥架与墙洞之间、电缆与桥架之间间隙，最后用另一块防火隔板密封；
（3）分项工程施工前，熟悉掌握设计图纸及设计要求，明确防火分区，对穿越竖井、防火分区的部分提前做好相应的技术交底</td></tr>
</table>

设备末端工程质量通病及防治措施一　　表 4.12.2-1

质量通病	相邻插座、开关面板安装不平齐、紧密
错误做法	正确做法
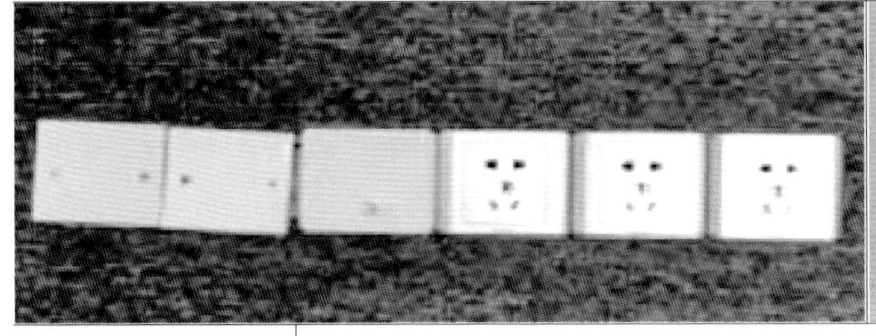	
通病现象	相邻插座、开关面板安装不平齐、紧密
原因分析	（1）底盒安装前未弹线，导致开孔不准确； （2）开关、插座线盒预埋高度不符合要求，并列安装的线盒预埋间距过小或过大
防治措施	（1）根据装修瓷砖排板图和插座定位图，弹出开关插座线盒的位置线及开洞控制线，应保证开关插座面板不压砖缝，线盒不允许高出抹灰面，进出墙面深度按 0～5mm 控制； （2）结构预留预埋时，优化细部设计，充分考虑后期安装时的状况，加强材料检查及隐检，预埋电盒在拆完模板后做好成品保护措施

<table>
<tr><td>质量通病</td><td colspan="2">木饰面、软包处，插座、开关安装无防火措施</td></tr>
<tr><td colspan="2">错误做法</td><td>正确做法</td></tr>
<tr><td colspan="2">
在木装饰、软装饰处，安装插座、开关缺少防火措施</td><td>
插座与木装饰面之间加 A 级不燃防火垫保护</td></tr>
<tr><td>通病现象</td><td colspan="2">开关、插座面板在可燃饰面上安装未加装 A 级不燃防火垫</td></tr>
<tr><td>原因分析</td><td colspan="2">电气专业在施工前未明确饰面材料，忽略防火处理方法，或者未向工人做好交底，忽略了 A 级不燃防火垫的加装</td></tr>
<tr><td>防治措施</td><td colspan="2">（1）与装饰专业进行沟通，明确饰面材料，确定防火处理方法；
（2）明确饰面材料后，安排工人预制 A 级不燃防火垫，将 A 级不燃防火垫裁剪成与开关、插座面板尺寸一致的形状，在安装面板时将 A 级不燃防火垫装在面板与饰面的接缝处，顺次安装螺栓，将 A 级不燃防火垫压紧；安装完成后，进行检查验收</td></tr>
</table>

质量通病	插座的相线、零线、PE 线接线错误

错误做法	正确做法

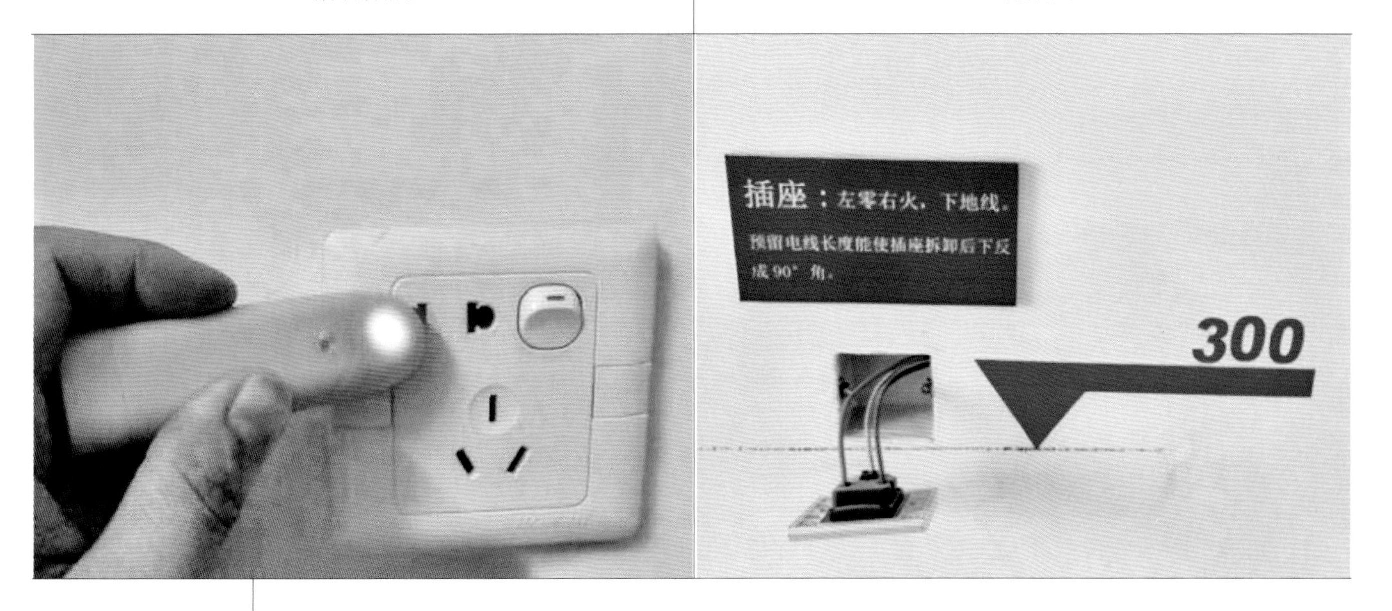

通病现象	插座的相线、零线、PE 线接线错误
原因分析	（1）不熟悉规范要求，施工单位技术管理人员未对工人进行技术交底； （2）布线时未按颜色标识布设，接线后未进行通电试验
防治措施	插座接线应符合下列规定： （1）单相两孔插座，面对插座的右孔或上孔与相线连接，左孔或下孔与零线连接；单相三孔插座，面对插座的右孔与相线连接，左孔与零线连接； （2）单相三孔、三相四孔及三相五孔插座的接地（PE）或接零（PEN）线接在上孔；插座的接地端子不与零线端子连接；同一场所的三相插座，接线的相序一致； （3）接线完成后应进行通电试验

设备末端工程质量通病及防治措施四　　表 4.12.2-4

质量通病	线盒与线管未用锁母锁扣连接
错误做法	正确做法

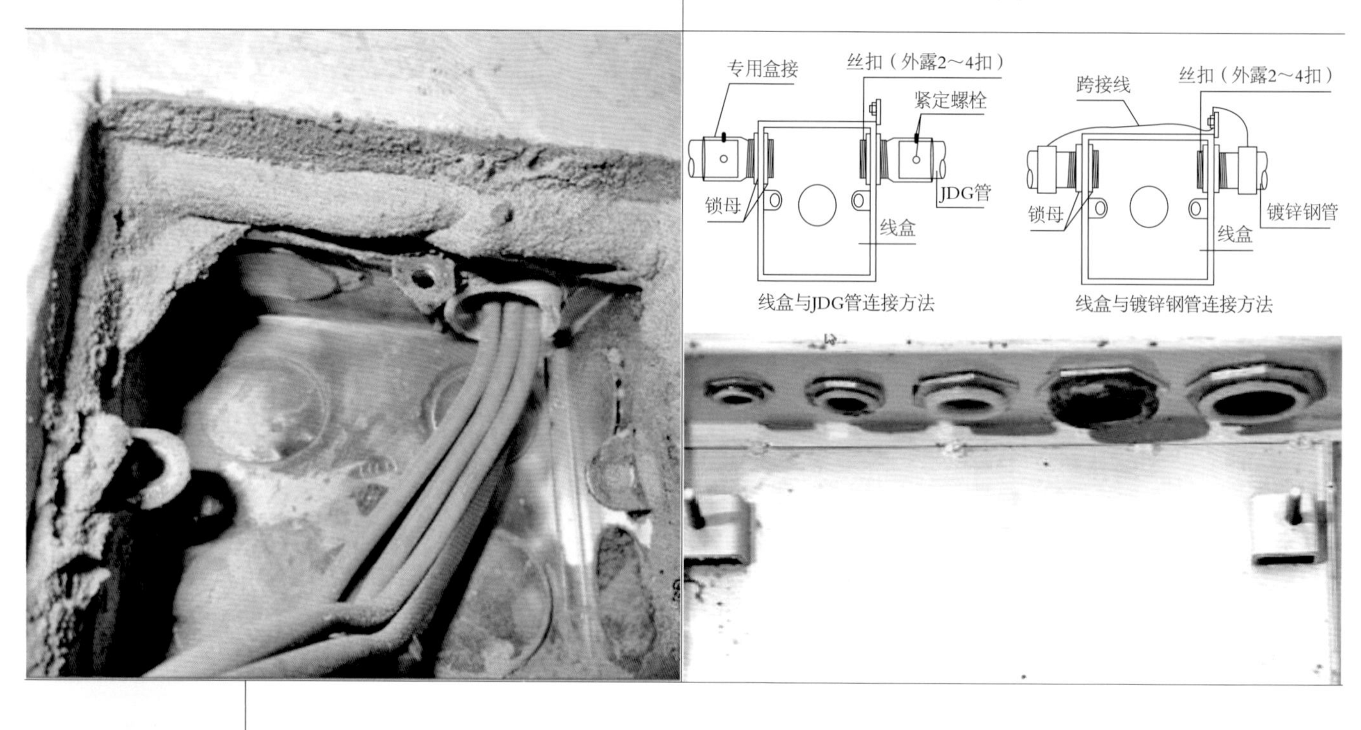

通病现象	线盒与线管未用锁母锁扣连接，未设置护圈保护线缆
原因分析	（1）不熟悉规范要求，施工单位技术管理人员未对工人进行技术交底； （2）线管设置不规范
防治措施	（1）线管设置应正确； （2）在金属电线管管口增加护圈，未加护圈禁止穿线

设备末端工程质量通病及防治措施五 表 4.12.2-5

质量通病	箱内接线凌乱，回路编号不全
错误做法	正确做法
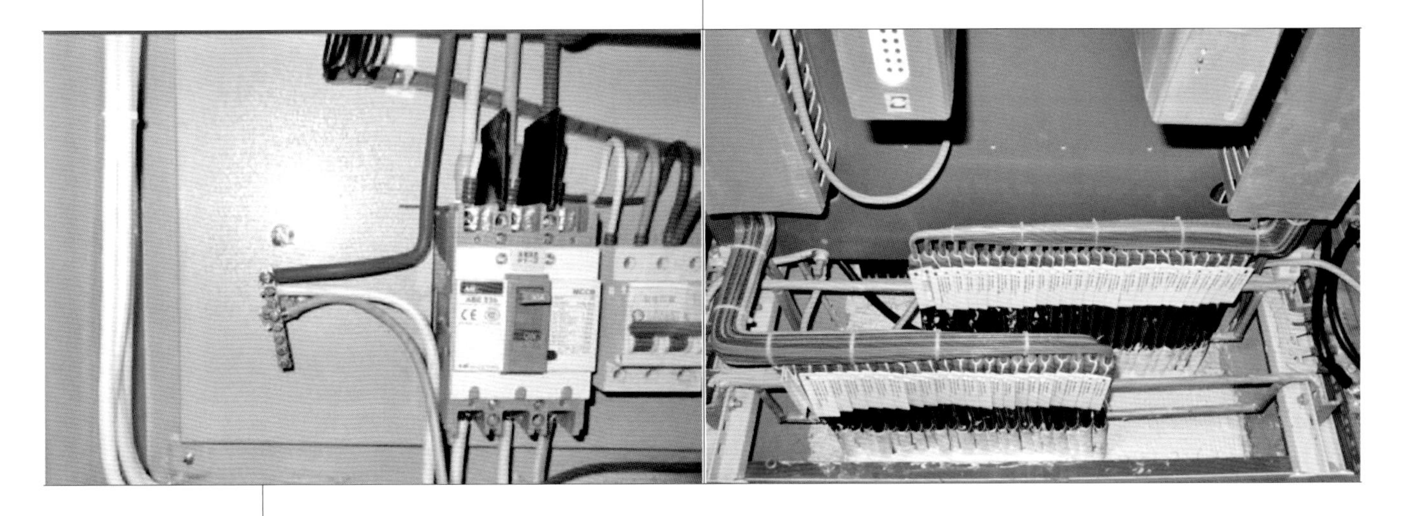	
通病现象	箱内接线混乱、无回路标识、标识不清
原因分析	(1) 备用开关线从总闸前端接线，线排布凌乱； (2) 开关回路无标识，标识不规范； (3) 箱体内的砂浆、杂物未清理干净
防治措施	(1) 配电柜内一定要按接线系统图接好电线，箱体内的线头要统一，不能裸露，布置要整齐、美观，绑扎固定，导线要留有余量； (2) 柜、箱、盘内要接线整齐，回路编号齐全，标识正确，照明配电箱门内应贴有线路系统图，而在闸具上应标明回路名称，给使用人员和维修人员的工作带来方便和安全； (3) 在固定箱体后敷设电缆电线前，将箱内的杂物清理干净

设备末端工程质量通病及防治措施六　　表 4.12.2-6

质量通病	线头、布线不规范
错误做法	正确做法
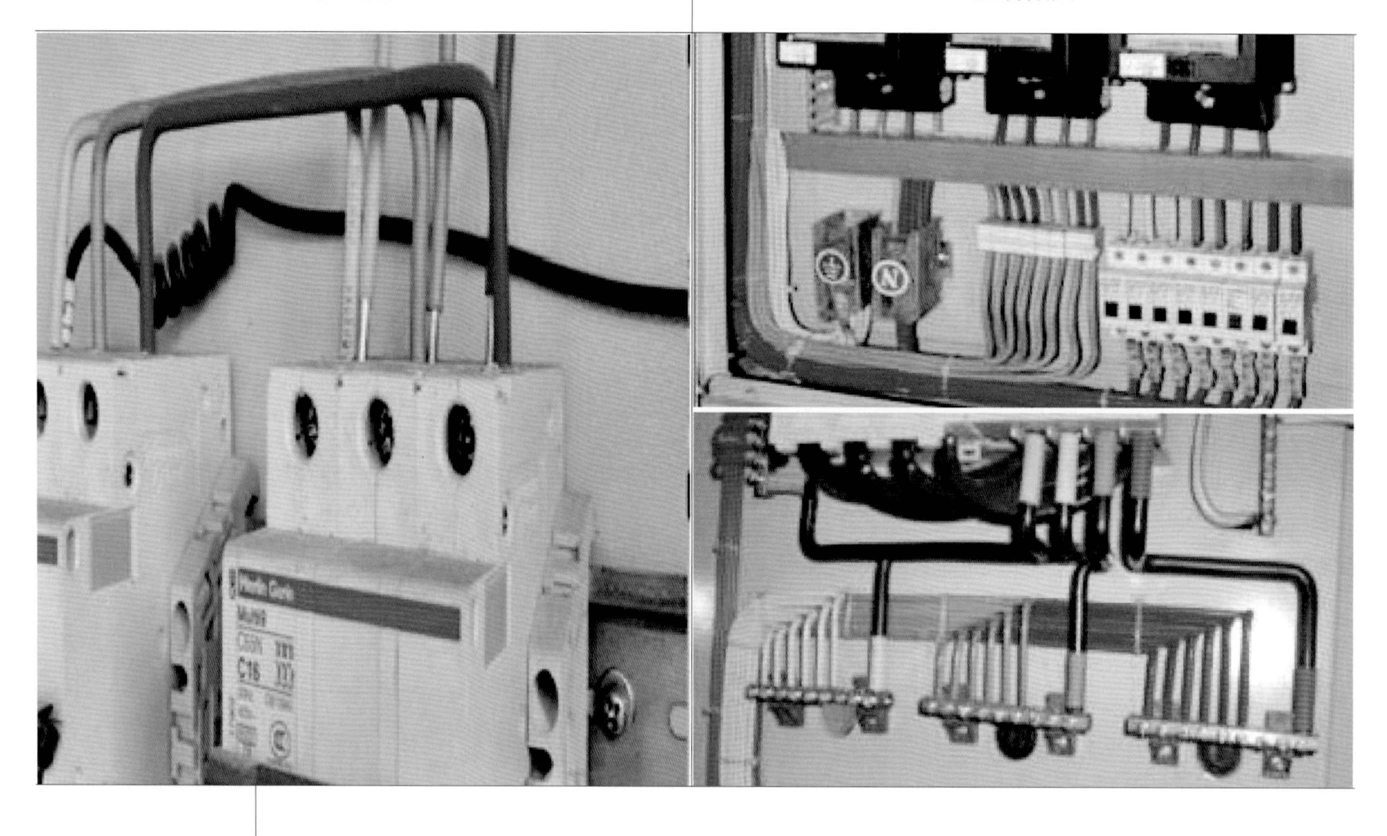	
通病现象	线头、布线不规范
原因分析	(1)线头裸露、布线不整齐，余量不足； (2)软线与开关接头未搪锡或未接接线端子； (3)一个接线端子接超 2 根导线
防治措施	(1)安装前应先对箱内的线路走向做好整体布局，导线预留足够余量，以备日后检修，接头位置剥绝缘皮时根据接线鼻子长度而定； (2)导线与设备或器具的连接，截面积在 10mm^2 及以下的单股铜芯线和单股铝 / 铝合金芯线可直接与设备或器具的端子连接；截面积在 2.5mm^2 及以下的多股铜芯线应接端子或拧紧搪锡后再与设备或器具的端子相连；截面积大于 2.5mm^2 的多股铜芯线，除设备自带插接式端子外，应连接端子后与设备或器具的端子连接，多股铜芯线与插接式端子连接前，端部应拧紧搪锡； (3)对于螺栓连接端子，当接两根导线时，中间应加平垫，每个接线端子的一端，接线不得超过 2 根，防松垫圈等零件齐全； (4)导线编排要横平竖直，剥线头时应保持各线头长度一致，导线插入接线端子后不应有导体裸露；铜接头与导线连接处要用与导线相同颜色的绝缘胶布包扎

4.12.3 灯具安装工程

灯具安装工程质量通病及防治措施一　表 4.12.3-1

质量通病	灯槽光源不均
错误做法	正确做法

通病现象	灯槽光源不均
原因分析	(1) 灯具安装不符合要求； (2) 未采用插连式 LED 灯带光源； (3) 灯带未用专用管码固定
防治措施	(1) 灯槽里普通 LED 灯管需错位安装，保持灯光连续，灯管灯带搭接长度不小于 30mm，插连式灯管应用专用管码固定； (2) 在灯具距地面高度小于 2.4m 时，灯具的可接近裸露导体应接地或接零，并应有专用接地螺栓，且有标识，灯具的保护地线应与灯具的专用接地螺钉可靠连接，其保护接地线截面积应根据灯具的相线截面积选择；当灯具相线截面积小于 $1.5mm^2$ 时，其保护地线应选用截面积不小于 $1.5mm^2$ 的铜芯绝缘线

质量通病	灯位安装不整齐、灯具的安装高度不够
错误做法	正确做法 
 成排灯具安装，中心线偏差较大	 成排灯具布置成线
通病现象	灯位安装偏位、不在中心点上、灯具的安装高度不够
原因分析	（1）成排灯具安装，中心线偏差较大； （2）穿线导管与装饰龙骨、风管共用吊架； （3）射灯开孔位于吊顶龙骨下
防治措施	（1）在预埋灯头盒时，应先审图，并和相关专业联系，吊顶上各种灯具应居中对称，成行成排，标高一致，安装规范、协调、美观，成排灯具安装偏差不应大于 5mm，在施工中需要拉线定位，使灯具在纵向、横向、斜向均为一条直线； （2）吊顶内管线较多而复杂，施工前各专业要协商好管线穿行方案，同时确定各自支架排布及支设顺序，尽量不要共用支架； （3）龙骨铺设和灯具安装在装饰图中要有节点设计，严格按图施工，装饰施工应先做样板，对设计上存在的错、漏、碰、缺现象及时修改，灯具安装高度不宜低于 2.4m

4.13 给水排水工程

4.13.1 管线敷设工程

管线敷设工程质量通病及防治措施一 表 4.13.1-1

质量通病	管道支架制作不合格
错误做法	正确做法

通病现象	管道支架制作不合格
原因分析	管道支架用电、气焊开孔
防治措施	（1）管道支、吊、托架的形式、尺寸及规格应按设计或标准图集加工制作，型材与所固定的管道相称； （2）孔、眼应采用电钻或冲床加工，且金属支、吊、托架应做好热镀锌防锈处理

<table>
<tr><td>质量通病</td><td colspan="2">管道支架安装不牢固</td></tr>
<tr><td colspan="2">错误做法</td><td>正确做法</td></tr>
<tr><td colspan="2"></td><td></td></tr>
<tr><td>通病现象</td><td colspan="2">管道支架安装不合格</td></tr>
<tr><td>原因分析</td><td colspan="2">支架在墙面上固定使用木楔</td></tr>
<tr><td>防治措施</td><td colspan="2">支架安装应平整牢固，角钢制作埋件支座应采用膨胀螺栓或化学螺栓固定在墙面</td></tr>
</table>

质量通病	综合管道支架安装不美观
错误做法	正确做法

通病现象	综合管道支架安装不美观
原因分析	（1）没有进行深化设计； （2）各专业缺乏综合布局
防治措施	（1）施工前统一各专业进行深化设计、深化布局； （2）采用综合支架； （3）施工中及时协调各专业出现的问题

质量通病	管道套管安装偏位、填充不符合标准

错误做法	正确做法

通病现象	套管安装偏位、填充不符合标准
原因分析	(1)测量放线定位不准确; (2)分层填充材料、工艺不符合标准
防治措施	(1)测量放线精准定位、套管长度按标准安装,穿无用水点的楼地面套管顶部高出楼地面装饰面 20mm,穿卫生间和厨房的套管顶部高出楼地面装饰面 50mm; (2)穿墙套管内用阻燃密实材料填实,外防水油膏填实且端面光滑

质量通病	污水管道安装无坡度

错误做法	正确做法

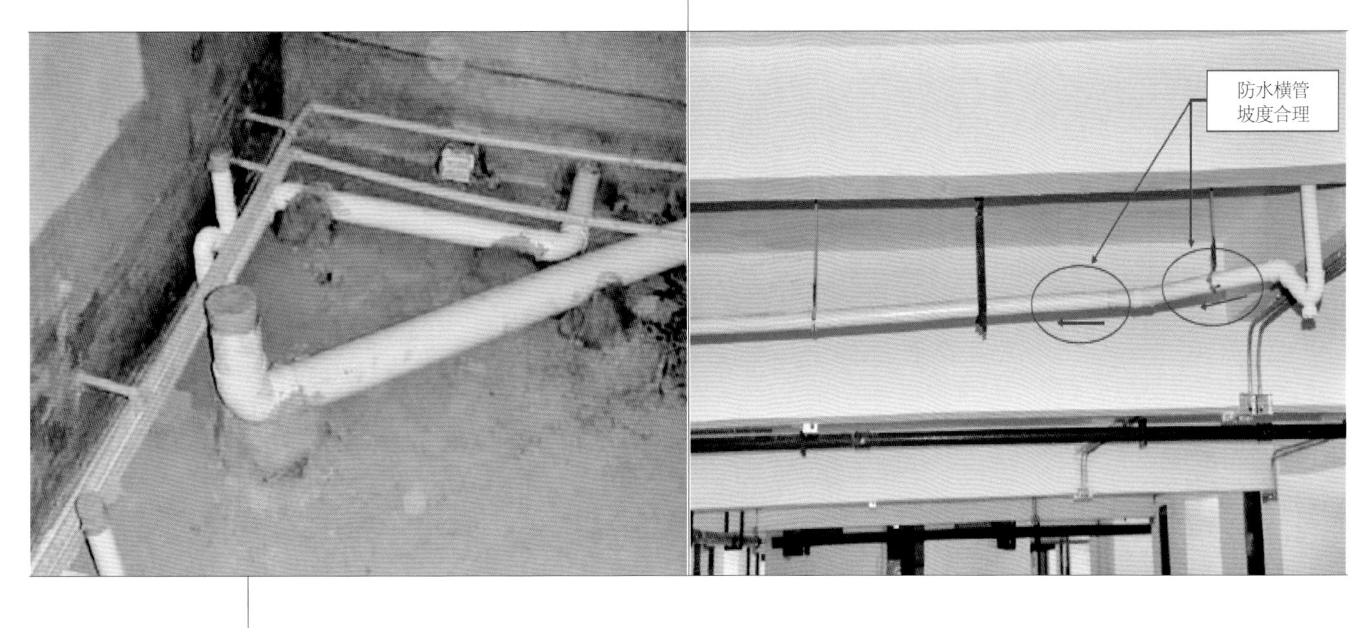

通病现象	污水管道安装无坡度
原因分析	（1）未按标准要求安装，技术交底不清； （2）未进行工序检查和隐蔽工程验收
防治措施	（1）加强深化设计和技术交底环节； （2）严格工序验收：污水管道安装时，在确定排水点标高后，按照设计要求和施工规范规定确定管道坡度后，计算出管道起点标高，然后保证管道坡降均匀后进行安装； （3）排水管道不得穿越沉降缝、伸缩缝、变形缝、烟道和风道

质量通病	管道穿越变形缝处未设置管道伸缩器
错误做法	正确做法
	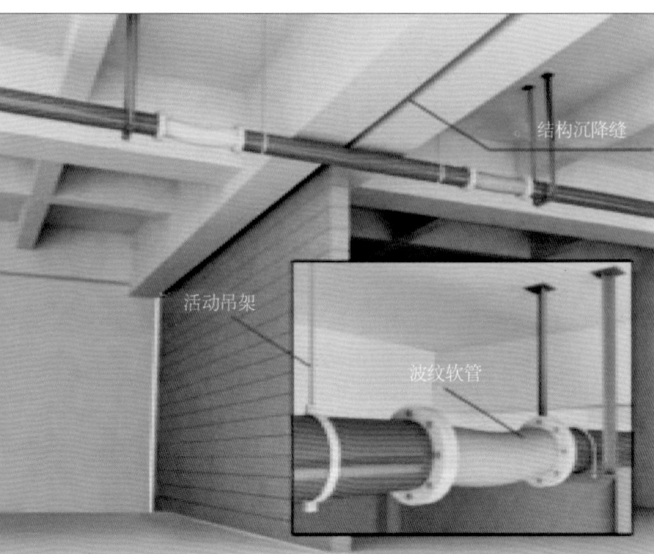
通病现象	管道穿越变形缝处未设置管道伸缩器
原因分析	(1) 深化设计大样不全，或未按图施工； (2) 班组技术交底不清，未进行工序验收
防治措施	(1) 严格按图施工，给水管道穿越伸缩缝、沉降缝、变形缝时，应设置补偿管道伸缩和剪切变形的装置； (2) 在墙体两侧采取柔性连接； (3) 在管道或保温层外皮上、下部留有不小于 150mm 的净空

质量通病	管道色标标识不规范

错误做法	正确做法

通病现象	管道色标标识不规范
原因分析	颜色不规范，未标识方向，未标识系统或标识不清楚，色环和方向箭头不全，比例不协调
防治措施	按设计要求刷色标，色标标识颜色鲜艳、比例协调、做工精细、覆盖到位，系统和方向齐全、具有永久性

设备末端工程质量通病及防治措施一　　表 4.13.2-1

质量通病	地漏返臭

错误做法	正确做法

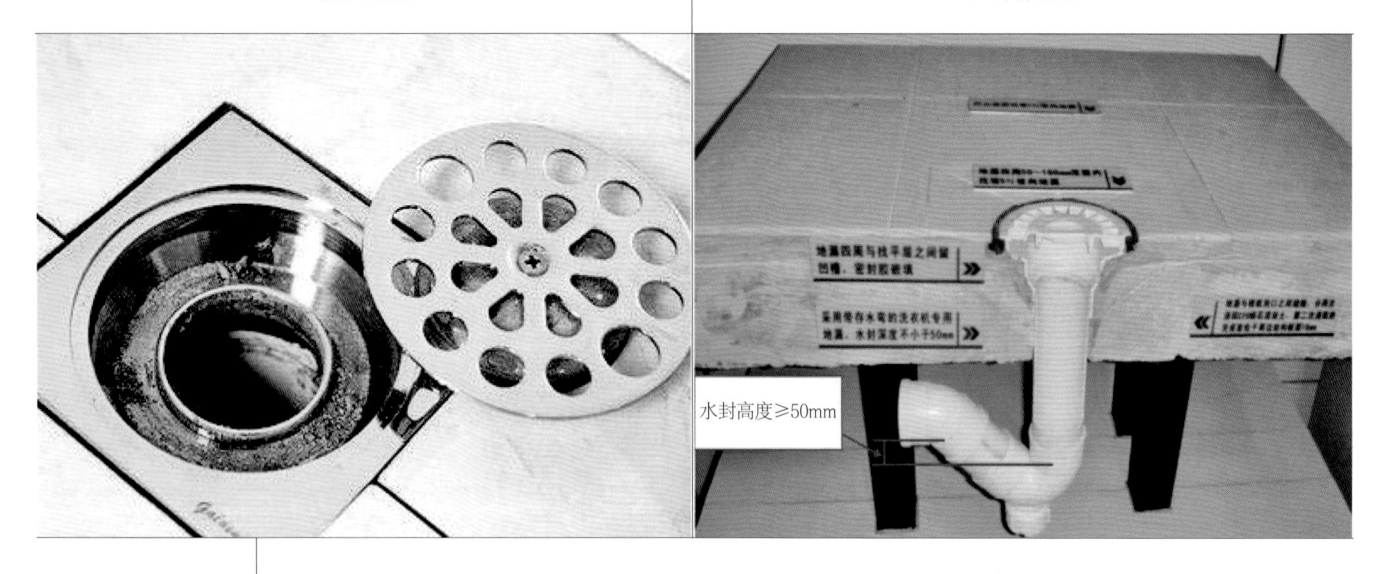

通病现象	地漏返臭
原因分析	未设置防臭式地漏、不带水封的地漏接入污水 / 废水管道
防治措施	（1）卫生器具与生活排水管道或其他可能产生有害气体的排水管道连接时，应在排水口以下设置存水弯，存水弯的水封深度不得小于 50mm； （2）当卫生器具构造中已有存水弯，不应在排水口以下设存水弯；卫生器具排水管段上不得重复设置水封；严禁采用活动机械密封替代水封

质量通病	室内消火栓安装不规范

错误做法	正确做法
 栓口中心距箱侧面小于 140mm  栓口中心距地面高于 1.1m	

通病现象	室内消火栓箱安装不规范
原因分析	栓口中心距地面高度、箱底标高、栓口距箱后面及侧面距离不符合规范要求
防治措施	（1）栓口应朝外，并不应安装在门轴侧； （2）栓口中心距地面为 1.1m，允许偏差 ±20mm； （3）阀门中心距箱侧面为 140mm，距箱后内表面为 100mm，允许偏差 ±5mm； （4）调整消火栓箱安装的位置，保证箱门的开启角度不得小于 120°； （5）消火栓箱门标识清晰、醒目； （6）消火栓箱与装饰面板四周空隙应封堵

质量通病	喷头安装位置不当

错误做法	正确做法
 喷头距离楼板为 50mm，不符合规范	
 喷头距离梁太近	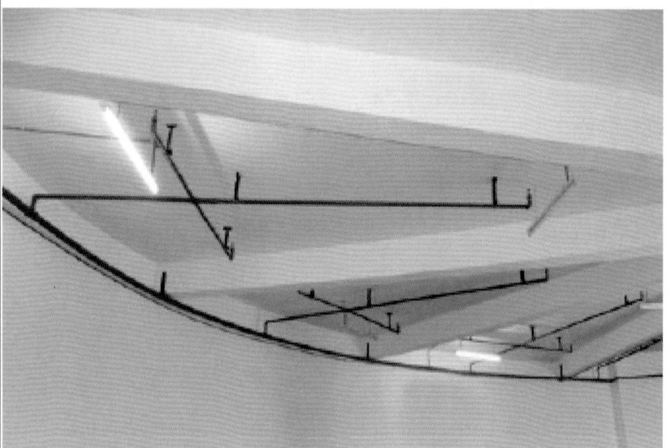

通病现象	室内消防喷淋喷头安装位置不当
原因分析	（1）未按设计类型选用喷头，甚至将直立型喷头向下安装，或下垂型喷头向上安装； （2）喷头之间，或者喷头距墙、梁等障碍物的间距不符合设计或规范要求； （3）宽度大于 1.2m 的风管腹部未设置喷头
防治措施	（1）安装时应按设计要求正确选择喷头类型：直立型喷头向上安装，适用于明装管道的场所；下垂型喷头向下安装，适用于暗装管道或有吊顶的场所；普通型喷头可上、下安装；边墙型喷头可垂直或水平安装，适用于无吊顶的旅馆客房和无法布置直立型、下垂型喷头的地方； （2）喷头的间距严格按设计和规范要求布置；当喷头与墙、梁等障碍物的间距过小时，应按照规范要求相应调整喷头的高度； （3）当梁、通风管道、排管、桥架宽度大于 1.2m 时，增设的喷头应安装在其腹面以下部位； （4）喷头溅水盘与顶板的距离，不应小于 75mm，也不应大于 150mm

4.14 通风空调工程

4.14.1 通风空调管道

通风空调管道工程质量通病及防治措施一　　表 4.14.1-1

质量通病	风管穿墙套管未封堵
错误做法	正确做法

通病现象	风管穿越防火、防爆的墙体套管，未采用防火材料进行封堵
原因分析	(1) 深化设计缺失； (2) 空调施工单位与土建施工单位配合脱节，在土建单位砌墙、浇筑管道井楼板及封堵洞口时未及时跟进配合，加设套管，造成套管遗漏； (3) 工序交接不清
防治措施	(1) 风管在穿越需要封闭的防火、防爆的墙体或楼板时，应预埋防护套管； (2) 预埋管、防护套管钢板厚度不小于 1.6mm，风管与防护套管之间采用不燃的柔性材料进行封堵

质量通病	风管支架设置不当	
	错误做法	正确做法

通病现象	通风管道安装系统中主、干管长度超过 20m，没有设置抗震支架	
原因分析	（1）深化设计不清； （2）风管安装时没按规范要求设置抗震支架	
防治措施	干管长度超过 20m，应设置抗震支架；支吊架不宜设置在风口、阀门、检查口及自控机构处，离风口或插接管的距离不小于 200mm	

质量通病	风管支架外露螺杆长度不一致
错误做法	正确做法 
	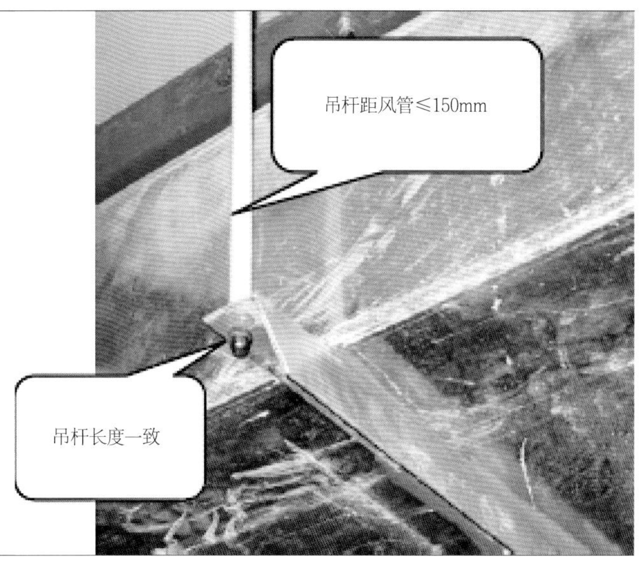
通病现象	支吊架外露螺杆长度不一致
原因分析	材料订制时未现场测量，未对风管标高进行复核，螺杆太长
防治措施	（1）对现场准确测量后下单； （2）对通丝外露长度做统一要求，对于长短不一的要进行切割处理

质量通病	防火阀支架缺失	
错误做法		正确做法

通病现象	防火阀支架缺失
原因分析	（1）技术交底不清； （2）工序检查验收不严，边长≥ 630mm 的防火阀未单独设固定支架
防治措施	（1）每道工序应严格检查验收； （2）边长≥ 630mm 的防火阀设置独立吊架，并保证防火阀距墙表面的距离不大于 200mm

质量通病	风管无加强肋
错误做法	正确做法

通病现象	风管配件强度不足
原因分析	风管没有按规范要求采取加固措施或加固措施不当
防治措施	（1）应按现行国家标准《通风与空调工程施工质量验收规范》GB 50243 的规定，对风管进行加固； （2）金属风管的加固应符合相关规定：矩形风管边长大于 630mm、保温风管边长大于 800mm，管段长度大于 1250mm 或低压风管单边面积大于 $1.2m^2$，中、高压风管大于 $1.0m^2$，均应采取加固措施； （3）风管加工制作前要进行技术交底，加强过程管控

质量通病	支吊架与保温风管之间未采取隔热措施

错误做法	正确做法

通病现象	保温风管与支吊架接触面保温材料厚度减少，影响保温效果
原因分析	支吊架与保温风管之间未装隔热垫木
防治措施	（1）吊杆与托架连接处采用双螺母紧固，保温风管与托架之间应设绝热衬垫，防止产生冷桥； （2）绝热衬垫厚度不小于保温材料厚度；采用木质材料衬垫时，要进行防腐处理

质量通病	风管保温层固定不严
错误做法	正确做法

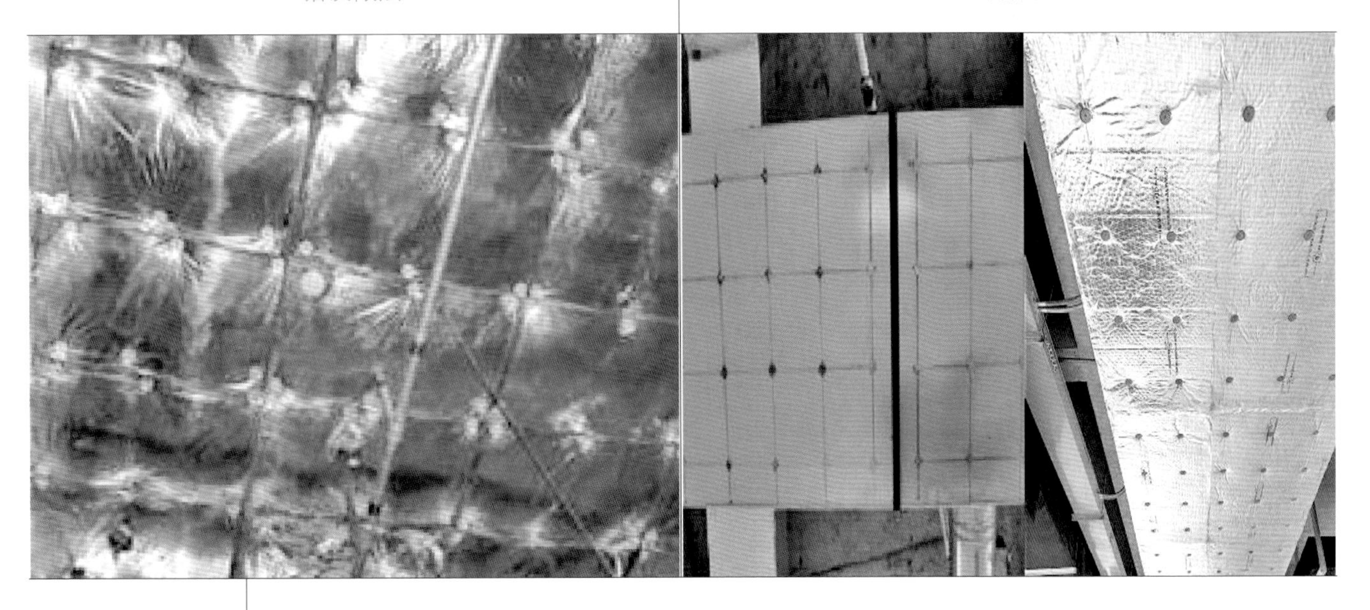

通病现象	风管保温层固定不严
原因分析	保温钉数量不足、分布不均、粘贴不紧，不满足规范要求
防治措施	(1) 根据规范规定及施工工艺标准要求，矩形风管与设备保温钉应分布均匀，其数量底面每平方米不少于 16 个，侧面不少于 10 个，顶面不少于 8 个，首层保温钉至风管或保温材料边缘的距离不大于 120mm； (2) 绝热衬垫厚度不小于保温材料厚度；采用木质材料衬垫时，要进行防腐处理

质量通病	管道、设备保温层厚度、平整度不符合要求	
错误做法		正确做法
		 保温层严密美观、铝壳保护层封闭良好
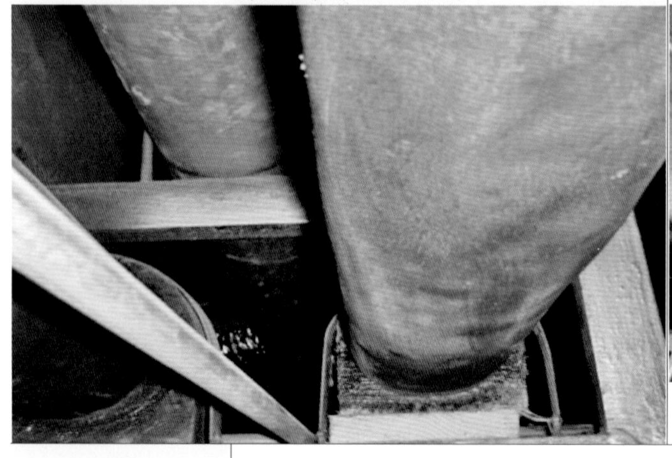		 空调水管道保温层严密、橡塑板材外观平滑
通病现象	管道、设备保温层厚度、平整度不符合要求	
原因分析	（1）保温材料破损，阀门未保温； （2）胶水涂抹不均匀（出现为求速度有漏刷胶或少刷胶现象），保温层粘贴不牢	
防治措施	（1）重要设备保温时，由于形状不规则，要事先拟定一个保温方案，根据保温方案对实物进行精确测量，准确下料（严禁出现多下料或少下料情况），胶水涂抹均匀； （2）法兰、变径等突出部位应单独下料保温，表面应平整，当采用卷材或板材时，允许偏差为 5mm；采用涂抹或其他方式时，允许偏差为 10mm；防潮层（包括绝热层的端部）应完整，且封闭良好，其搭接缝应顺水	

质量通病	柔性短管长度不满足要求
错误做法	正确做法

通病现象	柔性短管长度不满足要求
原因分析	（1）柔性短管制作不规范，下料尺寸不准确，软管两端的风管（或设备）不同芯； （2）柔性短管安装时松紧程度控制不当，或连接处缝合不够严密，造成扭曲及变形
防治措施	（1）风管安装时充分考虑与设备的间距、位置，以满足帆布软管连接的长度要求，一般宜为150～300mm，连接处应严密、牢固可靠； （2）柔性短管的选用要考虑所在系统中的防火等级要求； （3）为保证柔性短管在系统运转过程中不扭曲，安装松紧应适当，对于装在风机的吸入端的柔性短管，可安装的稍紧些，防止风机转动时被吸入，减小柔性短管的截面尺寸，在安装过程中不能将柔性短管作为找正的连接管或导管来使用； （4）严格按照现行国家标准《通风与空调工程施工质量验收规范》GB 50243 的要求进行加工制作，并按此要求进行检查验收

质量通病	柔性短管设置不符合安全要求
错误做法	正确做法

通病现象	柔性短管选用材质不满足消防要求
原因分析	（1）深化设计缺失； （2）施工交底不清； （3）三级验收未实施
防治措施	（1）应选用专用防排烟柔性软管； （2）防排烟系统应选用 A 级不燃材料

质量通病	空调水管道焊缝外观质量差
错误做法	正确做法 
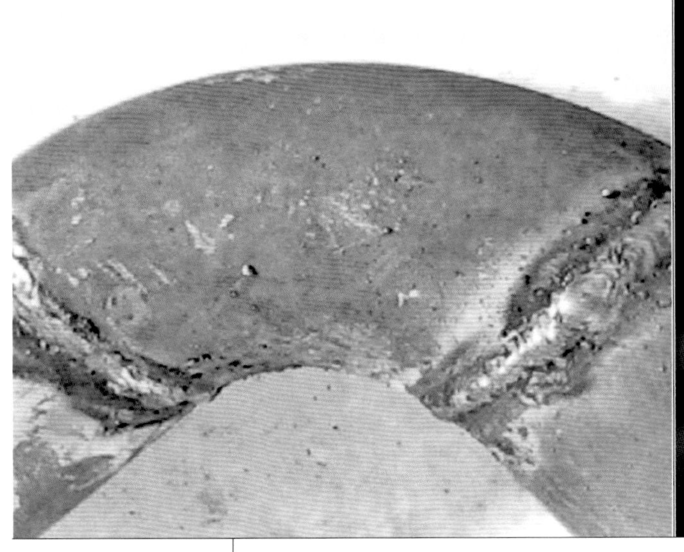	
通病现象	焊缝外观质量差
原因分析	管道焊接未熔合，焊缝超宽，焊坡不均匀，飞溅物未清理干净
防治措施	（1）焊缝的高度、宽度应符合设计和规范要求； （2）焊缝的切割、坡口的加工宜采用机械方法，当采用热加工方法加工坡口后，需去除表面的氧化皮、焊渣及影响焊接接头质量的表层；选用稍大的电流，放慢焊速，使热量增加到足以融化母材或者前一层焊缝金属；焊条角度及运行速度适当，要照顾到母材两侧温度及融化情况；对由熔渣、脏物等引起的未熔合，可用防治夹渣的办法来处理；焊条有偏心时应调整角度，使电弧处于正确方向，大管径的管道焊接时，为保证焊透，同一道焊缝分两次或三次完成；焊接完成后，用小尖锤敲除焊缝表面的焊渣

质量通病	空调水泵出水管道安装不规范

错误做法	正确做法

正三通	顺水三通

通病现象	并联空调水泵出口管道进入总管未采用顺水三通
原因分析	(1) 未按图施工； (2) 施工技术交底不清
防治措施	(1) 严格按图施工； (2) 严格现场技术交底、三级质量验收； (3) 并联水泵的出口管道进入总管应采用顺水流斜向插接的连接形式，夹角不应大于 60°

质量通病	法兰连接螺栓不规范
错误做法	正确做法

通病现象	法兰连接螺栓长度不够
原因分析	（1）材料选用不当，技术交底不清； （2）法兰连接螺栓长度不一，或未外露丝
防治措施	安装前，清理、检查法兰和垫片密封面，保证密封面清洁，垫片放置应与管径同心，不得放偏，紧固螺栓规格相同、方向一致，紧固法兰螺栓时应对称拧紧，统一螺栓长度，外露不少于 4～6 丝

通风空调风口工程质量通病及防治措施 表 4.14.2-1

质量通病	风口安装不合格
错误做法	正确做法
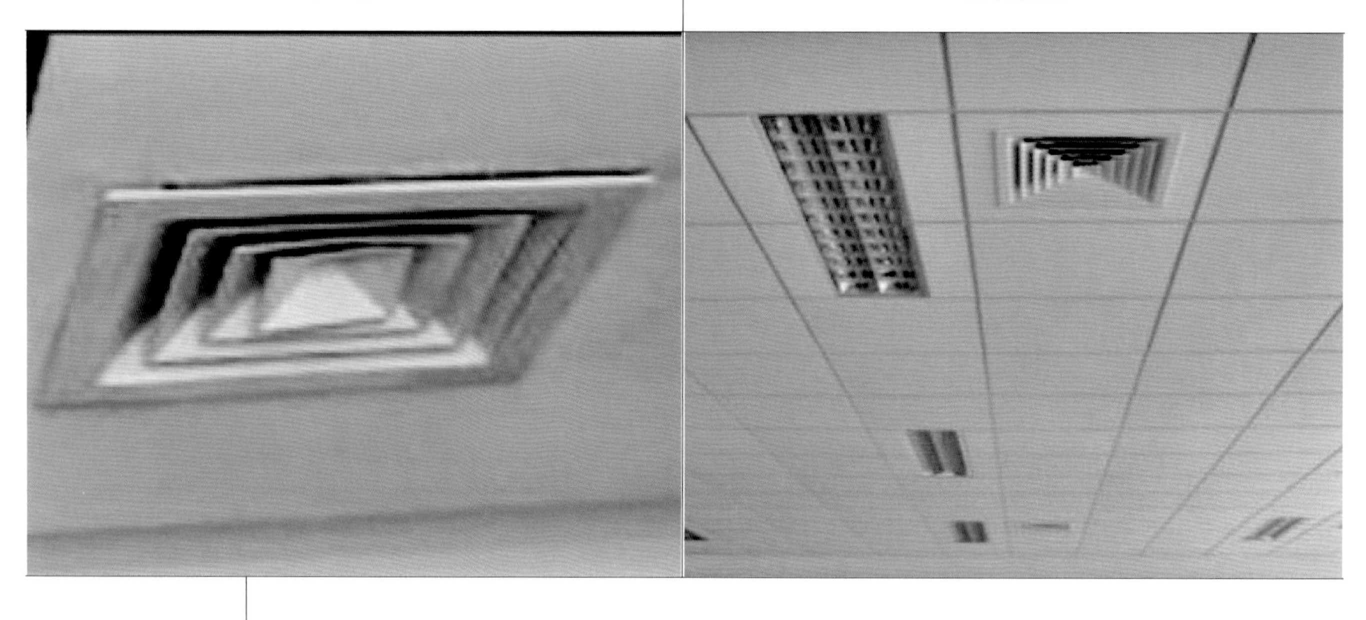	
通病现象	百叶风口等与装饰面不紧贴，观感质量差
原因分析	风口加工不符合质量要求，未进行二次复检
防治措施	（1）检查风口的外观和材质厚度，尤其是叶片厚度，用尺测量其颈部尺寸、外边长、对角线尺寸等，检查平整度、垂直度； （2）各类风口的安装应注意美观、牢固、位置准确、转动灵活，在同一厅室、房间安装成排同类型风口，应拉线找直、找平，送风口应标高一致、横平竖直、紧密位置对称，多风口成行、成一直线，直接安装在吊顶上的风口，需单独固定牢固；风口表面应平整，与设计尺寸的允许偏差不应大于 2mm，矩形风口两对角线之差不应大于 3mm； （3）风口的转动调节部分应灵活，叶片应平直，百叶风口的叶片应均匀，两端轴的中心在同一直线上，散流器的扩散环和调节环应同轴，轴间间距缝补均匀

4.15 智能工程

4.15.1 信息网络系统工程

信息网络系统工程质量通病及防治措施一 表 4.15.1-1

<table>
<tr><td>质量通病</td><td colspan="2">弱电线缆敷设凌乱</td></tr>
<tr><td colspan="2">错误做法</td><td>正确做法</td></tr>
<tr><td colspan="2"></td><td></td></tr>
<tr><td>通病现象</td><td colspan="2">机房电线管敷设凌乱</td></tr>
<tr><td>原因分析</td><td colspan="2">机房内桥架消防线、弱电线敷设未分组</td></tr>
<tr><td>防治措施</td><td colspan="2">（1）不同电压、不同用途的电线、电缆不宜敷设在同一桥架上，1kV 以上和 1kV 以下的电缆需分开，向同一负荷供电的两回路的电缆需分开，应急照明和其他照明的线缆需分开，强电和弱电线缆需分开，当条件限制需安装在同一桥架内时，应用隔板隔开；
（2）明敷弱电线缆应穿硬质电线管敷设；
（3）缆线的布放应自然平直，不得产生扭绞、打圈、接头等现象，不应受外力的挤压和损伤</td></tr>
</table>

质量通病	信息模块安装不规范
错误做法	正确做法
 模块线位接线错误	对3 对2 对1 对4 1 2 3 4 5 6 7 8 W-O O W-G BL W-BL G W-BR BR 插座位置 T568B 对2 对3 对1 对4 1 2 3 4 5 6 7 8 W-G G W-O BL W-BL O W-BR BR 插座位置 T568A BL —— 蓝 BR —— 棕 W —— 白 G —— 绿 O —— 橙 模块线位接线示意图
通病现象	信息点到设备间的线缆连接不上
原因分析	（1）未按图施工，未按模块功能对应连接； （2）水晶头连接错误
防治措施	（1）模块终端线压接按照国标颜色标准 568A：1 白绿，2 绿，3 白橙，4 蓝，5 白蓝，6 橙，7 白棕，8 棕；标准 586B：1 白橙，2 橙，3 白绿，4 蓝，5 白蓝，6 绿，7 白棕，8 棕；严格分类压接； （2）网络水晶头按照国标颜色标准 568A：1 白绿，2 绿，3 白橙，4 蓝，5 白蓝，6 橙，7 白棕，8 棕；标准 586B：1 白橙，2 橙，3 白绿，4 蓝，5 白蓝，6 绿，7 白棕，8 棕；严格分类连接

4.15.2 设备监控系统工程

设备监控系统工程质量通病及防治措施一　　表 4.15.2-1

质量通病	控制柜背面没有预留检修位置

错误做法	正确做法 

通病现象	报警控制器、联动控制柜安装位置背光，没有预留检修位置
原因分析	没有进行机房内控制柜排布深化设计
防治措施	报警控制器、消防联动控制柜安装要按设计图纸要求进行，应用螺栓在基础（槽、角钢）上进行固定，控制柜（台）前距离应≥ 1.5m，后距离应≥ 1.0m，如控制柜排列长度大于 4m，控制柜（台）两端应有≥ 1.0m 的通道

质量通病	电视墙安装过近	
错误做法		正确做法

通病现象	电视墙与值班人员座位之间的距离过近	
原因分析	机房内视频监控系统电视墙排布未进行深化设计	
防治措施	视频监控系统电视墙前面距离应满足观看视距的要求，电视墙与值班人员座位之间的距离应大于主监视器画面对角线长度的 5 倍，设备布置应防止显示屏上出现反射眩光	

质量通病	闭路监控系统图像模糊、视频信号丢失
错误做法	正确做法

通病现象	闭路监控系统图像模糊、视频信号丢失
原因分析	（1）电源不正确引发的设备故障；供电线路或供电电压不正确、功率不够（或某一路供电线路的线径不够，降压过大等），供电系统的传输线路出现短路、断路、瞬间过压等； （2）设备的连接有很多条，出现断路、短路、线间结缘不良、误接线等导致设备的损坏； （3）设备或部件本身的质量问题； （4）设备（或部件）与设备（或部件）之间的连接不正确产生的问题； （5）由于远距离传输线引起的信号高频段相移过大而造成的传输距离不远时，图像色调失真人眼不易识别
防治措施	（1）在系统测试中，供电之前认真、严格地进行校对与检查； （2）检查线路的连接问题，逐一解决；设备与线路的连接应符合长时间运转的要求； （3）对所选的产品进行抽样检查，对不合格的产品进行更换； （4）对主机、解码器、控制键盘等选用同一厂家的产品；按照产品说明书，选择合适的设备连接数量；通过专用的报警接口箱将报警探头的信号与画面分割器或视频切换主机相对应连接； （5）尽量设法避开或远离辐射源，当无法避开辐射源时，对前端及中心设备加强屏蔽，对传输线的管路采用钢管并良好接地； （6）增加相位补偿器，采用优质同轴电缆，传输线路宜短不宜长

质量通病	摄像头安装不符合要求
错误做法	 正确做法

通病现象	闭路监控系统线路标识不清，云台、镜头不能控制
原因分析	（1）该正装的云台倒装； （2）温度过高、进水导致云台不工作； （3）线路距离过远
防治措施	（1）在安装摄像机云台前认真阅读安装使用说明书，按厂家对设备的要求来安装； （2）距离过远时，控制信号衰减太大，解码器接收到的控制信号太弱，这时应该在一定距离上加装中继盒以放大整形控制信号

4.16 钢结构工程

4.16.1 钢结构制作

钢结构制作工程质量通病及防治措施一　　表 4.16.1-1

<table>
<tr><td>通病名称</td><td colspan="6">钢材原料选材存在质量问题</td></tr>
<tr><td colspan="3">错误做法</td><td colspan="3">正确做法</td></tr>
<tr><td></td><td>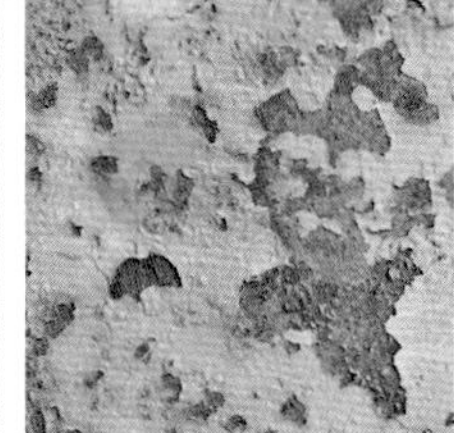</td><td></td><td></td><td></td><td></td></tr>
<tr><td>麻点</td><td>起皮</td><td>划痕</td><td>外观完好</td><td>性能达标</td><td>堆放场地平整</td></tr>
<tr><td>通病现象</td><td colspan="6">钢材原料存在质量问题，性能不符合设计要求（强度、塑性、硬度、冲击韧性、疲劳强度等），表面有损伤［裂纹、夹渣、分层、缺棱、结疤（重皮）、气泡、压痕（划痕）、氧化铁皮、锈蚀、麻点等］</td></tr>
<tr><td>原因分析</td><td colspan="6">（1）钢材原料外观差，性能未达标，厂家无法提供生产资质及产品质量证明文件；
（2）钢材原料进场复验不合格；
（3）钢材在运输过程中表面损伤、变形；
（4）钢材堆放场地不平整，露天堆放，没有采取防护措施</td></tr>
<tr><td>防治措施</td><td colspan="6">（1）钢材原料采购应符合设计要求，外观完好，尺寸规范，而且具有较高的强度、足够的变形能力、良好的工艺性能；厂家应具备生产资质，提供产品出厂合格证、质量证明书等；
（2）钢材原料运至加工场地后，按现行国家产品标准和设计要求进行复验，合格后才能进行加工；
（3）钢材运输过程中应做好防护措施，构件绑扎稳固，吊机转运平衡稳定；
（4）钢材堆放应注意防潮，做好防护及遮盖措施，避免雨淋结冰，有条件的应在室内（或棚内）堆放，对长期不用的钢材宜做表面防腐处理，堆放场地应平整、无积水，钢材不能直接放置地上，底部垫块应有足够支撑面，防止下沉</td></tr>
</table>

通病名称	钢构件表面损伤
错误做法	正确做法
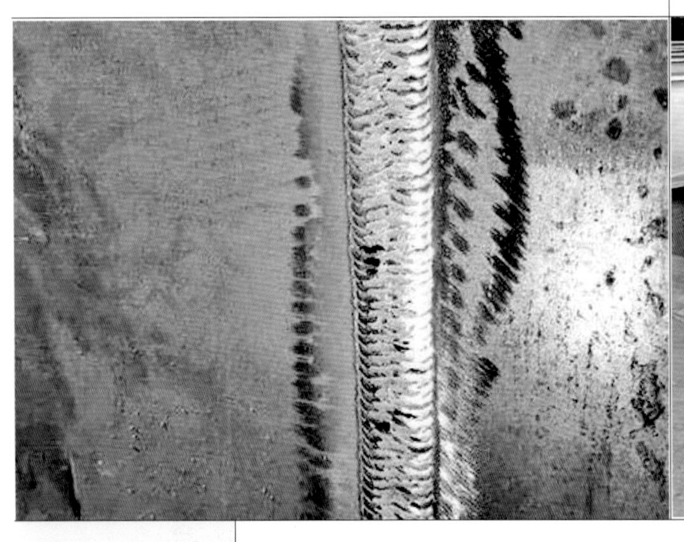	
通病现象	钢构件表面损伤、划痕、锈蚀等
原因分析	（1）钢构件制作（切割、矫正、制孔、铣刨、焊接）时产生表面损伤； （2）钢构件与设备工作台、吊运设施之间碰撞造成的损伤； （3）钢构件制作时产生的氧化物、划痕，以及焊渣、油污等附着物，引起钢材表面锈蚀
防治措施	（1）钢构件制作应符合设计要求，加工过程中螺栓孔及连接件的接触面应加强保护措施； （2）外形不规则的钢构件，凸出的部件容易碰撞，应小心搬运； （3）钢构件制作过程中，应将表面污染物清理干净，如发现锈蚀应及时采取相应的除锈方法，如手工除锈、酸洗除锈、喷砂除锈等； （4）各工序制作完毕，会同相关专业人员、质检员进行交接验收，不合格不应进入下一工序

通病名称	钢构件变形
错误做法	正确做法

通病现象	钢构件变形
原因分析	（1）钢构件因焊接而产生变形； （2）钢构件在运输过程中因碰撞而产生变形； （3）钢构件堆放场地不平整，底部垫块不平衡，钢材因局部受压变形
防治措施	（1）钢构件制作时防止焊接变形，应采取合理的焊接顺序、合适的对接坡口形式，施焊前预热，焊后后热，向变形相反方向预留偏差，采用专用夹具辅助固定等方式； （2）钢材运输过程中应采取预防变形措施，如发生变形应采取对应的矫正工艺进行处理，如机械矫正、手工矫正、加热矫正等； （3）堆放场地应平整，底部垫块应能平稳支撑钢构件，防止倾斜及下沉

钢结构制作工程质量通病及防治措施四　　表 4.16.1-4

通病名称	钢构件加工尺寸偏差

错误做法	正确做法

通病现象	钢构件加工尺寸偏差
原因分析	（1）钢构件制作未预留切割余量或余量不足； （2）钢构件制孔画线定位不准，制孔设备及加工方法选用不当
防治措施	（1）钢构件制作时应考虑焊接收缩量、切割余量、边缘加工余量以及构件焊接后的变形矫正、加热弯曲以及其他工艺余量； （2）钢构件制孔应在构件焊接及变形矫正后进行，孔洞及孔距尺寸应符合设计要求，定位准确，并按构件厚度、材质、孔径选用合适的制孔设备及加工方法； （3）各工序制作完毕，会同相关专业人员、质检员进行交接验收，不合格不应进入下一工序

通病名称	钢构件起拱不准确
错误做法	正确做法

通病现象	钢构件起拱不准确
原因分析	（1）钢构件制作角度不准确，尺寸有偏差； （2）钢构件拼装的拱度值较小； （3）钢构件在运输过程中因碰撞而产生拱度变形
防治措施	（1）进行预拼时，应按照钢构件制作允许偏差进行检验，拼接点处角度有误，应及时处理； （2）钢构件预拼装时，拱度值应符合设计要求，加工应严格控制累积偏差，采取措施消除焊接收缩量； （3）钢材运输过程中应对构件拱度采取预防变形的防护措施

通病名称	钢构件焊缝存在缺陷

错误做法				正确做法 		
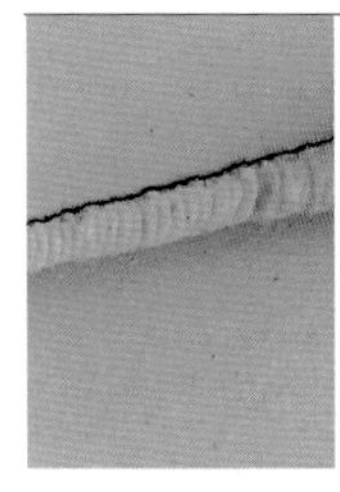		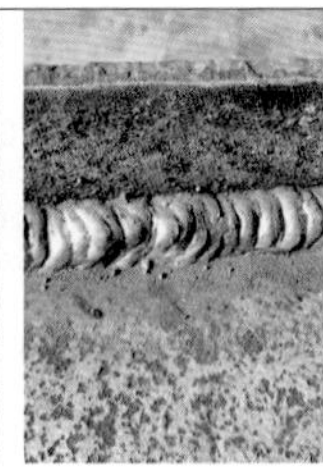	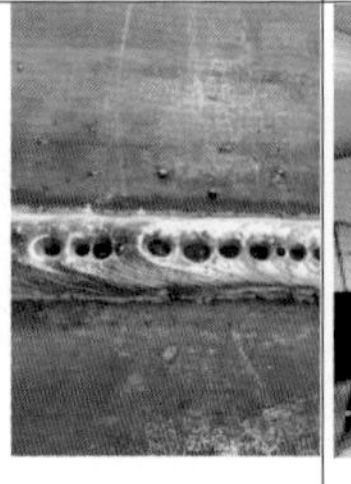	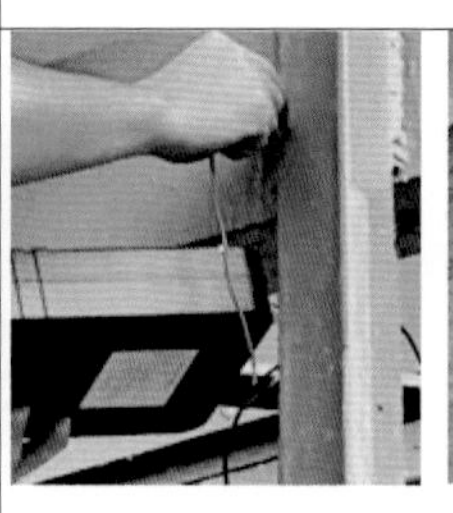	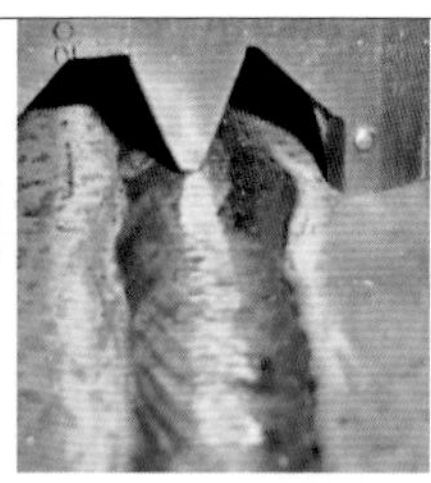	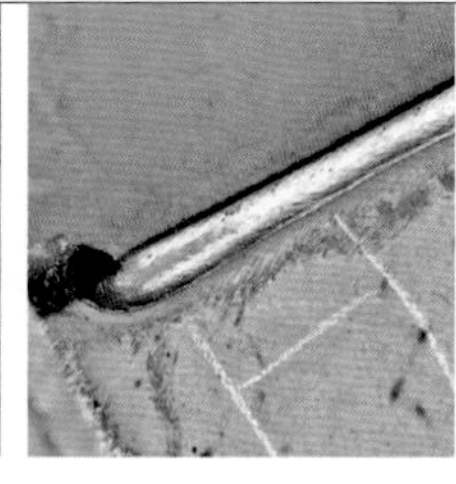
裂纹	咬边	飞溅物	气孔	焊接缝探伤检测	焊接缝外观检测	焊接工艺符合规范

通病现象	焊缝存在裂纹、咬边、飞溅物、气孔、未焊透等缺陷
原因分析	(1)焊接区域污染，有杂质； (2)焊丝焊剂的组配对钢材不合适； (3)焊接电流太大或太小，焊接角度不当，焊接速度太快； (4)钢构件对接坡口形式错误、尺寸太小； (5)施焊前预热不到位，道间温度控制不严； (6)焊接环境(场地、温度、湿度、风力等因素)影响焊接质量； (7)焊接材料受潮，质量有问题
防治措施	(1)焊接前将钢构件坡口及周边清理干净，不应有水、油污、锈蚀、附着物等； (2)焊接材料的选用与被焊接的钢材相匹配； (3)焊接工艺应符合规范要求，选用正确的电流大小、焊接角度、焊接速度； (4)钢构件对接选用的坡口形式、尺寸应符合设计要求； (5)焊接应符合规范，应采取合理的焊接顺序，施焊前应预热，焊后应后热，严格控制道间温度； (6)焊接应选择适宜的焊接环境，在未采取有效防护措施时，以下情况不应进行焊接作业：场地灰尘大、有烟雾，焊条电弧焊时风速大于 8m/s(相当于 5 级风)，气体保护焊时风速大于 2m/s(相当于 2 级风)，相对湿度大于 90%，雨、雪环境； (7)焊接材料应符合设计要求，具有出厂合格证、质量证明书；应分类保存，防止材料污染、受潮，按规范烘焙、保温； (8)完工的焊缝在 24h 后进行无损探伤，填写检验记录

<table>
<tr><td>通病名称</td><td colspan="2">钢构件预拼装质量问题</td></tr>
<tr><td colspan="2">错误做法</td><td>正确做法</td></tr>
<tr><td colspan="3"></td></tr>
<tr><td>通病现象</td><td colspan="2">钢构件连接处间隙过大，表面污染，螺栓连接尺寸偏差</td></tr>
<tr><td>原因分析</td><td colspan="2">（1）钢构件拼装顺序不合理，造成连接处间隙大；
（2）场地不平整，钢构件拼装没有固定设施；
（3）钢构件表面污染，有附着物；
（4）螺栓连接不符合规范，尺寸有偏差</td></tr>
<tr><td>防治措施</td><td colspan="2">（1）钢构件加工时应预留焊接收缩余量及其他各种加工余量，预拼装时先组装小件，再组装大件，不允许采用强制的方法来组装构件；
（2）钢构件预拼装应设拼装工作台或支承凳，拼装过程中可以用卡具、夹具、点焊、拉紧装置等临时固定构件；
（3）钢构件预拼装前应将表面铁锈、毛刺、飞边和油污等清除干净；
（4）高强螺栓和普通螺栓连接应采用试孔器进行检查，当用比孔径小 1.0mm 的试孔器时，通过率不应小于 85%，当采用比螺栓直径大 0.3mm 的试孔器检查时，通过率为 100%；严禁现场气割和电焊冲孔；
（5）钢构件预拼装检验合格后，在构件上标注定位线、中心线、标高基准线等</td></tr>
</table>

<table>
<tr><td>通病名称</td><td colspan="2">钢构件漆膜返锈</td></tr>
<tr><td colspan="2">错误做法</td><td>正确做法</td></tr>
<tr><td colspan="3"></td></tr>
<tr><td>通病现象</td><td colspan="2">钢构件漆膜返锈</td></tr>
<tr><td>原因分析</td><td colspan="2">（1）除锈不彻底，未达到设计和涂料产品标准的除锈等级要求；
（2）涂装前构件表面存在残余的氧化皮；
（3）涂层厚度达不到设计规范要求；
（4）除锈后未及时涂装，钢材表面受潮返黄</td></tr>
<tr><td>防治措施</td><td colspan="2">（1）涂装前应严格按涂料产品除锈标准要求、设计要求和现行国家标准的规定进行除锈；
（2）对残留的氧化皮应返工，重新做表面处理；
（3）经除锈检查合格后的钢材，应在表面返锈前涂完第一遍防锈底漆；若涂漆前已返锈，则应重新除锈；
（4）涂料、涂层遍数、涂层厚度均应符合设计要求；
（5）钢材表面锈蚀等级按现行国家标准《涂覆涂料前钢材表面处理 表面清洁度的目视评定 第1部分：未涂覆过的钢材表面和全面清除原有涂层后的钢材表面的锈蚀等级和处理等级》GB/T 8923.1，应优先选用A、B级，使用C级应彻底除锈</td></tr>
</table>

通病名称	涂层厚度达不到设计要求

错误做法	正确做法

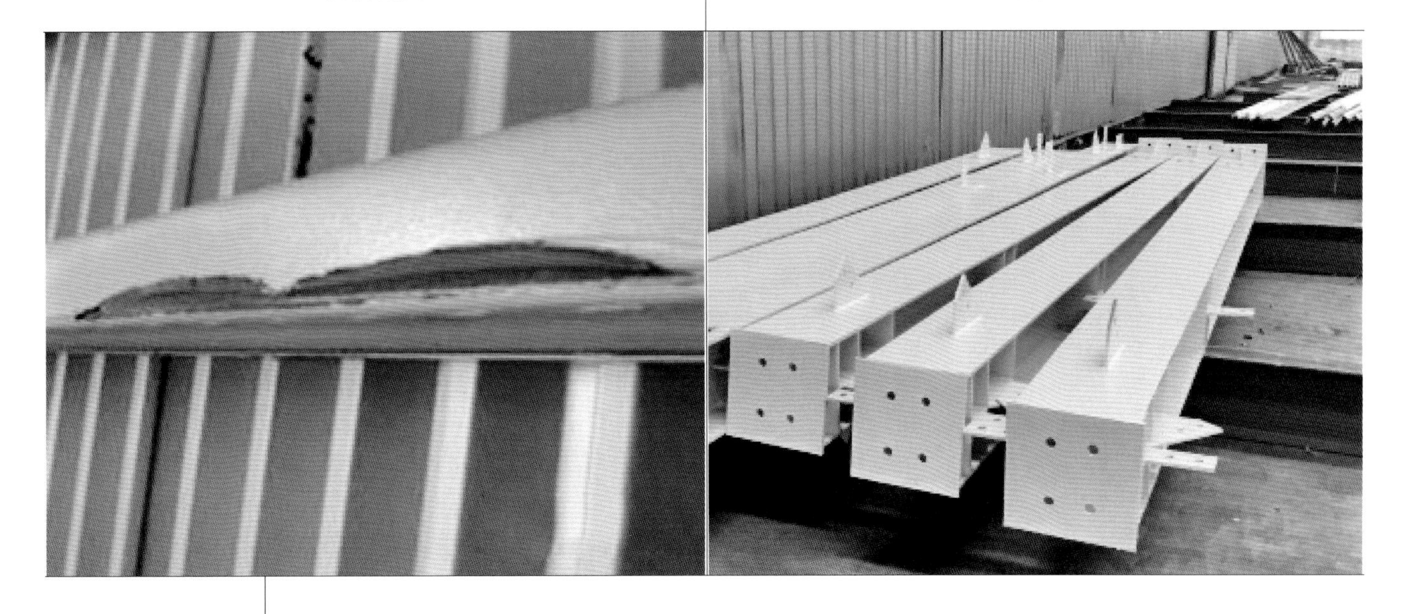

通病现象	涂层厚度达不到设计要求
原因分析	(1) 技术交底不清，不了解该构件涂装设计要求； (2) 操作技能欠佳或涂装位置欠佳，引起涂层厚度不均； (3) 涂层厚度的检验方法不正确或干漆膜测厚仪未作校核，计量读数有误
防治措施	(1) 严格技术交底，正确掌握被涂装构件的设计要求； (2) 被涂装构件的涂装面尽可能平卧，保持水平； (3) 正确掌握涂装操作技能，对易产生涂层厚度不足的边缘处先做涂装处理； (4) 涂装厚度检测应在漆膜实干后进行，检验方法参见相关规范； (5) 对超过干膜厚度允许偏差的涂层应补涂修整

通病名称	漆膜烧坏后基层未清净即补涂

错误做法	正确做法

通病现象	漆膜烧坏后基层未清净即补涂
原因分析	(1)技术交底不清，不了解该构件涂装设计要求； (2)操作技能欠佳或涂装位置欠佳，引起涂层厚度不均； (3)涂层厚度的检验方法不正确或干漆膜测厚仪未作校核，计量读数有误
防治措施	(1)严格技术交底； (2)漆膜烧坏后及时补涂油漆； (3)在补涂前用小铲、钢丝刷将烧坏漆膜清理干净，露出金属光泽； (4)应按照设计要求的涂装遍数进行补涂

钢结构运输、安装质量通病及防治措施一　　表 4.16.2-1

通病名称	钢柱底脚与基础接触不紧密
错误做法	正确做法 

通病现象	钢柱底脚与基础接触不紧密、有空隙
原因分析	（1）基础标高不准确，表面未找平； （2）钢柱底部因焊接变形而不平
防治措施	（1）柱脚基础标高要准确，表面应仔细找平，柱脚基础可采用如下 5 种方法施工： ① 将柱脚基础支承面一次浇筑到设计标高并找平，不再浇筑水泥砂浆找平层； ② 将柱脚基础混凝土浇筑到比设计标高低 40～60mm 处，然后用细石混凝土找平至设计标高；找平时应采取措施，保证细石面层与基础混凝土紧密结合； ③ 预先按设计标高安置柱脚支座钢板，并在钢板下浇筑水泥砂浆； ④ 预先将柱脚基础浇筑到比设计标高低 40～60mm 处，当柱安装到钢垫板（每叠数量不得超过 3 块）上后，再浇筑细石混凝土； ⑤ 预先按设计标高埋置好柱脚支座配件（型钢梁、预支混凝土梁、钢轨等），在柱子安装以后，再浇筑水泥砂浆。 （2）利用垫钢板的办法将钢柱底部不平处垫平

通病名称	钢柱地脚螺栓位移
错误做法	正确做法
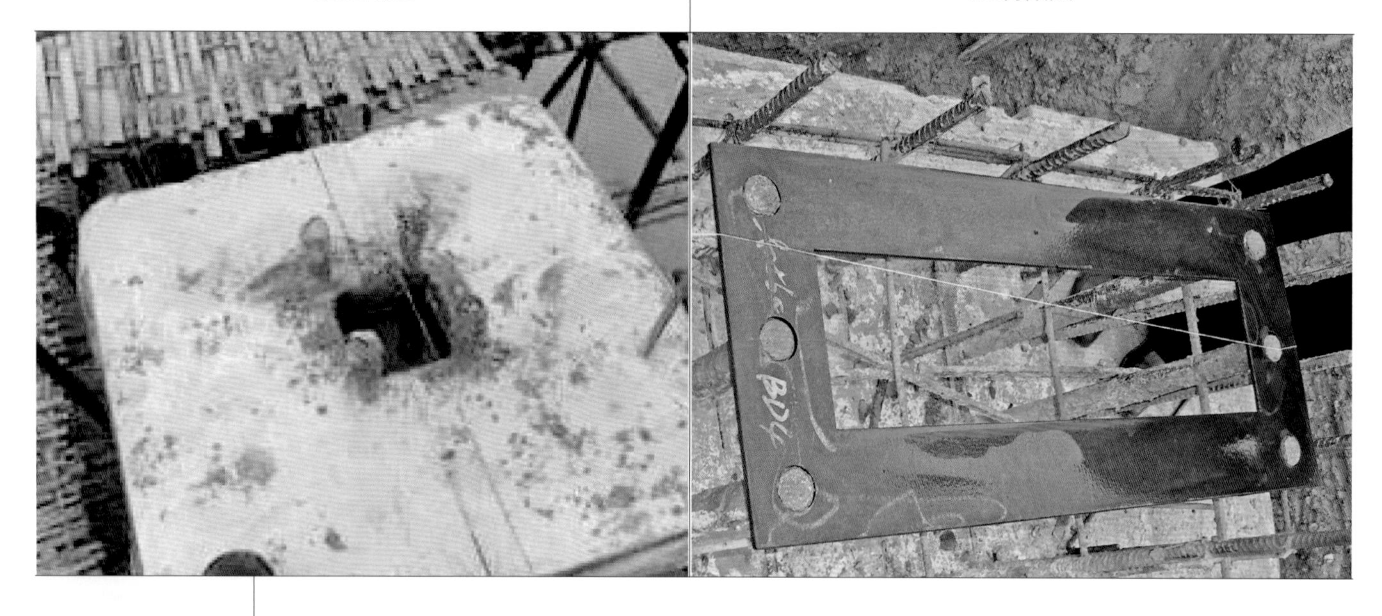	
通病现象	钢柱地脚螺栓位移
原因分析	(1)钢柱基础浇筑混凝土时，地脚螺栓的位置没有固定好，造成位移； (2)钢柱底部预留孔与地脚螺栓定位有偏差
防治措施	(1)钢柱在浇筑混凝土前，预埋螺栓位置应用定型卡盘卡住，以免浇筑混凝土时发生错位； (2)预留孔应符合设计要求，底层钢柱吊装前，应对钢柱的定位轴线、基础轴线、标高、地脚螺栓直径和伸出长度等进行复查及交接验收

<table>
<tr><td>通病名称</td><td colspan="2">钢构件变形及涂层脱落</td></tr>
<tr><td colspan="2">错误做法</td><td>正确做法</td></tr>
<tr><td colspan="3"></td></tr>
<tr><td>通病现象</td><td colspan="2">钢构件运输、堆放和吊装等造成钢构件变形及涂层脱落</td></tr>
<tr><td>原因分析</td><td colspan="2">(1) 钢构件进场未对其主要尺寸进行复测，制作的偏差没有及时发现，采取处理措施，造成安装困难；
(2) 装卸钢构件过程随意，造成钢构件损伤；运输或现场堆放支承点不当，绑扎方法不当，造成钢构件变形；
(3) 对变形构件不做处理，造成安装几何尺寸超差</td></tr>
<tr><td>防治措施</td><td colspan="2">(1) 构件进场安装前应对钢构件主要安装尺寸进行复测，以保证安装工作顺利进行；
(2) 钢构件的运输应选用合适的车辆，超长、过大的构件应注意支点的设置和绑扎方法，以防止构件发生永久变形和损伤涂层；
(3) 安装现场构件堆放应有足够的支承面，堆放层次应视构件重量而定，每层构件的支点应在同一垂直线上；
(4) 对几何尺寸超差和变形构件应矫正，并经检查合格后才能进行安装</td></tr>
</table>

<table>
<tr><td>通病名称</td><td colspan="2">高强度螺栓紧固后丝扣不外露</td></tr>
<tr><td colspan="2">错误做法</td><td>正确做法</td></tr>
<tr><td colspan="2"></td><td></td></tr>
<tr><td>通病现象</td><td colspan="2">高强度螺栓紧固后丝扣不外露</td></tr>
<tr><td>原因分析</td><td colspan="2">（1）螺栓施工时的选用长度不当或随手混用；
（2）接触面有杂物、飞边、毛刺等造成螺栓紧固后存在间隙；
（3）节点连接板不平整</td></tr>
<tr><td>防治措施</td><td colspan="2">（1）正确选用螺栓规格长度，严禁混用，高强度螺栓连接应选用国标长度；
（2）节点连接板安装前应检查并清除杂物、飞边、毛刺、飞溅物等，确保施工时接触面紧贴；
（3）节点连接板应平整，各种原因引起的弯曲变形应及时矫正平整后才能安装；
（4）对高强度螺栓连接终拧后（或永久性普通螺栓紧固后），螺栓丝扣不外露的螺栓应进行更换</td></tr>
</table>

通病名称	高强度螺栓连接副终拧后梅花头未拧掉
错误做法	正确做法

通病现象	扭剪型高强度螺栓连接副终拧后梅花头未拧掉
原因分析	（1）未使用钢结构专用扭矩扳手进行施工； （2）空间太小无法使用专用扭矩扳手对高强度螺栓进行施拧； （3）电动扳手使用不当，产生尾部梅花头滑牙而无法拧掉梅花头； （4）连接处板缝如不用涂料封闭，特别是露天使用或接触腐蚀性气体的连接节点板缝不及时封闭，则潮气、腐蚀性气体从板缝处入侵，使接触面生锈腐蚀，影响使用寿命
防治措施	（1）高强度螺栓施拧过程不得使用普通扳手进行施工； （2）高强度螺栓的孔距应符合设计规范，预留施拧空间； （3）对不能用专用扳手进行终拧的螺栓及梅花头未拧掉的扭剪型高强度螺栓连接副应采用扭矩法或转角法进行终拧并作标记，并按要求进行终拧扭矩检查； （4）强度螺栓终拧检验合格后，应按构件防锈要求，及时对节点进行除锈，涂刷防锈涂料

通病名称	高强度螺栓连接摩擦面外观不合格
错误做法	正确做法
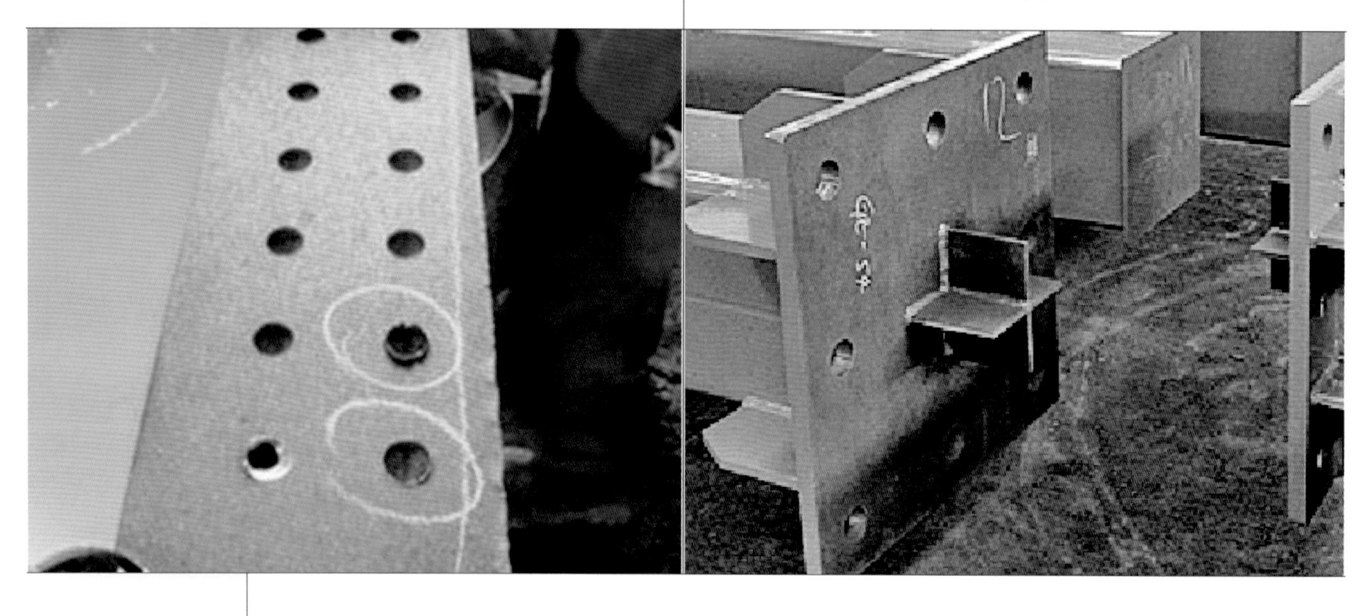	
通病现象	高强度螺栓连接摩擦面外观不合格
原因分析	（1）高强度螺栓连接摩擦面的外观质量直接影响摩擦面连接接触的抗滑移系数，影响连接节点的强度； （2）摩擦面如有飞边、毛刺、焊疤等，在安装后将在摩擦面的接触面上产生间隙，导致抗滑移系数下降； （3）摩擦面如涂油漆，与设计要求不符合，直接产生摩擦面抗滑移系数下降
防治措施	（1）高强度螺栓连接前应做好摩擦面的清理，不允许有飞边、毛刺、焊疤、焊接飞溅物等，应用钢丝刷沿受力垂直方向除去浮锈； （2）摩擦面上误涂或溅涂的油漆应清除； （3）摩擦面应保持干燥、整洁，施工时无结露、积霜、积雪，不得在雨天进行安装

通病名称	构件孔位错乱
错误做法	正确做法
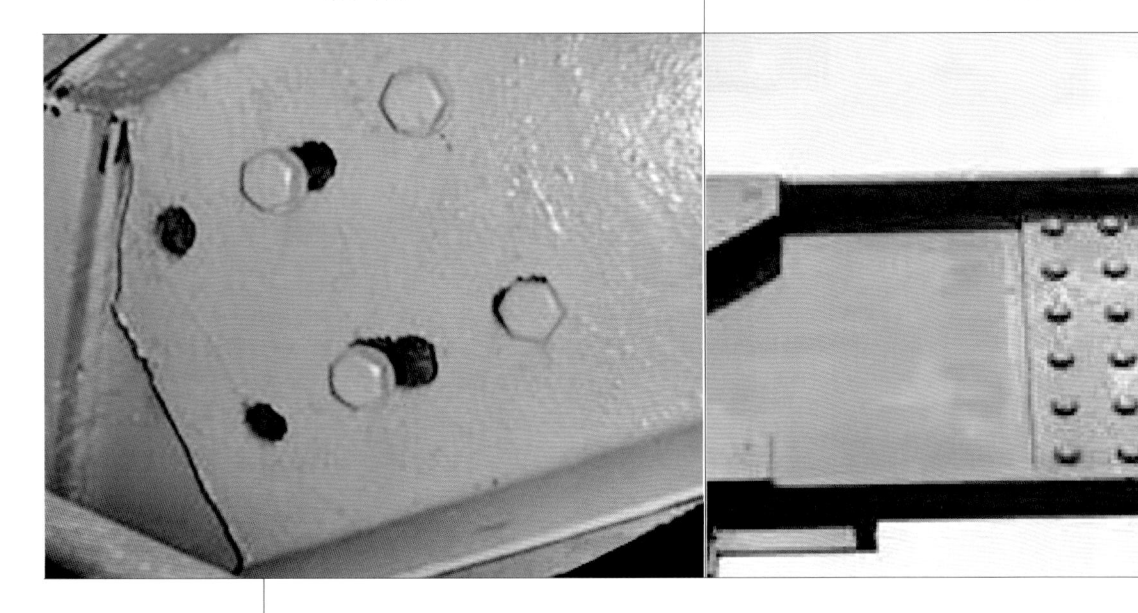	
通病现象	螺栓孔错位，违反设计要求采用切割扩孔
原因分析	切割扩孔，表面不规则，减小了有效截面和压力传力面积，还会使扩孔处钢材有缺陷
防治措施	（1）高强度螺栓穿入时不得采用锤击等方式强行穿入； （2）严禁采用切割方式进行扩孔工作； （3）扩孔的数量应征得设计同意，扩孔后的孔径不应超过 1.2 倍螺栓直径； （4）采用绞刀等机械方式扩孔，扩孔时铁屑不得掉入板层间，否则应在扩孔后将连接板拆开清理，重新安装； （5）对孔距超差过大的，应采用补孔打磨后重新打孔或更换连接板

<table>
<tr><td>通病名称</td><td colspan="2">加工构件几何尺寸误差超标</td></tr>
<tr><td colspan="2">错误做法</td><td>正确做法</td></tr>
<tr><td colspan="3"></td></tr>
<tr><td>通病现象</td><td colspan="2">待安装构件几何尺寸超差</td></tr>
<tr><td>原因分析</td><td colspan="2">（1）钢构件进场未对其主要尺寸进行复测，制作的一些尺寸偏差流入安装，无预先处理措施，造成安装困难；
（2）装卸钢构件过程随意，造成钢构件损伤；运输或现场堆放支承点不当，绑扎方法不当，造成钢构件变形；
（3）对变形构件不作处理，造成安装几何尺寸超差</td></tr>
<tr><td>防治措施</td><td colspan="2">（1）构件进场安装前应对钢构件主要安装尺寸进行复测，以保证安装工作顺利进行；
（2）钢构件的运输应选用合适的车辆，超长、过大的构件应注意支点的设置和绑扎方法，以防止构件发生永久变形和涂层损伤；
（3）安装现场构件堆放应有足够的支承面，堆放层次应视构件重量而定，每层构件的支点应在同一垂直线上；
（4）对几何尺寸超差和变形构件应矫正，并经检查合格后才能进行安装</td></tr>
</table>

<table>
<tr><td>通病名称</td><td colspan="2">平台栏杆外观质量缺陷</td></tr>
<tr><td colspan="2">错误做法</td><td>正确做法</td></tr>
<tr><td colspan="3"></td></tr>
<tr><td>通病现象</td><td colspan="2">平台栏杆外观锈蚀</td></tr>
<tr><td>原因分析</td><td colspan="2">（1）对栏杆构件防腐处理不彻底；
（2）栏杆扶手成品保护措施不到位</td></tr>
<tr><td>防治措施</td><td colspan="2">（1）平台栏杆转角处应尽量采用标准弯头过渡，保证连接平整一致；
（2）栏杆扶手转角处应打磨光滑，进行表面防腐处理；
（3）栏杆扶手安装后应立即作好成品保护措施</td></tr>
</table>

通病名称	柱间支撑安装存在误差
错误做法	正确做法

通病现象	柱间支撑安装存在质量问题
原因分析	（1）钢柱间支撑进场未对其尺寸进行复测； （2）节点板存在角度制作的偏差或节点板变形，安装过程未进行调整，造成柱间支撑弯曲变形
防治措施	（1）钢构件进场后应进行尺寸复核，对变形超差的应及时处理，合格后才能安装； （2）在钢柱安装稳固并校正合格后，立即进行钢柱间支撑安装，严禁采用不规范的方法与钢柱连接

4.17 工程资料

4.17.1 必查资料

必查资料质量通病及防治措施一　　表 4.17.1-1

质量通病	建筑工程施工许可证不包含所施工内容

错误做法	正确做法

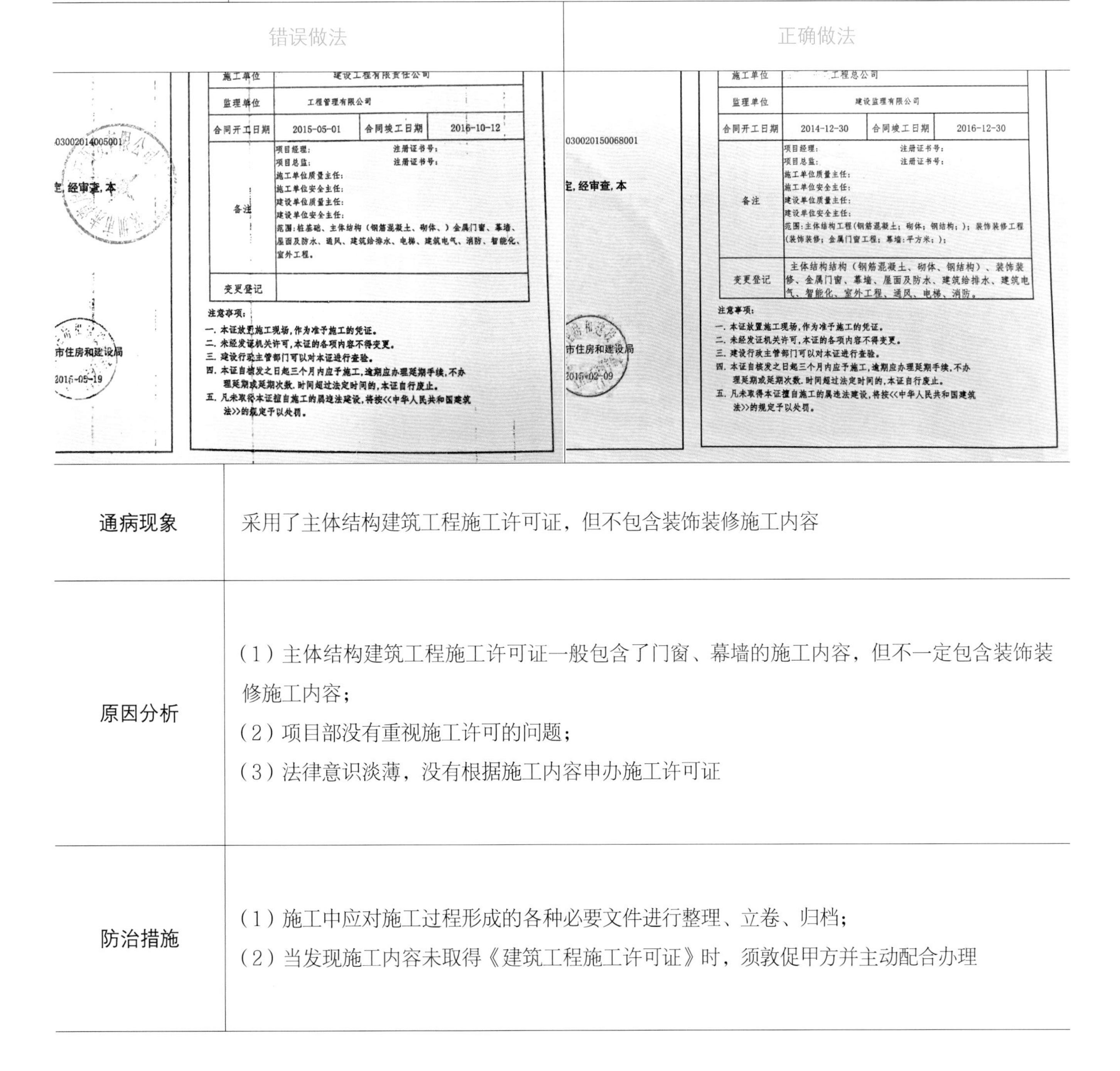

错误做法：

施工单位	建设工程有限责任公司		
监理单位	工程管理有限公司		
合同开工日期	2015-05-01	合同竣工日期	2016-10-12
备注	项目经理：　注册证书号： 项目总监：　注册证书号： 施工单位质量主任： 施工单位安全主任： 建设单位质量主任： 建设单位安全主任： 范围：桩基础、主体结构（钢筋混凝土、砌体、）金属门窗、幕墙、屋面及防水、通风、建筑给排水、电梯、建筑电气、消防、智能化、室外工程。		
变更登记			

注意事项：

一. 本证放置施工现场，作为准予施工的凭证。
二. 未经发证机关许可，本证的各项内容不得变更。
三. 建设行政主管部门可以对本证进行查验。
四. 本证自核发之日起三个月内应予施工，逾期应办理延期手续，不办理延期或延期次数，时间超过法定时间的，本证自行废止。
五. 凡未取得本证擅自施工的属违法建设，将按<<中华人民共和国建筑法>>的规定予以处罚。

03002014005001
定，经审查，本
市住房和建设局
2016-05-19

正确做法：

施工单位	工程总公司		
监理单位	建设监理有限公司		
合同开工日期	2014-12-30	合同竣工日期	2016-12-30
备注	项目经理：　注册证书号： 项目总监：　注册证书号： 施工单位质量主任： 施工单位安全主任： 建设单位质量主任： 建设单位安全主任： 范围：主体结构工程（钢筋混凝土；砌体；钢结构；）；装饰装修工程（装饰装修；金属门窗工程；幕墙：平方米；）；		
变更登记	主体结构结构（钢筋混凝土、砌体、钢结构）、装饰装修、金属门窗、幕墙、屋面及防水、建筑给排水、建筑电气、智能化、室外工程、通风、电梯、消防。		

注意事项：

一. 本证放置施工现场，作为准予施工的凭证。
二. 未经发证机关许可，本证的各项内容不得变更。
三. 建设行政主管部门可以对本证进行查验。
四. 本证自核发之日起三个月内应予施工，逾期应办理延期手续，不办理延期或延期次数，时间超过法定时间的，本证自行废止。
五. 凡未取得本证擅自施工的属违法建设，将按<<中华人民共和国建筑法>>的规定予以处罚。

030020150068001
定，经审查，本
市住房和建设局
2015-02-09

通病现象	采用了主体结构建筑工程施工许可证，但不包含装饰装修施工内容
原因分析	（1）主体结构建筑工程施工许可证一般包含了门窗、幕墙的施工内容，但不一定包含装饰装修施工内容； （2）项目部没有重视施工许可的问题； （3）法律意识淡薄，没有根据施工内容申办施工许可证
防治措施	（1）施工中应对施工过程形成的各种必要文件进行整理、立卷、归档； （2）当发现施工内容未取得《建筑工程施工许可证》时，须敦促甲方并主动配合办理

质量通病	室内环境检测报告检测项不完整

错误做法	正确做法

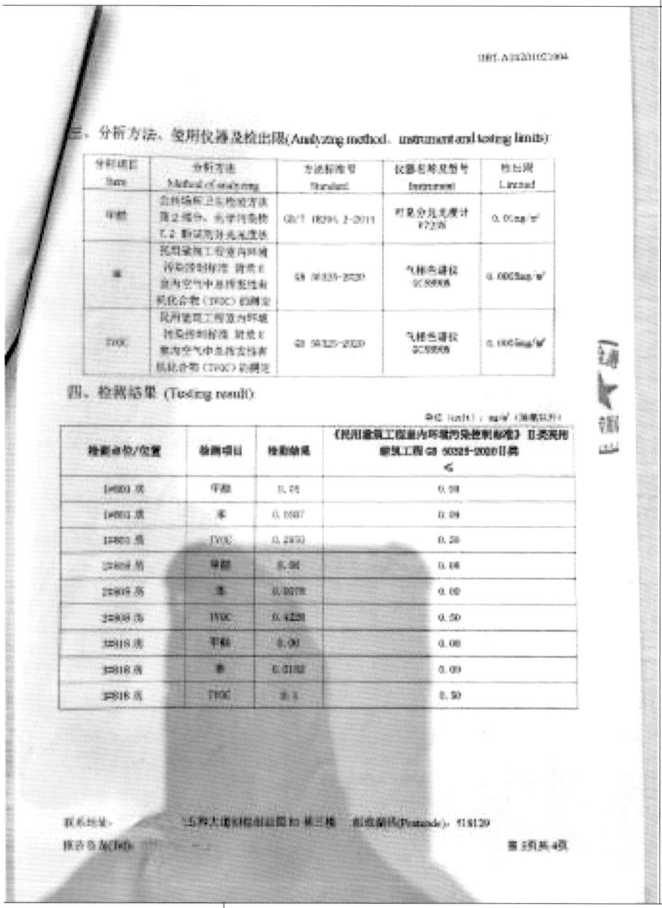

错误做法：

三、分析方法、使用仪器及检出限(Analyzing method、instrument and testing limits):

分析项目 Item	分析方法 Method of analyzing	方法标准号 Standard	仪器名称及型号 Instrument	检出限 Limited
甲醛	公共场所卫生检验方法 第2部分：化学污染物 7.2 酚试剂分光光度法	GB/T 18204.2-2014	可见分光光度计 722N	0.01mg/m³
苯	民用建筑工程室内环境污染控制标准 附录E 室内空气中总挥发性有机化合物（TVOC）的测定	GB 50325-2020	气相色谱仪 [illegible]	0.0005mg/m³
TVOC	民用建筑工程室内环境污染控制标准 附录E 室内空气中总挥发性有机化合物（TVOC）的测定	GB 50325-2020	气相色谱仪 [illegible]	0.0005mg/m³

四、检测结果 (Testing result)

单位（unit）：mg/m³（标准状态）

检测点位/位置	检测项目	检测结果	《民用建筑工程室内环境污染控制标准》II类民用建筑工程 GB 50325-2020 II类 ≤
1#801房	甲醛	[illegible]	0.08
1#801房	苯	[illegible]	0.09
1#801房	TVOC	[illegible]	0.50
2#808房	甲醛	[illegible]	0.08
2#808房	苯	[illegible]	0.09
2#808房	TVOC	[illegible]	0.50
3#818房	甲醛	[illegible]	0.08
3#818房	苯	[illegible]	0.09
3#818房	TVOC	[illegible]	0.50

第3页共4页

正确做法：

工程检测有限公司

检测报告

报告编号：2020H4041-0075　　第2页 共373页

检测点位	检测项目及检测结果						
8幢301	苯（mg/m³）	甲苯（mg/m³）	二甲苯（mg/m³）	甲醛（mg/m³）	TVOC（mg/m³）	氨（mg/m³）	氡（Bq/m³）
卧室1	0.010	未检出	未检出	0.02	0.381	0.06	57
卧室2	未检出	未检出	未检出	0.01	0.216	0.08	62
书房	未检出	未检出	未检出	0.01	0.185	0.10	64
起居室	未检出	未检出	未检出	0.04	0.357	0.08	63
标准值	≤0.06	≤0.15	≤0.20	≤0.07	≤0.45	≤0.15	≤150
结果评定	合格						

通病现象	室内环境检测报告的检测项不符合国家标准要求、不完整
原因分析	（1）室内环境检测的内容挑选比较随意； （2）不了解国家标准要求，或者未按现行标准检测
防治措施	（1）由国家权威部门认可的机构进行检测，报告应规范； （2）检测范围、检测项、检测点应符合国家相关标准要求，资料清晰，合格结论完整，签章齐全

质量通病	工程结算金额不清晰

错误做法	正确做法

错误做法：

证明

致广东省建筑业协会建筑装饰分会

兹有　　　　建设工程项目装修及室外工程Ⅰ标段，建设单位为深圳市建筑工务署工程管理中心、施工单位为　　装饰工程有限公司。项目已竣工验收，现申请广东省优秀建筑装饰工程奖，因结算金额未审核完确认，结算书未出。

特此证明！

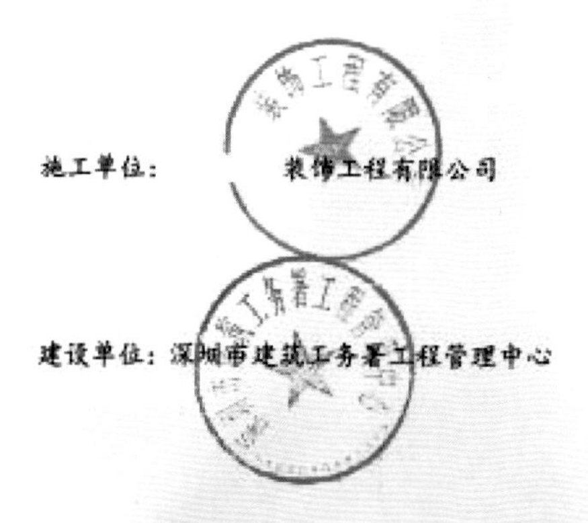

施工单位：　　装饰工程有限公司

建设单位：深圳市建筑工务署工程管理中心

正确做法：

证　　明

关于　　　　集团股份有限公司负责施工的建设工程项目装修及室外工程Ⅱ标段，幕墙结算金额不低于人民币7267万元，精装结算金额不低于人民币8894万元；该工程于2020年5月30日竣工验收通过，目前正在进行竣工结算资料的审核，尚未完成工程结算工作。

深圳市建筑工务署工程管理中心

2021年2月

通病现象	甲方出具的尚未结算文件未能证明结算金额是多少
原因分析	（1）项目部对请求甲方出具文件所证明的内容不清楚； （2）企业创优部门对申报要求的理解不足
防治措施	（1）施工中应对施工过程形成的各种经济往来文件进行整理、立卷、归档； （2）检查甲方出具的文件应能证明结算金额不少于申报要求金额，或者能证明已结款项（累计）不少于申报要求金额

过程资料质量通病及防治措施一　　表 4.17.2-1

质量通病	重点技术交底未交到每个施工人员

错误做法	正确做法

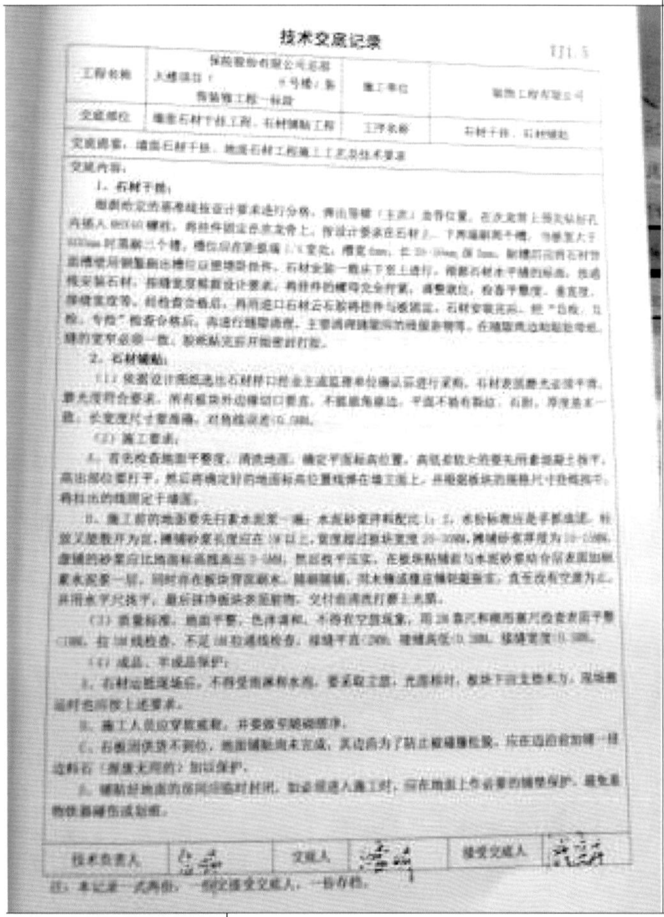

错误做法：

技术交底记录　　表J1.5

工程名称	[illegible]股份有限公司总部大楼项目 [illegible] 号楼/[illegible] 装饰装修工程一标段	施工单位	[illegible]装饰工程有限公司
交底部位	墙面石材干挂工程、石材铺贴工程	工序名称	石材干挂、石材铺贴

交底摘要：墙面石材干挂、地面石材工程施工工艺及技术要求

交底内容：

1. 石材干挂：

[illegible]

2. 石材铺贴：

(1) [illegible]

(2) 施工要求：

[illegible]

(3) 质量标准：[illegible]

(4) 成品、半成品保护：

[illegible]

技术负责人	[signature]	交底人	[signature]	接受交底人	[signature]

注：本记录一式两份，一份交接受交底人，一份存档。

正确做法：

3. 墙面脏、斜视有胶痕

其主要原因是多方面的，一是操作工艺造成，[illegible]直接给成品保护带来一定的难度；二是操作人员[illegible]；三是要加强成品保护的管理和教育工作，[illegible]彻底的清擦。

七、成品保护

1. 石材[illegible]，[illegible]，[illegible]修复，所以在施工期间必须采取措施保护已完工的石材墙面。
2. 阳角要用木板封闭，尤其在底层。
3. 加强现场监管，防止拆脚手架、材料运输碰撞；完活后，[illegible]部分的阳角处要钉护角保护，其他工种操作时不得划伤面层和碰坏石材。
4. 在墙面附近进行电焊或使用其它热源，必须采取遮挡措施。
5. 要及时清擦干净残留在门窗框、玻璃和金属饰面板上的污物，[illegible]、尘土、水等杂物，宜粘贴保护膜，预防污染、锈蚀。
6. 认真贯彻合理施工顺序，少数工种的活，应做在前面，防止损坏、污染石材饰面板。
7. 已完工的干挂石材应设专人看管，遇有危害成品的行为，应立即制止，并严肃处理。

接受交底人	[signatures]

交底人	[signature]	记录人	[signature]	时间	[handwritten]

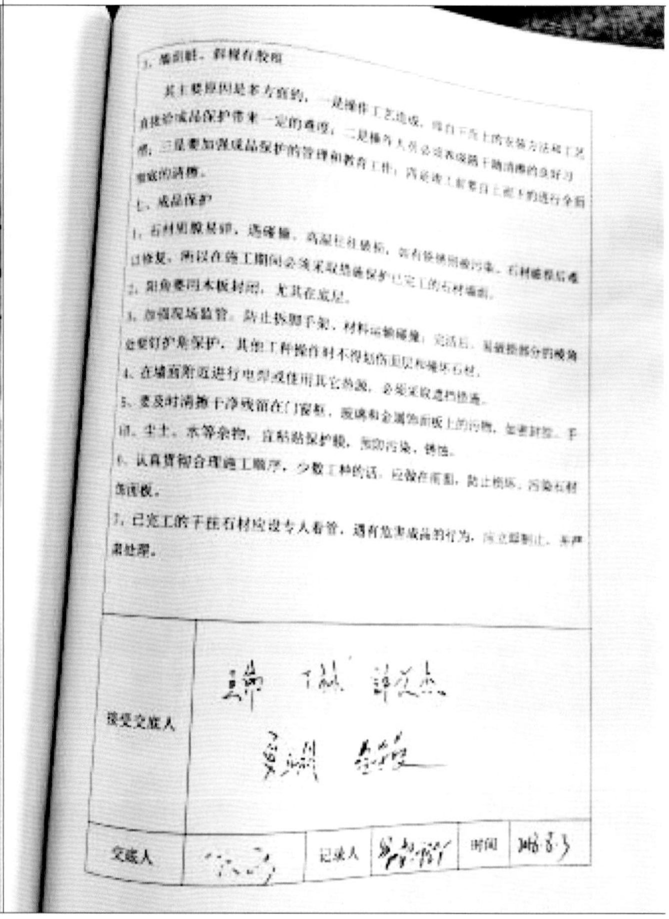

通病现象	重点技术交底仅简单交到班组长，其他施工人员无法按交底施工
原因分析	(1) 项目部未了解施工人员情况，依赖班组长把技术交底再向下传； (2) 项目部记录比较随意，技术交底后只让班组长签名； (3) 公司对项目部的管理要求不严格
防治措施	(1) 技术交底应覆盖该专业的全体施工人员； (2) 技术交底文件应签名齐全，收集存档不得遗漏

质量通病	施工日志空洞不详细
错误做法 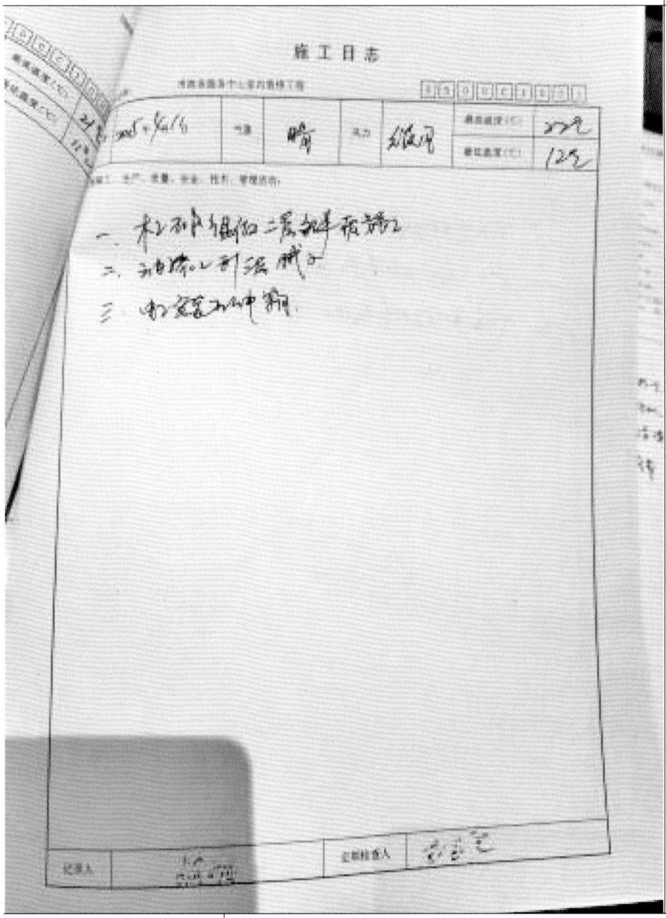	正确做法 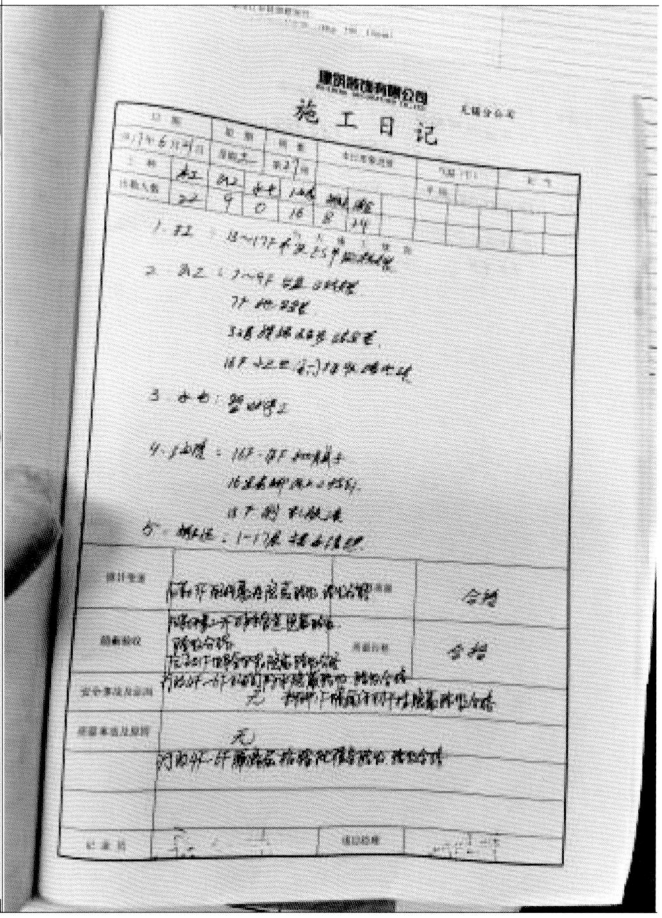
通病现象	施工日志内容空洞、简单
原因分析	（1）项目部未密切跟踪施工情况、安全质量、材料质量和文件往来； （2）现场记录比较随意，或者是后期补写； （3）公司对项目部的管理要求不严格
防治措施	（1）应明确要求施工日志内容齐全、准确、真实、具体、不缺失，能与其他相关资料交叉对应； （2）施工日志应及时填写，公司和项目部要将施工日志纳入日常抽查

竣工图纸质量通病及防治措施 表 4.17.3-1

质量通病	竣工图纸审批手续不齐全
错误做法	正确做法
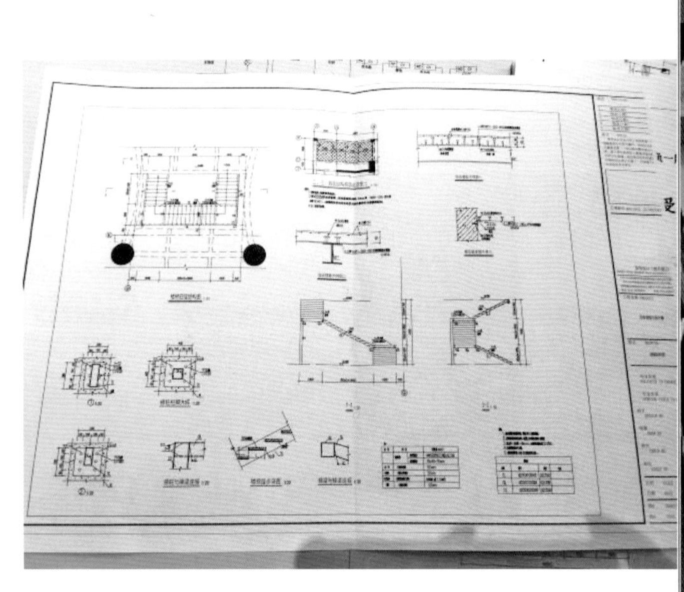	
通病现象	竣工图纸审批手续不齐全，各相关单位签章不齐全
原因分析	(1) 项目部没有重视竣工图纸的有效性； (2) 图纸收集不规范，没有装订成册或折叠整理
防治措施	(1) 建立健全的设计出图、审图制度； (2) 竣工图纸要反映施工真实情况，装饰空间及造型尺寸、产品品牌及规格型号等准确无误，并得到各相关单位签章认可

第 5 章

四 新 技 术 应 用

5.1 技术创新组织

为加强建筑施工新技术在工程中的应用，成立公司科技推广领导小组和项目科技推广实施小组两个层次的组织机构，明确相关人员和对应的职责。

5.1.1 公司科技推广领导小组

1）领导小组及其组成人员

（1）组长：公司总工；（2）副组长：总工室负责人；（3）组员：研发、设计、质量管理相关人员。

2）领导小组及其组成人员工作职责

（1）领导小组工作职责：统一领导和组织科技推广工作，确保科技推广工作顺利开展。（2）领导小组组长工作职责：全面负责科技推广、审查立项工作，指导、协调、督促领导小组组成人员认真履行工作职责，对科技推广工作运行过程中的重大问题做出决策，确保科技推广工作落到实处，取得实效。（3）领导小组成员工作职责：按照工作分工抓好负责范围内的科技推广工作，协助副组长在职权范围内推进科技推广应用工作。

5.1.2 项目科技推广实施小组

1）实施小组及其组成人员

（1）组长：项目经理；（2）副组长：项目技术负责人；（3）组员：施工、设计、质量管理相关人员。

2）实施小组及其组成人员工作职责

（1）实施小组工作职责：负责科技推广创新工作的具体组织实施，制定具体实施方案，制定相关工作制度，协调、指导工作开展。研究解决科技推广创新工作中的问题，并提出可行的解决方案。（2）实施小组组长工作职责：负责抓好科技推广创新工作的日常实施，组织对科技创新项目的申报、立项、评审、汇总、结题等资料的编写。（3）实施小组成员工作职责：按照工作分工抓好负责范围内的科技推广工作，在确保项目顺利施工的同时，积极推广应用新技术、新材料、新工艺、新设备，争创各项科技奖项，及时总结提高。

5.2 技术创新管理

5.2.1 “四新”技术条件

（1）技术水平先进：经实践证明在降低成本、提高劳动生产率、提高产品质量、节约材料、降低能耗、改善劳动条件、减少污染等方面有显著作用。（2）技术成熟：已经过实践验证，且具有较好的经济效益和社会效益。（3）“四新”可以是本行业领先或者是本企业第一次使用的施工技术、材料、工艺和设备，以及施工过程中攻克的技术难题。（4）在引入和实施“四新”技术时，应对其先进性、安全性、经济性等方面做充分论证，必要时应成立专家组进行讨论，由专家组确定其可行性后再应用，并在应用中进行适当的工序检查和成本核算检查，对使用“四新”技术的部位应做好成本核算及转化效益验算，以确定其使用的实际综合效益。

5.2.2 “四新”立项原则

为确保“四新”技术应用取得很好的成效，“四新”技术项目应及时评估立项，并遵循下列原则：（1）科技含量高，对公司的长远发展有重要影响；（2）作为公司技术储备，前瞻性布局行业技术前沿；（3）能确保公司技术优势，提高市场竞争力的“四新”技术；（4）工程项目亟需解决的重、难点技术问题；（5）有利于提高工程质量，加快工程进度，确保施工安全，节约原材料、降低能耗、改善劳动条件、减少环境污染，并具有显著经济效益；（6）有利于项目科技“四新”技术人才的培养。

5.2.3 “四新”应用组织

（1）开展岗位技术培训，提高全员技术素质，建立健全各级技术管理“四新”技术体系，完善技术责任制，认真贯彻执行技术标准规程。（2）围绕“四新”技术的引进、开发和技术改造、创新，拟定切实可行的科技“四新”技术工作计划并做试点工程。（3）经常进行“四新”技术的学习和交流，及时进行情报资料的收集、整理及报道交流。（4）通过推广建设领域新技术、新材料、新工艺和新设备，实现工程建设健康、快速、可持续的发展，推进工程快速稳定建设，并使工程项目施工由劳动密集型向科技智能型转变，以“新型、节能、科技、绿色”为目标，提升在全行业的竞争力，使试点工程成为“四新”应用的样板工程。

5.2.4 “四新”验收及推广

（1）对一些管理开发软件、中间试验等项目，经过验收后，督促其制定实施计划，尽快转化为现实生产力。（2）对于重难点工程项目，在制定实施性方案时，依据实际情况，指定其引进或直接采纳某项技术成熟的科技成果。（3）对于暂不使用的科技成果，应作为技术储备，妥善保管。（4）科技项目完成后，产生的图样及设计技术文件资料应立卷归档。（5）对已验收合格的科技成果，要积极推广使用，尽快转化为现实生产力。

5.3 “四新”技术应用措施

5.3.1 装配式装修施工技术

包括：各类金属制品、木制品和其他材质的部品生产和现场装配化等成套技术，装饰一体化技术，结构、机电、精装、家居、部品部件模数协同化，构件通用化，各专业接口标准化，整体卫浴一体化安装。

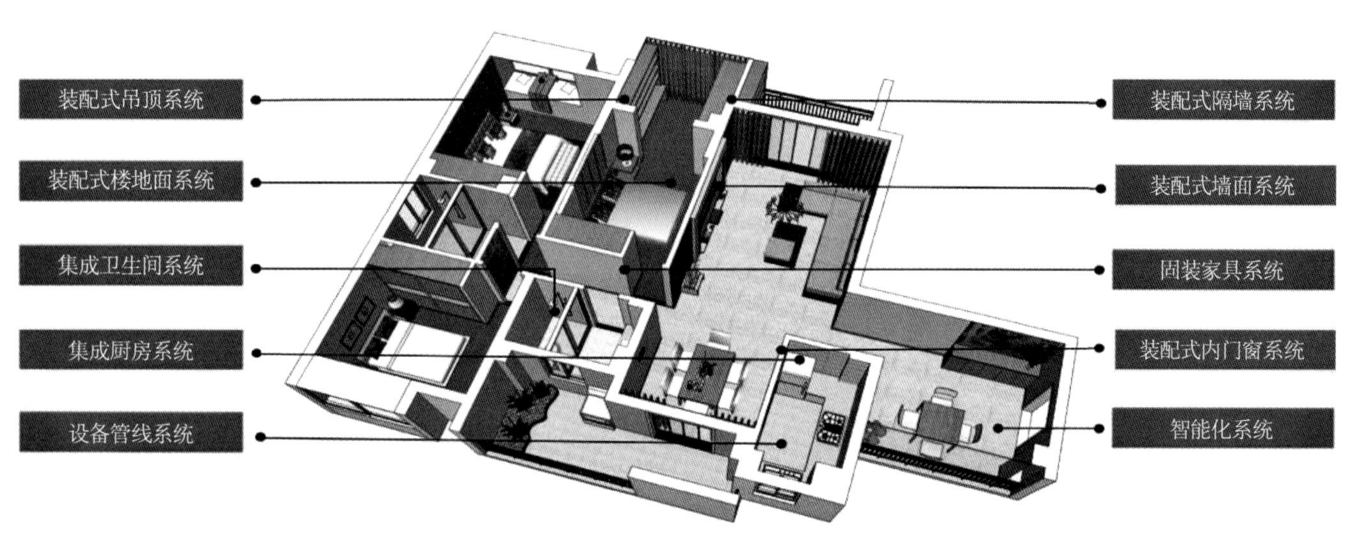

图 5.3.1-1　装配式装修系统示意图

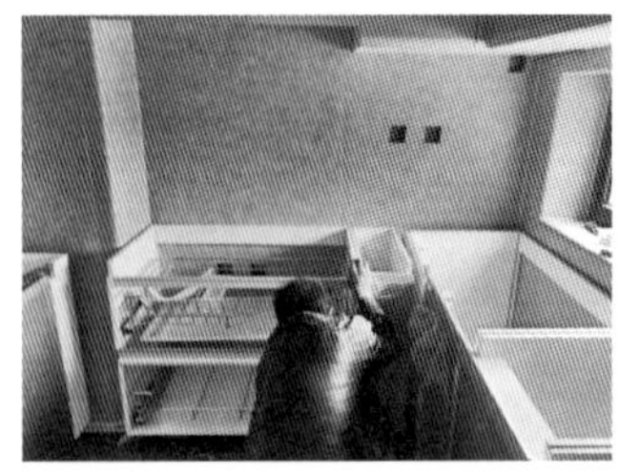

图 5.3.1-2 整体式厨房系统图

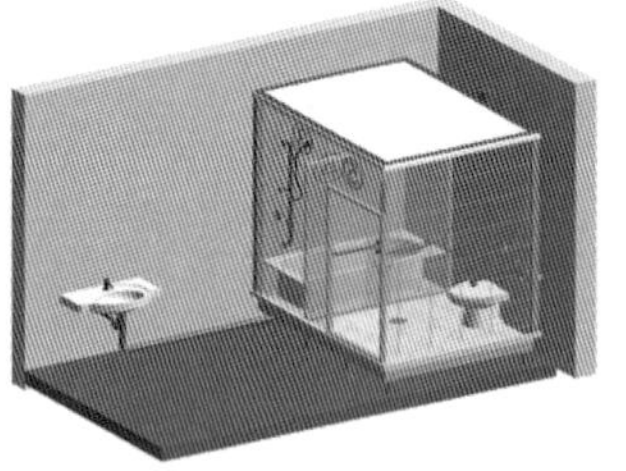

图 5.3.1-3 整体式卫浴系统图

5.3.2 信息化技术

包括：基于 BIM 的现场施工管理信息技术、基于大数据的项目成本分析与控制信息技术、基于云计算的电子商务采购技术、基于互联网的项目多方协同管理技术、基于移动互联网的项目动态管理信息技术、基于物联网的劳务管理信息技术、基于 GIS 和物联网的建筑垃圾监管技术、基于智能化的装配式装修产品生产与施工管理信息技术等。

5.3.3 绿色施工技术

包括：建筑垃圾减量化与资源化利用技术，施工现场太阳能、空气能利用技术，施工扬尘控制技术，施工噪声控制技术，绿色施工在线监测评价技术，工具式定型化临时设施技术，透水混凝土与植生混凝土应用技术，建筑物墙体免抹灰技术等。

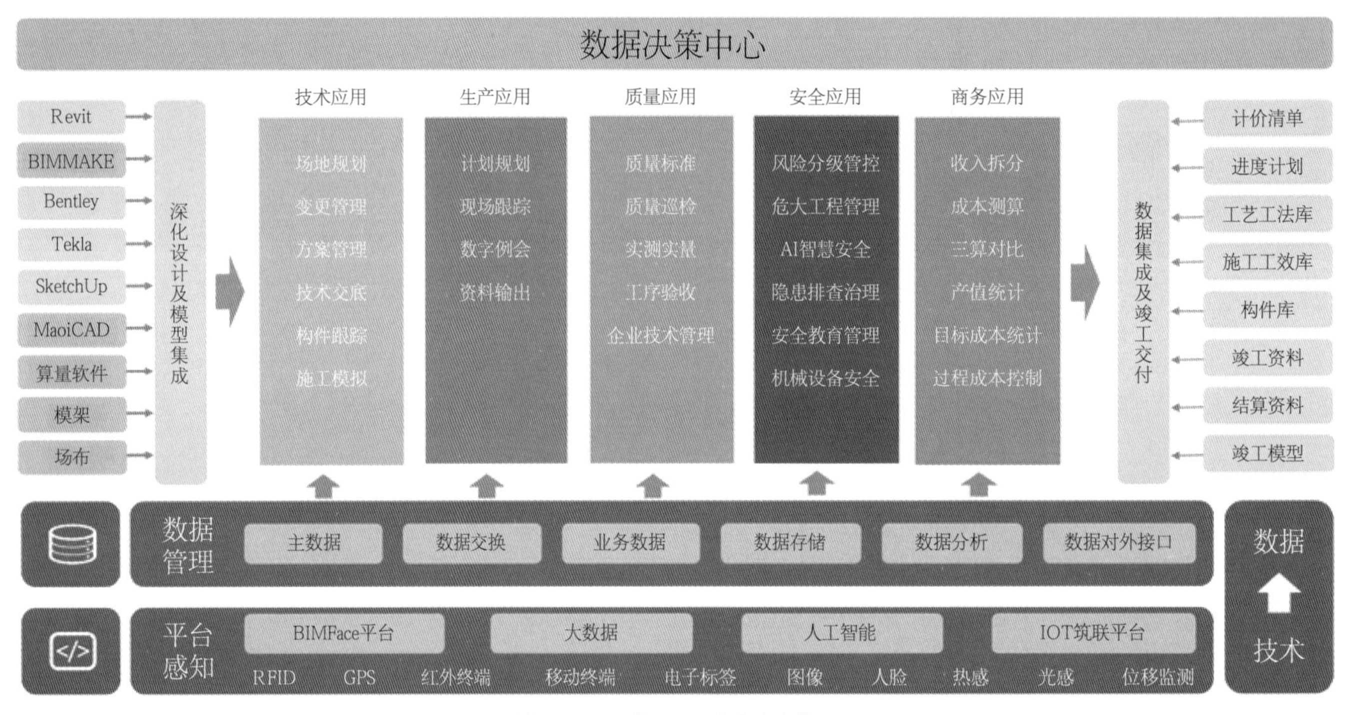

图 5.3.2-1 基于 BIM 的信息化管理

图 5.3.3-1 施工道路、场地硬化

图 5.3.3-2 （透水）植草砖铺贴

图 5.3.3-3 生活区太阳能板

图 5.3.3-4　空气能热水器

图 5.3.3-5　扬尘检测系统

5.3.4　新型建筑幕墙施工技术

包括：光电幕墙、双层呼吸式幕墙、人造板幕墙、单元式幕墙等新型、安全、节能型幕墙，各类新型节能建筑幕墙材料、施工技术及设备的应用，建筑幕墙装配化施工技术等。

图 5.3.4-1　单元式幕墙

图 5.3.4-2　双层呼吸幕墙

图 5.3.4-3　光伏幕墙

5.3.5　天然及人造块材精加工与施工技术

包括：各类天然石材、人造石材的工厂化精加工（如：水刀切割拼花智能控制系统）、装配式安装技术，石材毛坯平板铺设和整体研磨及石材修复技术等。

图 5.3.5-1　石材的工厂化精加工

5.3.6　智能化及智慧建造技术

包括：住宅智能安防系统、室内家居智能控制、室内环境智能控制系统、智慧工地建造、智能化机械设备等技术。

图 5.3.6-1　室内智能控制系统

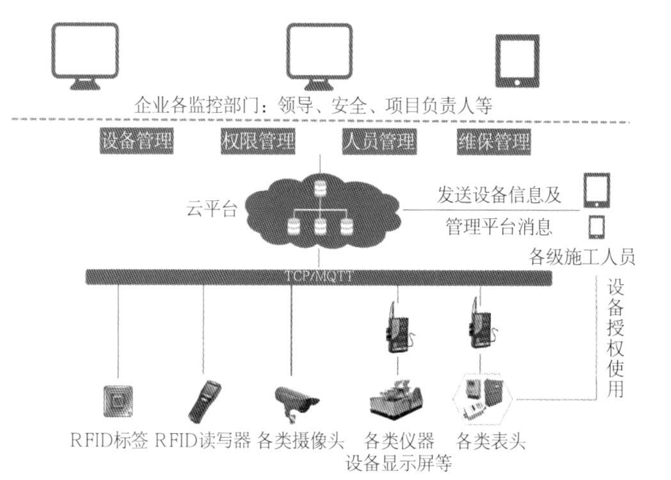

图 5.3.6-2　基于互联网的项目多方协同管理平台

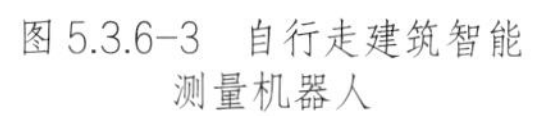

图 5.3.6-3　自行走建筑智能测量机器人

图 5.3.6-4　智能抹灰机器人

图 5.3.6-5　三维激光扫描仪

图 5.3.6-6　高运动性能四足机器人

5.3.7　古建筑和近代文物建筑修复和翻新技术

包括：文物建筑、历史保护建筑、既有建筑物的清洗、养护、补强、修复技术，石材原位整修、翻新技术，木制品脱漆、整修、翻新施工技术。

图 5.3.7-1　古建筑修复

图 5.3.7-2　近代文物建筑翻新

5.3.8　新型脚手架应用技术

包括：各种新型脚手架应用技术、新型移动式脚手架技术等。

图 5.3.8-1　盘扣式脚手架

图 5.3.8-2　销键型（插接式）脚手架

5.3.9　防水技术与围护结构节能

包括：各类建筑防水新技术，新型建筑防水涂料、材料，建筑防水密封材料，刚性防水砂浆，防渗堵漏技术，高性能门窗技术、一体化遮阳窗等。

图 5.3.9-1　高性能一体化遮阳门窗

图 5.3.9-2　建筑防水密封材料

5.3.10　节水、节能、节材及新工艺、新材料和新产品应用技术

包括：新型、高效节水器具、新型高效保温、隔声材料、复合建材、复合型管材、新型涂料、新型防火材料、新型面材、可再生利用的各种新材料的应用和施工技术等；太阳能产品、光导照明产品、光伏电、地源热泵产品及其他有广泛发展前景的新型能源产品等；各种铆接、焊接、取孔、砌筑、粉刷、铺贴等先进的装饰施工移动机具或机器人的应用；新型胶粘接技术；高强度、抗裂、抗老化、抗腐蚀粘结材料应用施工技术等。

图 5.3.10-1　隔声材料

图 5.3.10-2　太阳能技术

图 5.3.10-3　复合型板材

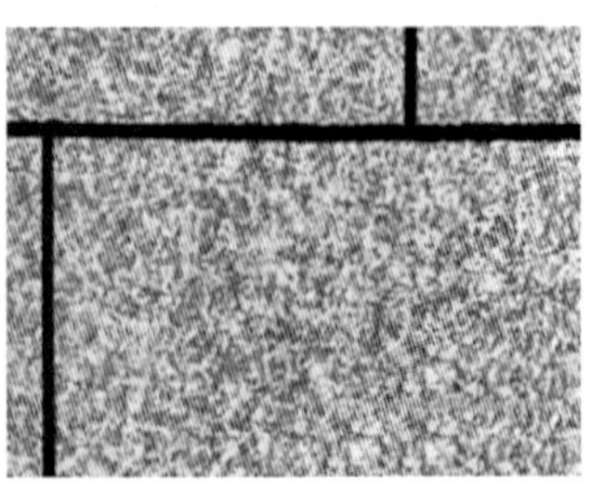

图 5.3.10-4　新型涂料面漆

第 6 章

绿色、安全施工管理

6.1 绿色施工管理

绿色施工管理内容包括组织管理、规划管理、实施管理、评价管理和人员安全与健康管理等5个方面。

6.1.1 绿色施工组织管理

（1）负责绿色施工的组织实施及目标实现，并指定绿色施工管理人员和监督人员。（2）建立以项目经理为绿色施工第一责任人的绿色施工管理体系，制定绿色施工管理制度、负责绿色施工的组织实施，进行绿色施工教育培训，定期开展自检、联检和评价工作。

6.1.2 绿色施工规划管理

绿色施工组织设计、绿色施工方案或绿色施工专项方案编制前，应进行绿色施工影响因素分析，并据此制定实施对策和绿色施工评价方案。绿色施工方案应在施工组织设计中独立成章，并按有关规定进行审批。绿色施工方案内容包括：（1）施工管理措施。（2）环境保护措施：制定环境管理计划及应急救援预案，采取有效措施，降低环境负荷，保护地下设施和文物等资源。（3）节能与能源利用措施：进行施工节能策划，确定目标，制定节能措施。（4）节材与材料资源利用措施：在保证工程安全与质量的前提下，制定节材措施。如进行施工方案的节材优化，建筑垃圾减量化，尽量利用可循环材料等。（5）节水与水资源利用措施：根据工程所在地的水资源状况，制定节水措施。（6）节地与施工用地保护措施：制定临时用地指标、施工总平面布置规划及临时用地节地措施等。

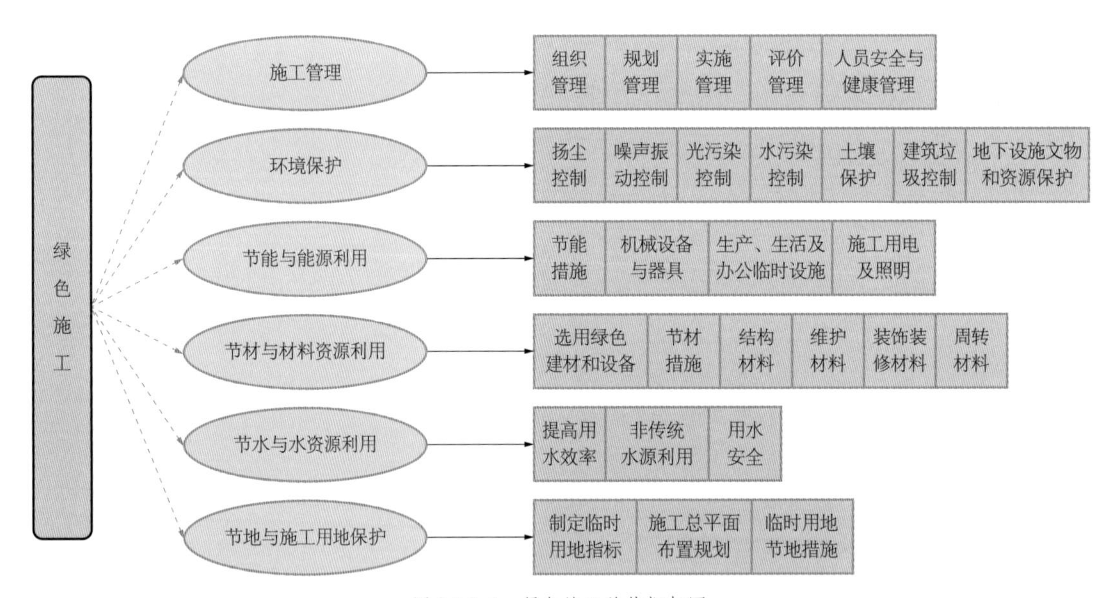

图 6.1.2-1 绿色施工总体框架图

图 6.1.2-2 垃圾分类

图 6.1.2-3 施工总平面布置

6.1.3 绿色施工实施管理

（1）绿色施工应对整个施工过程实施动态管理，加强对施工策划、施工准备、材料采购、现场施工、工程验收等各阶段的管理和监督。（2）应结合工程项目的特点，有针对性地对绿色施工做相应的宣传，通过宣传营造绿色施工的氛围。（3）定期对职工进行绿色施工知识培训，增强职工绿色施工意识。（4）借助信息化技术，在企业信息化平台上开发远程绿色施工管理模块，对项目绿色施工实施情况进行远程监督、控制和评价等工作。

6.1.4 绿色施工评价管理

（1）对照绿色施工框架所列指标体系，结合工程特点，对绿色施工的效果及采用的新技术、新设备、新材料与新工艺，进行自评估。（2）成立专家评估小组，对绿色施工方案、实施过程至项目竣工，进行综合评估。

6.1.5 人员安全与健康管理

（1）制订施工防尘、防毒、防辐射、防噪声、防高温等措施，保障施工人员的长期职业健康。（2）施工现场应建立卫生急救、保健防疫制度，在安全事故和疾病、疫情出现时提供及时救助。（3）应提供卫生、健康的工作与生活环境，加强对施工人员的住宿、膳食、饮用水等生活与环境卫生等管理，明显改善施工人员的生活条件。

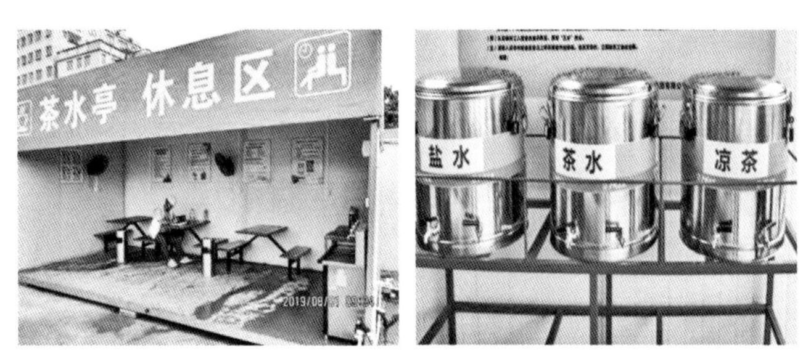

图 6.1.5-1 施工现场配备休息区及饮用水

6.1.6 绿色施工主要措施

1. 节水措施

（1）施工现场喷洒路面、绿化浇灌不宜使用市政自来水。（2）施工现场办公区、生活区的生活用水应采用节水系统和节水器具，节水器具配置率应达到 100%。项目临时用水应使用节水型产品，安装计量装置，采取针对性的节水措施。（3）施工现场及生活区应建立可再利用水的收集处理系统，如将生活区生活废污水（厨房洗菜中水、洗漱间的洗衣等用水）集中处理后，用于生活区的绿化浇灌、道路冲洗、洒水、冲洗厕所，或用于楼层外排栅采用喷雾降尘系统、工地现场器具、设备、运输车辆的清洗等；施工现场建雨水收集蓄水池，用于洗车洗地，使水资源得到循环利用。（4）施工现场宜建立雨水、中水或可再利用水的收集利用系统。

图 6.1.6-1 出入口附近设置洗车槽

2. 节地措施

（1）应根据施工规模及现场条件等因素合理确定临时设施，如临时加工厂、现场作业棚及材料堆场、办公生活设施等的占地指标。临时设施的占地面积应按用地指标所需的最低面积设计。（2）平面布置应合理、紧凑，在满足环境、职业健康与安全及文明施工要求的前提下尽可能减少废弃地和死角，临时设施占地面积有效利用率应大于 90%。（3）红线外临时占地应尽量使用荒地、废地，少占用农田和耕地。工程完工后，应及时对红线外占地恢复原地形、地貌，使施工活动对周边环境的影响降至最低。（4）应按经批准的时间、地点、范围和要

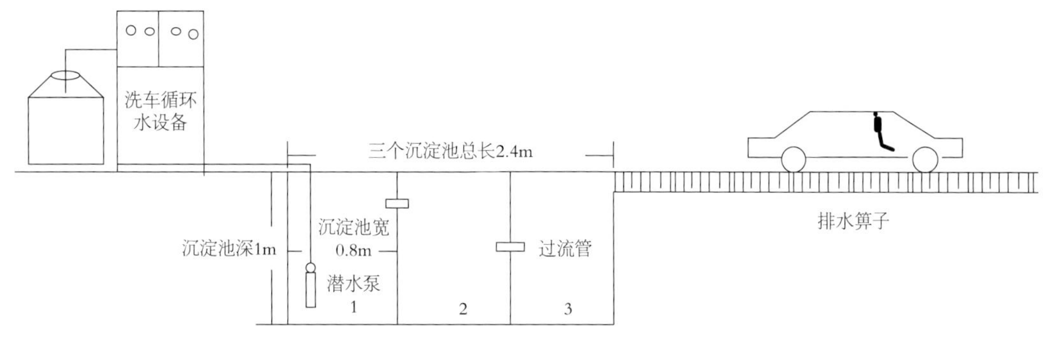

图 6.1.6-2 施工现场水循环示意图

求占用道路，协助维护占路范围周围的交通秩序，并满足施工作业区周边居民的基本出行要求，允许通行的车道或临时便道应满足安全通行的最小宽度要求；占用道路期满，应及时腾出所占道路，并清理现场，恢复道路原状。

3. 节材措施

（1）鼓励使用工具化、定型化、装配化、标准化的施工材料和设备。（2）材料运输工具适宜，装卸方法得当，防止损坏和遗洒。根据现场平面布置情况就近卸载，避免和减少二次搬运。若采用中大型装配式部品，需根据安装顺序做好材料堆放，加快周转，缩短占用周期。（3）应就地取材，现场主要以当地材料为主，当地材料宜占该类型的建筑材料总费用的 80% 以上。若采用装配式部品部件，大型尺寸部品部件的运输距离以不超过经济运输距离为宜。（4）宜利用 BIM 等技术进行预排板，优化下料方案。（5）门窗应选用耐候性、耐久性、密封性、热工性能、隔声性能良好的型材和玻璃等材料。施工安装应确保密封性、防水性和保温隔热性。（6）施工前，块材、板材和卷材应进行排板优化设计。（7）面材、块材施工前，应预先按照施工图纸进行深化设计和排板，绘制配模图，并在车间集中切割加工后配送至作业面。（8）应采用非木质的新材料或人造板材代替木质板材。（9）防水卷材、壁纸、油漆及各类涂料基层应符合要求，避免起皮、脱落。各类油漆及粘结剂应随用随开启，不用时及时封闭。（10）幕墙及各类预留预埋应与结构施工同步。（11）木制品及木装饰用料、玻璃等各类板材等宜在工厂采购或定制。（12）应采用自粘类片材，减少现场液态粘结剂的使用量。

图 6.1.6-3　断桥铝合金型材

图 6.1.6-4　整体排板策划

4. 节能措施

（1）应优先使用国家、行业推荐的节能、高效、环保的施工设备和机具。（2）在施工组织设计中，应合理安排施工顺序、工作面，以减少作业区域的机具数量，相邻作业区充分利用共有的机具资源。（3）应充分利用太阳能、风能、空气能等新能源，如使用太阳能照明、太阳能热水器、空气能热水器等。（4）对于生产、生活及办公临时设施，应合理设计，充分采用自然采光、自然通风，并根据需要设置外遮阳设施；临时设施宜采用节能材料，墙体、屋面使用热工性能好的材料，减少夏天空调设备的使用时间及耗能量；应合理配置空调、风扇数量，规定使用时间，实行分段分时使用，节约用电。（5）应合理布置临时用电线路，选用节能器具，采用声控、光控等自动控制装置；办公区和生活区节能照明灯具的数量不应少于 80%。（6）照明设计应以满足最低照度为原则，照度不应超过最低照度的 20%。（7）实行用电计量管理，严格控制施工阶段的用电量。生活区与施工区应装设电表分别计量，用电电源处应设置明显的节约用电标志，同时施工现场应建立照明运行维护和管理制度，及时收集用电资料，建立用电统计台账，提高节电率。施工现场分别设定生产、生活、办公和施工设备的用电控制指标，定期进行计量、核算、对比分析，并有预防与纠正措施。

5. 环境保护措施

（1）对于扬尘控制：作业区目测扬尘高度小于 0.5m。对易产生扬尘的堆放材料应采取覆盖措施；对粉末状材料应封闭存放；场区内可能引起扬尘的材料及建筑垃圾搬运应有降尘措施，如覆盖、洒水等；机械剔凿作业时可用局部遮挡、掩盖、水淋等防护措施；高层或多层建筑清理垃圾应搭设封闭性临时专用道或采用容器吊运。所用石材应优先组织半成品进入施工现场，尽量实施装配式施工，以减少因石材切割、加工所造成的扬尘污染。石材切割应全部采用工厂化，临时切割加工应设置专用封闭式作业间，操作人员应佩带防尘口罩。（2）对于噪声与振动控制：对施工现场场界噪声应按国家标准的相关要求进行监测和记录。施工现场的强噪声设备宜设置在远离居民区的一侧；运输材料的车辆进入施工现场，严禁鸣笛；装卸材料应做到轻拿轻放。施工现场应使用低噪声、低振动的机具。（3）对于光污染控制：施工现场应尽量避免夜间施工。夜间室外照明灯应加设灯罩，光照方向集中在施工范围内。灯具选择应采用LED，尽量减少射灯及石英灯的使用。若有电焊作业，应采取遮挡措施，避免电焊弧光外泄。（4）对于水污染控制：施工现场污水排放应符合现行行业标准的有关要求。在施工现场应针对不同的污水，设置相应的处理设施，如隔油池、化粪池等，应做防渗处理并定期清洗。禁止污水不经处理直接排入市政管道。使用非传统水源和现场循环水时，应根据实际情况对水质进行检测。易挥发、易污染的液态材料，应使用密闭容器存放。施工现场宜设置移动式厕所，并作定期清理。施工现场雨水、污水应分开排放、收集。（5）对于建筑垃圾控制：应制订建筑垃圾减量计划，尽可能减少建筑垃圾的排放。建筑垃圾的分类回收利用应符合现行国家标准。施工现场生活区应设置封闭式垃圾容器，施工场地生活垃圾应实行袋装化，及时清运。应对建筑垃圾进行分类设置、标识，并收集到现场围蔽式垃圾站，集中运出。生活区、办公区垃圾不得与建筑垃圾混合运输、消纳。有毒有害废弃物的分类应达到100%；对有可能造成二次污染的废弃物应单独储存，并设置醒目标识。

图 6.1.6-5　扬尘噪声监测

6.2　安全文明施工管理

6.2.1　安全文明施工组织

成立以项目经理为组长，项目副经理、技术负责人、安全总监为副组长，安全员、专业工长和班组长为组员的项目安全文明施工领导小组，在项目形成纵横网络管理体制。各自职责如下。

1. 组长（项目经理）

（1）全面负责施工现场的安全措施、安全生产等，保证施工现场的安全，是安全生产第一责任人，对工程施工过程中的安全生产负主要领导责任。（2）负责贯彻落实安全生产方针、政策、法规和各项规章制度；结合项目工程特点及施工全过程情况，组织制定本项目安全生产管理办法，并监督实施。（3）履行项目经理安全生产责任制规定的职责。

2. 副组长（项目副经理）

项目副经理作为工程安全生产直接责任人，对工程施工过程中的安全生产负直接责任，负责贯彻落实安全生产方针、政策，督促严格执行安全技术规程、规范、标准，结合项目工程特点，主持工程的安全技术交底工作；督促、安排各项安全工作，并随时检查协调各工种作业，保证安全生产。

3. 副组长（技术负责人）

制定项目安全技术措施和分项安全方案，督促安全措施落实，解决施工过程中不安全的技术问题。

4. 副组长（安全总监）

协助安全生产第一责任人开展安全管理工作，建立健全安全生产保证体系、管理制度；督促项目部制定和执行安全责任制和安全管理制度；监督项目部安全目标考核、检查、教育、培训、安全信息报送和事故报告等日常管理工作；负责组织或参与安全事故的调查处理，监督处理决定的落实；负责审定项目部安全费用投入计划及有效实施；参与施工组织设计施工方案安全技术措施、专项安全措施方案的审查，并督促落实。

5. 组员（安全员）

（1）安全员作为安全生产的监督者，应作好安全生产的宣传教育和管理工作，贯彻执行有关劳动保护法规，总结推广安全管理的先进经验；（2）深入施工现场，掌握安全生产情况，参与审查施工方案和编制安全技术措施计划；参与对新工人、特殊工种工人的安全教育和考核；（3）督促工长对工人作好安全交底；（4）巡视现场，及时发现安全隐患，对责任人发出整改通知书并督促整改；（5）进行工伤事故统计、分析和报告工作，参与事故的调查和处理，督促施工全过程的安全生产，纠正违章，配合有关部门排除施工不安全因素，安排项目内安全活动及安全教育的开展，监督劳防用品的发放和使用。

6. 组员（专业工长和班组长）

（1）作为本工种安全生产直接责任人，负责上级安排的安全工作的实施，进行施工前安全交底工作，监督并参与班组的安全学习；（2）督促班组在施工过程中正确使用个人防护用品，正确使用电动工具；（3）教育班组及时恢复安全防护，保证防护有效；（4）检查班组的安全生产情况，组织班组安全活动；（5）解决班组在工作中遇到的安全方面的问题；（6）督促班组按照交底要求采用正确的作业方式并作好工完场清工作。

6.2.2 安全文明施工管理

（1）严格执行建设工程施工安全责任制，施工现场各类人员应持证上岗，保证安全管理岗位设置，落实工作责任制。（2）按规定在现场设专职安全管理员，并由项目部安全管理员组织安全检查和协调管理。（3）专职安全管理人员（小组）名单应在工程报建时报安全监督机构备案，施工现场安全管理员的配置和职责的落实情况，作为工程开工安全生产条件检查和施工过程安全评价内容之一。（4）施工管理人员要定期参加安全管理及业务培训，安全管理员应由取得上岗资格、掌握专业管理知识、具有实践工作经验、工作责任心强的人员担任。要建立安全管理员工作考核制度，坚决撤换不称职的安全管理员。（5）劳务工人安全教育持证上岗制度不能流于形式走过场，施工企业必须保证一线作业人员具备操作技能、安全防护知识，经常教育工人遵守纪律和安全操作规程。对未取得合格证、不掌握作业技能、没有安全意识、不懂自我保护、不守纪律的人员要坚决将其撤离工作现场。（6）单独编制专项安全技术方案，完善有关项目专项安全技术方案的编制、审批、执行、验收、检查等环节，禁止野蛮施工。对违反项目部制度的情况追究施工企业安全负责人、项目经理及项目安全总监责任。（7）改善施工现场安全生产条件和文明施工作业环境，解决薄弱环节。全面执行国家标准、行业标准中钢管脚手架相关安全技术规范，不得搭设竹、木外脚手架；不得使用竹竿作扣件式钢管外脚手架的防护栏杆，按安全技术规范规定的结构形式用钢管取代。加大施工现场供电系统规范管理和安全性能的检查力度。施工现场内自备供用电系统应依照现行行业标准《施工现场临时用电安全技术规范》JGJ 46，单独编制临电方案后实施，统一使用标准电箱，施工企业机电管理部门定期安排电气专业技术人员到工地现场检查指导，现场安全管理员、电工必须熟悉和执行施工现场临时用电安全技术规范，经常性对临电系统进行检查、保养、维护，落实有关管理制度和措施。施工现场临电系统存在重大安全隐患屡查不改的，严肃追究各级管理人员和电工的责任。重申施工现场总平面图的有效性和权威性，施工现场的布局、管理、调整变动应依总平面图实施。施工现场各阶段总平面图未经审批或现场不依总平面图管理的，追究项目经理和项目安全总监的责任。完善施工现场重要和危险部位安全标志警示环境，营造施工现场安全文明施工安全教育气氛。现场的主要通道口、电梯井洞口、主要供配电设施周围、易燃易爆物品储存场所、高处（高空）临边作业范围等重要和危险部位应在显眼位置挂设相应的安全警示标志牌。各类洞口与坑槽等处，除设置防护设施与安全标志外，夜间还应设红灯警示。现场必须按规定设置“八牌一图”。工地应建立建筑施工人员安全常识挂图宣传专栏。（8）防止工地使用不合格及假冒伪劣的施工机具和安全防护器材，坚持实行施工机具检测证制度，推行安全网购销登记管理制度。强化施工安全监督管理，坚持施工安全监督管理中开工安全条件检查、施工机具安全检测证、阶段性监督检查评分、安全文明施工末位工程上报检查、竣工施工安全评价等制度。（9）坚持“安全第一，预防为主”的安全生产方针，继续实行安全生产“四挂钩”的管理办法。（10）对施工现场脏乱差、安全检查标准中的保证项目不合格、存在重大安全隐患整改不力、因施工不文明被投诉的，作出限期整改的指令。

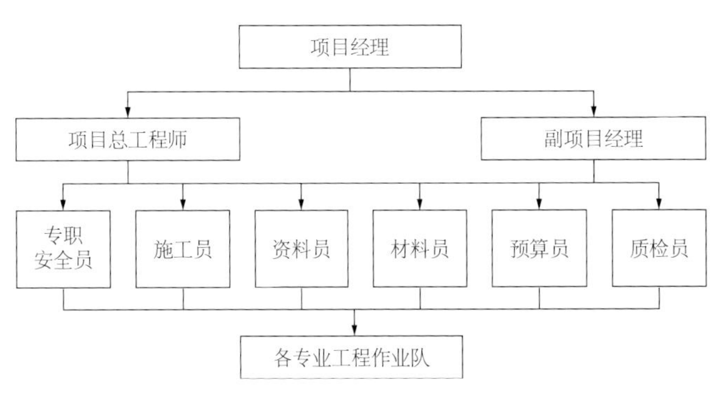

图 6.2.2-1　项目部安全生产管理架构图

图 6.2.2-2　“八牌一图”设置

图 6.2.2-3　项目围墙宣传设置

6.2.3　安全文明施工标准化管理措施

1. 安全生产教育措施

（1）对所有进场的施工人员进行安全教育，提高全员的安全意识、管理水平、安全素质，使他们掌握安全技术知识和安全操作技能，端正对安全生产的态度，实现安全生产。安全教育培训室宜配备多媒体教学系统、投影仪、固定电脑、讲台等教学相关设施。有条件的，可将施工安全教育与体验相结合，有效加强施工人员的安全意识。体验项目可以包括：VR 虚拟安全体验馆、安全帽撞击体验、安全鞋防砸体验、综合用电展示及体验、疫情防控及医疗急救体验、定期举行消防灭火器演示体验、洞口坠落体验、安全带使用体验等。（2）严把入场教育关，建立作业人员“三级安全教育”档案，进场作业人员应经过入场教育，熟悉施工现场、本工程施工特点、本工种的安全操作规程和项目有关安全管理规定。作业人员考试合格后方能上岗。

图 6.2.3-1　安全培训室示例图

图 6.2.3-2　安全体验馆示意图

2. 班组安全活动措施

（1）现场各施工班组每周应至少组织进行一次班前安全活动，活动应有书面记录。（2）班组安全活动内容包括：总结本班组一周安全生产情况，向全班成员通报本周发生的未遂事故及存在的安全隐患，以避免类似事件的再次发生。学习本工种安全技术操作规程，讨论：如何掌握本工种正确的施工程序和操作技能；如何正确使用本工种的施工机具，及时识别存在的隐患；如何正确使用个人防护用品；如何掌握本工种正确的施工程序和操作技能；如何做好共同作业中的配合，保证整体作业中的安全。进行作业和危险预测，在班长说明当天的工作任务和要求后，全体班组成员共同讨论，以确认当天的作业场所和作业过程有无危险，应该怎样才能防止事故发生。（3）各工长及质安部门应督促班组做好班前安全活动，对不进行班前安全活动或对班组活动记录敷衍了事的，要按有关规定进行处罚。

3. 安全检查措施

（1）项目经理带队每周组织一次本项目安全生产的检查，记录问题，落实责任人，签发整改通知，落实整改时间，定期复查，对未按期完成整改的人和事，严格按单位安全奖惩条例执行。（2）单位对项目进行一月一次的安全大检查。发现问题，提出整改意见，发出整改通知单，由项目经理签收，并布置落实整改人、措施、时间。（3）现场管理人员应明确各自的安全职责，即管生产必须管安全，工长作为本工种安全生产直接责任人，对本工种的安全生产负直接责任，安全管理员对现场安全生产负监督责任。（4）每次单项作业前，各工长应根据工作环境及工序的施工特点对班组进行有针对性的安全技术交底，并督促班组落实。工长的书面安全技术交底应在作业开始前交质安组一份，便于质安组安排组员进行有重点的监督检查，避免工作的盲目性。班组长应将安全技术交底完整及时地传达给工人，并根据工人的技术和身体状况安排作业。（5）安全管理人员、工长和班组长在施工过程中应经常进行检查，对危险性较大的施工部位做重点检查，发现问题应暂停施工，并及时处理，或报项目有关管理人员安排整改，严禁冒险作业。若管理人员违章指挥，执行者有权拒绝；强令工人冒险作业的，一经发现，将从重处理。（6）在施工过程中发现存在对自己有危害的不安全因素，任何人均有权拒绝继续作业，并向工长或安全管理人员报告，要求解决；任何管理人员均有义务协助工人做好安全生产而不得以不归自己管辖为理由推脱。（7）坚持班组安全活动制。班组进行班前安全活动主要是对前段时间本班组安全生产情况的总结及下阶段要注意问题的提醒，活动要力求结合实际，讲求实效。活动要有书面记录，便于查阅。

4. 安全防护措施

1）四口防护

楼层平面预留洞口防护以及电梯井口、通道口、楼梯口的防护。洞口的防护应视尺寸大小，用不同的方法进行防护。如边长大于 25cm 的通口，可用坚实的盖板封盖，达到钉平钉牢不易拉动，并在板上标识“不准拉动”的警示牌。宽度大于 150cm 的洞口，洞边设钢管栏杆 1m 高，四角立杆要固定，水平杆不少于 2 根，然后在立杆下脚捆绑安全水平网 2 道（层）。栏杆挂密眼立网密封绑牢。其他竖向洞口如电梯井门洞、楼梯平台洞、通道口洞均用钢管或钢筋设门或栏杆，方法同临边。

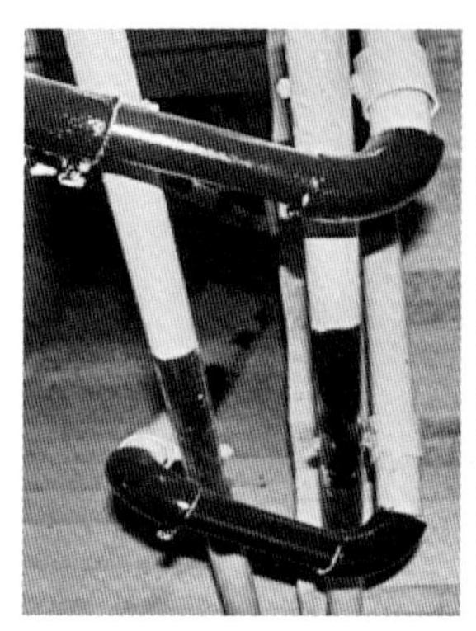

图 6.2.3-3　定型化安全防护栏杆

2）现场安全用电措施

现场设配电房和备用发电机房，主线执行三相五线制，其具体措施如下：（1）现场设配电房，建筑面积不小于 $10m^2$，并且具备一级耐火等级。（2）现场各施工楼层各设电箱一个。（3）主线走向原则：接近负荷中心，进出线方便，接近电源，接近大容量用电设备，运输方便。不设在剧烈振动场所，不设在可触及的地方，不设在有腐蚀介质的场所，不设在低洼、积水、溅水的场所，不设在有火灾隐患的场所。进入建筑物的主线原则上设在预留管线井内，做到有架子和绝缘设施。（4）现场施工用电原则执行一机、一闸、一漏电保护的“三级”保护措施。其电箱设门、设锁、编号，注明责任人。（5）机械设备应执行工作接地和重复接地的保护措施。（6）照明使用单相 220V 工作电压，室内照明主线使用单芯 $2.5mm^2$ 铜芯线，分线使用 $1.5mm^2$ 铜芯线，灯距离地面高度不低于 2.5m，每间（室）设漏电开关和电闸各一只。（7）电箱内所配置的电闸、漏电保护装置、熔丝荷载应与设备额定电流相等。不使用偏大或偏小额定电流的电熔丝，严禁使用金属丝代替电熔丝。（8）现场电工应经过培训，考核合格后持证上岗。

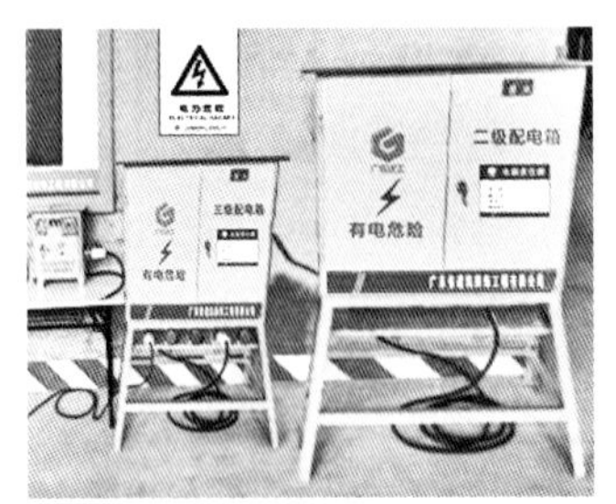

图 6.2.3-4　标准化临时电箱及 LED 临时照明灯带

3）机械设备安全防护措施

（1）设备基础应牢固。架体应按设备说明预埋拉接件，设防雷装置。设备应配件齐全，型号相符，其防冲、防坠联锁装置要灵敏可靠，钢丝绳、制动设备要完整无缺。设备安装完后要进行试运行，应待几大指标达到要求后，才能进行验收签证，挂牌准予使用。（2）机械操作人员应经过培训考核，合格后持证上岗。（3）各种机械要定机定人维修保养，做到自检、自修、自维，并做好记录。（4）施工现场各种机械要挂安全技术操作规程牌。（5）所有机械都不许带病作业。

图 6.2.3-5　装饰机械设备安全防护

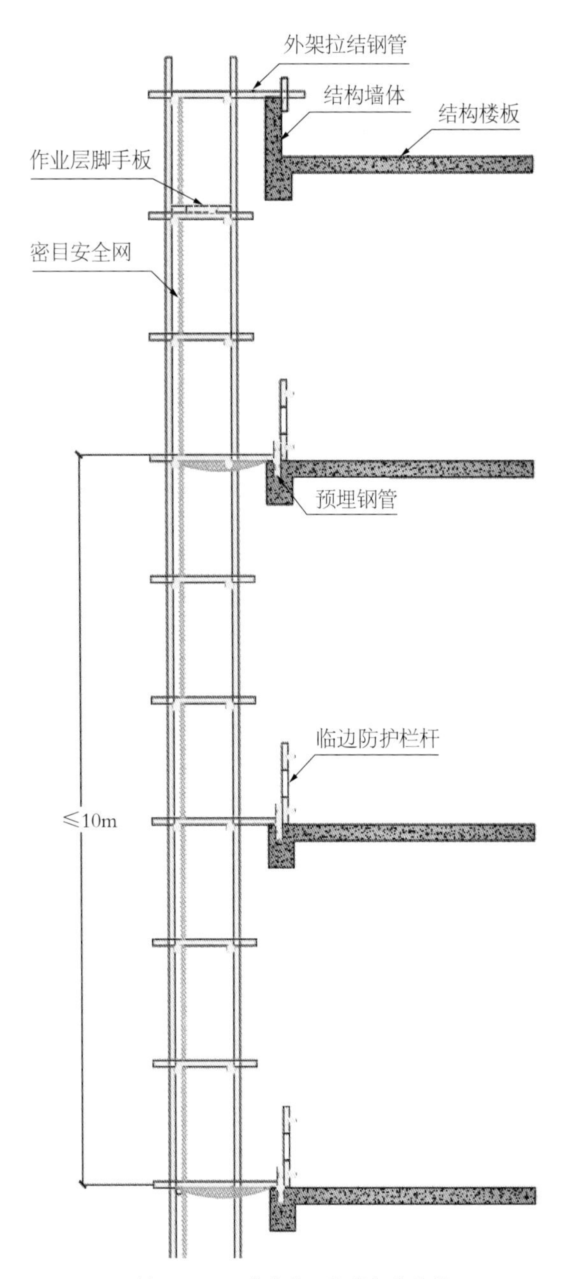

图 6.2.3-6　装修施工阶段架体防护

4）脚手架安全防护措施

（1）外脚手架水平防护、连墙件基本要求

脚手架的底层应采取满铺脚手板的硬防护（包括建筑物外侧与里立杆之间的缝隙）。作业层脚手板应铺设上下两步，上步板为作业层，下步板为防护层。若无防护层时，应紧靠作业层设置安全平网作防护层（包括建设物外侧与里立杆之间的缝隙）。作业层外侧应设置厚度 30mm、高度 200mm 的挡脚板。作业层外架封闭高度应高出作业面 1.2m、高出建筑檐高 1.5m。

（2）落地式脚手架安全防护

脚手架地基土应夯实找平，混凝土硬化，底部加垫 5cm 厚的通长跳板。落地式脚手架（双排）搭设高度超过 50m 需要进行专家论证；搭设高度超过 24m 的脚手架，地基承载力应经过验算，且采取相应措施，地基应里高外低，坡度不小于 3%，做好排水处理以防渍水。在立杆下部 150mm 处设置横向扫地杆，纵向扫地杆在上，横向扫地杆在下，均与立杆相连，并搭设连续剪刀撑。

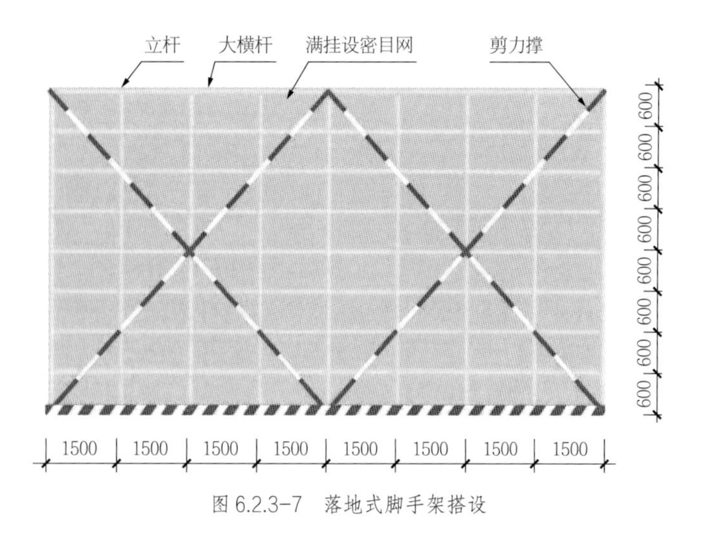

图 6.2.3-7　落地式脚手架搭设

（3）脚手架剪刀撑

高度在 24m 以下的单、双排脚手架，应在外侧立面的两端各设置一道剪刀撑，并由底到顶连续设置，两组间隔距离不得大于 15m。高度在 24m 以上的双排脚手架应在外侧立面沿全长和全高连续设置剪刀撑。剪刀撑斜杆的接长应采用搭接，搭接的长度不小于 1m，设置不少于 2 个旋转扣件固定。每道剪刀撑跨越立杆的根数为 5～7 根，且不小于 6m，斜杆与地面的倾角应在 45°～60°。剪刀撑的斜杆应用旋转扣件固定在与之相交的横向水平杆的伸出端或立杆上，旋转扣件中心线至主节点的距离不大于 150mm。

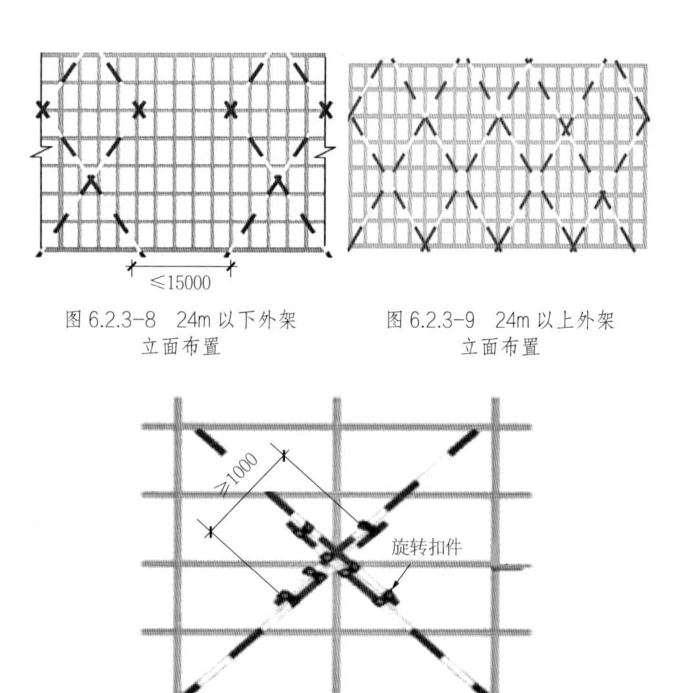

图 6.2.3-8　24m 以下外架立面布置

图 6.2.3-9　24m 以上外架立面布置

图 6.2.3-10　剪刀撑搭设方法示意

5）移动操作平台

（1）操作平台搭设前，应当制定专项施工方案，并按规定进行审批。（2）操作平台立杆底端应设置三角形状的防侧翻装置，防侧翻装置与移动操作平台立杆用扣件进行连接固定。使用时，防侧翻装置与立杆夹角 135°，移动平台时，平台上不得站人。（3）移动操作平台高度不得大于 5m，高宽比不应大于 3：1，施工荷载不应超过 $1.5kN/m^2$。平台工作时，轮子应制动可靠。（4）落地式操作平台高度不得大于 15m，高宽比不应大于 2.5：1，施工荷载不应超过 $1.5kN/m^2$。（5）操作平台使用门式脚手架搭设时应使用配套的钢制脚手板，钢制脚手板在层间及操作面均应设置，扣件钢管搭设移动操作平台，脚手板应进行满铺固定。（6）操作平台四周设置 1200mm 高防护栏杆，180mm 高踢脚板。防护栏杆上人处设置两道带钩的安全绳封闭，承载力满足规范要求，防护栏杆刷红白色间隙油漆或黑黄色间隙油漆。（7）平台使用悬挂式钢爬梯上下，爬梯步间距应不大于 400mm。（8）作业人员安全带不得系在平台防护栏杆上。（9）架体上应悬挂安全警示牌、验收合格挂牌、高空作业（操作平台）验收牌，每日开工前安全员应例行检查验收牌状况。

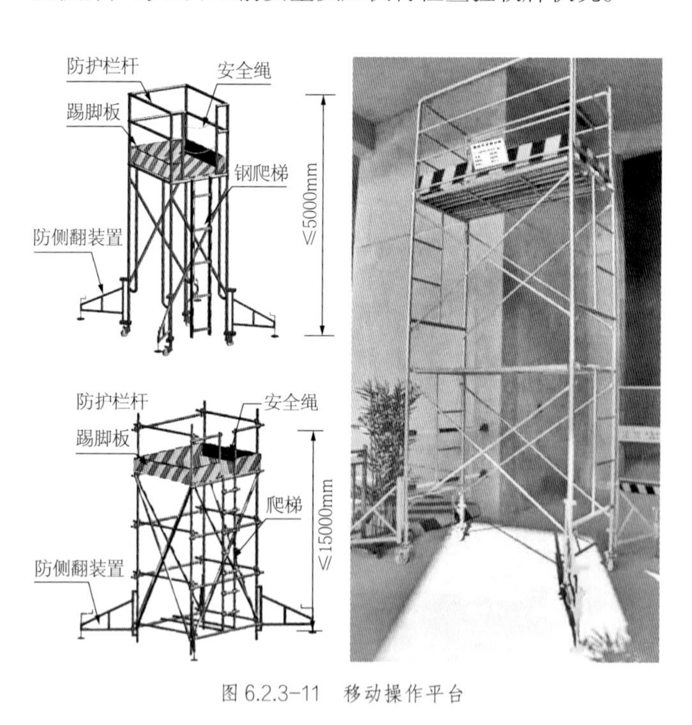

图 6.2.3-11　移动操作平台

6）吊篮安全防护措施

（1）应使用厂家生产的定型产品，设备要有制造许可证、产品合格证和产品使用说明书。安装完毕后经使用单位、安装单位、总包单位验收合格方可使用。（2）安装前，应对有关技术和操作人员进行安全技术交底，要求内容齐全、有针对性，交底双方签字。（3）吊篮前梁外伸长度应符合吊篮使用说明书的规定，吊篮最大拼装长度控制在允许范围内，吊篮升降应使用独立保险绳，绳径不小于12.5mm。（4）每班作业前，应对配重进行重点检查。（5）每台吊篮限定2人进行操作，严禁超过2人。（6）吊篮安全绳应固定在建筑主体结构上或专用预埋环上，不得与吊篮上的任何部位连接。（7）正常工况下，安全锁应能手动锁住钢丝绳；使用前，应试运行升降，检查安全锁动作的可靠性。（8）合理安排施工节奏，相邻2台吊篮不得在竖向存在不等高施工，造成交叉作业。（9）严禁将吊篮用作垂直运输设备或进行交叉作业，严禁作业人员从窗户、洞口上下吊篮（首层除外）。（10）吊篮统一进行编号，编号牌由三大部分组成：吊篮号码、警示提示标志（必须戴安全帽、必须系安全带、当心落物、当心坠落）和吊篮安全操作规程组成。（11）吊篮操作平台下方应使用9厘夹板制作挡脚板，高度不小于20cm，并使用成品的警示带钉在木板上。（12）操作平台底部编号，样式为DF-××，吊臂编号样式为DF-C-××（图6.2.3-13）。

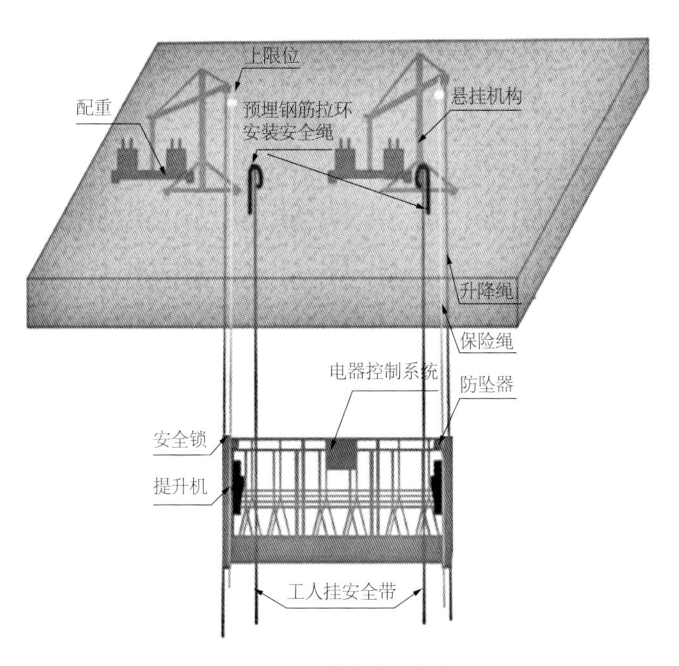

图6.2.3-12　吊篮安全固定（一）

图6.2.3-12　吊篮安全固定（二）

图6.2.3-13　吊篮整体防护

7）施工人员安全防护措施

（1）进场施工人员应经过安全培训教育，考核合格，持证上岗，患有心脏、精神病史的不得进入工地施工。（2）施工人员工作前不许饮酒，进入施工现场不准嬉笑打闹。（3）施工人员应遵守现场纪律和国家法律、法规、规定的要求，应服从项目经理部的综合管理。（4）施工人员进入施工现场应戴符合标准的安全帽，其佩戴方法应符合要求（图6.2.3-14）。（5）进入2m以上架体或施工层作业应佩挂安全带。（6）施工人员高空作业禁止打赤脚、穿拖鞋或硬底鞋和打赤膊施工。（7）施工人员不得任意拆除现场一切安全防护设施，如机械护壳、安全网、安全围栏、外架拉接点、警示信号等。如因工作需要确需拆除的，必须经项目负责人同意方可拆除。（8）夏天酷热天气，现场为工人备足清凉解毒茶或盐开水。（9）施工人员应立足本职工作，不得动用不属于本职工作范围内的机电设备。（10）夜间施工时在塔身上安装两盏镝灯，在上下通道处安装足够的电灯，确保夜间施工和施工人员上下安全。

图 6.2.3-14　施工人员整体防护

8）施工现场防火措施

（1）按规定建立义务消防队，有专人负责，制定出教育训练计划和管理办法。（2）项目建立防火责任制，明确职责。（3）建立动用火审批制度，按规定划分级别，明确审批手续，并有监护措施。（4）各楼层、仓库及宿舍、食堂等处设置消防器材。（5）焊割作业应严格执行"十不烧"及压力容器使用规定。（6）重点部位应建立有关规定，有专人管理，落实责任，设置警告标志，配置相应的消防器材。（7）危险品押运人员、仓库管理人员和特殊工种应经培训和审证，做到持有效证件上岗。

9）易燃易爆物品管理措施

（1）氧气、乙炔的贮存和使用

① 乙炔瓶、氧气瓶应按规定年限进行技术检查，使用送检合格的气瓶。② 检查漏气应用肥皂水，严禁使用明火检验。③ 氧气瓶与乙炔瓶不得同车运输，不得同库存放；在运输贮存氧气和乙炔时，应避免气瓶剧烈震动和碰撞；使用过程中防止气瓶受曝晒。氧气瓶要有瓶帽和防震胶圈，乙炔瓶应配有减压器和阻火阀。④ 使用氧气和乙炔时，两种气瓶距离不得小于 5m，氧气瓶距离明火不小于 5m，乙炔瓶距离明火不得小于 10m。⑤ 操作中严禁粘有油脂的手套、工具、棉纱等同氧气瓶、瓶阀减压器及管路接触，乙炔瓶不得靠近热源和电器设备。⑥ 气瓶不得放空，氧气瓶应留有 0.1～0.2MPa 表压的余气，乙炔瓶应留有不小于 0.3MPa 表压的余气，同时，乙炔瓶的工作压力不得大于 0.147MPa 表压。⑦ 乙炔瓶的搬运、使用都应竖直放稳，严禁在地面上卧放并直接使用。一旦要使用已经卧放的乙炔瓶，应先直立静置 20min，再连接乙炔减压器后使用。⑧ 乙炔瓶应贮存在通风良好的库房里，必须竖直放置。周围注明防火、防爆标志，并贮备灭火消防器材，采用干粉灭火器或二氧化碳灭火器，禁止使用四氯化碳灭火器。⑨ 乙炔瓶库与建筑物的距离不小于 12m。当乙炔瓶库与氧气瓶库布置在同一建筑物内时，中间应用无门、窗、洞的防火墙隔开，禁止在乙炔瓶上放置物件、工具或缠绕橡皮管及割炬等。⑩ 短距离移动乙炔瓶时可将气瓶稍倾斜，用手移动；要移动到另外场所，应使用橡皮轮胎的手推车来运输。

（2）木料的堆放

① 木料应堆放在通风良好的指定场所，远离火源或与火源有效隔离。② 木料堆场周围应有醒目的防火标志及足够的灭火器材。

（3）油料、油漆、天那水的存放和使用

① 油料、油漆、天那水单独分类存放，库房周围有醒目的防火标志及足够有效的消防器材。② 性质不明、包装损坏的货物一律不得同库存放。③ 开启油料、油漆、天那水等易燃液体的容器时，应采用碰击不发火花的工具。④ 使用油料、油漆、天那水等材料时，操作者严禁吸烟，操作范围内亦严禁烟火。⑤ 保持库房通风整洁。⑥ 货物堆码不应超高，底部应有垫衬。

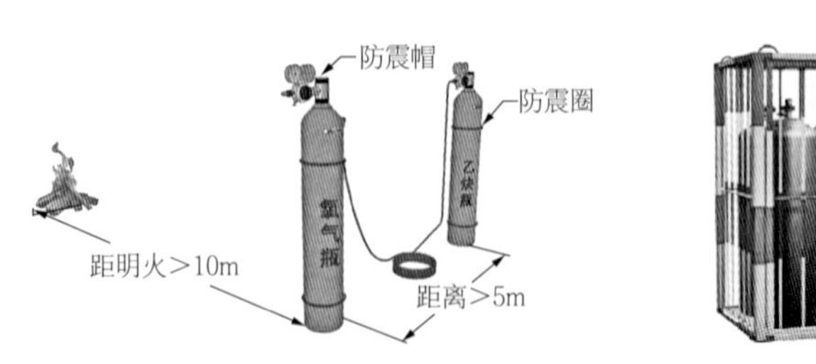

图 6.2.3-15　氧气和乙炔距明火要求及气瓶保护措施

10）动火作业管理措施

（1）现场动火前相关工长应填报动火作业申请表，报项目消防管理部门审查并签署意见后由项目领导审批，否则一律不得进行动火作业。（2）现场动火作业前应清理作业现场的可燃、易燃易爆物品，准备必需的灭火器材，作好防火花飞溅的措施准备，并在动火申请中注明。（3）动火作业人员应严格按照电气焊作业安全操作规程作业，熟悉所需灭火器材的性能，并能熟练使用。（4）动火作业过程中，操作人员及辅助作业人员应密切注意作业范围特别是下方情况，发现火灾危险要立即停止作业并积极扑救；发现火情无法控制，在灭火的同时要派人报告，以便项目组织人员扑救，防止火势蔓延。（5）现场管理人员可随时要求正在进行动火作业人员出示动火审批表。

5. 智慧工地管理措施

智慧工地是指综合采用各类信息技术，围绕人员、机械设备、材料、方法、环境等施工现场关键要素，具备信息实时采集、互通共享、工作协同、智能决策分析、风险预控等功能的数字化施工管理模式。具体建议采用以下做法：（1）通过数字化信息技术促进设计、生产、施工、运营维护等产业链联动，积极实现项目建造全过程统筹管理。（2）在本地区建设工程智慧监管一体化平台及移动APP中上传和共享全过程监管信息，部署的工地信息化系统应采用行业通用技术标准便于数据互通、共享，预留智慧工地信息化对接接口，以便后续主动对接和共享项目工地全过程监管信息。（3）鼓励采用物联网设备、大数据分析、人工智能、区块链、量子通信等先进技术加强工地质量、安全、文明施工监管，鼓励采用质量和安全检测自动化设备，在施工过程中实现视觉识别、自主定位、路径规划及避障等功能，提升施工质量和效率，降低安全风险。（4）鼓励建设工程建立自主的安全质量管理系统，在系统上将质量与安全数据进行联动分析，综合展示质量安全管理情况，预留安全管理系统的统一标准数据接口，各参与方管理平台可稳定、实时获取项目安全管理数据。（5）鼓励采用BIM等信息技术进行深化设计和专业协调，避免“错漏碰缺”等问题。对危险性较大和工序复杂的方案应进行三维模拟和可视化交底。在施工及竣工验收阶段采用BIM技术的工程项目可提交三维竣工验收备案模型。

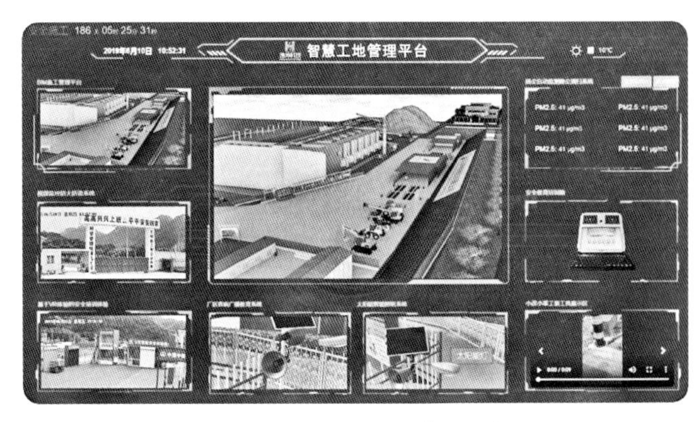

图 6.2.3-16　智慧工地管理平台

图 6.2.3-17　机器狗现场数据采集和进度监控

图 6.2.3-18　利用VR检视模型

图 6.2.3-19　现场数据检测站

图 6.2.3-20　安全文明控制指挥中心

图 6.2.3-21　碰撞检查

图 6.2.3-22　4D模拟施工

6. 劳务监管措施

（1）劳务实名制监管与智能化考勤：项目可安装实名制闸机与人员管理系统，采用智能终端进行人员信息自动化采集，建立人员实名信息库，确保对进入工地的全部从业人员可进行实名管理。可采用人脸、虹膜等活体生物识别技术设施实施有效实名考勤，可保障人员信息24h实时、准确。（2）健康监测与智能防疫：项目采用的实名制管理系统应具备防疫管理功能，采集防疫数据，为现场管理人员和劳务人员全员建立“一人一档”个人健康详细档案，以便对工地防疫防控情况进行整体管理。项目采用的实名制管理系统应结合大数据统计分析技术，实名制管理系统每天自动将收集的数据生成报表，实时统计员工健康状况，对各项目人员进行分类和预警。

图6.2.3-23 人员信息采集

图6.2.3-24 人脸识别系统

图6.2.3-25 防疫消毒通道

6.3 成品保护措施

6.3.1 成品保护方法

1. 包裹

（1）工程成品包裹保护主要是防止成品被损伤或污染。如浇筑楼板混凝土前，对柱脚部以上0.5m范围采用薄膜保护。（2）大理石或高级抛光砖柱子贴好后，用立板包裹捆扎。（3）楼梯扶手易污染变色，油漆前应裹纸保护。（4）电气开关、插座、灯具等也要包裹，防止施工过程中被污染。（5）采购物资的包装控制主要是防止物资在搬运、储存至交付过程中受影响而导致质量下降。（6）在竣工交付时才能拆除的包装，施工过程中应对物资的包装予以保护，保护方法列入成品保护措施。

图6.3.1-1 柱子成品保护

2. 覆盖

对楼地面成品、管道口主要采取覆盖措施，以防止成品损伤、堵塞（图6.3.1-2）。

图6.3.1-2 管道口覆盖保护

3. 封闭

对于清水混凝土、楼地面工程，施工后可在周边或楼梯口暂时封闭，待达到上人强度并采取保护措施后再开放（图 6.3.1-3）；室内墙面、吊顶、地面等房间内的装饰工程完成后，均应立即锁门以进行保护。

图 6.3.1-3 封闭区域保护

4. 巡逻看护

对已完工产品实行全天候的巡逻看护，并实行“标色”管理，按重点、危险、已完工、一般等划分为若干区域，规定进入各个区域施工人员应佩戴统一颁发的贴有不同颜色标记的胸卡，防止无关人员进入重点区域、危险区域，防范不法分子的偷盗、破坏行为，确保工程产品的安全。

5. 搬运

物资的采购、使用单位应对其搬运的物资进行保护，保证物资在搬运过程中不被损坏，并正确保护产品的标识。对容易损坏、易燃、易爆、易变质和有毒的物资，以及业主有特殊要求的物资，物资的采购、使用单位负责人应指派人员制定专门的搬运措施，并明确搬运人员的职责。

图 6.3.1-4 物品运输保护

6. 储存

对入库物资的验收，储存品的堆放，储存品的标识，储存品的账、物、卡管理和出库控制工作，应按规定要求执行。

6.3.2 成品保护要求

1. 测量定位

定位桩采取桩周围浇筑混凝土固定，高度不超过自然地坪，搭设保护架，悬挂明显标志以提示，水准引测点尽量引测到永久建筑物或围墙上，标识明显，不准堆放材料遮挡。施工过程中所做的轴线引桩、门板、皮数杆等未经施工人员同意不得碰撞、碾压、拆除。

2. 装饰吊顶

（1）吊顶轻钢骨架的吊杆、龙骨不准固定在通风管道及其他设备上。（2）防止材料受潮生锈变形，罩面板安装应在吊顶内管道、试水、保温等一切工序全部验收后进行。

3. 楼地面工程

（1）地面石材或地砖在养护过程中，应进行遮盖，拦挡和湿润，不应少于 7 天。（2）后续工程在石材或地砖面层上施工时，先将其表面清扫干净，再用软垫及夹板进行覆盖保护。（3）不得在完成面上直接拖拉物体，应将物体抬离地面进行移动。（4）完成面上使用的人字梯四角设置橡皮垫。

图 6.3.2-1 楼地面成品保护

4. 饰面工程

贴面砖时要及时清擦残留在门框上的砂浆，特别是铝合金门窗、塑料门窗宜粘贴保护膜，预防污染、锈蚀，施工人员应对饰面成品加以保护，不得碰坏。

图 6.3.2-2　饰面成品保护

5. 涂料工程

每遍油漆涂刷前，都应将地面、窗台清扫干净，防止尘土飞扬；油漆未干前，不得打扫室内地面，以防灰尘沾污墙面。

图 6.3.2-3　涂料墙面成品保护

6. 管道工程

（1）管道安装完成后用彩条布或塑料薄膜及时包裹保护，已完成的工序成品部位设置“保护成品，请勿乱动”的标识牌。（2）安装好的管道以及支托架卡架不得作为其他用途的受力点。（3）洁具在安装和搬运时要防止磕碰，装稳后，洁具排水口应用防护用品堵好，镀铬零件用纸包好，以免堵塞或损坏。（4）对刚安装好的面盆、浴盆及台面，不准摆放工具及其他物品，地漏完工后应用板盖好，以防堵塞，严禁大小便，完工后的卫生间不经允许任何人不得入内。（5）管道安装完成后，应将所有管路封闭严密，防止杂物进入，造成管道堵塞。（6）各部位的仪表等均应加强管理，防止丢失和损坏。（7）报警阀配件、消火栓箱内附件、各部位的仪表等均应重点保管，防止丢失和损坏。

7. 精装饰工序成品保护

（1）对已装饰完毕的柱面、地面面层，采用塑料薄膜和柔性材料进行覆盖保护，以防表面被划伤。（2）对于栏杆扶手的保护，在施工完毕时，采用柔性材料进行绑扎保护，以防其表面被划伤。（3）油漆粉刷时不得将油漆喷滴在已完的饰面层上，先施工面层时，完工后应采取贴纸或塑料薄膜覆盖等措施，防止污染。施工完的墙面，用木板（条）或小方木将口、角等处保护好，防止碰撞造成损坏。

图 6.3.2-4　扶手栏杆成品保护

8. 屋面工程

（1）施工前要清扫干净，防止杂物将雨水口、雨水管堵塞。（2）屋面找平层应按设计的流水方向，向雨水口和天沟进行找坡找平。（3）在施工中运送材料的手推车支腿应用胶皮包扎好，防止将防水层刮破，并安排防水人员随时检查，如发现有刮破的，要及时进行修补。（4）在施工防水中，要注意防止对外墙和屋面设备的污染。（5）在条件允许时，应尽快施工防水层的保护层。

9. 电气安装工程

（1）配电箱、柜、插接式母线槽和电缆桥架等有烤漆或喷塑面层的电气设备安装应在土建抹灰工程完成之后进行，其安装完成后采取塑料膜包裹或彩条布覆盖保护措施，防止受到污染。（2）电气安装施工时，严禁对土建结构造成破坏，对粗装修面上的变动应先征得土建技术人员的同意，在精装修中已完成电气安装施工应采取有效措施防止地面、墙面、吊顶、门窗等可能受到的损坏和污染。（3）电缆敷设应在吊顶、精装修工程开始前进行，防止电缆施工对吊顶、装饰面层的破坏。（4）灯具、开关、插座等器具应在吊顶、油漆、粉刷工程完成后进行，可防止因吊顶、油漆、粉刷工程施工受到损坏和污染。（5）对于变配电设备、仪器仪表、成盘电缆等重要物资在进场后交工验收前应设专人看护，防止丢失和损坏。配电柜安装好后，应将门窗关好、锁好，以防设备损坏及丢失。

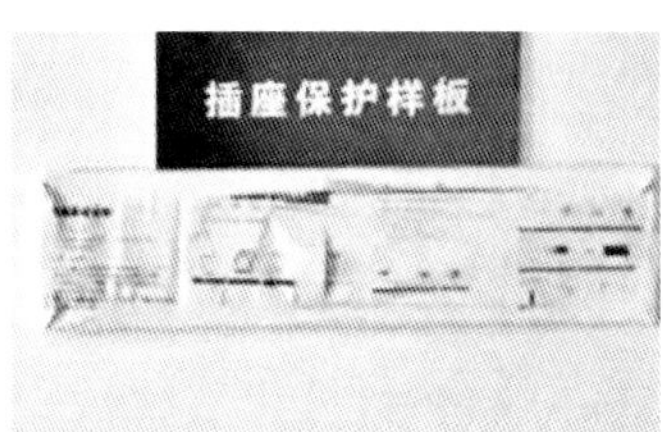

图 6.3.2-5　配电设备成品保护

10. 通风空调工程

（1）施工完成的风口等部位及时用塑料薄膜进行包裹。空调设备要用包装箱包起来，加强保护，防止损坏、污染。安装完的风管要保证风管表面光滑洁净，室外风管应有防雨措施。（2）暂停施工的系统风管，应将风管开口处封闭，防止杂物进入。风管伸入结构风道时，其末端应安装上钢板网，以防止系统运行时杂物进入金属风管内。（3）金属风管与结构风道缝隙应封堵严密。交叉作业较多的场地，严禁用安装完的风管作为支、托架，不允许将其他支吊架焊在或挂在风管法兰和风管支、吊架上。（4）镀锌铁丝、玻璃丝布、保温钉及保温胶等材料应放在库房内保管。（5）保温用料应合理使用，尽量节约用材，收工时未用尽的材料应及时带回保管或堆放在不影响施工的地方，防止丢失和损坏。

11. 钢结构工程

（1）构件在运输、转运、堆放，拼装、吊装过程中应防止碰撞、冲击而产生局部变形。（2）转运和吊装时吊点及堆放时搁置点的选择均应通过计算确定，确保钢结构变形不超出允许范围。（3）施工过程中，任何单位或个人均不得任意割焊。凡需对构件进行割焊时，均应提出原因及割焊方案，报监理单位或设计院批准后实施。（4）所有构件在运输、转运、堆放、拼装及安装过程中，均需轻微动作，搁置点、捆绑点均需加垫，防止油漆破坏。（5）钢结构安装就位后，机电、楼面板安装时注意交叉施工部位的保护，任何人均不得随意敲打杆件。（6）现场禁止随意动火，焊接或切割时若在楼层上作业，材料下面要铺设石棉布。（7）防火涂层施工前表面应清理干净，厚型防火涂层应安排在楼层封闭后施工，薄型防火层面不得污染，严禁随意敲打防火涂层表面。

6.3.3　成品保护措施

成品保护措施　　表 6.3.3-1

编号	保护部位	图片示例	保护措施
1	龙骨吊顶		（1）已装好的轻钢龙骨架上不得上人踩踏，其他工种的吊挂件不得吊于轻钢龙骨架上； （2）注意保护顶棚内各种管线，禁止将吊杆、龙骨等临时固定在各种管道上； （3）饰面板安装后，应采取措施，防止损坏、污染

编号	保护部位	图片示例	保护措施
2	木地板		（1）将地板表面打扫干净，先满铺地板防潮保护膜，然后用塑料薄膜或瓦楞纸板做进一步保护，周边和衔接部位，用胶带纸封闭； （2）地板表面保洁时不宜用湿拖把，禁止使用铲刀、美工刀等铲刮；应先用地板专用拖把灰尘清除，然后用湿布擦除即可；不得用腐蚀性的清洁剂，防止产生化学反应，损伤油漆表面
3	室内地砖	 	（1）地砖铺贴完成后及时清除地砖表面泥浆及垃圾，待表面干爽后用专用填缝剂将拼缝填满、擦顺；清洁完毕，用适宜尺寸的干净彩条布满铺在地砖表面上，应确保完全覆盖； （2）在彩条布交接处及转角处，需用胶带固定；然后在彩条布上满铺成品纸板或纤维板，纸板或纤维板拼缝处用胶带纸粘贴； （3）在清洁瓷砖类产品时禁用有颜色的清洁剂、易褪色的干净棉布（回丝）等擦拭表面
4	涂料墙面		（1）涂刷墙柱面时，不得沾污地面、门窗、玻璃等已完的工程； （2）刮白涂料墙面不得雨淋、水泡，其他工种施工时不得碰撞阳角和墙面，严禁一切污染物污染涂料墙面； （3）油漆粉刷时不得将油漆喷滴在已完的饰面层上，先施工面层时，完工后应采取贴纸或塑料薄膜等措施； （4）室内严禁用火、用水，防止装饰成品污染、受潮、变色

编号	保护部位	图片示例	保护措施
5	瓷砖阳角(公共部位和厨卫)	 	(1)墙砖镶贴施工中及时擦掉表面泥浆及垃圾，待表面干爽后用填缝剂将45° 拼角缝隙填满、擦顺； (2)墙砖镶贴完成、验收合格后第三日，用质地稍硬一点的板条或瓦楞纸板从两边将阳角保护好，防止施工过程中碰撞砖角
6	橱柜	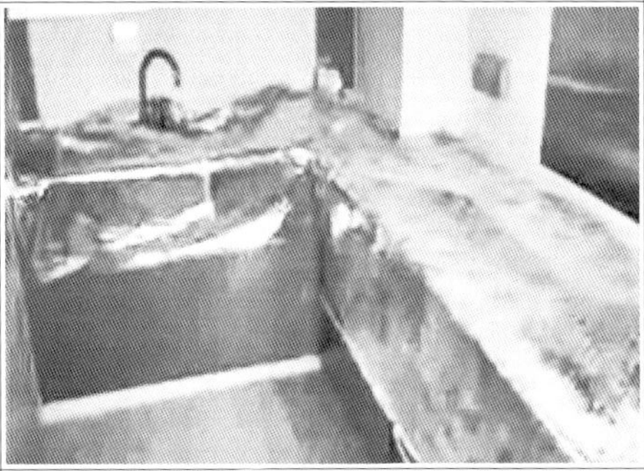	(1)橱柜安装完成，将台面污物清除后及时用防潮膜满铺保护，周边用美纹纸和墙面瓷砖与橱柜粘贴牢固； (2)不得使用腐蚀性溶液，用干净的抹布毛巾擦拭干净即可
7	马桶	 	注意保留原包装物，安装完成后用原包装直接包裹马桶，不得在保护纸壳上面堆放材料，或把保护纸壳移作他用

编号	保护部位	图片示例	保护措施
8	洗手台盘	 	用防潮膜满铺保护，周边用美纹纸和墙面瓷砖与橱柜粘贴牢固
9	浴缸		(1)采用浴缸进场包装所用的细木工板覆盖在浴缸上面，周边用美纹纸和瓷砖粘贴牢固； (2)不得使用酸性、强碱性清洗剂，避免使用坚硬粗糙材料直接接触浴缸釉质表面，以免产生划痕
10	洁具、五金件	  	(1)对已经安装完成的洁具、五金，验收合格后，需要采用原包装物包裹保护，防止污染与使用；地漏、排水管道在施工完成后，需采用封堵帽进行密封，防止杂物堵塞管道； (2)禁用钢丝球、毛刷等接触五金件表面，不得使用酸性、碱性及有腐蚀性的清洁剂，用干净棉布湿润后轻擦即可

编号	保护部位	图片示例	保护措施
11	镜箱及淋浴屏		半成品贴身包裹塑料薄膜或塑料袋，并加装玻璃专用护角，玻璃之间充填泡沫塑料，五金件用皮纸盒包装；安装完成后，进行清洁，然后用泡沫板或纸板满贴保护，用美纹纸进行粘贴固定
12	户门框及单元门框	 	（1）门框进场前要贴膜，同时用硬纸板保护；门框安装后，出厂保护膜应完整；验收合格后及时用细木工板或镀锌铁皮对门框进行保护； （2）不得用金属工具铲擦门框表面，防止表面产生划痕，用干湿布擦拭即可
13	户门扇、户内木门扇		（1）门扇进场前应采用塑料薄膜和硬纸板进行保护； （2）门扇安装过程中应避免损伤保护膜，确保保护膜完整、无裸露；门扇安装完成并验收合格后，对所有门（包括防火门）的门框、门套，需采用9厘夹板制作1.2m高的外保护套进行保护； （3）对已经完成门扇，用成品瓦楞纸板满贴在进户门表面，用胶带固定，阳角2m高部位用成品纸板用胶粘贴做好护角保护，以防止刮伤及碰伤

编号	保护部位	图片示例	保护措施
14	户门、户内木门、铝合金或塑钢门		(1)对易受污染的玻璃铝合金，应贴保护膜进行保护，以防止烧焊及水泥砂浆的污染； (2)门窗框用专用保护胶纸（采用不污染型材的自粘胶带纸）满贴，注意框边应留出10mm不封贴以利于密封胶密封或水泥砂浆的嵌固；玻璃粘贴塑料薄膜保护； (3)铝合金或塑钢门底框用细木工板做成U形槽保护； (4)对门窗进行清洁，保护胶纸要妥善剥离，注意不得划伤、刮花门窗表面，不得使用对型材、玻璃、配件有腐蚀性的清洁剂
15	楼梯栏杆扶手及阳台栏杆		(1)栏杆进场前需用胶纸或硬纸板保护，玻璃进场前粘贴塑料薄膜保护； (2)安装验收合格后，多层楼梯栏杆扶手用3mm厚珍珠棉包裹；户内楼梯、阳台栏杆立柱与扶手用塑料布或珍珠棉全面包裹，并在其上增加300mm面宽的9厘夹板制作的面罩（罩住玻璃栏板与扶手为准）； (3)严禁易腐蚀溶液接触金属表面；不得用金属工具铲擦喷塑表面，防止表面产生划痕；保洁时用不褪色的干布擦拭即可
16	楼梯踏步		(1)用9mm厚的板材，订制成7字扣，每边宽度不小于50mm，长度同踏步长； (2)安装时，每条保护扣的固定点设在平面上，共设两点；分别在距离踏步两端各150mm位置各用水泥钉，将7字扣与踏步面固定； (3)每天清扫踏步，保持整洁
17	窗台石材		(1)验收合格后，仔细清理大理石表面、拼缝及拼角部位的垃圾杂物，之后用干净棉布清除表面灰尘； (2)清洁完毕，用适宜尺寸的成品瓦楞纸板折成L形，覆盖在大理石窗台表面，覆盖时应确保大理石完全被包覆；在纸板交接处及转角处，需用胶带固定

编号	保护部位	图片示例	保护措施
18	配电箱		在刮腻子前，用胶带将配电箱用塑料纸或薄膜粘贴牢固，防止污染
19	灯具、开关插座	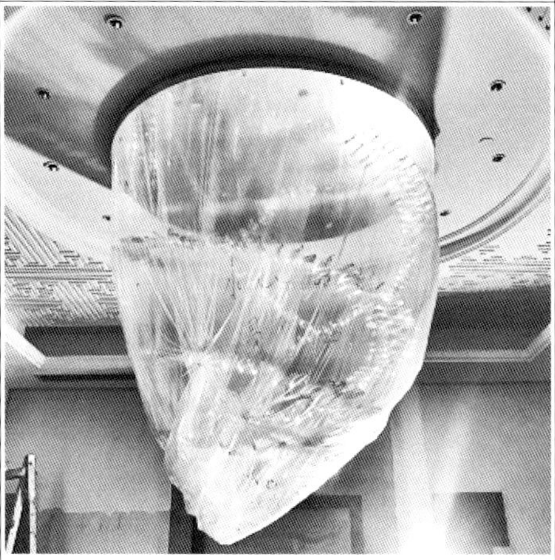 	（1）面板安装中避免工具对面板表面造成划痕；面板安装完成、对表面污染进行清除后，用美纹纸满贴保护； （2）吊顶灯具：已经完成安装的装饰灯具、工程灯具及易受污染不易清洁的吊顶（软膜吊顶）等，施工完成后应采用珍珠棉全封闭进行成品保护； （3）不得使用腐蚀性溶液进行清洗，用干净不褪色的抹布或毛巾擦拭干净即可
20	幕墙构件（运输保护）	  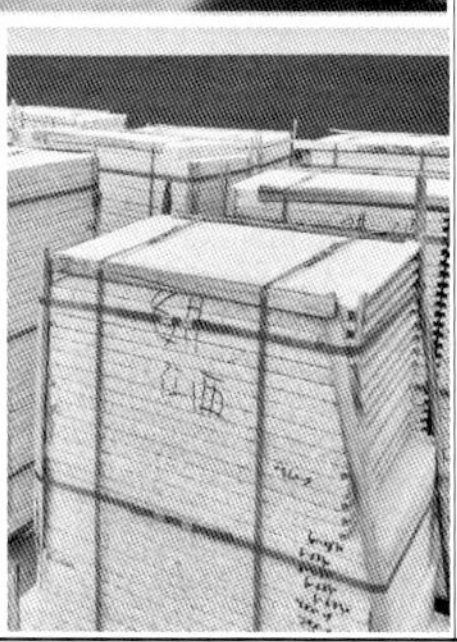	（1）玻璃、铝板、石材等型材幕墙，运输时，凡与型材幕墙接触部位均以胶垫防护，不允许型材与钢质构件或其他硬质物品直接接触； （2）型材周转车的下部及侧面均垫软质物； （3）玻璃周转应用专用运输架，运输架上设有橡胶垫等防护措施；板块间需用草垫隔离，不允许板与板、板与其他硬物直接接触，并估计转运中有无可能产生窜动可使其与硬物挤压变形； （4）应放在玻璃储区内的专用玻璃存储架上保存，并安排专人管理

续表

编号	保护部位	图片示例	保护措施
21	幕墙金属小件及附件（存放）	 	（1）金属小件及附件中，体积较小、重量较轻的，可装在编织袋或纸箱里，并且编织袋口要绑严，纸箱用保护胶带横竖缠绕，以防散开； （2）应将同规格、同型号的零件装在同一包装里，并在包装表面注明规格、型号、数量、日期及工程名称，书写应规范、明确； （3）金属配件、小件材料均应放置在专用材料架上，胶条、泡沫条等可捆成捆或装入编织袋内，严禁散放
22	铝材幕墙构件（成品保护）	  	（1）铝材幕墙材料进场时对材料保护膜完整性进行检查，如有破损，应及时更换保护膜； （2）铝型材在保护膜未拆除前或因为安装只拆除端部时，应保证保护膜使用的连续性和密封性，能够保证铝型材不受污染，发现脱落立即修补完整； （3）铝材各种材料或半成品，按品种、规格分类堆放，或临时用木方垫好，不得直接堆放在地面上

编号	保护部位	图片示例	保护措施
23	幕墙（完工时成品保护）	  	（1）室内外门窗幕墙饰面安装完成后，软膜保护应完整，专人进行检查； （2）软膜保护验收后，进行硬保护，在与室内外其他分项工程的交接区域内采用纤维板保护幕墙室内外龙骨和装饰线条，玻璃在室内外双面贴膜保护，可有效避免在精装或其他分项工程施工过程中造成幕墙成品损坏
24	原有成品保护的装修配置（如扣板、铝板、电器等）		（1）安装成品时，只适当拆除需交叉安装的界面上的成品保护，其余大面保护保留，且禁止提前拆除；半成品贴身包裹塑料薄膜或塑料袋，并加装玻璃专用护角； （2）玻璃之间充填泡沫塑料，五金件用专用牛皮纸盒包装； （3）安装完成后，进行清洁，然后用泡沫板或纸板满贴保护，用美纹纸进行粘贴固定

编号	保护部位	图片示例	保护措施
25	验收完成后，交付前对室内整体的保护	 	(1)用有遮光功能的保护纸，类似地板防潮纸等，将室内所有门窗的玻璃完全覆盖，并用胶粘纸粘贴固定在门窗框上，防止太阳暴晒引起室内成品伸缩、变形； (2)保洁完成后上锁，直至业主签收

第 7 章

中国建筑工程装饰奖工程复查流程、内容、方法及评价依据

7.1 工程复查主要流程、内容和方法

7.1.1 工程复查参加人员及主要流程

1. 参加人员

中国建筑装饰协会（下文简称“中装协”）领队及专家，地方协会陪同人员，申报企业总工或技术负责人、申报工程项目的项目经理或技术负责人、项目设计人员、项目资料负责人、建设单位/监理单位/使用单位代表。

2. 主要流程

（1）由中装协领队介绍复查专家组成员，申报企业介绍参会人员；（2）申报企业汇报工程项目整体情况及工程的难点、重点、亮点；（3）专家提问，确定申报企业施工范围的现场实体检查路径和抽查数量；（4）专家组征询建设单位/监理单位/使用单位的评价意见，申报企业回避；（5）专家对申报企业工程项目实体复查；（6）专家对申报企业工程项目资料进行复查；（7）专家点评、总结。

7.1.2 工程复查主要内容

1. 工程实体检查

一般是公共部位的空间全部检查，标准层按40%～70%比例抽检。按照工程复查细则审查，尤其对可能具有安全隐患和使用功能缺陷的地方严格审查。

2. 每个项目每个标段要求

（1）插座面板随机抽查不少于3个。（2）吊顶内至少照3张相片（反映布电及防火等隐蔽工程状况）。

3. 工程资料审查

三位专家分工，按照必要文件、施工过程资料及图纸三部分进行资料复查，并进行记录。

4. 填写复查记事备忘及进行工程点评

资料检查完毕后，专家统一意见后填写复查记事备忘，并进行工程点评。

1）技术资料复查一般采用贯通检查法

例：以竣工图中关键部位节点为源头复查施工中与结构安全、使用安全有关部位的质量保证资料的真实性、完整性和可追溯性（重点是结构改动，干挂石材，重型灯具、设备安装，大型玻璃隔断安装等）。（1）方法一：以材料为源头复查施工关键部位的质量保证资料（以地面防水工程为例），防水材料的保证资料（合格证、厂家检测报告、复验报告、报验单）→施工图做法（或设计变更、洽商记录）→专项施工方案或技术交底→隐蔽工程验收记录→板块地面检验批→24h蓄水试验→施工日志。（注：抽查的部位需固定，如：楼层客房卫生间、首层公共卫生间或游泳池。）（2）方法二：以竣工图中关键部位节点为源头复查施工中与结构安全、使用安全有关部位的质量保证资料（以干挂石材为例），竣工图中干挂石材节点（或设计变更、洽商记录）→材料的保证资料（石材、钢材、金属膨胀螺栓、干挂件的合格证、厂家检测报告）→专项施工方案或技术交底→隐蔽工程验收记录→饰面板安装检验批→预置埋件的现场拉拔检测报告→施工日志。（注：抽查的部位需固定，如首层柱或二层墙面。）

2）资料审查强调工程安全证明资料

（1）改动建筑主体、承重结构、增加结构荷载，应具有经设计及有关单位的认可文件。（2）大型吊灯安装的荷载试验和相关隐蔽资料、构架节点图。（3）室内石材墙柱面干挂节点图、拉拔试验报告及其材料合格证、检测报告、隐蔽验收记录等。

3）打分

工程资料总分 20 分，复查评分不足 10 分的，项目不予通过。

4）补充资料

工程复查时不在现场补充资料和整改。

5）其他

（1）必要文件若无法提供原件的，如在城市档案馆备案的工程，可提供“城市档案馆”复印件，并加盖城市档案馆鲜章，复印件上有经办人签字、联系电话，写明“原件存于此处，复印件与原件相同”字样，可视同原件。（2）受检企业项目经理或项目技术负责人必须到会，对检查路径应有预案，受检企业事先准备好梯子、螺钉旋具、手电筒等检查工具，受检企业应有熟悉资料、图纸的人员配合专家进行工程资料的审核。

7.1.3 公共建筑室内装饰工程复查主要内容

1. 资料

1）必要文件

（1）企业法人营业执照、施工资质证书、安全生产许可证；（2）项目经理注册建造师证、安全生产考核合格证；（3）施工许可相关证明文件；（4）项目承包合同；（5）项目竣工验收证明文件（相关责任主体签章必须齐全）；（6）消防验收合格证明或消防竣工备案证明；（7）室内环境质量检测报告。

2）工程安全证明资料

（1）涉及主体和承重结构改动或增加荷载时，必须具有经原结构设计单位或具备相应资质设计单位的认可文件（审查原件）；（2）大型吊灯安装的荷载试验和相关隐蔽资料、构架节点图；（3）室内石材墙柱面干挂节点图、拉拔试验报告及其材料合格证、检测报告、隐蔽验收记录等；（4）必须符合验收规范的强制性条文。

3）材质证明

主要装饰材料的合格证、检测报告及复试报告，重点包括：（1）花岗岩（＞200m^2）放射性复试；（2）瓷质砖（＞200m^2）放射性复试；（3）人造板（＞500m^2）甲醛复试；（4）安全玻璃强制认证（3C 证书）；（5）防水材料复试；（6）水性涂料、水性胶粘剂、水性处理剂 VOCs、游离甲醛含量检测报告；（7）溶剂型涂料、溶剂型胶粘剂 VOCs、苯、TDI 检测报告；（8）进口材料商检报告；（9）膨胀螺栓拉拔试验报告；（10）水泥钢材复试报告；（11）壁布、海绵、岩棉、地毯、木地板、细木工板材料阻燃复试报告；（12）AB 胶力学性能检测报告。

4）施工组织设计及危险性较大分部分项工程论证报告

（1）施工组织设计（要有编制人签字、施工单位技术部门盖章、施工单位技术负责人签字、监理签字，施组内容要有针对性）；（2）与工程相关的专项方案；（3）危险性较大分部分项工程论证报告。

5）技术交底

技术交底内容、交底人和被交底人签字、日期是否齐全，重点包括：（1）干挂石材；（2）干挂瓷砖；（3）过顶石；（4）镜面顶；（5）玻璃顶；（6）栏杆；（7）玻璃护栏；（8）大型灯具安装。

6）隐检记录

隐蔽验收内容、签字、日期是否齐全，是否附图和照片，重点包括：（1）过顶石隐蔽验收；（2）墙面干挂隐蔽验收；（3）后置埋件拉拔试验；（4）一次蓄水试验或防水工程交接检查记录；（5）二次蓄水试验；（6）大型吊灯安装隐蔽验收；（7）大型灯具安装过载实验（10kg，5 倍，15min）；（8）护栏、扶手隐蔽验收；（9）镜面顶、玻璃墙面及吊顶隐蔽验收。

7）过程质量验收

（1）检验批验收内容、签字、日期是否齐全，日期与材质证明、技术交底和隐蔽验收的先后顺序是否符合逻辑；（2）分项、子分项验收内容、签字、日期是否齐全；（3）分部、子分部验收内容、签字、日期是否齐全。

8）施工日志

（1）施工日志字迹清楚、内容齐全；（2）施工日志内容准确、真实、具体、不缺失（需与其他相关资料交叉复查）；（3）施工日志日期与其他相关资料报验日期的吻合性。

9）节能设计

工程是否体现节能的设计理念，如绿色照明技术应用（节能灯）等节能、节水、节材、节地设计，充分利用自然资源的设计。

10）竣工图纸

是否装订成册，是否加盖竣工图章，重点包括：（1）竣工图章签字不全现象；（2）竣工图章签字有代签现象；（3）竣工图引用规范是否过时；（4）竣工图局部与实际不符；（5）过顶石节点图；（6）大型灯具安装节点；（7）楼梯扶手、玻璃栏杆节点详图；（8）镜面顶、玻璃顶详图；（9）墙面干挂钢结构详图；（10）钢材、螺栓及其他配件标注情况；（11）变形缝节点详图；（12）改动建筑主体、承重结构、增加结构荷载设计图纸；（13）落地窗处防护处理节点；（14）石材消火箱门构造节点详图；（15）超高吊顶增加刚转换层详图；（16）卫生间钢架节点图；（17）其他强制性条文要求。

2. 工程实体

1）整体装饰效果

（1）整体装饰效果主要涉及工程的设计风格、空间运用、材质品质、颜色搭配等内容，是否能给人耳目一新或记忆深刻的综合感官效果；（2）充分体现节能的设计理念，如绿色照明技术应用（节能灯）等节能、节水、节材、节地设计，充分利用自然资源的设计。

2）顶面工程

（1）一般观感

① 吊顶各种终端设备未做整体规划，位置零乱影响美观，与面板交接不严，检修口未做收边处理或收口粗糙不协调；② 阴阳角不方正，收口收边不严密、不顺直；③ 灯槽断光、灯管裸露、泛光不均；④ 灯具、探头、摄像头安装位置不正确，未成排成行，接线不正确；⑤ 喷淋、风口安装位置不正确，不成排成行。

（2）石膏板吊顶

① 板面裂缝或修痕明显，表面不平整、变形；② 造型吊顶不平直，侧板不通顺垂直，曲面吊顶不顺畅。

（3）金属板吊顶

① 板块安装不平，板缝不顺直、宽窄不均；② 板面下挠变形明显，板面不洁净，机电终端设备安装不居板中；③ 边龙骨不顺直，与板面接触不实。

（4）块材吊顶

① 板面安装不严密、板缝不均匀，收口条翘曲不平；② 明龙骨不顺直，接缝不严密，机电终端设备安装不居板中。

（5）石材、玻璃吊顶

① 玻璃吊顶安装不牢靠或未按规定使用安全玻璃，存在安全隐患，限期未整改的取消评审资格；② 石材吊顶安装不牢靠，存在安全隐患，限期未整改的取消评审资格；③ 图案花饰不连续、吊顶表面不洁净，接缝不严密。

（6）转换层

钢结构转换层与网架及吊顶连接不符合要求，存在安全隐患。

（7）重（大）型隔断

较大、较重活动隔断安装不牢固，存在安全隐患。

（8）灯具

① 大型灯具（大于 10kg）安装不牢固，存在安全隐患，限期未整改的取消评审资格；② I 类灯具外露可导电部分（金属外壳）未接地。

（9）吊顶内部

① 吊顶内防火涂料的涂刷情况，吊杆超长未做刚性反支撑，龙骨设置间距不符合规范要求；② 机电设备未使用专用吊杆，有导线裸露，金属软管过长、脱落，管道未按规定涂刷；③ 管道连接处麻头未清理干净，管道（风管）保温不严密，吊顶内防火分区不到位。

3）墙面工程

（1）一般观感

① 阴阳角不方正、不顺直，横线条高于竖线条；② 机电面板与墙柱面安装不严密、不方正、间距不均；③ 水龙头、阀门、检查口安装位置不准确，标高不一致，不成排成行。

（2）饰面砖工程

① 饰面砖粘贴不牢固、表面不平整、色泽不一致、排砖不正确，窗边、门边有破活；② 饰面砖缝不均匀，勾缝不清晰，不洁净。

（3）饰面板工程

① 石材墙柱面接缝不平、有缺损、接缝打磨，修补痕迹明显；② 干挂石材墙面透胶污染，湿贴石材饰面有“泛碱”或“水渍”；③ 金属饰面板表面不平整、色泽不一致，板缝不均匀顺直、板面有明显划痕或污渍，胶缝不平顺；④ 木饰面板表面不平整、有翘曲、开裂、离缝、接缝不严密、色泽不均匀、钉眼明显；⑤ 玻璃板饰面无可靠防脱落措施，存在安全隐患，限期未整改的取消评审资格。

（4）裱糊软包

① 壁纸粘贴不牢、翘边、空鼓，拼接处花纹、图案不协调、拼缝污染、离缝；② 软包饰面不平整、布面走向不一致，面料四周绷压不严密、布面松弛、边角不圆润饱满，内衬泡沫塑料过厚。

（5）玻璃板墙面

① 未按规定使用安全玻璃，存在安全隐患，限期未整改的取消评审资格；② 玻璃板安装不牢固，与压条封压不严密；③ 接缝不平直、勾缝不密实平整，表面不洁净、金属压条刺手。

（6）涂饰墙面

油漆、涂料色泽不均匀、表面不平整、漆面不光滑、刷纹明显、流坠污染、阴角凹槽不干净。

（7）门窗安装

① 木门窗（扇）变形扭曲、缝隙大、关闭不严密，合页安装粗糙，门窗扇上、下端漏刷油漆；② 玻璃门门扇下坠，拉手松动、缝隙不均或过宽；③ 铝合金门窗扇固定不牢靠，门扇、窗扇下坠、开启不灵便、划痕明显；④ 厨卫间木门框下沿未作防水、防潮处理；⑤ 门窗的开启方向不符合规范要求。

（8）固定家具及细部

① 木制固定家具门扇翘曲变形，与顶棚、墙体交接不严密、不顺直，柜台出檐下部粗糙；② 阳角线、挂镜线、腰线、踢脚线接口不平，表面污染，装饰线收口不到位。

（9）洁具安装

① 洗手台板、台下盆等卫浴设备安装不牢，靠墙、地部位缝隙不均匀，无防水措施；② 小便斗、洗手盆、大便器等安装不牢固，不成排成行；③ 给水、排水的阀门开、关不灵活，给水、排水的水流不通畅，卫生器具排水口下未设置存水弯、存水弯水封深度不符合要求；④ 卫浴间隔断和配件安装不牢固、不平顺。

（10）电气安装

① 开关未控制相线，插座相位不准确，电线未分色，开关和插座盒外有裸露导线、未用套盒、装在软包或木饰面等易燃物上未做防火处理，插座接线不正确；② 配电箱、柜安装不牢固，位置不准确，接线不正确；③ 有洗浴的卫生间等电位联结不正确或未做；④ 缺接地保护线；⑤ 墙面背景灯、有水潮湿部位的灯具安装存在安全隐患。

（11）消防栓

消防箱安装不牢固，壁内四周未采用阻燃材料封堵；消防栓门开启不便或无开启方向标识，开启角度不符合规范要求。

4）地面工程

（1）一般观感

① 地面标高不正确，与客梯、滚梯以及用水间地面配合不好；地面平整度差、坡向不正确，地漏箅子未低于地面、地漏未居地砖（块）中心。② 有防滑要求的地面、坡道不符合防滑要求。③ 楼梯台阶高差不匀、踏步过高，单级踏步。

（2）木地板地面

条形地板铺设方向不正确，板面变形不实，行走有响动，拼缝不平直、缝隙过大。

（3）板块地面

① 石材地面“泛碱”“水渍”污染，色差明显；② 板块地面接缝不平直、局部打磨影响美观；③ 块材崩边掉角、裂纹多、修补痕迹明显；④ 块材地面裁块不匀、排板不佳影响美观，周边不交圈、切角不到位、套割不严密。

（4）地毯地面

地毯表面不平服、起鼓翘边、图案拼花不细、接缝明显，绒面顺光不一致。

（5）防静电及塑胶地板

① 防静电地板安装不牢固，防静电地板未接地；② 塑胶地板接缝不顺直、铺装不平，踢脚线脱胶翘边。

（6）栏杆扶手

① 临边栏杆间距、高度和挡脚板未按规定设置，玻璃栏板未按规定使用；② 落地窗无防护，存在安全隐患，限期未整改的取消评审资格；③ 栏杆立柱固定不牢，玻璃栏板安装不平顺、边缘未打磨；④ 木扶手开裂、接头不平、油漆剥落、色泽不均，不锈钢栏杆、扶手接缝不平顺、表面拉丝不均匀。

（7）地漏

地漏设计不合理、安装不规范。

（8）其他

厕浴间和有防滑要求的建筑地面是否做防滑处理。

3. 新技术

（1）有创新技术、工艺、工法等；（2）采用了新材料、新工艺、新技术或有利于环保节能等的材料、技术、措施、工艺、工法等等；（3）获得了与申报工程相关的发明或实用新型专利、省级或国家级工法等；（4）本工程已获得建筑装饰行业科学技术奖。

4. 总体印象

（1）组织工作准备充分，人员到位（项目经理或执行经理、技术负责人、资料员等相关人员应到场），汇报 PPT 内容重点突出、简单明了；（2）资料准备充分有序，易于查找；（3）业主征询意见；（4）工程实体检查顺畅不受阻。

7.1.4 公共建筑装饰类（其他）复查主要内容

公共建筑装饰类（其他），如设计、古建文保工程、城市更新工程、展陈工程、灯光演视工程、景观工程等，复查要点参见中国建筑工程装饰奖工程复查相关实施细则。

7.1.5 幕墙工程复查主要内容

1. 资料

1）必要文件

（1）企业营业执照、资质等级证书、安全生产许可证；（2）项目经理注册建造师证及安全考核证；（3）幕墙工程施工合同；（4）施工许可证（施工许可证不单独发给幕墙工程的，可以用总包单位的施工许可证）；（5）幕墙单项竣工验收资料（签章必须齐全）；（6）消防验收（工程名称、验收范围、主管部门公章、日期必须齐全，结论为合格，消防验收意见书中提出的整改意见如涉及幕墙部分应有有关部门的复查合格记录）；（7）工程验收合格备案证书。

2）质量管理资料

（1）应提供施工组织设计、施工日志、技术交底等及危险性较大分部分项工程论证报告。（2）幕墙使用的主要材料应符合标准、规范要求，符合设计要求。应有出厂合格证、检测报告。（3）石材幕墙不得使用云石胶，可使用石材干挂胶。不得使用普通的耐候密封胶，应使用石材幕墙专用耐候胶，并提供抗污染检测报告。（4）主要材料使用前应进行复验，提供检测报告。（5）幕墙的物理性能检测报告，沿海及台风多发地区要特别关注检测报告的幕墙抗风压性能指标与结构计算书、设计说明是否一致。（6）提供：连接件、预埋件的焊缝质量检测报告，后置埋件现场拉拔力检测报告，石材背栓拉拔力检测报告，石材的抗弯强度检验报告，索杆体系预拉力张拉记录。（7）有隐框、半隐框玻璃板块或隐框做法开启扇的，必须提供硅酮结构胶、耐候密封胶的相容性、粘结性试验报告，结构胶打胶记录、蝴蝶试验记录、养护记录。（8）淋水试验记录，防雷检测报告。（9）每批单元板块组装件的出厂合格证、检验记录。每批隐框、半隐框玻璃板块的合格证、检验记录。（10）幕墙各连接部位应牢固、可靠，隐蔽工程符合图纸要求，隐蔽工程记录真实、齐全并提供影像资料，并经监理签字认可（隐蔽工程包括：预埋件或后置埋件，锚栓及连接件，构件的连接节点，幕墙四周、幕墙内表面与主体结构间封堵，伸缩缝、沉降缝、抗震缝及墙面转角节点，玻璃板块的固定，幕墙防雷连接节点，幕墙防火、隔烟节点，单元式幕墙的封口节点等）。（11）采用新材料的须提供耐候性、耐久性、可靠性依据。含水材料使用在严寒地区的应提供冻融复试报告。复合材料应关注温度应力产生变形导致的安全问题。（12）合格证、检验记录、检测报告应提供原件且真实有效。检测结果应符合设计要求及相关标准规范要求。（13）进口材料应符合我国相关产品标准。

2. 热工计算书

（1）工程所有的幕墙类型（包括采光顶）都应有热工计算，无保温隔热要求的装饰幕墙、开缝构造的幕墙不用热工计算。（2）各类型幕墙的热工计算应齐全完整不缺项，并有明确结论且满足建筑节能设计指标要求。（3）正确选择热工计算单元、正确选择计算参数，如气候分区、朝向、窗墙面积比等。（4）热工计算应符合现行国家和行业标准。（5）寒冷和严寒地区应进行结露性能评价计算。（6）应提供建筑设计院出具的建筑节能计算书或建筑施工图设计说明中的节能专篇，来明确各类型幕墙应当达到的热工性能具体数值；但是不能用建筑设计院出具的建筑节能计算书代替幕墙热工计算书。（7）热工计算书审批签字手续应齐全，加盖设计计算单位的公章或出图章。

3. 结构计算书

（1）工程所有的幕墙类型（包括采光顶、雨篷、外挂遮阳及装饰构件）都应有结构计算书。（2）结构计算内容应齐全完整不缺项（面板及龙骨强度、挠度计算，结构胶宽度、厚度计算，所有连接件都应进行强度计算，预埋件计算，焊缝长度、高度、宽度计算，玻璃托条计算，横梁端头固定件计算），计算应有明确结论，计算结果满足工程设计要求。（3）有后置埋件的、采用背栓连接面材的，应当分别对后置锚栓、背栓做受力计算。（4）正确选择计算单元，对受力最不利的各个部位都应当计算。（5）正确、合理选择计算参数（各种荷载及作用的参数及其组合，材料力学特性数值）。（6）龙骨、面材、连接结构的计算模型应当与图纸及实际施工情况一致，真实、正确反映受力情况。（7）沿海及台风多发地区应对开启窗做计算，计算内容应涵盖面材及所有传力的构件、配件和材料。（8）预应力索杆结构的计算书应当提供主体结构的拉力值和预应力值，跨度大于8m的，必须有主体结构设计单位出具的技术文件，确认主体结构能够承受索杆体系对其的作用力。（9）结构计算书审批签字手续应齐全，加盖设计计算单位的公章或出图章。

4. 竣工图纸

（1）竣工图纸应按标准要求编制，审批手续齐全并经有资质的幕墙设计单位确认。（2）竣工图内容应包括：目录、设计说明、平面图、立面图、剖面图、各类型幕墙的大样详图、节点图、构件图、型材截面图、预埋件或后置埋件图等。（3）设计说明应包括如下内容：工程概况、设计参数、设计依据、设计标准、设计范围、各主要幕墙类型及其设计构造、幕墙物理性能、热工性能、避雷防火说明、所用材料的材质规格、加工制作技术要求等。使用后置锚栓、石材背栓的，应当注明锚栓或背栓的拉拔力设计值和乘以2倍之后的拉拔力试验值。（4）节点图应包括各幕墙系统横梁立柱的典型节点、与主体结构连接节点、开启扇节点、转角节点、防火防雷节点、封口节点、沉降缝节点等。（5）幕墙设计（包括性能、节点构造、使用材料）应符合相关规范和标准的要求，符合原建筑设计的要求。（6）隐框或半隐框玻璃幕墙、隐框做法的玻璃开启扇等使用结构胶的部位，应标注结构胶的宽度、厚度尺寸。重要连接位置的焊缝应标注焊缝尺寸。寒冷和严寒地区的幕墙节点中不得有明显冷桥。（7）旧改工程，应当有主体结构设计单位对幕墙工程图纸进行受力复核，审核确认幕墙（含雨篷、采光顶）对主体结构作用力在其可承受范围内。

5. 工程实体

（1）整体装饰效果应好或很好。（2）工程现场实际的构造做法、使用的材料应当与幕墙设计图一致，按图施工。（3）幕墙的外观质量应符合要求。面材平整干净无污染、无破损、无漏水、无褪色。胶缝、装饰线条横平竖直，弧线造型顺滑，五金附件无锈蚀，收边收口密封严密。（4）玻璃反射影像应当无畸形或畸形较小，玻璃内衬板平整。（5）连接件、驳接爪等钢件无严重锈蚀；密封胶保持良好弹性，无硬化。（6）开启门窗密封性好、开启灵活，设置开启限位装置，高层外开窗安装防脱落装置。（7）隐框、半隐框玻璃板块及翻窗开启扇玻璃底部应安装玻璃托条。（8）石材幕墙面板色差小或无色差，幕墙胶缝无严重污染。（9）防火封修做法规范，符合设计要求，缝隙用防火密封胶密封。（10）屋面女儿墙避雷导线安装规范且符合设计要求。（11）工程无安全隐患。（12）构造上应安全可靠，应符合《关于淘汰建筑幕墙落后产品和技术的指导意见》（中装协〔2016〕89号）文件的要求。（13）应符合《关于进一步加强玻璃幕墙安全防护工作的通知》（建标〔2015〕38号）文件的要求。

6. 新技术

参见“7.1.3 公共建筑室内装饰工程复查主要内容”的“3. 新技术”。

7. 总体印象

参见“7.1.3 公共建筑室内装饰工程复查主要内容”的“4. 总体印象”。

7.1.6　建筑幕墙类（其他）复查主要内容

建筑幕墙类（其他），如幕墙设计、建筑门窗工程、采光顶与金属屋面工程等，复查要点参见中国建筑工程装饰奖工程复查相关细则。

7.1.7　住宅类工程复查主要内容

1. 资料

1）必要文件

参见“7.1.3 公共建筑室内装饰工程复查主要内容”的“1）必要文件”。

2）工程安全证明资料

（1）涉及主体和承重结构改动或增加荷载时，必须具有经原结构设计单位或具备相应资质设计单位的认可文件（需审查原件）；（2）饰面板后置埋件的现场拉拔力检测报告；（3）质量大于10kg的灯具，要全数提供其固定装置的强度试验记录。

3）工程资料

（1）施工组织设计

（2）技术交底记录

（3）施工日志

（4）主要材料的合格证、检测报告、报验表

（5）主要材料及其性能指标的复试报告

① 抹灰工程：砂浆的拉伸粘结强度，聚合物砂浆的保水率。② 门窗工程：人造木板门的甲醛释放量。③ 吊顶工程：人造木板的甲醛释放量。④ 轻质隔墙工程：人造木板的甲醛释放量。⑤ 饰面板工程：花岗石板的放射性，人造木板的甲醛释放量，水泥基粘结料的粘结强度。⑥ 饰面砖工程：花岗石和瓷质饰面砖的放射性，水泥基粘结材料与所用外墙饰面砖的拉伸粘结强度。⑦ 裱糊与软包工程：木材含水率，人造木板的甲醛释放量。⑧ 细部工程：花岗石的放射性，人造木板的甲醛释放量。⑨ 防水工程：防水材料的主要物理指标。⑩ 给水排水工程、电气照明工程、采暖与通风工程：相关规范要求复试的其他材料及其性能指标。

（6）隐蔽工程验收记录

① 抹灰工程：抹灰总厚度大于或等于35mm时的加强措施，不同材料交接处的基底加强措施。② 门窗工程：预埋件和锚固件，隐蔽部位的防腐和填嵌材料。③ 吊顶工程：吊顶内管道、设备的安装及水管试压、风管严密性检验，木龙骨防火、防腐处理，埋件，吊杆

安装，龙骨安装，填充材料的设置，反支撑及钢结构转换层。④ 轻质隔墙工程：骨架隔墙中设备管线的安装及水管试压，木龙骨防火和防腐处理，预埋件或拉结筋，龙骨安装，填充材料的设置。⑤ 饰面板工程：预埋件（或后置埋件），龙骨安装，连接节点。⑥ 饰面砖工程：基层和基体，防水层。⑦ 裱糊与软包工程：基层封闭底漆、腻子、封闭底胶及软包内衬材料。⑧ 细部工程：预埋件（或后置埋件），护栏与预埋件的连接节点。⑨ 防水工程：立管、套管和地漏与楼板节点的加强措施，两次蓄水试验记录。⑩ 给水排水工程、电气照明工程、采暖与通风工程：相关规范要求的隐蔽工程验收资料。

（7）质量验收记录

① 检验批验收记录；② 分项工程验收记录；③ 分部（子分部）工程验收记录；④ 分户验收记录。

（8）竣工图

2. 工程实体

（1）承重结构和受力钢筋；（2）厨房、消防楼梯间及前室、水平疏散通道装修材料的燃烧性能等级；（3）窗台高度及防护栏杆；（4）阳台、楼梯、走道防护栏杆高度、构造、竖向杆件间距、玻璃品种及规格；（5）配电箱及开关插座的性能、电气线路接线、卫生间等电位联接、大型灯具的固定装置；（6）干挂石材、瓷砖墙面的构造及墙地面瓷砖空鼓率、平整度；（7）淋浴玻璃隔断的构造、玻璃品种及规格；（8）消火栓暗门；（9）燃气管道、共用竖向烟道；（10）卫生间、厨房、阳台防水性能以及与相邻室内地面的高差，室内异味；（11）厨房、卫生间、敞开式阳台、连廊、架空层地面材料的防滑性能；（12）无障碍设计；（13）违反国家现行标准强制性条文规定的情形；（14）影响工程使用安全的其他情形；（15）影响工程使用功能的其他情形；（16）其他质量缺陷。

3.“四新”技术应用

（1）新材料、新技术、新工艺、新设备的（包括装配化施工、智慧建造）应用；（2）本工程已获得建筑装饰行业科学技术奖等。

4. 宜居性与适老性

（1）设计理念人性化，材料选用、色彩搭配、观感效果以及装饰施工精细程度较佳、室内无异味；（2）居住安全措施周全、房间布局合理、空间利用率高、使用方便、舒适宜居、易于老年人居住、生活、康养。

5. 总体印象

参见“7.1.3 公共建筑室内装饰工程复查主要内容”的“4. 总体印象”。

7.2 工程评价依据

7.2.1 质量安全评价

（1）各项技术指标符合国家工程建设标准、规范、规程。（2）设计先进合理，功能齐全，满足使用要求。（3）设备安装规范，管线布置合理美观，系统运行平稳、安全、可靠。（4）装饰细腻，工艺考究，观感质量上乘。（5）工程资料内容齐全、真实有效、编目规范，具有可追溯性。

7.2.2 科技创新评价

（1）获得省（部）级及以上科技进步奖或省（部）级及以上工法、专利。（2）应用建筑业十项新技术且成效显著；积极采用新技术、新工艺、新材料、新设备并在关键技术和工艺上有所创新。（3）通过省（部）级及以上新技术应用（科技）示范工程验收，其成果达到国内先进水平。

7.2.3 绿色施工评价

（1）在节能、节地、节水、节材等方面符合国家有关规定。（2）在环境保护方面符合国家有关规定，环保等专项验收合格。（3）获得地市级及以上文明工地或全国绿色施工示范工程荣誉称号。

7.2.4 管理科学评价

（1）质量保证体系和各项规章制度健全，岗位职责明确，过程控制措施有效。（2）运用现代项目管理方法和信息技术，实行目标管理。（3）符合建设程序，资源配置合理，管理手段先进。

7.2.5 综合效益评价

（1）项目建成后产能、功能均达到设计要求。（2）主要经济技术指标处于国内同行业同类型工程领先水平。（3）建设和使用单位满意，经济和社会效益显著。

7.3 复查前的保证措施

7.3.1 工程迎检组织

所有创优工程在评定前，投入使用不得少于一年，因此，在工程竣工后，仍有一年以上的时间属于创建过程，在工程竣工后到创优工程复查前，创建小组主要做好以下工作。（1）做好售后服务工作，及时与使用单位（建设单位）联系，在使用过程中如果发现问题及时进行修复、完善。（2）在复查前三个月，成立复查准备专项小组，负责：① 工程实体的完善及优化，及时对存在的缺陷进行整改；② 网上申报和书面资料提交；③ 与省（自治区、直辖市）协会、中国建筑装饰协会的对接与协调工作，取得协会的支持；④ 工程竣工资料的编制、整理、完善、归档、成册等。

7.3.2 质保服务工作

在最后的三个月时间里，在创建小组的协调指挥下，对工程实体进行完善及优化，及时对存在的缺陷进行整改。

7.3.3 现场及资料自检工作

申报单位需重视对工程安全隐患的排查及相关必要文件的准备，在申报前对重点部位及资料进行自查，使其符合相应的国家强制性规范和标准以及装饰奖复查要求。以公共建筑装饰类为例，重点部位及资料包括以下内容。（1）改动建筑主体、承重结构、增加结构荷载；（2）室内石材吊顶、过顶石材及其他重型吊顶；（3）钢结构转换层（如顶部有空间网架或钢屋架等）与网架、吊顶连接；（4）大型吊灯、吊挂物（10kg 及以上）安装的荷载试验和相关隐蔽资料、墙面背景灯、潮湿有水部位的灯具安装；（5）安全玻璃：屋面、吊顶、墙面、地面等玻璃制品；（6）室内墙柱面石材、瓷砖或其他重型饰面材料干挂、挂贴；（7）较大、较重的活动隔断安装；（8）楼梯扶手及栏杆、栏板；（9）变形缝及其构造；（10）顶棚、墙面、地面等部位的装饰材料是否符合防火要求；（11）开关、插座的接线及防火隔热措施，吊顶内的接线。（12）申报项目必要资料是否真实及齐全，特别是开竣工日期、施工许可证、消防验收、各种材料复试报告、各项实验报告（蓄水、螺栓拉拔、灯具过载等实验，干挂墙面超 12m 的计算文件）、室内环境污染物检测报告；竣工图纸签字盖章是否齐全、重点节点图是否齐全等。

附　录

创优相关资料及其查询网址

资料名称	查询网址
中国建筑工程装饰奖评选办法	中国建筑装饰协会官方网站
中国建筑工程装饰奖工程复查实施细则（公共建筑装饰类）	
中国建筑工程装饰奖工程复查实施细则（公共建筑装饰类）[古建文保工程]（试行）	
中国建筑工程装饰奖工程复查实施细则（公共建筑装饰类）[城市更新工程]（试行）	
中国建筑工程装饰奖工程复查实施细则（公共建筑装饰类）[设计]	
中国建筑工程装饰奖工程复查实施细则（公共建筑装饰类）[展陈工程]（试行）	
中国建筑工程装饰奖工程复查实施细则（公共建筑装饰类）[灯光演视工程]（试行）	
中国建筑工程装饰奖工程复查实施细则（公共建筑装饰类）[景观工程]（试行）	
中国建筑工程装饰奖工程复查实施细则（建筑幕墙类）	
中国建筑工程装饰奖工程复查实施细则（建筑幕墙类）[幕墙设计]（试行）	
中国建筑工程装饰奖工程复查实施细则（建筑幕墙类）[建筑门窗工程]（试行）	
中国建筑工程装饰奖工程复查实施细则（住宅类）（试行）	
中国建筑工程装饰奖（公共建筑装饰类）申报表	
中国建筑工程装饰奖（公共建筑装饰类）[古建文保工程]申报表（试行）	
中国建筑工程装饰奖（公共建筑装饰类）[城市更新工程]申报表（试行）	
中国建筑工程装饰奖（公共建筑装饰类）[设计]申报表	
中国建筑工程装饰奖（公共建筑装饰类）[展陈工程]申报表（试行）	
中国建筑工程装饰奖（公共建筑装饰类）[灯光演视工程]申报表（试行）	
中国建筑工程装饰奖（公共建筑装饰类）[景观工程]申报表（试行）	
中国建筑工程装饰奖（建筑幕墙类）申报表	
中国建筑工程装饰奖（建筑幕墙类）[幕墙设计]申报表（试行）	
中国建筑工程装饰奖（建筑幕墙类）[建筑门窗工程]申报表（试行）	
中国建筑工程装饰奖（住宅类）申报表（试行）	
中国建设工程鲁班奖（国家优质工程）评选办法（2021 年修订）	中国建筑业协会官方网站
建筑业 10 项新技术（2017 版）	住房和城乡建设部官方网站